普通高等教育“十三五”规划教材

光纤传感原理与技术

冯 亭 等编著

化学工业出版社

·北京·

内容简介

《光纤传感原理与技术》根据现代光纤传感技术发展的需求，系统地论述了光纤传感的基础理论、基本原理、主要技术及应用现状与发展趋势。全书由8章组成，内容涵盖了光纤传感技术的起源与发展、光纤光学基础理论及光纤与光缆知识、光纤传感原理与系统组成器件及光耦合、五类光纤传感调制技术原理及应用与发展、光纤光栅传感原理与解调及复用技术、常见分布式光纤传感原理与技术、其他特殊类型光纤传感新技术、单参量及双参量光纤传感教学实验举例等。本书注重系统性、可读性、先进性与实用性，同时注重理论、原理、技术、应用相结合。

本书主要作为光电信息科学与工程等光电类相关专业本科生教材，同时适合光学工程等相关专业研究生学习使用，也可供相关工程技术人员与科研人员参考阅读。

图书在版编目（CIP）数据

光纤传感原理与技术/冯亭等编著. —北京：化学工业出版社，2020.12（2025.6重印）

普通高等教育“十三五”规划教材

ISBN 978-7-122-37580-3

Ⅰ.①光… Ⅱ.①冯… Ⅲ.①光纤传感器-高等学校-教材 Ⅳ.①TP212.14

中国版本图书馆CIP数据核字（2020）第155760号

责任编辑：满悦芝　　文字编辑：陈　喆
责任校对：宋　夏　　装帧设计：张　辉

出版发行：化学工业出版社（北京市东城区青年湖南街13号　邮政编码100011）
印　　装：北京盛通数码印刷有限公司
787mm×1092mm　1/16　印张15　字数366千字　2025年6月北京第1版第4次印刷

购书咨询：010-64518888　　售后服务：010-64518899
网　　址：http://www.cip.com.cn
凡购买本书，如有缺损质量问题，本社销售中心负责调换。

定　价：55.00元

本书编著人员名单

冯　亭　王　颖　吴胜保　李　旭

前言

自 1970 年世界上第一根可实用的石英光纤被研制成功后，光纤通信和光纤传感相继发展起来。因为光纤传感器具有体积小、重量轻、抗电磁干扰、耐腐蚀、无电火花、可远程监控、可分布式测量、便于组网及融合进物联网等特殊优点，在诸多领域，尤其是极端环境下，能完成传统传感器不可能完成的测量任务，光纤传感技术受到了国内外学者的广泛关注，得到了广泛的研究和应用。光纤传感技术基于外界物理量引起的光纤中传输的光波特性参数（如强度、波长、相位、偏振态、频率等）的变化，通过一定的解调技术，对外界物理量进行测量和监控。目前，世界上已有对各种理、化、生参量进行测量的光纤传感器逾百种，且伴随各种新技术、新机理、新器件的不断被提出和发展，现有光纤传感器的性能会不断提升，各种新的传感应用会不断出现，更多的新型光纤传感器及技术会不断问世。随着各种智能结构与建筑、智慧高科技型城市等的建设需求日益旺盛，以及各国政府的大力支持和政策引导，光纤传感技术的未来应用前景良好、生命力旺盛、社会效益和经济潜力巨大。

目前，我国的光纤传感技术发展位于国际前列，国家多次在“五年规划”中将其作为重点，光纤传感技术的发展符合国家发展战略需求。诸多高校已将光纤传感技术课程作为光电信息科学与技术专业及其他光电类相关专业的主干课程。本书旨在将光纤光学基础、光纤传感原理与技术基础、全新技术与应用发展等内容教授给学生，同时配合以相关教学实验，使学生形成一套完整的光纤传感技术知识体系，既掌握成熟的光纤传感基本理论，又能跟随当今研究发展与应用现状，并了解其发展趋势。

全书由冯亭主要负责并统稿，本书的第 1、3～7 章由冯亭编写，第 2 章由冯亭与王颖共同编写，第 8 章由冯亭、吴胜保、李旭共同编写。此外，王颖对书稿出版规划提出了建设性建议，吴胜保和李旭在文字校对与语言修饰方面做了较多工作。河北大学光信息技术创新中心主任姚晓天教授对于本书的出版给予了很多支持和帮助，激光与传感研究组的张泽恒、姜美丽、韦达、周俊楠、毕文文、孙威威、苗甜甜等硕士研究生负责了书中部分图的绘制工作，在此表示感谢。同时，本书的出版得到了河北省一流本科专业建设项目（河北大学光电信息科学与工程专业）、国家自然科学基金项目（61705057、61975049）的支持，笔者表示最诚挚的感谢。

本书是笔者在河北大学多年光纤传感教学与科研工作经验基础上，同时参考国内外大量的相关书籍、论文等资料后编著而成的。由于本书编写时间仓促，书中难免存在疏漏，诚恳同行学者批评指正，以便于本书今后的修改和完善，不胜感激。

笔者联系方式：wlxyft@hbu. edu. cn；wlxyft@163. com

冯亭

2020 年 12 月

目　录

第1章 绪论

第2章 光纤光学基础

第4章 光纤传感调制技术及类型

第5章 光纤光栅传感器

第6章 分布式光纤传感器

第7章 特殊类型光纤传感技术

第8章 光纤传感教学实验

附录

第1章 绪论

1865 年，物理学家麦克斯韦（J. C. Maxwell）提出光是一种电磁波，其所处频带范围如图 1.1 所示。光线通常是沿直线传播的，但有时候让光线绕过物体或者按照人的意愿方向传播更加有利。于是，研究者提出了介质光波导的概念，并由此陆续发明了圆形截面的圆波导（光学纤维）和具有平面对称性或直角对称性的平板波导、条形波导等光波导。由此衍生出了以纤维光学（或光纤光学）和集成光学为主的导波光学，而实际上两个分支所依据的基本原理和所采用的分析方法类似。

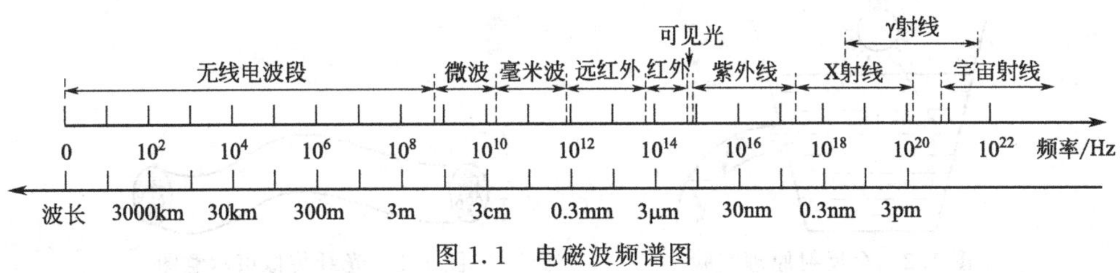

图 1.1　电磁波频谱图

光学纤维（简称光纤）是一种工作在光波波段的介质波导，通常为圆柱形。光纤一般为三层结构，包含纤芯、包层和涂覆层。其中，纤芯的折射率要大于包层，当入射光波满足一定条件时，能在纤芯和包层分界面处满足全反射条件而不泄漏出光纤外，从而实现在光纤中的长距离传输。涂覆层在包层外主要起保护作用，使得光纤在使用过程中免受环境污染和机械损坏。为了满足各种应用，光纤还可以具有更加复杂的结构。

1.1　光纤光学发展的四个阶段

随着激光的问世，古老的光学已裂变出众多的分支，光纤光学便是其中之一。光纤光学这一名称最早出现于20世纪50年代，但随着光纤激光器的迅速发展，尤其是光纤通信的广泛应用，使得这一新分支的内容越来越丰富。光纤光学是研究光学信息（光线或图像）在透明光学纤维中传输机理的一门学科。追溯光纤光学的发展历史，其最早起源于1854年，共经历了四个发展阶段——早期阶段（1854—1950年）、起步与上升阶段（1950—1970年）、全面兴起与发展阶段（1970—1990年）、飞速发展阶段（1990年至今）。在这四个发展阶段，光纤光学在早期发展缓慢，主要发展阶段是近70年。下面详细介绍光纤光学发展的四个阶段。

1.1.1 早期阶段

1854年，英国物理学家丁达尔（J. Tyndall）指出光线能够沿着盛水的弯曲通道传输。1870年，他在英国皇家学会演讲光的反射原理时，通过实验展示了这个现象：光从水桶上面照入水中，当水从小孔流出时，可清楚地看到光线沿弯曲水柱传输，这就是全反射现象，如图1.2所示。

1881年，美国20岁的工程师威廉姆（W. William）申请了一项在建筑物内传输光线的专利，意在利用地下室明亮炫目的电弧放电为房间照明。在20世纪早期，用弯曲的玻璃棒引导光线照亮人的口腔内侧，而在此之前，是在病人嘴里放置一个气体灯用于照明。1927年，英国的贝尔德（J. G. Baird）首先指出了利用光的全反射现象而制成的石英光纤可以用来传输光线和解析图像，从此人们把注意力转移到石英这种材料上。但早期的光纤只有纤芯，利用空气充当包层，在石英与空气界面实现全反射，存在严重的漏光问题。1930年，德国的拉姆（H. Lamm）首先制作出了图像光纤传像束——把柔软的光纤集合成束传送光学图像，如图1.3所示。他把直径为40μm的石英光纤有规则地排列起来，制成了肠胃检查镜。在此后的二十年，由于技术水平和材料的限制，相关研究进展不大。

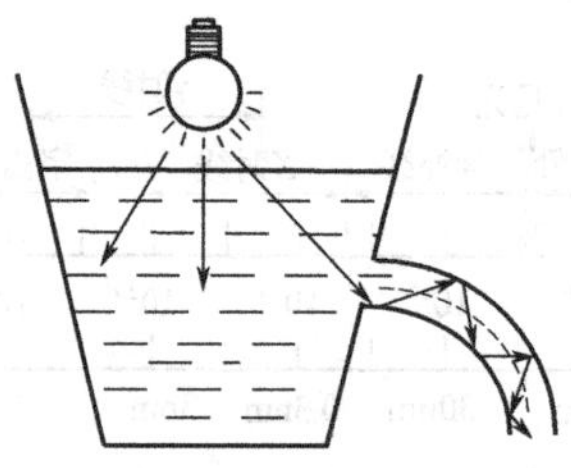

图1.2 全反射原理实验

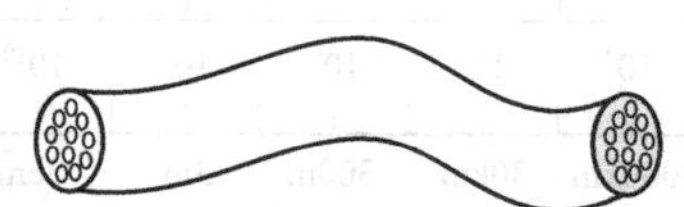

图1.3 光纤传像束示意图

1.1.2 起步与上升阶段

进入20世纪50年代，光纤光学开始蓬勃发展。为了解决光泄漏问题，同时起到保护作用，1953年，荷兰的范希尔（Van Heel）将一种折射率为1.47的塑料涂敷在玻璃纤维上，制成了玻璃（纤芯）/塑料（包层）的光学纤维。但由于塑料包层难以做到均匀一致，并且塑料包层与玻璃纤芯分界面不够平滑，导致光能量损失严重，效果不理想。1955年，美国的希斯乔威兹（B. I. Hicechowitz）把高折射率的玻璃棒插在低折射率的玻璃管中，经加热拉制成玻璃（纤芯）/玻璃（包层）的光学纤维。至此，初步解决了光纤的“绝缘”问题，漏光问题也得到了解决，为今天的光纤制作工艺奠定了基础。但是，当时的光纤损耗非常大，高于1000dB/km，即使使用优质的光学玻璃也无法得到低损耗的光纤，使得人们曾一度对玻璃这种材料产生怀疑。1956年，英国的卡帕尼（N. S. Kapany）首次提出了“光纤光学”的理论命名，基础是传统几何光学。1958年，他又提出了拉制复合光纤的新工艺。随后，由于光纤理论的不断发展和光纤制作工艺的不断改进，光纤元件的质量有了很大的提高、应用范围也日益广泛。早在1954年，卡帕尼用50μm的光纤排列成光纤传像束，但由于一些技术问题没有解决，在实际应用上受到限制。1960年，美国首先解决了光学纤维的排列工艺，制作出了可弯曲、分辨率较高的光纤传像束，并在医疗仪器中使用。从此以后，光纤传像束开始成为商品，并有了广泛的应用，并且20世纪60年代的整个工业都在围绕着光纤成像和光输运进行生产，例如：基于光纤束制成的潜望镜、内窥镜，在工业、国防和医疗上都有重要的应用；基于光纤束制成的各种图像变换器，可以改变光源或图像的形状、大小，在光电控制和记录系统中得到了应用；基于光纤束传递图像、移动像面及耐真空的特性而制成的纤维光学面板，在电子光学器件（如像增强器、变像管等）中可作端窗和极间耦合元件，对改进器件性能、简化器件结构所起作用很大。同时，1960年世界上第一台激光器问世［由美国物理学家梅曼（T. Maiman）发明］，解决了光通信光源问题，为光纤通信奠定了革命性的基础。1966年，诺贝尔奖获得者高锟博士首次提出了以光纤作为介质波导传输光信息的概念，他提出“当玻璃纤维损耗率下降到20dB/km时，光纤通信就会成功”，奠定了光纤通信的理论基础。1970年，美国康宁（Corning）公司首先拉制出损耗低至20dB/km的通信用石英光纤，为光纤通信的实用化奠定了技术基础。至此，光纤光学的理论体系初步建立，光纤光学的新学科基本完成，光纤传像与传光器件开始实用，光纤通信的理论与工程基础初步解决。

1.1.3 全面兴起与发展阶段

20世纪70年代后，光纤光学的理论获得了新发展，以几何光学中的费马原理和分析力学中的哈密顿原理的等价性为基础建立起来的哈密顿光学基本概念和方法，被用来处理光在光纤中的传输问题，从而实现了几何光学的力学化，形成了光纤光学的光线理论。以麦克斯韦方程组为基础，从波动光学理论角度出发，并配合光纤的边界条件，发展了以模式理论为研究对象的光波导理论，使光纤光学理论更加完善。与此同时，由于把半导体工艺引入到光纤的制造中，低损耗、低色散光纤和梯度折射率光纤的出现，促进了激光通信、波导光学、梯度折射率光学和微型光学的发展。尤其是长距离通信的需求，促使了多种类型光纤的成功研制和制造工艺的成熟，光纤经历了阶跃折射率多模光纤、渐变折射率多模光纤、阶跃折射率单模光纤的发展历程，各种相关无源光器件也形成了体系。自1970年开始后的20年，随着光纤制作工艺的逐步完善，光纤损耗飞速下降，从1970年第一条通信用光纤的20dB/km损耗到1990年降到了接近理论极限的0.14dB/km，致使光纤通信在世界范围内形成了一个充满活力的新兴产业。期间，光纤传感技术出现并且迅速发展，70余种功能型和非功能型光纤传感器相继问世，研究异常活跃，开拓了光纤光学应用的新领域。同时，以稀土掺杂光纤作为工作物质的光纤激光技术也得到了诸多研究者的关注，研究方向不断拓展，各种类型和各种波段的光纤激光器被提出并进行实验室验证。

1.1.4 飞速发展阶段

进入20世纪90年代后，光纤光学进入了飞速发展阶段。光纤通信进入第五代光纤通信系统阶段——光孤子传输系统、相干光通信系统、全光通信系统等，光纤到户全面普及，网络速度与日俱增。高功率、窄线宽、脉冲、非线性、随机光纤激光器以及各个波段的光纤激光器快速发展和大量应用，尤其是1μm 波段的高功率光纤激光器已经逐步取代其他类型高功率激光器的市场，被广泛应用于工业加工、医疗、军事等重要领域。强度调制型、相位调制型、波长调制型、偏振态调制型、频率调制型光纤传感器，准分布式和分布式光纤传感器，以及新型材料光纤传感器相继出现，并且被应用于基建、生物、化工、医疗等领域。以光纤望远系统、光纤内窥镜、光纤医学成像等为代表的光纤传像、成像领域也发展迅速，成为目前研究热点之一。另外，基于光纤技术的微波光子学研究也是目前的前沿研究方向，其将激光与微波相结合，在超低相位噪声微波信号生成、处理与变换等领域获得了众多研究成果，将在微波激光雷达、无人驾驶等领域产生重要价值。

1.2 光纤传感技术的发展

光纤传感技术是伴随着光通信技术和半导体技术发展而衍生的一种新传感技术，是光传感、光通信、电子技术互相交叉和互相渗透的高科技技术，是国家“十五”至“十三五”规划重点支持发展的信息产业的重要组成部分。

1.2.1 光纤传感器的起源

光纤传感技术是伴随着光纤及光纤通信技术发展而另辟蹊径的一种崭新的传感技术。在光通信系统中，光纤被用作远距离传输光信号的媒质。显然，在此类应用中要尽量避免光纤中传输的光信号受外界干扰，以保证接收端收到信号的准确性或减少接收端的误码率。然而，在实际的光传输过程中，光纤较易受到外界环境因素变化的影响，如温度、压力、电磁场等环境条件的变化将不可避免地引起光波参量的变化，如光强度、相位、波长、偏振态、频率等。正是这一现象启发了人们，如果能测出光纤中传输光波参量的变化，即可得知导致这些光波参量变化的温度、压力、电场、磁场等物理量的信息。光纤传感技术就是在此背景下产生的。

概括地说，光纤传感器就是利用光纤使待测量对光纤内传输的光波参量进行调制，并对被调制过的光信号进行解调检测，从而获悉待测量值的一种装置。具体来说，就是利用光纤在预测媒质中产生的光偏振状态、相位特性、干涉特性、光强度、波长、频率等变化来检测各种物理量的仪器。光纤传感器在1977年被正式提出，仅至1982年底已报道的各种光纤传感器就达60多种，到目前为止已经可以检测上百种理化生参量，如液位、应变、压力、流量、振动、温度、电流、电压、磁场、位移、速度、加速度等物理量，气体浓度、酸碱度等化学量，血糖浓度、血流量等生物量。

有的情况下，通信用光纤对外界的反应不是足够敏感，但可以设计特种光纤或在光纤内设计特殊结构来使之对外界效应做出强烈反应，还可以利用干涉光学效应等来探测在较长的光纤上累加的弱效应。

1.2.2 光纤传感器的优点

光纤本身有许多固有的优点，如长距离低损耗、易弯曲、体积小、重量轻、成本低、防水、防火、耐腐蚀、耐高温、抗电磁干扰等。于是，与传统传感器相比，光纤传感器具有以下显著特点。

(1) 灵敏度高

由于光波是一种波长极短的电磁波，通过测量光波的相位可得到其光学长度。例如，在光纤干涉仪中，因为光纤的直径很小，当干涉臂受到微小的机械外力作用或温度变化时其光学长度会发生变化，从而引起较大的相位变化。假设干涉仪臂长差为 1m，1℃的温度变化可引起 100rad 的相位变化，而若能检测出的最小相位变化为 0.01rad，那么其所能测出的最小温度变化为 10^{-4}℃，灵敏度极高。

(2) 抗电磁干扰、电绝缘、耐腐蚀、耐高温

基于光纤自身的众多优点，使得光纤传感器可以用于强电磁干扰、易燃、易爆、高温、强腐蚀性等恶劣环境或极端环境中，从而开辟出众多特殊的应用领域。另外，由于绝缘性好，光纤传感器的置入不会影响待测物理场的性质，非侵入性好，测量准确性更高。

(3) 测量速度快

光的传输速度快且能传送多维信息，可用于高速测量。例如，雷达等信号的分析需要具有极高的检测速率，利用电子学的方法一般难以实现，而利用光的衍射现象的高速频谱分析可以予以解决。

(4) 信息容量和信息含量大

被测信号以光波为载体，而光的频率极高、频带极宽，通过各种复用技术，同一根光纤可以传输多路信号。随着分布式光纤传感技术的发展，整条光纤既是传输介质又是传感介质。分布式光纤具有海量传感点，信息量巨大。

(5) 远距离探测

光纤损耗低，可以远距离传输。在一些偏僻地区或不便于长期驻留的环境中，可以将光纤传感器置于待测场中，而测量信号通过光纤传输到远处的监控机房或处理中心，实现远距离监控测量。

1.2.3 光纤传感器的应用

光纤传感器作为一种新型传感器，自 20 世纪 70 年代被提出来以后，就受到了研究者的重视，并得到了广泛的研究和应用，其在航空航天、石油化工、电子电力、土木工程、生物医药等领域有着广泛的应用前景。目前实用化程度较高的有：用于舰艇、导弹、飞机、卫星等的高性能导航、制导与控制系统的光纤陀螺技术，用于水声探测、石油勘探、地声探测等的光纤迈克耳逊、马赫-曾德尔干涉技术，用于工程结构健康监测、火灾探测、地壳微弱形变观测的光纤光栅传感技术，基于拉曼效应的温度分布式测量技术，面向周界安防、石油电力、铁道运输的相位敏感光时域反射分布式振动传感技术，面向生物医学领域的光学相干断层成像无创检测技术等。目前，世界上已有各类光纤传感器上百种，伴随新机理及特种光纤、专用器件和新技术的不断问世，其性能指标不断提高，更多的应用领域将不断出现，显示出光纤传感技术具有广阔的应用前景。现如今，光纤传感技术已经成为跨越光学、光电子学、材料学、电子技术、计算机技术、通信技术、土木工程、生物化学等多学科多门类的系统科学。

1.2.4 中国光纤传感技术研究现状

光纤传感技术从20世纪70年代后期开始发展，起初国外发展先于国内。但不久，中国不少高校和科研单位就紧跟着开展相关工作，随后中国的光纤传感事业便随同国际发展态势一并前进与起伏，直至今日。纵观中国光纤传感发展的40余年，虽然起势较猛，但历经曲折，走过的路并不平坦，大致可以分为三个阶段：①80年代初到90年代中期的小高潮；②90年代中期到21世纪初的缓慢发展；③21世纪初至今的新阶段。

(1) 第一阶段

在第一阶段中，光纤传感一开始就显现出很大的吸引力，基础研究不断创新、学术活动频繁、应用领域不断开阔。广大研究人员不仅认真学习国外的先进方法与技术，而且努力创新、克服种种苦难，勇于探索各种新方法与技术，研制了多种光纤传感器并试图将其推广应用。在这一阶段中，中国光纤传感技术发展迅猛，而且得到了国家的重视，国家也制定了相关国家规划与任务，如《光纤传感技术“七五”发展规划》明确了方向，并确定攻关子课题12项，内容涉及光纤传感器的几种主要类型，以任务驱动科研，极大地推进了中国光纤传感行业的发展；期间，中国也成立了各种相关学术组织，召开了各种相关学术会议。

(2) 第二阶段

到了第二阶段，由于技术和市场不成熟，中国的光纤传感技术发展逐渐显露出动力不足而进入发展低潮。一方面由于光纤通信发展迅速，国家规划制定和投资部门及光纤技术研究单位将大部分精力转向了光纤通信；另一方面由于光纤传感技术不成熟、工艺不完善、应用不过关、元器件价高质低，难以满足实际需求，没有打开市场；除此之外，与传统电子类传感器相比，并没表现出显著优势、难以满足实际应用和市场需求，导致光纤传感技术发展陷入低谷。在此阶段，中国光纤传感相关的学术交流会议基本暂停、学术交流基本消失。

(3) 第三阶段

进入第三阶段后，凭借光纤传感技术固有和潜在的性能优势，随着技术的不断发展、各类传感器不断满足应用需求，且在很多领域表现出了传统传感器无法企及的应用优势，光纤传感的发展迎来了新的高潮；另外，国家各个层面开始重新重视光纤传感技术，认识到传感器作为国民经济的基础产业必须大力发展，各种政策、规划和项目支持开始投向光纤传感，很多企业和投资者也纷纷看好光纤传感的市场，这使得光纤传感很快走出了低谷，迎来了快速发展的新局面；随后，各种光纤传感相关学术交流会、产业化论坛紧密召开。一直到现在，光纤传感技术的研究和应用展现着欣欣向荣的发展盛况。

经过40多年的努力，光纤传感已经成为中国传感器领域的一个重要分支，成为现场在线监测的重要手段，应用于越来越多的行业，也正在渗透于新的不同的应用领域。目前，中国已具备开发各类光纤传感技术的基础，有广阔的国内市场；已具备研究开发的交流平台，并加强了与国际的学术交流，开始走向世界；已成为世界上最主要的光纤传感产品应用市场，显示出旺盛的生命力和良好的市场前景。目前，几乎所有的光纤传感器都可以国产提供，并达到与国外产品接近或相当的技术指标。中国学者所取得的主要技术成果包括光纤萨格纳克干涉仪及其在陀螺领域的应用，光纤迈克耳逊干涉仪、马赫-曾德尔干涉仪在水声探测、石油勘探、地声探测方面的应用，光纤光栅传感技术及其在火灾报警中的应用，分布式光纤传感技术及其在智能结构与建筑领域的应用，光纤法布里-珀罗传感技术与应用以及新型光纤传感技术和生物医学应用，等等。

虽然中国光纤传感技术的发展获得了长足的进步，已经进入了实用化阶段，但是仍需要清醒地认识到，中国的研究水平、技术水平及产品化水平仍然不能满足强烈的实际需要，与国外发达国家相比还是有一定的差距，相关市场也既有风险又有不确定性，可谓前途光明但道路曲折。对于诸多高校和科研单位，今后的努力方向主要集中在加强光纤传感新器件与新技术的研发，包括多参量实时测量、高精度实用检测、分布式检测网络化、全光纤微型化与智能化、极端环境下及新兴领域应用的新器件与新技术等。目前，国内从事光纤传感研究的技术团队分布的高校与研究单位主要包括清华大学、北京交通大学、北京邮电大学、天津大学、华中科技大学、哈尔滨工业大学、哈尔滨工程大学、浙江大学、上海交通大学、上海大学、武汉理工大学、深圳大学、重庆大学、太原理工大学、燕山大学、河北大学、中国计量大学、山东科学院激光研究所、上海光机所等。这些单位的相关研究人员有近千名，形成了一支重要的研究队伍，为我国今后的光纤传感事业的发展贡献着重要的力量。

习题与思考

1. 什么是光纤传感器？
2. 相比于传统传感器，光纤传感器的优点是什么？
3. 光纤传感器的应用领域有哪些？

参考文献

[1] 薛国良，王颖，郭建新.光纤传输与传感.保定：河北大学出版社，2004.
[2] 李川.光纤传感器技术.北京：科学出版社，2013.
[3] 延凤平，任国斌，王目光，等.光波技术基础.北京：清华大学出版社＋北京交通大学出版社，2019.
[4] 刘铁根，于哲，江俊峰，等.分立式与分布式光纤传感关键技术研究进展.物理学报，2017，66（7）：070705.
[5] 廖延彪，苑立波，田芊，等.中国光纤传感40年.光学学报，2018，38（3）：328001.

第2章 光纤光学基础

光纤传感系统是研究光纤中传输的光信号与外界待测参量之间关系的系统，其中光纤是最基本的组成部分。为了研究外界待测参量对光纤中光信号的影响，必须掌握光纤传输光信号的特性。本章将主要从光纤的光线理论和波导理论两方面论述光纤波导的基本原理，为后续光纤传感系统及光信号调制技术的学习奠定理论基础。

2.1 光纤导波原理

当光从水中入射到空气中时，光线会发生折射现象，折射角大于入射角，并且随着入射角的不断增大，折射角也不断增大，如图 2.1(a) 所示。当入射角增大到角度 ψ_c 时，折射角等于 90°，继续增加入射角，折射光消失，全部变为反射光，这就是全反射现象，角度 ψ_c 称为临界角。也就是说，当光发生全反射时，可以保证光线不从水中泄漏到空气中。发生全反射现象的条件是光线必须从折射率大的介质（光密介质）入射到折射率小的介质（光疏介质）中。如果将光密介质用光疏介质包围起来，且入射光线满足大于临界角条件，则光线被束缚在光密介质中一直向前传输［图 2.1(b)］，此时光密介质和光疏介质组成的整体可称为

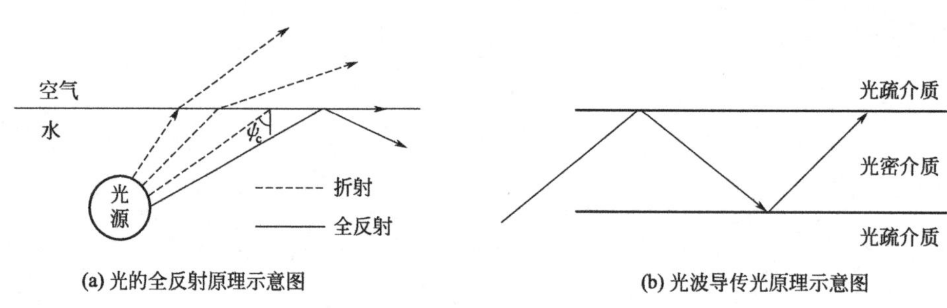

(a) 光的全反射原理示意图　　(b) 光波导传光原理示意图

图 2.1　光的全反射原理和光波导传光原理示意图

光波导。如果光波导被制作的尺寸很小且为长圆柱形，即圆柱形的光密介质被圆环形的光疏介质包围，就称为光纤波导，其中圆柱形的光密介质称为纤芯、圆环形的光疏介质称为包层。细小的光纤具有良好的柔韧性，光波在中心折射率高的介质中不断向前传输，可被用于光纤通信或光纤传感。

2.2 光纤简介

常规通信用的低损耗光纤的主要成分是高纯石英（SiO_2），其材料纯度为 $10^{-6}\sim10^{-9}$ 量级。包层一般采用纯石英材料，纤芯通过掺杂技术掺入不同微量杂质，通常是掺锗（Ge）或磷（P）以提高纤芯折射率。在纤芯制作过程中，可通过控制掺杂浓度以精确调控纤芯区折射率。有时为了不同需求，也可以纤芯为纯石英而包层中掺杂少量杂质［通常是掺硼（B）或氟（F）］以降低包层折射率。为了便于设备的标准化，通常光纤的包层直径统一为 125μm，纤芯直径则可根据光纤结构类型和用途的不同而不同，一般在 4～50μm 范围内。为了增强光纤的机械强度、柔韧性和耐老化特性，光纤包层外通常用树脂或者塑料进行涂覆，一般通信用光纤的涂覆层外径为 250μm。

2.2.1 光纤的基本结构与分类

（1）光纤的基本结构

光纤的基本结构为两层圆柱状媒质，内层为纤芯、外层为包层。纤芯的折射率 n_1 比包层的折射率 n_2 稍大，当入射光波满足入射角大于临界角时，光波就在纤芯和包层分界面处实现全反射，沿着纤芯不断地向前传输。但值得注意的是，满足纤芯和包层边界上的全反射条件只是光波在光纤中传输的必要条件，而不是充分条件。除此之外，光波还必须同时满足传输过程中的相干加强条件（或相位条件），即光波在连续两次反射间的相移必须是 2π 的整数倍。也就是说，光波能否在光纤中稳定地向前传输，除了和入射角有关外，还和光的波长有关。可见，光线的入射角只能取分立的数值，而不是连续地变化。把每种满足传输条件的不同入射角的光线称为光纤的一个模式。其中，与光纤中心轴夹角最小的光线称为基模，其他称为高阶模。按可传输的模式数量分类是光纤最基本的分类方法，分为单模光纤和多模光纤。只能传输一种模式（基模）的光纤称为单模光纤，而能同时传输多种模式的光纤称为多模光纤。

模式特性还取决于光的波长，如果光纤对于一个较长波长的光波为单模光纤，对于另一个较短波长的光波可能变为多模光纤。在光波导理论中，对于区分单模光纤还是多模光纤，提出截止波长 λ_c 的概念（详见 2.4 节），用于定义光纤的单模工作波段。另外，如果光波的入射角小于临界角，不能满足纤芯与包层界面的全反射条件而折射进入包层中，但在包层与空气的界面被全反射，这样的光波称为包层模。如果在包层与空气的界面仍然不满足全反射条件，光波将折射到空气中向自由空间传输，称为辐射模。

（2）光纤的分类

① 按纤芯的折射率分布进行分类，光纤可分为阶跃折射率光纤和渐变折射率光纤。阶跃折射率光纤中纤芯或包层的折射率是均匀的，只在纤芯和包层的分界面处折射率发生突变。在柱坐标系下，阶跃折射率光纤的折射率分布可以表示为

$$n(r)=\begin{cases}n_1 & r\leqslant a\\ n_2 & a<r<b\end{cases} \tag{2.1}$$

式中，a、b 分别为光纤纤芯和包层的半径。

渐变折射率光纤的纤芯折射率是按照一定的函数关系从光纤中心沿径向到包层不断变化的，其一般的折射率分布式可以表示为

$$n^2(r)=\begin{cases}n_1^2\left[1-2\Delta f\left(\dfrac{r}{a}\right)\right] & r\leqslant a\\ n_2^2 & a<r<b\end{cases} \tag{2.2}$$

其中

$$\Delta=\frac{n_1^2-n_2^2}{2n_1^2}\approx\frac{n_1-n_2}{n_1} \tag{2.3}$$

式中，Δ 为纤芯与包层相对折射率差。函数 $f(r/a)$ 有 $f(1)=1$。当函数 $f(r/a)$ 的形式为

$$f\left(\frac{r}{a}\right)=\left(\frac{r}{a}\right)^g \tag{2.4}$$

时，所给出的光纤结构称为 g 型光纤。实际上，渐变折射率光纤涵盖了许多在实际中常见的光纤折射率分布形式。当 $g=1$ 时，光纤具有三角形折射率分布；当 $g=2$ 时，光纤具有抛物线形折射率分布；当 $g\to\infty$时，g 型光纤即演变为阶跃折射率光纤。

图 2.2(a) 是典型的阶跃折射率单模光纤的结构与折射率分布示意图，这是常见的通信用光纤结构形式，其包层尺寸为 125μm、纤芯典型尺寸为 8～12μm、纤芯与包层相对折射率差 Δ 一般为 0.0005～0.001。图 2.2(b) 是典型的阶跃折射率多模光纤的结构与折射率分布示意图，其包层尺寸一般为 125～400μm、纤芯典型尺寸为 50～200μm、纤芯与包层相对折射率差 Δ 一般为 0.01～0.02。图 2.2(c) 是典型的渐变折射率多模光纤的结构与折射率分布示意图，其包层尺寸为 125μm、纤芯典型尺寸为 50μm、纤芯折射率为某种函数分布。

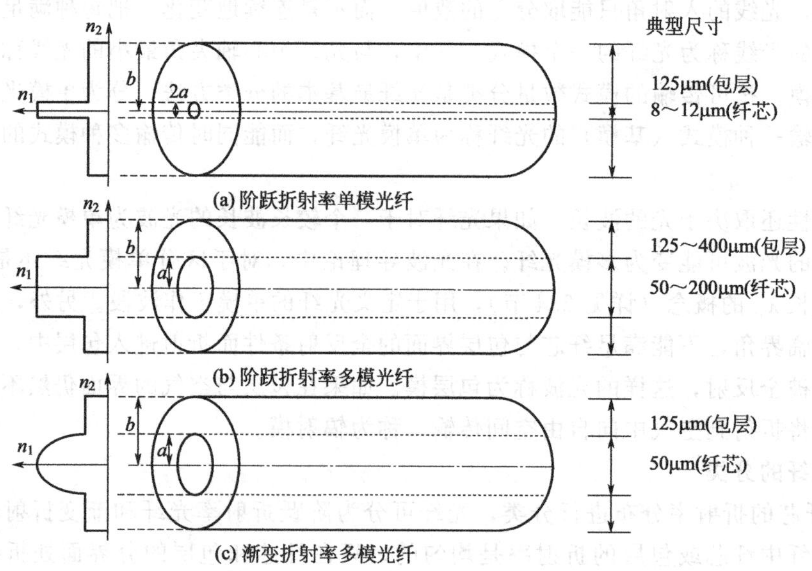

图 2.2　光纤的结构与折射率分布示意图

② 按制造材料进行分类，光纤可分为：高纯度纯石英光纤，其特点是纯石英材料的光传输损耗低，在 1550nm 处可低至 0.14dB/km，一般都小于 1dB/km；多组分玻璃光纤，其特点是纤芯与包层的折射率可在较大范围内变化，有利于制作大数值孔径的光纤，但材料损耗偏大，在可见光波段一般为 1dB/m，不适合长距离传输；塑料光纤，其特点是成本低、结构灵活性大，但是材料损耗大、稳定性能差；红外光纤，其特点是工作波长范围大，可透过近红外（1～5μm）或中红外（～10μm）的光波；晶体光纤，其特点是纤芯为单晶，可用于制作各种有源光纤器件和无源光纤器件；特殊材料光纤（如空心光纤、液芯光纤等），可满足不同的特殊应用与科学研究需求。

③ 按传输的偏振态进行分类，单模光纤可以进一步分为非偏振保持光纤（又称非保偏光纤）和偏振保持光纤（又称保偏光纤）。非保偏光纤不能保持单一的偏振态传输，而保偏光纤可以。保偏光纤又可细分为单偏振光纤、高双折射光纤、低双折射光纤和圆偏振光纤。其中，单偏振光纤只能传输且保持一种偏振模式，高双折射光纤只能传输且保持线偏振正交且传输速度相差较大的两个模式，低双折射光纤只能传输且保持线偏振正交且传输速度接近的两个模式，圆偏振光纤只能传输且保持圆偏振光模式。

④ 按不同的特殊用途进行分类，光纤可分为众多特种光纤，如有源光纤、双包层或多包层光纤、增敏光纤、特殊涂层光纤、耐辐射光纤、发光光纤等。

2.2.2 光纤的传输特性

光纤中影响光信号传输特性的因素主要包括损耗、色散和非线性。简单地说，损耗直接影响的是传输光信号功率或强度的降低，色散导致传输光信号中不同频率成分的传输速度不同，非线性引起光信号在传输过程中产生新的频率成分。下面对这三种传输特性进行详细分析。

2.2.2.1 光纤的损耗特性

光纤的发展和应用过程一直是围绕着降低损耗来进行的，从最初的 1000dB/km 降到 1970 年的 20dB/km，再到 0.47dB/km（1976 年）和 0.2dB/km（1980 年），最后到 0.14dB/km（1990 年）。但受光纤材料固有因素和制造工艺的影响，其损耗是绝对不会消除的，只能尽量降低。光纤损耗是光纤的基本技术参数之一，其来源是多方面的。由于损耗的存在，光信号的功率在传输过程中沿光纤长度按指数规律衰减。设 P_{in} 为光纤输入功率，P_{out} 为光纤输出功率，L 为光纤传输距离，则有

$$P_{out}=P_{in}e^{-\alpha L} \tag{2.5}$$

式中，α 为光纤的损耗系数，km^{-1}。

一般在实际工程应用中，为方便使用，常将光纤损耗系数定义为单位长度上光功率衰减的分贝数（dB/km），即

$$\alpha(dB/km)=\frac{10}{L}\lg\left(\frac{P_{in}}{P_{out}}\right) \tag{2.6}$$

如果将光功率也用分贝（dB）表示，则光纤通信或传感系统中的功率预算问题将变得十分简单和方便。通常光纤通信或传感系统中光功率的水平为毫瓦量级，因此常用的光功率分贝表示为 1mW 为参考值的分贝式，用 dBm 表示，即

$$P(dBm)=10\lg\left[\frac{P(mW)}{1(mW)}\right] \tag{2.7}$$

对式(2.5) 两端取对数并乘以10，得到光纤中光功率损耗的分贝计算公式：

$$\text{Loss}(\text{dB})=\alpha(\text{dB/km})L(\text{km})=P_{\text{in}}(\text{dBm})-P_{\text{out}}(\text{dBm}) \tag{2.8}$$

分贝是一个相当奇特的单位，好像是对高损耗做了“淡化”处理。例如，3dB损耗表明原始光仅剩余50%，10dB损耗表明原始光剩余10%，20dB损耗表明原始光剩余1%。数值越大，“淡化”得越厉害，100dB损耗相当于仅留下10^{-10}的原始光，1000dB损耗相当于仅剩余10^{-100}的原始光。另外，在计算信号连续的多个衰减时，以分贝为单位也非常方便。假设要计算多个连续的衰减效应，第一次衰减过程阻止了输入信号的80%，第二次衰减过程阻止了输入信号的30%，……，为了用百分比计算出总衰减，就必须将各次衰减值转化成透射功率所占的百分比例，然后将所有透射比相乘，最后由透射光占的百分比得到衰减部分所占的比例。如果采用分贝为单位，仅将各个衰减的分贝值相加就可得到总损耗，即

$$\text{Loss}_{\text{total}}(\text{dB})=\text{Loss}_1(\text{dB})+\text{Loss}_2(\text{dB})+\cdots \tag{2.9}$$

光纤中导致损耗的因素很多，但从原理上讲，主要有辐射和吸收两大类，这两部分光都不能到达终端。当光作用于物质时，一部分反射，一部分透射，还有一部分被物质吸收。反射和透射不改变光能的形态，但只有一部分到达终端，其余部分以光的形式辐射掉。被物质吸收的那一部分光的能量形态发生变化，一般变为热能或其他形式的能量（如变为其他频率的光）。因此，任何导致产生辐射与吸收的因素都可能产生损耗。图2.3为普通石英光纤的几种主要损耗来源及其光谱分布示意图，其中850nm、1300nm和1550nm分别是三个可用于光纤通信和传输的低损耗窗口。

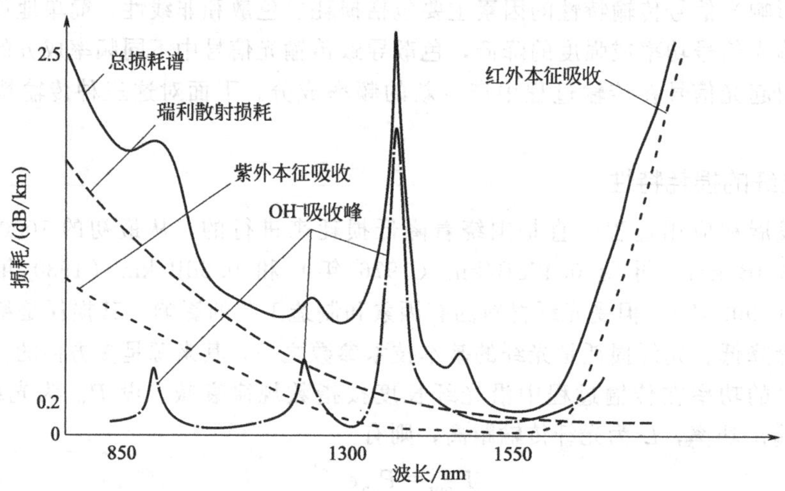

图2.3 光纤损耗的几种主要来源及其光谱分布示意图

根据光纤生产和使用的不同阶段，可将光纤损耗分为固有损耗和附加损耗两大类，如图2.4所示。其中，固有损耗主要包括材料损耗、波导损耗和光纤制作工艺缺陷，附加损耗主要包括成缆阶段和使用阶段人为引入的损耗。

(1) 材料损耗

材料损耗包括纯石英的本征吸收损耗、有用杂质掺杂的吸收损耗、有害杂质的吸收损耗、瑞利散射损耗以及强光作用时的受激布里渊散射损耗和拉曼散射损耗等。

① 纯石英的本征吸收损耗。纯石英的本征吸收来自材料内部电子和分子的运动态在其量子化能级（或能带）间的受激吸收跃迁。吸收峰的位置取决于发生跃迁的两能级间隔大

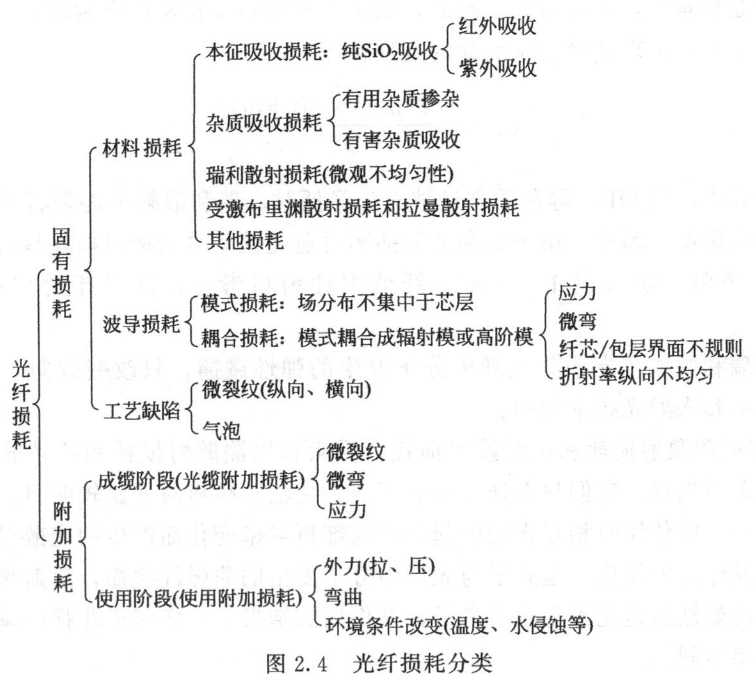

图 2.4 光纤损耗分类

小。当入射光子能量与两能级间隔相等时，材料将对该频率的光产生共振吸收，所吸收的能量被最终转化为热能。纯石英的本征吸收发生在红外和紫外两个波段。紫外区的吸收带范围是 3nm～0.4μm，红外区的吸收带范围是 0.8～12μm。

② 有用杂质掺杂的吸收损耗。掺杂是形成光纤波导结构的主要方法。为形成特定折射率剖面，需要在石英材料中掺入二氧化锗（GeO_2）、五氧化二磷（P_2O_5）、三氧化硼（B_2O_3）和氟（F）等掺杂剂，而这些有用的掺杂又会带来杂质吸收损耗。例如，GeO_2 的共振吸收峰位于远离石英低损耗窗口的远红外区域，对通信窗口的损耗几乎没有影响，但是如果掺杂浓度很高，该影响不可忽略；P_2O_5 的吸收峰位于 3.8μm，B_2O_3 的吸收峰分别为 3.2μm 和 3.7μm，这些吸收峰都比较靠近石英低损耗窗口，其带尾将对通信窗口中的长波长产生影响，尤其是当掺杂浓度较高时，其影响将较为严重；在掺 F 石英中，Si—F 键的本征吸收峰位于 13.8μm 处，距离通信窗口较远，影响可以忽略。

③ 有害杂质的吸收损耗。在生产过程中残留于光纤材料中的铁（Fe^{2+}）、铜（Cu^{+}）、铬（Cr^{3+}）、锰（Mn^{3+}）和镍（Ni^{2+}）等杂质的电子吸收光能而跃迁，具有从可见光到近红外区域很宽的吸收谱，很小的浓度可造成很大的损耗，这在早期光纤中比较突出。经过改进原材料提纯工艺和光纤制作工艺，金属离子杂质对通信窗口损耗的影响目前基本消除了。对光纤低损耗窗口影响最为严重的杂质是 OH^-（图 2.3），OH^-会吸收光能量向氢氧离子的振动能级跃迁，并以热辐射形式进入分子晶格。在光纤制作过程中，金属卤化物的氧化剂（氧气）中残留的水分和碳氢化合物生成 OH^-，外界套管（制造光纤预制棒时）中含有的 OH^-也会在高温下向纤芯扩散。只有使光纤中的 OH^-含量低于 10^{-9} 以下，其导致的吸收损耗才可以忽略。

④ 瑞利散射损耗。瑞利散射损耗是由于光纤材料内部密度的小尺寸随机不均匀性所引起的本征损耗。这种密度的随机起伏导致介质内部折射率分布在空间上微小起伏，进而产生对介质内部传输光场的散射作用。光纤内由瑞利散射所引起的功率散失与传输光波长的四次

方成反比，即波长越短，损耗越大。因此，瑞利散射对短波长窗口影响较大。在熔融石英光纤低损耗窗口附近，由瑞利散射所引起的光损耗为

$$\alpha_R = \frac{0.7(\mu\text{m}^4 \cdot \text{dB/km})}{\lambda^4} \tag{2.10}$$

在石英光纤中，当 OH^- 等杂质含量被充分降低时，瑞利散射损耗是石英光纤低损耗窗口最主要的损耗来源。因此，由于瑞利散射的不可避免性，瑞利散射损耗是石英光纤所能达到的最低理论极限。如果在 1.55μm 光纤低损耗窗口考虑，其损耗的理论极限值约为 0.12dB/km。

可以认为瑞利散射是光子与光纤中分子发生的弹性碰撞，只改变方向，不发生能量交换，散射光频率和入射光频率相同。

⑤ 受激布里渊散射损耗和拉曼散射损耗。受激布里渊散射损耗和拉曼散射损耗属于光纤中的非线性散射损耗，它们只在强光入射下或者传输长距离时才比较明显。布里渊散射是光波和声波在光纤中传输时相互作用引起光纤局部折射率变化而产生的光散射过程，是光子和声学声子相互作用的结果，是光子与光纤中分子发生的非弹性碰撞，散射光频率和入射光频率不同。而拉曼散射是光子与光学声子相互作用的结果，同样属于非弹性碰撞，散射光频率和入射光频率不同。

⑥ 其他散射损耗。其他类型散射损耗典型的是波导效应散射损耗，由光纤波导结构缺陷引起，与波长无关。光纤波导结构缺陷主要由拉丝工艺不完善造成。

(2) 波导损耗

波导损耗来源于光纤中折射率分布的不均匀性（纵向或横向）引起的光线折射与反射，主要包括模式损耗、模式耦合损耗和连接损耗。

① 模式损耗。对于给定的模式，其模场分布于纤芯（大部分）和包层（小部分），但纤芯和包层的材料不同，故损耗不同，通常为

$$\alpha = \alpha_{\text{core}} \frac{P_{\text{core}}}{\sum P} + \alpha_{\text{clad}} \frac{P_{\text{clad}}}{\sum P} \tag{2.11}$$

式中，P_{core}、P_{clad}、$\sum P$ 分别为纤芯功率、包层功率和总功率；α_{core}、α_{clad} 分别为纤芯、包层的吸收损耗。因此，一个模式的总损耗为纤芯材料和包层材料按模场分布（功率分布）的加权和。

由于一般光纤都是圆对称的，其模场分布具有圆对称性，功率分布是在环状域变化的。虽然纤芯的光强度要比包层的光强度大很多，但是包层的环状域比较大，其中功率所占的比例也是不可忽略的。而且，一般纤芯的吸收损耗要比包层小，故应设法使光功率集中于纤芯中。

由于高阶模、辐射模的模场分布更趋向于包层中，其模式损耗要比基模大得多，因此多模光纤比单模光纤的模式损耗更加严重。

② 模式耦合损耗。当光波导出现轴向非均匀性时，将出现模式耦合现象。模式总体上是从低阶模向高阶模转换，进而再转换成辐射模，最终出现光强度损耗。一般表现为光纤弯曲损耗、纤芯与包层界面不规则或应力等因素引起的微弯损耗等。例如，当光纤弯曲时，模式由传导模变为高阶模或辐射模，其强烈依赖于弯曲半径、纤芯与包层相对折射率差和归一化频率 V；微弯可看作光线在其理想的直的位置附近的微小振荡偏移，它是随机发生且曲率

半径很小，如光纤在拉制过程中由于不确定因素导致局部出现纤芯与包层界面不规则，或光纤在成缆时由不均匀的侧压力引起纤芯与包层界面出现局部凹凸，这些都将导致严重的模式耦合，引起微弯损耗。

③ 连接损耗。良好的连接是指在光纤接续点上，没有光传输的不连续现象。光纤的连接有活动连接和永久连接两种，最主要的是要满足纤芯的对准和连续性。纤芯不连续的几种典型状态有轴错位、纤芯倾斜、空隙、端面倾斜和纤芯直径及折射率的微小差异等。

(3) 制作工艺缺陷

制作工艺缺陷也可以算作是一种波导结构的不连续性，但它不同于模式损耗和模式耦合损耗，制作工艺缺陷主要有微裂纹和气泡。实验表明，石英玻璃的实际断裂强度要比其理论抗拉强度低两个数量级，其主要原因是光纤中存在大量的微裂纹。微裂纹主要是由于光纤在拉丝过程中不可避免地引入十分微小的损伤，而且温度的变化、水汽的侵蚀都会增加裂痕。裂纹处会形成局部损伤（折射率突变），光波会在损伤处形成反射与折射，从而引起损耗。另外，气泡是光纤在玻璃化过程中有可能存在排气不完全而残留形成的，气泡直径一般很微小。在气泡处也会形成局部折射率突变，造成反射与折射而引起损耗。

(4) 附加损耗

在光纤成缆阶段和使用阶段引入的附加损耗直接来源于人为因素导致的微裂纹、微弯、应力应变或弯曲等产生的微损伤，这些因素最终导致了与波导损耗和制作工艺缺陷等同样原理的光纤损耗。

2.2.2.2 光纤的色散特性

光纤的色散特性是光纤最基本和最重要的传输特性之一。通俗地讲，光纤色散是指构成光信号的各种成分在光纤中具有不同传输速度的现象。色散的存在将直接导致光信号在传输过程中产生畸变，进而导致接收到的信号失真。在数字光纤通信系统中，光纤色散将使光脉冲在传输过程中随着传输距离的增加而逐渐展宽，导致接收误码率增加，甚至导致接收信号失败。所以，色散是限制光纤容量和传输距离的主要因素。而在光纤传感系统中（尤其是在远距离光纤传感系统中），色散的积累可能导致被探测信号的不能准确接收或解调错误。

光纤中一般存在四种色散，分别为模间色散、材料色散、波导色散和偏振模色散。四种色散产生的原因可以简单地归结为：模间色散——不同模式不同传输速度、材料色散——不同频率不同折射率、波导色散——不同频率不同模场分布、偏振模色散——不同偏振态不同传输速度。

(1) 模间色散

只会在多模光纤中才发生的色散，是由于各模式之间群速度不同而产生的。在多模光纤中，光信号脉冲的能量由光纤所支持的所有传导模式共同载荷。由于各模式的传输速度不同，光脉冲将在光纤传输过程中不断展宽。光纤的模间色散通常用单位光纤长度上模式的最大时延差 $\Delta\tau$ 进行描述，即传输速度最慢和最快的模式通过单位长度光纤所需要的时间之差。很明显，在单模光纤中并不存在模间色散，使用单模光纤是解决模间色散问题最直接的方法。

(2) 材料色散

构成介质材料的分子、原子可以看成是一个个谐振子，在外加高频电磁场作用下，这些谐振子做受迫运动。经研究谐振子的振动过程，人们发现介质材料的电极化率、相对介电常数与外加电磁场有一定关系，即介质材料的折射率是电磁波频率或波长的函数。在折射率为 $n(\omega)$ 的光纤中，光波的传输常数为 $\beta=2\pi n(\omega)/\lambda=\omega n(\omega)/c$（其中 c 为真空中的光速，ω 和 λ 分别为光波的频率和波长），则光波在光纤中传输的群时延为

$$\tau=\frac{\mathrm{d}\beta}{\mathrm{d}\omega}=\frac{1}{c}\left(n+\omega\frac{\mathrm{d}n}{\mathrm{d}\omega}\right)=\frac{n_g}{c}=\frac{1}{v_g} \tag{2.12}$$

其中

$$n_g=n+\omega\frac{\mathrm{d}n}{\mathrm{d}\omega}, v_g=\frac{c}{n_g} \tag{2.13}$$

式中，n_g 和 v_g 分别是频率为 ω 的光波在光纤中的群折射率和群速度。

因此，材料色散是指不同频率的光波在光纤中具有不同的群速度或群时延的材料属性，可以用单位频率或波长间隔上群时延的变化率来表示，即材料色散为

$$\beta_2(\mathrm{ps}^2/\mathrm{km})=\frac{\mathrm{d}\tau}{\mathrm{d}\omega}=\frac{\mathrm{d}^2\beta}{\mathrm{d}\omega^2}=\frac{1}{c}\left(2\frac{\mathrm{d}n}{\mathrm{d}\omega}+\omega\frac{\mathrm{d}^2n}{\mathrm{d}\omega^2}\right)\approx\frac{\omega}{c}\times\frac{\mathrm{d}^2n}{\mathrm{d}\omega^2} \tag{2.14}$$

实际上，更为常用的色散表述形式由群时延随波长的变化率给出：

$$D[\mathrm{ps}/(\mathrm{nm}\cdot\mathrm{km})]=\frac{\mathrm{d}\tau}{\mathrm{d}\lambda}=-\frac{2\pi c}{\lambda^2}\beta_2\approx-\frac{\lambda}{c}\times\frac{\mathrm{d}^2n}{\mathrm{d}\lambda^2} \tag{2.15}$$

由式(2.14) 和式(2.15) 可以看出，材料色散主要取决于光纤参数 $\mathrm{d}^2n/\mathrm{d}\lambda^2$，其值在某一特定波长位置上有可能为零，此时波长即为光纤的零色散波长。石英光纤的零材料色散波长位于 1273nm 波长处，恰好落在光纤低损耗窗口（图 2.5），这使得制作低损耗零色散的石英光纤成为可能。

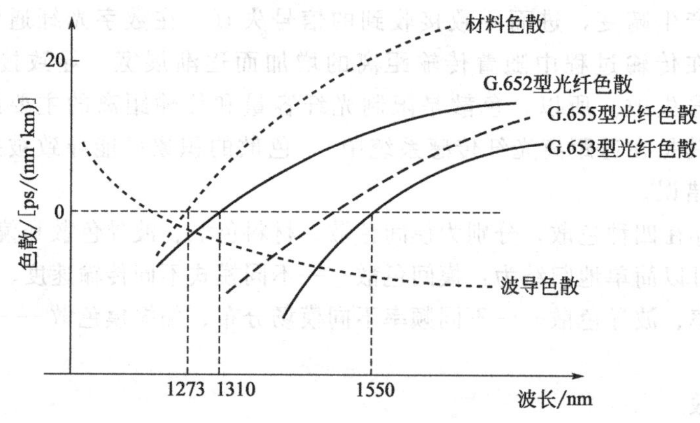

图 2.5　石英玻璃光纤的色散曲线

(3) 波导色散

在阶跃折射率光纤中，可以在光纤中传输的模式的光场并不全部在纤芯中，还有一部分在包层中传输。因此，光纤中传输的光波电磁场模式的折射率既不是纤芯的 n_1，也不是包层的 n_2，而是介于两者之间的某个值，通常用有效折射率 n_{eff} 来描述某个模式的折射率，且满足 $n_2<n_{\mathrm{eff}}<n_1$。

考虑光纤单模传输时的情况，由于波导效应（波导各区域的折射率不同）的存在，即使光纤的材料色散为零（n_1、n_2 均不随频率变化），光信号中的不同频率成分在光纤中的传输速度也不同，即仍然存在色散。由于高频成分比低频成分具有更高的有效折射率，其在光纤

中的传输速度更慢且有更高的传输时延。于是把这种由于波导结构原因所引起的色散称为波导色散，且波导色散的数值与光纤的具体折射率分布有很大的关系。也就是说，通过设计具有不同折射率分布的光纤波导结构，可以有效调控光纤的波导色散。

波导色散与材料色散共同构成了单模光纤色散的主要部分。在一般情况下，材料色散是远大于波导色散的，但在零材料色散波长附近，两者的影响是可以相当的。也就是说，通过设计适当的光纤波导结构，可以在光纤低损耗窗口内实现材料色散和波导色散的相互抵消或者得到希望的光纤净色散量，从而实现不同的应用目的。图 2.5 给出了石英玻璃光纤材料色散和波导色散相互配合以实现不同光纤类型的示意图。图中设计的波导色散分布与材料色散共同作用得到了 G.652 型光纤的色散曲线，此光纤在 1310nm 低损耗通信波长处得到了零色散。由图 2.3 可知，石英光纤在 1550nm 处损耗最低，于是通过设计光纤波导结构，可将零色散点移到 1550nm 处，即得到了 G.653 型光纤。同样，为了特殊目的，也可以设计为具有其他色散曲线的光纤，如图中的 G.655 型光纤。

(4) 偏振模色散

单模光纤的基模由两个正交偏振的模式简并而成，即两个模式具有相同的特性曲线和传输性质。对于理想圆对称的光纤，这两个模式是完全简并的，表现为一个不变的合成模式，即不会对光纤中传输的光信号产生任何不良影响。但光纤不可避免地存在一定的纤芯椭圆度，或者由于弯曲、压力等引入侧向应力，这些均会导致光纤产生一定的双折射，即沿椭圆的长轴和短轴方向或侧向应力的平行和垂直方向表现出不同的有效折射率。于是，原本两个偏振模式的简并性遭到破坏，两者将具有不同的传输速度，从而形成了偏振模色散。

对于较长的通信用单模光纤，由于光纤制作过程中不可避免地引入随机纵向非均匀性，同时光纤使用过程中随机引入的弯曲、应力和温度变化等，这些因素均会引入偏振主轴方向不一定的随机双折射。这种随机性使得光纤的偏振模色散特性在不同时间、光纤的不同部分均不同，因此对单模光纤的偏振模色散分析在本质上具有复杂性。而且，根据分析可知，光纤的偏振模色散是不可能被完全消除的。庆幸的是，和其他色散相比，偏振模色散的量级几乎可以忽略，目前还不是光纤通信的主要考虑对象。但是，在其他色散得到克服的未来超高速光纤通信系统中，偏振模色散由于具有的不可消除性，有可能成为限制系统速率的最终因素。

2.2.2.3 光纤的非线性特性

当足够强的光在介质中传输时，在一定条件下就会产生各种非线性光学现象。原则上，在体介质中发生的各种非线性光学现象在光纤中都能产生。在介绍材料损耗中提到的受激布里渊散射和受激拉曼散射就是光纤中较常见的两种非线性效应。除此之外，光纤中还存在自相位调制、交叉相位调制和四波混频三种非线性效应。

在线性光纤传输系统中，光信号的各频率成分是各自独立传输的，信号畸变主要来自各频率传输速度不同所导致的色散。而光纤的非线性效应不仅引起信号畸变，更重要的是它将导致新频率的产生和不同频率之间的相互作用。这将对光信号的传输产生两方面的影响，即新频率的产生导致原频率的功率降低、不同频率之间的相互作用导致传输中不同信号之间的相互串扰。

石英材料并不算良好的非线性介质，实验测得石英光纤的非线性折射率系数只有 $2.3\times10^{-22}m^2/V^2$，远小于光学中常用的体非线性介质。但是由于光纤具有非常小的光场有效区域，使得很小的注入光功率即可在光纤中获得很高的光功率密度，并且光纤的低损耗使得很容易获得相当长的有效非线性距离。实际上在光纤中产生非线性效应要比在体材料中容易得多，影响也更为严重。

2.2.3 光纤的物理特性

2.2.3.1 力学性能

(1) 弯曲性能

一般情况下，光纤遵守胡克定律。在弹性范围内，光纤受到外力而发生弯曲时，纤芯轴内部分受到压缩作用、外部分受到拉伸作用。外力消失后，由于弹性作用，光纤能自动恢复原状。但当弯曲半径小于所允许的曲率半径时，光纤将会被折断。

光纤的弯曲性能与光纤的机械强度有关，而光纤的机械强度则取决于光纤材料的强度、分子结构状态及缺陷等因素。因此，严格的制作工艺是提高光纤机械强度的重要保证。

光纤弯曲时所受到的应力可表示为

$$\sigma = aE/R \tag{2.16}$$

式中，σ 为应力大小；E 为杨氏模量；R 为弯曲半径；a 为纤芯半径。

如纯石英（SiO_2）芯的光纤，$2a=76\mu m$，$R=12.7cm$，$E=7\times10^4 MPa$，则有

$$\sigma = 21MPa \tag{2.17}$$

(2) 抗拉强度

抗拉强度 F 由下述经验公式计算：

$$F = \frac{1572\times(111.8+2a)}{1525+2a} \tag{2.18}$$

如直径 $2a$ 为 $76\mu m$ 的光纤，$F=184MPa$。

2.2.3.2 热性能

(1) 耐热性

光纤的耐热性能与光纤的材料有关，多组分玻璃材料的熔点在 800～1200℃范围内，可在 500℃以下的环境中使用而不损坏。高纯度的石英玻璃的熔点在 1500℃以上，可在 1000℃以下使用。至于在低温环境中的使用，主要取决于包层材料，一般条件下光纤使用的温度可低至－40℃。

(2) 热膨胀系数

热膨胀系数非常重要，尤其是在光纤传感器应用中，其大小关系到光纤对被测物理量敏感性的好坏。根据所测的物理量性质不同，对光纤的热膨胀系数的要求也不一样，有时甚至截然相反。例如，在测量温度时，要求光纤有较大的热膨胀系数，以得到良好的灵敏度；当测量压力时，要求光纤有尽可能好的热稳定性，即有最小的热膨胀系数。典型的玻璃材料的热膨胀形变与温度的关系曲线如图 2.6 所示。从图中可以看出，热膨胀系数在 T_g 处发生急剧变化，T_g 称为玻璃的转化点；而 T_A 是玻璃随温度升高其热变形由伸长变收缩的转折点，称为屈服点。

2.2.3.3 电绝缘性

传感用光纤在很多场合都要求有电绝缘性，而石英光纤波导是优良的绝缘介质，其电阻率大于 $10^8\Omega\cdot cm$，一般波导的电阻率也都在 $10^3\Omega\cdot cm$ 以上。

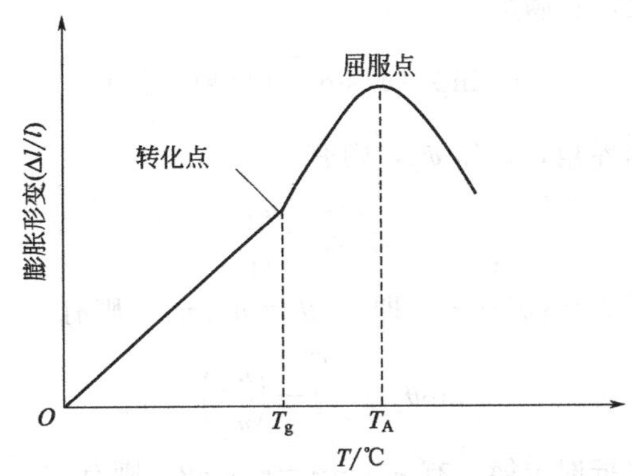

图 2.6 玻璃材料的热膨胀形变与温度的关系曲线

2.3 光纤的光线理论

因为光是电磁波，光在光纤中的传输可用麦克斯韦方程组及波动方程来分析。当光纤的端面尺寸比光波长大得多（如阶跃型多模光纤直径为 62.5μm，对于在真空中波长为 1310nm 的光波来说即满足条件）时，可以用几何光学的方法简单直观地讨论光在光纤中的传输原理，这就是所谓的光线理论。

2.3.1 子午光线的传输

2.3.1.1 子午光线

在一条光纤中，通过光纤中心轴的平面都称为子午面，故有无穷多个子午面。位于子午面内的光线称为子午光线，它在光纤端面上的投影即为光纤端面上的直径，如图 2.7(a) 所示为阶跃型光纤子午面和子午光线。由于子午光线和光纤中心轴线处于同一平面内，对子午光线的数学处理可在一平面内进行。根据光的反射定律，入射光线和反射光线始终处于同一平面内，因此子午光线经多次全反射后仍在原入射平面内。如果光纤是均匀的直圆柱体，则满足全反射及相位条件的入射端光线就会在另一端以相同入射角出射。

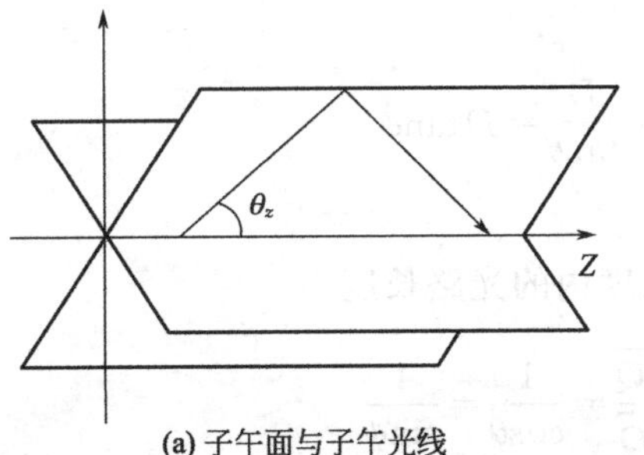

(a) 子午面与子午光线

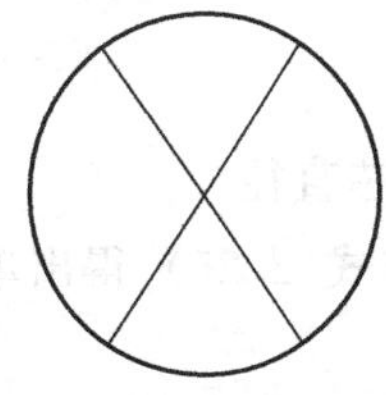

(b) 子午光线在光纤端面投影

图 2.7 阶跃型光纤中子午面与子午光线以及子午光线在光纤端面投影

2.3.1.2 全反射条件

如图 2.8 所示，n_1、n_2 分别为纤芯材料和包层材料的折射率，n_0 为周围介质的折射

率。在纤芯与包层界面上，若满足

$$n_1\sin\psi=n_2\sin\frac{\pi}{2}(\text{反射定律}) \tag{2.19}$$

则 ψ 就是全反射的临界角，记作 ψ_c，则有

$$\sin\psi_c=\frac{n_2}{n_1} \tag{2.20}$$

若用 θ 角表示，由于 $\theta_c=90°-\psi_c$，即 $\cos\theta_c=n_2/n_1$，则有

$$\sin\theta_c=\sqrt{1-\left(\frac{n_2}{n_1}\right)^2} \tag{2.21}$$

再用 φ 角表示，根据折射定律，有 $n_0\sin\varphi=n_1\sin\theta$，则有

$$n_0\sin\varphi_c=n_1\sin\theta_c=\sqrt{n_1^2-n_2^2} \tag{2.22}$$

因此，子午光线要以满足全反射条件向前传输，则光线入射角必须满足 $\psi\geqslant\psi_c$，即 $\theta\leqslant\theta_c$，亦 $\varphi\leqslant\varphi_c$。通常将 φ_c 称为孔径角，表示光纤集光能力的大小。工程上习惯用数值孔径（Numerical Aperture，NA）来表示这种性质，定义为

$$\mathrm{NA}=n_0\sin\varphi_c=\sqrt{n_1^2-n_2^2} \tag{2.23}$$

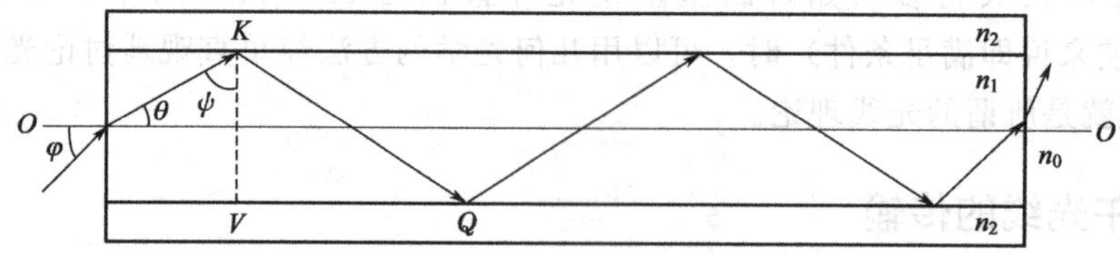

图 2.8 子午光线的全反射

2.3.1.3 光路长度与全反射次数

光路长度一般大于光纤长度，先考虑单位长度内的光路长度。如图 2.8 所示，$\overline{KQ}$ 为两次全反射之间的路程，若知此量，再结合光纤传输过程中的全反射次数，则光路长度即可求出。在△KVQ 中，有

$$\frac{1}{\overline{KQ}}=\frac{D}{\sin\theta}=\frac{D}{\cos\psi} \tag{2.24}$$

与

$$\overline{VQ}=\frac{D}{\tan\theta}=D\tan\psi \tag{2.25}$$

式中，D 为纤芯直径。

由式(2.24) 与式(2.25) 得出单位长度内的光路长度为

$$s=\frac{\overline{KQ}}{\overline{VQ}}=\frac{1}{\cos\theta}=\frac{1}{\sin\psi} \tag{2.26}$$

单位长度内的全反射次数为

$$\eta=\frac{1}{\overline{VQ}}=\frac{\tan\theta}{D}=\frac{1}{D\tan\psi} \tag{2.27}$$

故长度为 L 的光纤的总光路长度 s' 和总全反射次数 η' 分别为

$$s'=Ls=\frac{L}{\cos\theta},\eta'=L\eta=\frac{L\tan\theta}{D} \tag{2.28}$$

又由折射定律 $n_0\sin\varphi=n_1\sin\theta$，有

$$\cos\theta=\sqrt{1-\left(\frac{n_0}{n_1}\sin\varphi\right)^2} \tag{2.29}$$

将式(2.29) 代入式(2.28)，可得

$$s'=\frac{L}{\sqrt{1-\left(\frac{n_0}{n_1}\sin\varphi\right)^2}} \tag{2.30}$$

与

$$\eta'=\frac{L}{D}\times\frac{\sin\varphi}{\sqrt{\left(\frac{n_1}{n_0}\right)^2-\sin^2\varphi}} \tag{2.31}$$

可以看出，光纤中光线传输的光路长度与光纤直径无关，仅取决于 φ（光束入射角）和 n_1、n_2；而全反射次数除与上述有关外，还与光纤直径 D 有关，且与 D 成反比。

2.3.2 斜光线的传输

2.3.2.1 斜光线

入射到光纤端面上的光线，除子午光线外，还有斜光线。斜光线既不与光纤中心轴平行，也不与光纤中心轴相交，斜光线的讨论必须在三维空间中进行。由于斜光线和光纤中心轴不在一个平面内，因而斜光线每进行一次全反射，平面方位就改变一次，其光路轨迹是螺旋折线，如图 2.9 所示（注意图中所示光纤中心轴区域是为直观表达的夸张画法，实际上是不存在的）。在端面投影可以是左旋线，也可以是右旋线，并且螺旋折线与光纤中心轴等距。

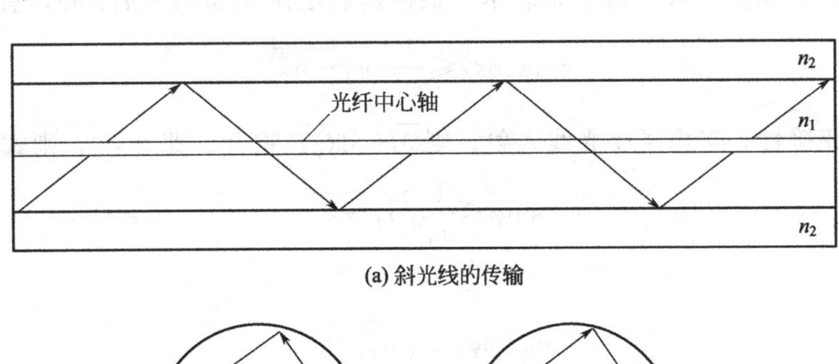

(a) 斜光线的传输

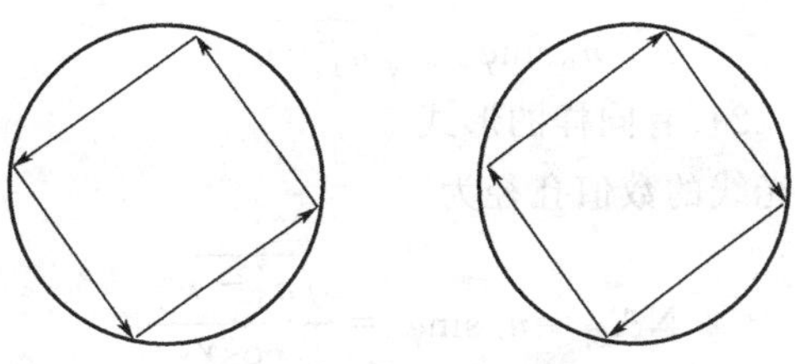
(b) 斜光线在光纤端面投影

图 2.9 阶跃型光纤中斜光线传输示意图

2.3.2.2 全反射条件

如图 2.10 所示，圆柱为纤芯示意图，OO'为光纤中心轴，$\overline{QK}$ 为入射的斜光线，点 H 为点 K 在光纤端面上的投影，点 T 为点 H 通过 Q、O 点直径上的垂足。其中，$\angle QKH=\theta$ 为斜光线与光纤中心轴夹角，$\angle KQT=\psi$ 为斜光线的入射角，$\angle HQT=\gamma$ 为 $\overline{QH}$ 与 $\overline{QT}$ 的夹角（轴倾角）。

根据图中的几何关系，有

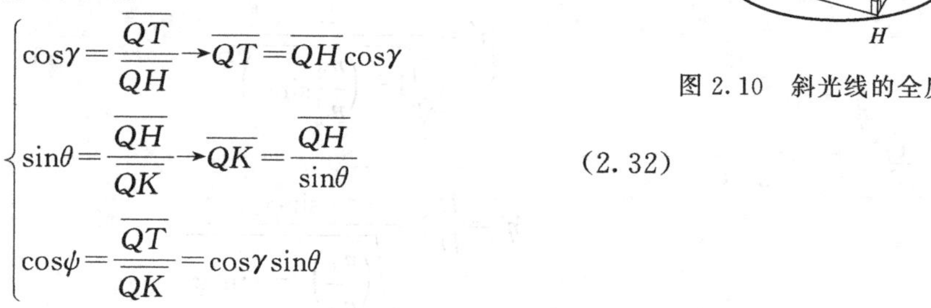

$$\begin{cases} \cos\gamma=\dfrac{\overline{QT}}{\overline{QH}} \rightarrow \overline{QT}=\overline{QH}\cos\gamma \\ \sin\theta=\dfrac{\overline{QH}}{\overline{QK}} \rightarrow \overline{QK}=\dfrac{\overline{QH}}{\sin\theta} \\ \cos\psi=\dfrac{\overline{QT}}{\overline{QK}}=\cos\gamma\sin\theta \end{cases} \tag{2.32}$$

图 2.10 斜光线的全反射

式(2.32) 给出了三个角度之间的关系。由于正好发生全反射时 ψ 为临界角 ψ_c，且有 $\sin\psi_c=n_2/n_1$，则有

$$\cos\psi_c=\sqrt{1-\left(\frac{n_2}{n_1}\right)^2} \tag{2.33}$$

由式(2.32) 和式(2.33)，可知斜光线的全反射条件为

$$\cos\gamma_c\sin\theta_c=\sqrt{1-\left(\frac{n_2}{n_1}\right)^2} \tag{2.34}$$

因此，在光纤中传输的斜光线必须满足

$$\cos\gamma\sin\theta\leqslant\sqrt{1-\left(\frac{n_2}{n_1}\right)^2} \tag{2.35}$$

如果用光线在端面的入射角 φ 来表示，根据折射定律 $n_0\sin\varphi=n_1\sin\theta$，有

$$\sin\varphi\cos\gamma\leqslant\frac{1}{n_0}\sqrt{n_1^2-n_2^2} \tag{2.36}$$

为了验证正确性，考虑子午光线入射，则$\overline{QH}$ 和$\overline{QT}$ 重合，即 $\gamma=0$，则式(2.36) 变为

$$\sin\varphi\leqslant\frac{1}{n_0}\sqrt{n_1^2-n_2^2} \tag{2.37}$$

即有

$$n_0\sin\varphi_c=\sqrt{n_1^2-n_2^2} \tag{2.38}$$

可见式(2.38) 与式(2.22) 有同样的形式。

由式(2.36) 可得到斜光线的数值孔径为

$$\mathrm{NA}_{斜}=n_0\sin\varphi_c=\frac{\sqrt{n_1^2-n_2^2}}{\cos\gamma} \tag{2.39}$$

因此，斜光线的数值孔径与轴倾角的大小有关系，且由于 $\cos\gamma\leqslant1$，斜光线的数值孔径要比子午光线大。

2.3.2.3　光路长度与全反射次数

由图 2.10 可知，单位长度中的光路长度为

$$s_{斜}=\frac{\overline{QK}}{\overline{KH}}=\frac{1}{\cos\theta} \tag{2.40}$$

对比式(2.26) 可知，斜光线的单位长度中的光路长度与子午光线相等。说明在 ψ 角相等的情况下，斜光线和子午光线的光路长度相等。

同样，单位长度内的全反射次数为

$$\eta_{斜}=\frac{1}{\overline{KH}} \tag{2.41}$$

由于

$$\overline{KH}=\frac{\overline{QH}}{\tan\theta}=\frac{D\cos\gamma}{\tan\theta} \tag{2.42}$$

则有

$$\eta_{斜}=\frac{\tan\theta}{D\cos\gamma} \tag{2.43}$$

对比式(2.27) 可知，斜光线与子午光线全反射次数有如下关系：

$$\eta_{斜}=\frac{\eta_z}{\cos\gamma} \tag{2.44}$$

可见，斜光线的全反射次数与轴倾角的大小密切相关，并且由于 $\cos\gamma\leqslant1$，斜光线的全反射次数比子午光线多。当 $\gamma=0$ 时，斜光线变为子午光线。

2.3.3　光纤的弯曲

前面是均将光纤作为直圆柱体来讨论的，实际上光纤在使用过程中经常发生弯曲，即光线是在光纤弯曲条件下来传输光能的，图 2.11 为光纤弯曲及光线传输示意图。本节仅以子午光线为例来说明光纤弯曲对光线传输的影响。

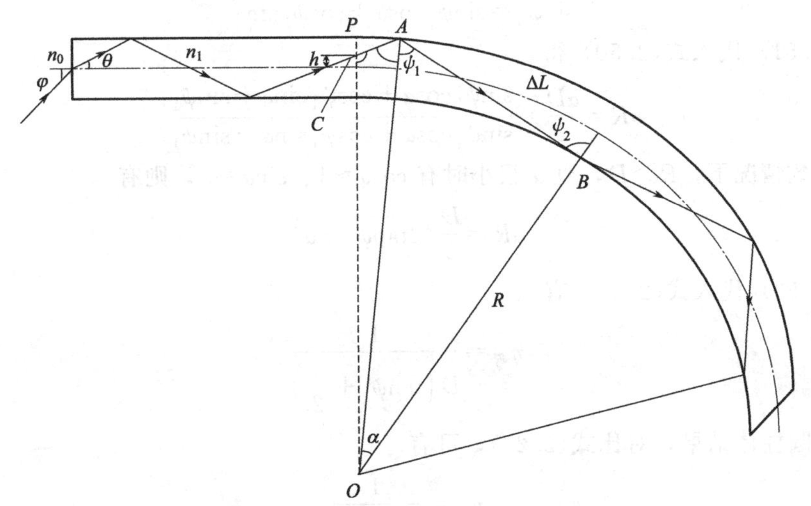

图 2.11　光纤弯曲及光线传输示意图

2.3.3.1 光路长度与全反射次数

如图 2.11 所示，设光纤在 P 点处发生弯曲，光线在两次全反射之间通过的距离为$\overline{AB}$，光线在 C 点处进入弯曲部分。则在$\triangle OAB$ 中，利用正弦定理，有

$$\frac{\sin\psi_1}{R-\frac{D}{2}}=\frac{\sin\alpha}{\overline{AB}} \tag{2.45}$$

式中，R 为弯曲部分的曲率半径，则解得

$$\overline{AB}=\frac{\sin\alpha}{\sin\psi_1}\left(R-\frac{D}{2}\right)=\frac{\sin\alpha}{\alpha}\times\frac{\Delta L}{R}\times\frac{R-\frac{D}{2}}{\sin\psi_1} \tag{2.46}$$

式中，ΔL 为α 角对应的圆弧弧长，且有 $\alpha=\Delta L/R$。这样，弯曲光纤中单位长度上子午光线的光路长度为

$$s_{弯}=\frac{\overline{AB}}{\Delta L}=\frac{\sin\alpha}{\alpha}\times\frac{1}{\cos\theta}\left(1-\frac{D}{2R}\right) \tag{2.47}$$

对比光纤未弯曲时式(2.26)，则有

$$s_{弯}=\frac{\sin\alpha}{\alpha}\left(1-\frac{D}{2R}\right)s \tag{2.48}$$

由于$\frac{\sin\alpha}{\alpha}<1$、$\frac{D}{R}<1$，因而有 $s_{弯}<s$。也就是说，当光纤弯曲时，子午光线的光路长度缩短。

同样，单位长度的光线全反射次数在光纤弯曲时也可写为

$$\eta_{弯}=\frac{L}{\Delta L}=\frac{1}{\alpha R} \tag{2.49}$$

其中，根据$\triangle OAB$ 中的正弦定律可得

$$R=\frac{D}{2}\times\frac{\sin\psi_2+\sin\psi_1}{\sin\psi_2-\sin\psi_1} \tag{2.50}$$

又由于 $\psi_2=\psi_1+\alpha$，故有

$$\sin\psi_2=\sin\psi_1\cos\alpha+\cos\psi_1\sin\alpha \tag{2.51}$$

将式(2.51) 代入式(2.50) 得

$$\alpha R=\frac{\alpha D}{2}\times\frac{\sin\psi_1\cos\alpha+\cos\psi_1\sin\alpha+\sin\psi_1}{\sin\psi_1\cos\alpha+\cos\psi_1\sin\alpha-\sin\psi_1} \tag{2.52}$$

在大多数情况下，$R>D$，且 α 很小时有 $\cos\alpha\approx1$、$\sin\alpha\approx\alpha$，则有

$$\alpha R=\frac{D}{2}(2\tan\psi_1+\alpha) \tag{2.53}$$

将式(2.53) 代入式(2.49) 有

$$\eta_{弯}=\frac{1}{D\left(\tan\psi_1+\frac{\alpha}{2}\right)} \tag{2.54}$$

考虑直圆柱体结果，对比式(2.27)，可有

$$\eta_{弯}=\frac{1}{\frac{1}{\eta}+\frac{\alpha D}{2}} \tag{2.55}$$

由式(2.55)可知，$\eta_{弯}<\eta$，即光纤弯曲时子午光线的全反射次数减少。如果 $\alpha=0$，则回归到直圆柱体时的结果。

2.3.3.2 数值孔径

如图2.11所示，在$\triangle OAC$中可得

$$\frac{\sin\phi_1}{R+h}=\frac{\sin\left(\frac{\pi}{2}+\theta\right)}{R+\frac{D}{2}}=\frac{\cos\theta}{R+\frac{D}{2}} \tag{2.56}$$

式中，h 为光线投射高度，即

$$\cos\theta=\left(R+\frac{D}{2}\right)\frac{\sin\phi_1}{R+h} \tag{2.57}$$

把全反射条件 $\sin\phi_1\geqslant\frac{n_2}{n_1}$ 代入式(2.57)，可得

$$\cos\theta\geqslant\frac{R+\frac{D}{2}}{R+h}\times\frac{n_2}{n_1} \tag{2.58}$$

则有

$$\sin\theta\leqslant\sqrt{1-\left(\frac{R+\frac{D}{2}}{R+h}\right)^2\left(\frac{n_2}{n_1}\right)^2} \tag{2.59}$$

由折射定律 $n_0\sin\varphi=n_1\sin\theta$，用光纤端面入射角 φ 代替 θ，有

$$\sin\varphi\leqslant\frac{1}{n_0}\sqrt{n_1^2-n_2^2\left(\frac{R+\frac{D}{2}}{R+h}\right)^2} \tag{2.60}$$

则光纤孔径角的正弦可表示为

$$\sin\varphi_c=\frac{1}{n_0}\sqrt{n_1^2-n_2^2\left(\frac{R+\frac{D}{2}}{R+h}\right)^2} \tag{2.61}$$

即光纤弯曲后的数值孔径为

$$\mathrm{NA}_{弯}=n_0\sin\varphi_c=\sqrt{n_1^2-n_2^2\left(\frac{R+\frac{D}{2}}{R+h}\right)^2} \tag{2.62}$$

由式(2.61)可知，当光纤弯曲时，其入射孔径角 φ_c 除与 n_0、n_1、n_2 有关外，还和 R、D、h 有关。例如：

① 当 $h=\frac{D}{2}$ 时，有

$$\sin\varphi_c=\frac{1}{n_0}\sqrt{n_1^2-n_2^2}\ (\text{与不弯曲时相同}) \tag{2.63}$$

② 当 $h=0$ 时，有

$$\sin\varphi_c=\frac{1}{n_0}\sqrt{n_1^2-n_2^2\left(1+\frac{D}{2R}\right)^2} \tag{2.64}$$

③ 当 $h=-\dfrac{D}{2}$ 时，有

$$\sin\varphi_c=\frac{1}{n_0}\sqrt{n_1^2-n_2^2\left(\frac{2R+D}{2R-D}\right)^2} \tag{2.65}$$

这说明，当光纤弯曲时，其入射端面上各点孔径角不同，即沿着端面朝光纤弯曲方向（圆心方向）由大变小。

2.3.3.3 弯曲限度

由式(2.57) 可得

$$\sin\psi_1=\frac{R+h}{R+\dfrac{D}{2}}\cos\theta \tag{2.66}$$

考察没有包层的纤芯，令其置于空气中（$n_0=1$）。在 $n_1=1.5$ 的情况下，如果光线以和光纤中心轴成 40°的角度入射，且不发生穿透现象（达到临界条件），则由折射定律 $1.5\sin\theta=\sin 40°$ 可求出折射角 $\theta=25°$。另外，可由纤芯与空气界面处的临界角条件得到 $1.5\sin\psi_1=1$，即有 $\sin\psi_1=0.7$，代入式(2.66) 有

$$(R+h)\cos 25°=0.7\left(R+\frac{D}{2}\right) \tag{2.67}$$

当 $h=-D/2$ 时，光纤达到允许的最小曲率半径，此时 $R=4D$。也就是说，子午光线要保证在光纤内部无泄漏传输，光纤需要满足曲率半径 R 至少为纤芯直径的 4 倍，即

$$\frac{R}{D}\geqslant 4 \tag{2.68}$$

上述结论是在子午光线及临界条件下推导得出的，而实际所用光纤中因为有大量的斜光线，它们所允许的弯曲限度要比子午光线小得多。有人用锥光聚焦在这种光纤的入射端进行粗略实验，测量出了输出光纤透射率 T 与 $\dfrac{R}{D}$ 的关系，如图 2.12 所示。可见，当 $\dfrac{R}{D}<50$ 时，透射率就明显下降，说明此时光线已大量由侧壁逸出。然而，由于实际使用的光纤直径很小，在 5～200μm 范围内，光纤即使特别弯曲，局部光路仍可近似为直线。特别是玻璃光纤，往往在出现弯曲的影响之前，早已折断。

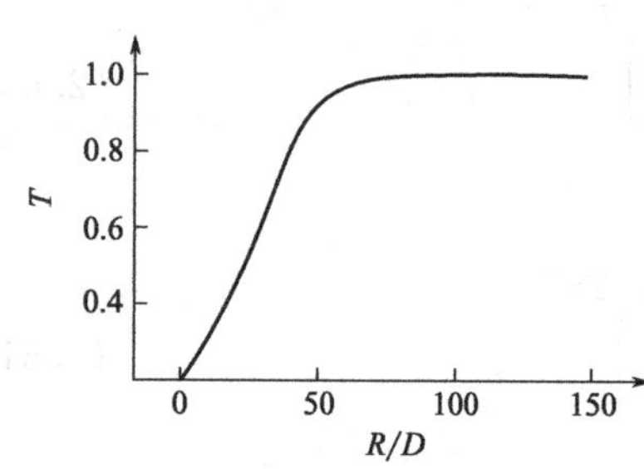

图 2.12 实验测得不同弯曲半径下光纤透射率曲线

2.3.4 子午光线的色散

由于色散的影响，光纤中传输的脉冲光信号在经过一段距离之后，幅度减小、脉宽展宽。在多模光纤中，主要存在的色散为模间色散，本节结合前面对阶跃折射率光纤的讨论，从光线角度分析模间色散。对于子午光线的色散，这里考虑当同一个频率的光线以不同的满足全反射条件的角度由光纤端面入射时，最晚和最早到达终点的时间差多少？即最大的群时延差 $\Delta\tau$ 为多少？下面主要以速度的观点来分析。

由图 2.8，对于不同的入射角 φ，光线的传输速度 v 在光纤中心轴（记为 z 轴）方向的

投影不同，定义为沿光纤的传输速度 v_z，可写作

$$v_z = v\sin\psi = v\cos\theta \tag{2.69}$$

当 $\psi=90°$时，v_z 最大，光线传输速度最快，记为 $v_{z,\max}$；当 $\psi=\psi_c$（$\theta=\theta_{\max}$）时，v_z 最小，光线传输速度最慢，记为 $v_{z,\min}$。设起点到终点的距离为 z，则最快到达终点的光线所用时间为

$$t_{\min}=\frac{z}{v_{z,\max}}=\frac{z}{v}=\frac{z}{\dfrac{c}{n_1}}=\frac{zn_1}{c} \tag{2.70}$$

式中，c 为真空中的光速。

最慢到达终点的光线所用时间为

$$t_{\max}=\frac{z}{v_{z,\min}}=\frac{z}{\dfrac{c}{n_1}\cos\theta_{\max}}=\frac{z}{\dfrac{c}{n_1}\sin\psi_c}=\frac{zn_1^2}{cn_2} \tag{2.71}$$

则群时延差 $\Delta\tau$ 为

$$\Delta\tau=t_{\max}-t_{\min}=\frac{zn_1}{c}\left(\frac{n_1-n_2}{n_2}\right)=\frac{zn_1}{c}\Delta \tag{2.72}$$

式中，$\Delta=\dfrac{n_1-n_2}{n_2}$为相对折射率差。

由式(2.72) 可见，Δ 越小，$\Delta\tau$ 越小。用传输脉冲的个数来说，则 Δ 越小，单位时间可传输的脉冲个数越多。另外，z 越大，即光纤越长，则 $\Delta\tau$ 越大，即传输脉冲的前后时间间隔就越长，否则前后传输的脉冲将在输出时重合。用光纤通信的语言来说，则会造成信号失真而影响信道容量。如对于 $n_1=1.6$、$n_2=1.605$ 的多模光纤，可得 $\Delta\approx1\%$，则 $z=1\text{km}$ 时，$\Delta\tau\approx50\text{ns}$，对应的可传输带宽仅为 20MHz。

由于阶跃折射率光纤的模间色散严重，光纤通信中常用渐变折射率光纤。在渐变折射率光纤中，不同入射角的光线自动汇聚到一点，表明它们具有相等的光程。这一特性使得渐变折射率光纤具有很小的模间色散，因此传输带宽较阶跃折射率光纤更宽。

2.3.5 渐变折射率光纤的光线理论

阶跃折射率光纤中模间色散严重，会影响光纤的信道容量，因此人们设计出了渐变折射率光纤。由于半导体元件的生产工艺被用于光纤的生产，高质量的渐变折射率光纤已经被大批量的生产和广泛应用。渐变折射率光纤的纤芯中心折射率最高、沿半径方向折射率递减，但是如何递减才能达到消除或减小模间色散是最重要的。本节用光线方程来求解光线在渐变折射率光纤中的传输问题，在光纤中求解光线方程、追踪光线传输路径，求得不同路径下的传输时延，分析折射率分布对时延差的影响，从而获得传输时延差小的折射率分布。

2.3.5.1 光线方程及其物理意义

近轴近似下的光线方程为

$$\frac{\mathrm{d}}{\mathrm{d}z}\left(n\frac{\mathrm{d}\vec{r}}{\mathrm{d}z}\right)=\nabla n(\vec{r}) \tag{2.73}$$

式中，∇为哈密顿（Hamilton）算子，有

$$\nabla=\vec{i}\ \frac{\partial}{\partial x}+\vec{j}\ \frac{\partial}{\partial y}+\vec{k}\ \frac{\partial}{\partial z} \tag{2.74}$$

由于近轴光线的条件为光纤路径的长度元 ds 与光纤中心轴上的长度元 dz 近似相等，即 $ds\approx dz$，所以由式(2.73) 可得

$$\frac{d}{ds}\left(n\ \frac{d\vec{r}}{ds}\right)=\nabla n(\vec{r}) \tag{2.75}$$

可见，式(2.75) 将光线路径（由 $\vec{r}$ 描述）和空间折射率分布（n）联系了起来，即可由光线方程直接求出光线路径表达式。另外，因为 $d\vec{r}/ds$ 是光线切向斜率，对于均匀波导（n 为常数），光线是以直线形式传输；但对于渐变波导（n 是 $\vec{r}$ 的函数），$d\vec{r}/ds$ 为一变量，表明光线将发生弯曲，并且光线总是向折射率高的区域弯曲。

2.3.5.2 平方律分布光纤中光线的传输

平方律分布光纤的折射率分布式为

$$n^2(x,y)=n_1^2\left[1-a^2(x^2+y^2)\right] \tag{2.76}$$

式中，n_1 为纤芯轴处折射率分布；a 为常数。

(1) 光线方程的解

式(2.73) 的 x、y 分量方程为

$$\begin{cases}\dfrac{d}{dz}\left(n\dfrac{dx}{dz}\right)=\dfrac{\partial n}{\partial x}\\[2mm]\dfrac{d}{dz}\left(n\dfrac{dy}{dz}\right)=\dfrac{\partial n}{\partial y}\end{cases} \tag{2.77}$$

因为 n 与 z 无关，则方程的具体形式可写为

$$\begin{cases}\dfrac{d^2x}{dz^2}=\dfrac{1}{n}\times\dfrac{\partial n}{\partial x}=\dfrac{1}{2n^2}\times\dfrac{\partial n^2}{\partial x}\\[2mm]\dfrac{d^2y}{dz^2}=\dfrac{1}{n}\times\dfrac{\partial n}{\partial y}=\dfrac{1}{2n^2}\times\dfrac{\partial n^2}{\partial y}\end{cases} \tag{2.78}$$

将折射率分布式(2.76) 代入式(2.78) 右边，有

$$\begin{cases}\dfrac{d^2x}{dz^2}\approx-a^2x\\[2mm]\dfrac{d^2y}{dz^2}\approx-a^2y\end{cases} \tag{2.79}$$

式(2.76) 中，因为是近轴近似，x、y 较小，故有 $\dfrac{1}{1-a^2(x^2+y^2)}\approx1$。式(2.78) 为二阶微分方程，其通解可以写为

$$\begin{cases}x(z)=A\cos(az)+B\sin(az)\\y(z)=C\cos(az)+D\sin(az)\end{cases} \tag{2.80}$$

式中，A、B、C、D 为待定常数，可由光线的初始条件来确定，包括光线的入射点 (x_0,y_0,z_0)、入射光线与三个坐标轴的夹角 $(\alpha_0,\beta_0,\gamma_0)$。近轴光线在光纤中的传输路线是受方程 (2.79) 支配的。另外，这些路线是具有周期为 $2\pi/a$ 的正弦式曲线，并且周期与光线的初始条件无关。

(2) 待定常数的确定

因为光纤的折射率分布是旋转对称的，则可选择入射光线交于 x 轴上，并不失普遍性，即有

$$\begin{cases} x\big|_{z=0}=x_0 \\ y\big|_{z=0}=0 \end{cases} \tag{2.81}$$

且有

$$\begin{cases} \cos\alpha\big|_{z=0}=\cos\alpha_0 \\ \cos\beta\big|_{z=0}=\cos\beta_0 \\ \cos\gamma\big|_{z=0}=\cos\gamma_0 \end{cases} \tag{2.82}$$

和

$$\cos^2\alpha_0+\cos^2\beta_0+\cos^2\gamma_0=1 \tag{2.83}$$

由式(2.81) 的初始条件，可得

$$\begin{cases} x_0=A\times1+B\times0 \\ 0=C\times1+D\times0 \end{cases} \tag{2.84}$$

即可解得 $A=x_0$，$C=0$。为确定 B、D，将式(2.80) 对 z 求微分，有

$$\begin{cases} \dfrac{\mathrm{d}x}{\mathrm{d}z}=-Aa\sin(az)+Ba\cos(az) \\ \dfrac{\mathrm{d}y}{\mathrm{d}z}=-Ca\sin(az)+Da\cos(az) \end{cases} \tag{2.85}$$

考虑到

$$\begin{cases} \dfrac{\mathrm{d}x}{\mathrm{d}z}=\dfrac{\mathrm{d}x}{\mathrm{d}s}\times\dfrac{\mathrm{d}s}{\mathrm{d}z}=\dfrac{\cos\alpha}{\cos\gamma} \\ \dfrac{\mathrm{d}y}{\mathrm{d}z}=\dfrac{\mathrm{d}y}{\mathrm{d}s}\times\dfrac{\mathrm{d}s}{\mathrm{d}z}=\dfrac{\cos\beta}{\cos\gamma} \end{cases} \tag{2.86}$$

式中，$\mathrm{d}s$ 为光线的线元。

将式(2.82) 与式(2.86) 代入式(2.85)，可得

$$\begin{cases} B=\dfrac{\cos\alpha_0}{a\cos\gamma_0} \\ D=\dfrac{\cos\beta_0}{a\cos\gamma_0} \end{cases} \tag{2.87}$$

最后，得到光线的路径方程为

$$\begin{cases} x(z)=x_0\cos(az)+\dfrac{\cos\alpha_0}{a\cos\gamma_0}\sin(az) \\ y(z)=\dfrac{\cos\beta_0}{a\cos\gamma_0}\sin(az) \end{cases} \tag{2.88}$$

(3) 不同入射角情况下的光线路径

① 子午光线的传输。由式(2.88) 可知，若 $\beta_0=\pi/2$，即光线入射方向与 y 轴垂直，则 $y=0$。又因为 $\cos\beta_0=0$，根据式(2.83)，有 $\cos\alpha_0=\sin\gamma_0$，则式(2.88) 变为

$$\begin{cases} x(z)=x_0\cos(az)+\dfrac{\tan\gamma_0}{a}\sin(az) \\ y=0 \end{cases} \tag{2.89}$$

在近轴近似下 $\tan\gamma_0 \approx \gamma_0$，光纤路径为 xz 平面内的正弦曲线，周期为 $2\pi/a$。此时的初始条件为

$$\begin{cases}(x_0, y_0, z_0)=(x_0, 0, 0)\\(\alpha_0, \beta_0, \gamma_0)=\left(\dfrac{\pi}{2}-\gamma_0, \dfrac{\pi}{2}, \gamma_0\right)\end{cases} \tag{2.90}$$

② $x_0=0$ 时的光线路径。此时入射光线与光纤交于原点，为特殊子午光线，初始条件为

$$\begin{cases}(x_0, y_0, z_0)=(0, 0, 0)\\(\alpha_0, \beta_0, \gamma_0)=\left(\dfrac{\pi}{2}-\gamma_0, 0, \gamma_0\right)\end{cases} \tag{2.91}$$

则光线路径方程（2.88）变为

$$\begin{cases}x(z)=\dfrac{\tan\gamma_0}{a}\sin(az)\\y=0\end{cases} \tag{2.92}$$

式(2.92) 表示初相位为 0、周期为 $2\pi/a$、振幅为 $\tan\gamma_0/a \approx \gamma_0/a$ 的正弦曲线，而由不同入射方向（不同 γ_0）入射的光线，其周期与初相位都相同，只是振幅不同（图 2.13)，即子午光线在原点入射时，能自行聚焦于 z 轴上的 $2\pi/a$，$4\pi/a$，$6\pi/a$，…各点。

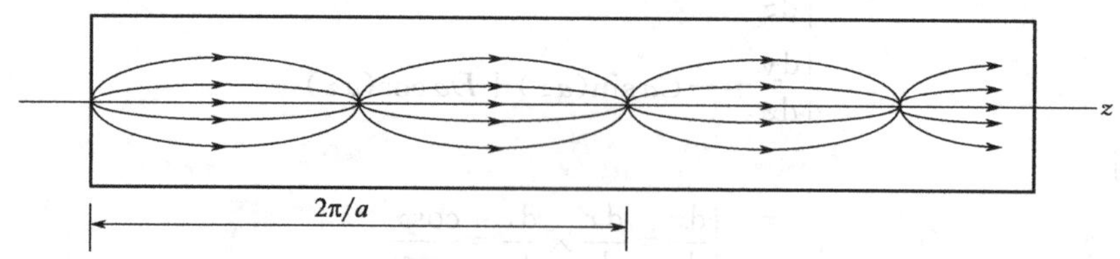

图 2.13　具有不同入射角的光线由原点入射时的光线路径

上述是近轴近似下的结果，可以证明，虽然在非近轴近似下光线路径仍然是正弦曲线，但是周期为 $2\pi\cos\gamma_0/a$（与 γ_0 有关)，即光线路径方程为

$$\begin{cases}x(z)=\dfrac{\tan\gamma_0}{a}\sin\left(\dfrac{az}{\cos\gamma_0}\right)\\y=0\end{cases} \tag{2.93}$$

③ 斜光线的轨迹。若 $\alpha_0=\pi/2$，即入射光线与 x 轴垂直。由于 $x_0=\cos\beta_0/(a\cos\gamma_0)$，光线轨迹方程（2.88）变为

$$\begin{cases}x(z)=x_0\cos(az)\\y(z)=x_0\sin(az)\end{cases} \tag{2.94}$$

这是以 z 为对称轴的螺旋曲线，其半径为 x_0、螺距为 $2\pi/a$。

由上述分析可知，平方律分布光纤中子午光线具有自聚焦效应而不会产生模间色散，即延时差为零；而斜光线（螺旋线）没有自聚焦效果，故这种折射率分布的光纤还不能完全消除模间色散，只是相对于阶跃型光纤色散程度得到了改善。

2.3.5.3　双曲正割分布的光纤

为了解决平方律折射率光纤中斜光线传输不能自聚焦的问题，人们又设计出新型折射率分布的光纤，目的是使从一点光源发出的所有光线，通过光纤传输后还能同时汇聚到一点，即所有光线应有相同的光程，这个条件可用下式表示：

$$\int_s n(r)\mathrm{d}s = \mathrm{const} \tag{2.95}$$

式中，r 为光线离光纤中心轴的径向距离；$\mathrm{d}s$ 为 r 处光线路径的长度元；const 表示固定常数。如图 2.14 中，a 为光纤纤芯半径，θ 为光线和光纤中心轴（z 轴）的夹角。利用图中 $\mathrm{d}s$ 和 $\mathrm{d}r$ 的关系以及折射定律 $n(0)\cos\theta_0=n(r)\cos\theta=n(r_0)$，可得

$$\mathrm{d}s=\frac{n(r)\mathrm{d}r}{\left[n^2(r)-n^2(0)\cos^2\theta_0\right]^{\frac{1}{2}}} \tag{2.96}$$

式中，$n(0)$ 为光纤轴上的折射率；$n(r_0)$ 是光线最大振幅处的折射率，其中 r_0 为光纤路径最大振幅。

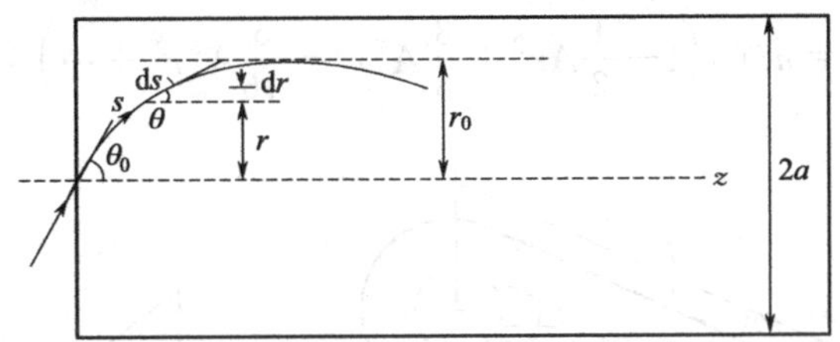

图 2.14 渐变折射率光纤中光线路径

如果光纤的折射率分布是双曲正割函数，即

$$\begin{aligned} n(r) &= n(0)\mathrm{sech}(\sqrt{A}r) \\ &= n(0)\left(1-\frac{1}{2}Ar^2+\frac{5}{24}A^2r^4-\frac{61}{720}A^4r^6+\cdots\right) \end{aligned} \tag{2.97}$$

式中，$\sqrt{A}=2\pi/l$，其中 l 为周期长度。

由式(2.96) 和式(2.97)，有

$$\int_s n(r)\mathrm{d}s=\int_0^{r_0}\frac{n(0)\mathrm{sech}^2(\sqrt{A}r)\mathrm{d}r}{\left[\mathrm{sech}^2(\sqrt{A}r)-\cos^2\theta_0\right]^{\frac{1}{2}}} \tag{2.98}$$

令 $x=\tanh(\sqrt{A}r)$，式(2.98) 可写成

$$\begin{aligned} \int_s n(r)\mathrm{d}r &= \frac{n(0)}{\sqrt{A}}\int_0^{\tanh(\sqrt{A}r_0)}\frac{\mathrm{d}x}{(\sin^2\theta_0-x^2)^{\frac{1}{2}}} \\ &= \frac{n(0)}{\sqrt{A}}\arcsin\left[\frac{\tanh(\sqrt{A}r_0)}{\sin\theta_0}\right] \end{aligned} \tag{2.99}$$

再利用如下关系：

$$\begin{cases} \cos\theta_0=n(r_0)/n(0)=\mathrm{sech}(\sqrt{A}r_0) \\ \tanh(\sqrt{A}r_0)=\left[1-\mathrm{sech}^2(\sqrt{A}r_0)\right]^{\frac{1}{2}}=\sin\theta_0 \end{cases} \tag{2.100}$$

式(2.98) 可简化为

$$\int_s n(r)\mathrm{d}s=\frac{2\pi n(0)}{\sqrt{A}}=n(0)l=\mathrm{const} \tag{2.101}$$

显然，对于任意的 θ_0，子午光纤入射都可以汇聚为一点。然而，可使子午光线良好汇聚的折射率分布，并不能使斜光线也很好地汇聚。斜光线在渐变折射率光纤中的传输很复杂，一般不能以解析表达式描述。渐变折射率光纤中斜光线的一个特例是螺旋光线。

对于螺旋光线，其通过光纤时光线离光纤中心轴的距离不变（即传输过程中 r 为一常数），即此光线路径的折射率不变。为保持光程不变，光线每绕光纤中心轴一圈必须沿光纤中心轴前进距离 l，其相应的路程长度为 $s=(4\pi^2r^2+l^2)^{1/2}$ [图 2.15(a) 和 (b)]，则相应的等光程条件为

$$n(r)(4\pi^2r^2+l^2)^{\frac{1}{2}}=n(0)l \tag{2.102}$$

即螺旋光线有聚焦性质时光纤应有如下的折射率分布：

$$n(r)=\frac{n(0)}{\left[1+\left(\frac{2\pi r}{l}\right)^2\right]^{\frac{1}{2}}}=n(0)\left[1+(\sqrt{A}r)^2\right]^{-\frac{1}{2}}$$

$$=n(0)\left(1-\frac{1}{2}Ar^2+\frac{3}{8}A^2r^4-\frac{5}{16}A^3r^6+\cdots\right) \tag{2.103}$$

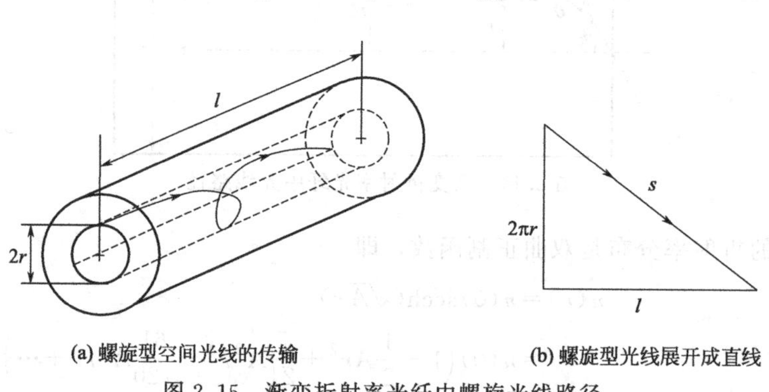

(a) 螺旋型空间光线的传输　　(b) 螺旋型光线展开成直线

图 2.15　渐变折射率光纤中螺旋光线路径

综上所述，不存在一种折射率分布能够使各种不同的光线都汇聚起来。因此在光纤中传输的各条光线之间的总时延差也不可能等于零，即不能达到理想的自聚焦效果。但是在忽略 r^4 以上的高次项时，上述几种情况的折射率分布都近似为平方律分布，这时光纤可具有较宽的传输带宽和良好的光线汇聚作用，在光纤通信与传感系统中广为应用。

2.4 光纤的波导理论

光线理论简单、直观，在分析芯径较粗的多模光纤时可以得到较精确的结果。但由于采用了几何光学近似，当光纤直径与入射光波长同数量级时，光的干涉和衍射等波动性质就十分明显，光线理论的分析结果存在很大的误差。而且，光线理论不能解释诸如模式分布、包层模、模式耦合以及光场分布等现象。波导理论采用波动光学方法分析，从光波的本质特性——电磁波出发，通过求解电磁波所遵从的麦克斯韦方程组，导出电磁波的场分布。波导理论严谨，未做任何前提近似，适用于各种折射率分布单模光纤和多模光纤。

由于光纤的模式理论和模式耦合理论的计算过程非常繁杂，读者应重点掌握基本概念、思路、分析方法以及得出的重要结论和物理内涵，不必拘泥于复杂的数学推导。

2.4.1 电磁场理论回顾

有关光传输的问题，要以经典的麦克斯韦方程组为理论基础。在介质中，电场 $\vec{E}$ 和磁

场 $\vec{H}$ 满足：

$$\begin{cases}\nabla\times\vec{H}=\partial\vec{D}/\partial t+\vec{J} & (1)\\ \nabla\times\vec{E}=-\partial\vec{B}/\partial t & (2)\\ \nabla\cdot\vec{B}=0 & (3)\\ \nabla\cdot\vec{D}=\rho & (4)\end{cases}\tag{2.104}$$

式中，$\vec{D}$ 为电位移矢量；$\vec{B}$ 为磁感应矢量；$\vec{J}$ 为传导电流密度；ρ 为空间自由电荷。∇ 为梯度算符，在直角坐标系和圆柱坐标系中分别为

$$\begin{cases}\nabla=\vec{e}_x\dfrac{\partial}{\partial x}+\vec{e}_y\dfrac{\partial}{\partial y}+\vec{e}_z\dfrac{\partial}{\partial z}\\ \nabla=\vec{e}_r\dfrac{\partial}{\partial r}+\vec{e}_\varphi\dfrac{1}{r}\times\dfrac{\partial}{\partial\varphi}+\vec{e}_z\dfrac{\partial}{\partial z}\end{cases}\tag{2.105}$$

式中，$\vec{e}_x$、$\vec{e}_y$、$\vec{e}_z$ 是沿 x、y、z 方向的单位矢量；$\vec{e}_r$、$\vec{e}_\varphi$ 是沿径向与角向的单位矢量。在式(2.104) 中，方程 (1) 表明传导电流和变化的电场都能产生磁场，方程 (2) 表明变化的磁场产生电场，方程 (3) 表明磁场是无源场、磁感线总是闭合曲线，方程 (4) 表明电荷产生电场。对于线性和各向同性的介质光波导，光纤无传导电流、无自由电荷，根据物质方程：

$$\begin{cases}\vec{D}=\varepsilon\vec{E}\\ \vec{B}=\mu\vec{H}\end{cases}\tag{2.106}$$

麦克斯韦方程组可简化为

$$\begin{cases}\nabla\times\vec{H}=\varepsilon\partial\vec{E}/\partial t & (1)\\ \nabla\times\vec{E}=-\mu_0\partial\vec{H}/\partial t & (2)\\ \nabla\cdot\vec{B}=0 & (3)\\ \nabla\cdot\vec{D}=0 & (4)\end{cases}\tag{2.107}$$

式中，μ 为材料的磁导率（在真空中为 μ_0，在非磁性材料中两者相等，为常数）；ε 是材料的介电常数（在真空中为 ε_0，一般物体中 ε 是空间坐标的函数）。

2.4.2 介质中的波动方程

对式(2.107) 中的方程 (2) 两边求旋度，并将方程 (1) 代入，再根据恒等式 $\nabla\times(\nabla\times\vec{E})=\nabla(\nabla\cdot\vec{E})-\nabla^2\vec{E}$ 和方程 (4)，可得

$$\nabla^2\vec{E}=\varepsilon\mu_0\frac{\partial^2\vec{E}}{\partial t^2}\tag{2.108}$$

同理，对式(2.107) 中的方程 (1) 两边求旋度，并将方程 (2) 代入，可得

$$\nabla^2\vec{H}=\mu_0\varepsilon\frac{\partial^2\vec{H}}{\partial t^2}\tag{2.109}$$

式(2.108) 和式(2.109) 称为矢量波动方程。对于光纤中的一般问题，均可用标量波动方

程解决。对于电磁场的每个分量，式(2.108) 和式(2.109) 都成立，即可得标量波动方程为

$$\nabla^2 \phi = \varepsilon\mu_0 \frac{\partial^2 \phi}{\partial t^2} \tag{2.110}$$

因为光纤的折射率 n 由材料的 ε 和 μ_0 决定，由式(2.110) 可以看出，影响光波导传输特性的主要是折射率的空间分布。在上述讨论中已假定这种分布是线性、时不变、各向同性的（光线中的非线性问题请参考非线性光纤光学相关书籍或文献），即 $n=n(x,y,z)$。因此，可根据折射率的空间分布，将光波导分为正规光波导和非正规光波导。其中，正规光波导又包括横向分层均匀的均匀光波导和横向非均匀的非均匀光波导。正规光波导表现出明显的导光特性，本节的分析只针对正规光波导。

对于正规光波导，选择一个柱坐标系，使 z 轴与纤芯轴线重合。如果光波沿 z 方向传输，则波动方程［式(2.108) 和式(2.109)］的解可表示为 z 和 t 的调和函数，如下：

$$\begin{bmatrix}\vec{E}\\ \vec{H}\end{bmatrix} = \begin{bmatrix}\vec{E}(r,\varphi)\\ \vec{H}(r,\varphi)\end{bmatrix} e^{j(\omega t-\beta z)} \tag{2.111}$$

式中，β 为传输常数，它是传输矢量（波矢）$\vec{k}$ 的 z 向分量。此解表示 $\vec{E}$ 和 $\vec{H}$ 沿光纤横截面的分布，称为模式场。根据微分方程的理论，对于给定的边界条件，式(2.111) 的解可有无穷多个，其中每一个特征解称为一个模式。光纤中总的光场分布是这些模式的线性组合。于是，波动方程的解的基本形式可以写为

$$\begin{aligned}\begin{bmatrix}\vec{E}(r,\varphi,z,t)\\ \vec{H}(r,\varphi,z,t)\end{bmatrix} &= \begin{bmatrix}\vec{E}_t(r,\varphi)+E_z(r,\varphi)\vec{z}\\ \vec{H}_t(r,\varphi)+H_z(r,\varphi)\vec{z}\end{bmatrix} e^{j(\omega t-\beta z)}\\ &= \begin{bmatrix}E_r(r,\varphi)\vec{r}+E_\varphi(r,\varphi)\vec{\varphi}+E_z(r,\varphi)\vec{z}\\ H_r(r,\varphi)\vec{r}+H_\varphi(r,\varphi)\vec{\varphi}+H_z(r,\varphi)\vec{z}\end{bmatrix} e^{j(\omega t-\beta z)}\end{aligned} \tag{2.112}$$

2.4.3 贝塞尔方程与本征值方程

2.4.3.1 贝塞尔方程

由电动力学可知，光波的横向分量可通过轴向分量 E_z 和 H_z 得到，即

$$\begin{cases} E_r = \dfrac{-j}{\chi^2}\left[\beta\dfrac{\partial E_z}{\partial r}+\dfrac{\mu_0\omega}{r}\times\dfrac{\partial H_z}{\partial \varphi}\right]\\ E_\varphi = \dfrac{-j}{\chi^2}\left[\dfrac{\beta}{r}\times\dfrac{\partial E_z}{\partial \varphi}-\mu_0\omega\dfrac{\partial H_z}{\partial r}\right]\\ H_r = \dfrac{-j}{\chi^2}\left[\beta\dfrac{\partial H_z}{\partial r}-\dfrac{\varepsilon\omega}{r}\times\dfrac{\partial E_z}{\partial \varphi}\right]\\ H_\varphi = \dfrac{-j}{\chi^2}\left[\dfrac{\beta}{r}\times\dfrac{\partial H_z}{\partial \varphi}+\varepsilon\omega\dfrac{\partial E_z}{\partial r}\right]\end{cases} \tag{2.113}$$

式中

$$\begin{aligned}\chi^2 &= \omega^2\varepsilon_i\mu_0-\beta^2 = k_i^2-\beta^2\\ &= \left(\frac{2\pi n_i}{\lambda}\right)^2-\beta^2 = n_i^2k_0^2-\beta^2\end{aligned} \tag{2.114}$$

其中，在纤芯中 $i=1$，在包层中 $i=2$。另外，在直角坐标系下，光波的纵、横分量关系见附录中式(1)，圆柱坐标系到直角坐标系的变换关系见附录中式(2)。可见，求解波动方程的解的关键在于求解轴向分量 E_z 和 H_z 的标量波动方程，将 E_z 和 H_z 分别替换式(2.110) 中的 ϕ，再根据$\nabla^2=\frac{\partial^2}{\partial r^2}+\frac{1}{r}\times\frac{\partial}{\partial r}+\frac{1}{r^2}\times\frac{\partial^2}{\partial\varphi^2}+\frac{\partial^2}{\partial z^2}$，将其写成柱坐标形式，可得

$$\begin{cases}\dfrac{\partial^2 E_z}{\partial r^2}+\dfrac{1}{r}\times\dfrac{\partial E_z}{\partial r}+\dfrac{1}{r^2}\times\dfrac{\partial^2 E_z}{\partial\varphi^2}+\chi^2 E_z=0\\[2mm]\dfrac{\partial^2 H_z}{\partial r^2}+\dfrac{1}{r}\times\dfrac{\partial H_z}{\partial r}+\dfrac{1}{r^2}\times\dfrac{\partial^2 H_z}{\partial\varphi^2}+\chi^2 H_z=0\end{cases}\tag{2.115}$$

采用分离变量法，设 $\begin{bmatrix}E_z(r,\varphi)\\H_z(r,\varphi)\end{bmatrix}=F(r)\Phi(\varphi)$，进而可写为 $\begin{bmatrix}E_z(r,\varphi)\\H_z(r,\varphi)\end{bmatrix}=F(r)\mathrm{e}^{\mathrm{j}l\varphi}$，因为波导结构的圆对称性要求所有场分量必须是坐标变量 Φ 以 2π 为周期的周期函数，且 l 必须为整数才能保证方位角的周期性。因此，关键在于求解关于 $F(r)$ 的方程，即

$$\frac{\partial^2 F(r)}{\partial r^2}+\frac{1}{r}\times\frac{\partial F(r)}{\partial r}+\left(\chi^2-\frac{l^2}{r^2}\right)F(r)=0\tag{2.116}$$

将式(2.114) 代入，式(2.116) 变为

$$\frac{\partial^2 F(r)}{\partial r^2}+\frac{1}{r}\times\frac{\partial F(r)}{\partial r}+\left[(k_i{}^2-\beta^2)-\frac{l^2}{r^2}\right]F(r)=0\tag{2.117}$$

式(2.117) 即为贝塞尔（Bessel）方程，其中 $k_i^2=\omega^2\varepsilon_i\mu_0=n_i^2k_0^2$，$i=1$，2 分别表示纤芯和包层的区域。由贝塞尔方程，给出特定光纤的边界条件，即可求解 $F(r)$。

2.4.3.2　贝塞尔方程的解

假设涂覆层折射率为 n_3，对于阶跃型光纤，通常有 $n_1>n_2>n_3$。为简化分析，一般设包层为无限厚，即 $n_2=n_3$，因为只要纤芯和包层的折射率选择合适，在光纤内传输的光波的穿透深度将很小，通常仅有几个波长。只要包层厚度远大于穿透深度，就可以作为无限厚包层来处理。此种波导的解需适当选择贝塞尔函数，以保证 $r=0$ 时 $F(r)$ 为有限值，而 $r\to\infty$时 $F(r)\to0$，这时边界条件就能满足。因此，求解贝塞尔方程的过程，实际上就是根据边界条件和模场分布选择适当的贝塞尔函数的过程。所以，需先了解贝塞尔函数的类型。

图 2.16(a) 和 (b) 分别为第一类贝塞尔函数 J_l 和第一类变态汉克尔函数 I_l，图 2.16(c) 和 (d) 分别为第二类贝塞尔函数 N_l 和第二类变态汉克尔函数 K_l。

贝塞尔函数的选取依据导模场分布特点：在空间各点均为有限值，在纤芯为振荡形式而在包层为衰减形式，在无限远处趋于零。由图 2.16 可以看出，在纤芯中选取第一类贝塞尔函数 J_l 与在包层中选取第二类变态汉克尔函数 K_l 作为式 (2.117) 的解，符合导模场分布特点要求。于是，模场分布解的纵向分量形式可以写为

$$\begin{bmatrix}E_z\\H_z\end{bmatrix}=\begin{cases}\begin{bmatrix}A\\B\end{bmatrix}J_l\left(\dfrac{Ur}{a}\right)\mathrm{e}^{\mathrm{j}l\varphi} & 0\leqslant r\leqslant a\\[2mm]\begin{bmatrix}C\\D\end{bmatrix}K_l\left(\dfrac{Wr}{a}\right)\mathrm{e}^{\mathrm{j}l\varphi} & r>a\end{cases}\tag{2.118}$$

式中，A、B、C、D 为 4 个待定常数；U 和 W 定义为场的横向传输常数。

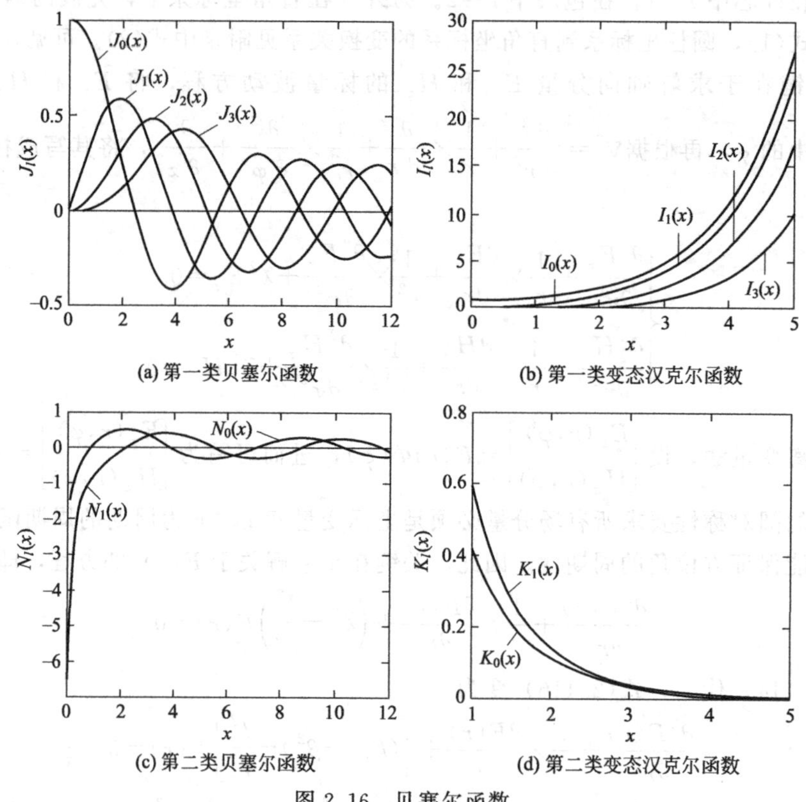

(a) 第一类贝塞尔函数　(b) 第一类变态汉克尔函数　(c) 第二类贝塞尔函数　(d) 第二类变态汉克尔函数

图 2.16　贝塞尔函数

U 反映了导模在纤芯中的驻波场的横向振荡频率，W 反映了导模在包层中的消逝场的衰减速度，且有

$$U=\sqrt{(k_0^2n_1^2-\beta^2)a^2},W=\sqrt{(\beta^2-k_0^2n_2^2)a^2} \tag{2.119}$$

式中，$k_0=2\pi/\lambda_0$ 为真空中的传输常数。

这里，定义参数 V 为光纤的归一化频率，即

$$V^2=U^2+W^2=a^2k_0^2(n_1^2-n_2^2) \tag{2.120}$$

另外，由纵向分量式(2.118)与横向关系式 (2.113)，可求得模场分布解的横向分量，如附录中式(3)~式(6) 所示。

2.4.3.3　本征值方程

在确定场解所需的贝塞尔函数形式和电磁场各分量的表达形式后，只需要根据边界条件确定系数 A、B、C、D 及 l，即可得到确切的模式场分布。边界条件要求场的切向分量连续，由式(2.118)，E_z 和 H_z 在 $r=a$ 处连续，可得

$$\frac{A}{C}=\frac{B}{D}=\frac{K_l(W)}{J_l(U)} \tag{2.121}$$

同理，由 E_φ 和 H_φ 在 $r=a$ 处连续，可得

$$\begin{cases} \mathrm{j}\beta l\left(\dfrac{1}{U^2}+\dfrac{1}{W^2}\right)A-\omega\mu_0\left[\dfrac{1}{U}\times\dfrac{J_l'(U)}{J_l(U)}+\dfrac{1}{W}\times\dfrac{K_l'(W)}{K_l(W)}\right]B=0 \\ \omega\left[\dfrac{\varepsilon_1}{U}\times\dfrac{J_l'(U)}{J_l(U)}+\dfrac{\varepsilon_2 K_l'(W)}{WK_l(W)}\right]A+\mathrm{j}\beta l\left(\dfrac{1}{U^2}+\dfrac{1}{W^2}\right)B=0 \end{cases} \tag{2.122}$$

式(2.122) 是 A 与 B 的齐次方程组，故欲获得 A 和 B 不全为零的解，必须使其特征行列式为零，即

$$\begin{vmatrix} \mathrm{j}\beta l\left(\frac{1}{U^2}+\frac{1}{W^2}\right) & -\omega\mu_0\left[\frac{1}{U}\times\frac{J_l'(U)}{J_l(U)}+\frac{1}{W}\times\frac{K_l'(W)}{K_l(W)}\right] \\ \omega\left[\frac{\varepsilon_1}{U}\times\frac{J_l'(U)}{J_l(U)}+\frac{\varepsilon_2}{W}\times\frac{K_l'(W)}{K_l(W)}\right] & \mathrm{j}\beta l\left(\frac{1}{U^2}+\frac{1}{W^2}\right) \end{vmatrix}=0 \tag{2.123}$$

求解式(2.123)，可得本征值方程

$$l^2\beta^2\left(\frac{1}{U^2}+\frac{1}{W^2}\right)^2=\left[\frac{J_l'(U)}{UJ_l(U)}+\frac{K_l'(W)}{WK_l(W)}\right]\times\left[\frac{k_1^2}{U}\times\frac{J_l'(U)}{J_l(U)}+\frac{k_2^2}{W}\times\frac{K_l'(W)}{K_l(W)}\right] \tag{2.124}$$

式中，$k_1=n_1k_0$，$k_2=n_2k_0$。本征值方程又称特征方程或色散方程。其中 U 和 W 通过其定义式与 β 相联系。因此，本征值方程实际上是关于本征值 β 的一个超越方程。当 n_1、n_2、a 和传输波长 λ_0 给定时，对于不同的 l 值，可求得相应的 β 值。由于贝塞尔函数及其导数具有周期振荡性质，本征值方程可以有多个不同的解 β_{lm} ($l=0$, 1, 2, 3…; $m=1$, 2, 3…)，并且每一个 β_{lm} 都对应于一个传导模式。

为推导方便，本征值方程式(2.124) 还可以改写为

$$\left[\frac{J_l'(U)}{UJ_l(U)}+\frac{K_l'(W)}{WK_l(W)}\right]\left[k_1^2\frac{J_l'(U)}{UJ_l(U)}+k_2^2\frac{K_l'(W)}{WK_l(W)}\right]=l^2\left(k_1^2\frac{1}{U^2}+k_2^2\frac{1}{W^2}\right)\left(\frac{1}{U^2}+\frac{1}{W^2}\right) \tag{2.125}$$

2.4.4 阶跃折射率光纤的模式分析

2.4.4.1 模式分类

光纤中的精确矢量模式主要有 4 种，包括 TE 模、TM 模、EH 模和 HE 模。其中，TE 模只有 H_z 分量，而 E_z 分量为零；TM 模只有 E_z 分量，而 H_z 分量为零；EH 模式的电场占优势且 H_z 超前 E_z 相位 90°；HE 模式的磁场占优势且 E_z 超前 H_z 相位 90°。对于 TE 模和 TM 模，$l=0$，两者是互相正交的线偏振波；对于 EH 模和 HE 模，$l\neq0$，两者均为椭圆偏振波，并且 HE 模偏振旋转方向与光波行进方向一致（符合右手定则），而 EH 模偏振旋转方向与光波行进方向相反。为模式分类方便，由式(2.122)，此处定义一个与 E_z 和 H_z 有关的参数 q，并且结合式(2.118)，有

$$q=\frac{\omega\mu_0}{\mathrm{j}\beta}\times\frac{H_z}{E_z}=\frac{\omega\mu_0}{\mathrm{j}\beta}\times\frac{B}{A} \tag{2.126}$$

再由结合式(2.122)，可得

$$\frac{B}{A}=\mathrm{j}\,\frac{\beta}{\omega\mu_0}\times\frac{l\left(\frac{1}{U^2}+\frac{1}{W^2}\right)}{\frac{J_l'(U)}{UJ_l(U)}+\frac{K_l'(W)}{WK_l(W)}} \tag{2.127}$$

由式(2.125)～式(2.127)，可得

$$q=\frac{\omega\mu_0}{\mathrm{j}\beta}\times\frac{H_z}{E_z}=\frac{l\left(\frac{1}{U^2}+\frac{1}{W^2}\right)}{\frac{J_l'(U)}{UJ_l(U)}+\frac{K_l'(W)}{WK_l(W)}}=\frac{k_1^2\frac{J_l'(U)}{UJ_l(U)}+k_2^2\frac{K_l'(W)}{WK_l(W)}}{l\left(\frac{k_1^2}{U^2}+\frac{k_2^2}{W^2}\right)} \tag{2.128}$$

根据式(2.128) 和上述的四种模式的特征，可以对模式分类，如表 2.1 所示。

表 2.1　模式特征及其分类

l 参数	q 参数	模式特征	模式种类
$l=0$	$q\to\infty$	$E_z=0$	TE 模式
$l=0$	$q=0$	$H_z=0$	TM 模式
$l\neq 0$	$q=1$	$H_z\propto jE_z$	EH 模式
$l\neq 0$	$q=-1$	$E_z\propto -jH_z$	HE 模式

于是，根据式(2.128)、表 2.1 和贝塞尔函数递推关系式 [附录中的式(7)～式(16)] 可分析得到各类模式的本征值方程。

① TE_{0m} 模：$l=0$，$q\to\infty$ 时有

$$\frac{J_1(U)}{UJ_0(U)}+\frac{K_1(W)}{WK_0(W)}=0 \tag{2.129}$$

由方程得到一系列本征值解：β_1，β_2，…，β_m 对应不同的 TE 模式。

② TM_{0m} 模：$l=0$，$q=0$ 时有

$$\frac{n_1^2J_1(U)}{UJ_0(U)}+\frac{n_2^2K_1(W)}{WK_0(W)}=0 \tag{2.130}$$

由方程得到一系列本征值解：β_1，β_2，…，β_m 对应不同的 TM 模式。

③ EH_{lm} 模：$l\neq 0$，$q|_{W\to\infty}=1$ 时有

$$\frac{J_{l+1}(U)}{UJ_l(U)}+\frac{K_{l+1}(W)}{WK_l(W)}=0 \tag{2.131}$$

由方程得到一系列本征值解：β_1，β_2，…，β_m 对应不同的 EH 模式。

④ HE_{lm} 模：$l\neq 0$，$q|_{W\to\infty}=-1$ 时有

$$l=1\text{ 时},\frac{n_1^2J_0(U)}{n_2^2UJ_1(U)}-\frac{K_0(W)}{WK_1(W)}=0 \tag{2.132}$$

由方程得到一系列本征值解：β_1，β_2，…，β_m 对应不同的HE_{1m} 模式。

$$l>1\text{ 时},\frac{n_1^2J_{l-1}(U)}{n_2^2UJ_l(U)}-\frac{K_{l-1}(W)}{WK_l(W)}=0 \tag{2.133}$$

由方程得到一系列本征值解：β_1，β_2，…，β_m 对应不同的HE_{lm} 模式。

以上各模式的传输特性（传输常数 β 及归一化频率 V 的变化关系和截止特性等）可由相应的本征值方程决定，但这些本征值方程均为超越方程，一般只能通过数值方法求解。

2.4.4.2　矢量模的截止特性

在临近截止和远离截止两种情况下，各类模式的本征值方程均可得到简化，从而可得到各模式的归一化截止频率 V_c。故临近截止条件和远离截止条件即为本征值方程的特殊形式。临近截止是指光纤中传输的光波处于纤芯和包层分界面全反射的临界点，不满足的模式将泄漏到包层中（临近截止条件是 $W\to 0$，$U\to V_c$）。远离截止是指纤芯中传输的

光波沿近于光纤中心轴的方向传输，可始终满足全反射条件（远离截止条件是 $W\to\infty$，$V\to\infty$，$U\to$有限值）。根据各种模式的本征值方程，分析它们的截止特性如下（以 $n_1=1.65$，$n_2=1.45$ 为例）。

(1) TE_{0m} 模的截止特性

由于 $\lim\limits_{W\to 0}\dfrac{K_1(W)}{WK_0(W)}=\lim\limits_{W\to 0}\dfrac{1}{W^2\ln(1.154/W)}=\infty$，得临近截止条件为 $J_0(U)\to 0$，即 $J_0(V_c)=0$。因此，截止频率为 $V_c^{TE_{0m}}=\mu_{0m}$，μ_{0m} 是方程 $J_0(x)=0$ 的第 m 个根。由图 2.16(a) 可知，最小截止频率 $V_c^{TE_{01}}=\mu_{01}=2.4048$。由于 $\lim\limits_{W\to\infty}\dfrac{K_1(W)}{WK_0(W)}=0$，得远离截止条件为 $J_1(U)\to 0(U\neq 0)$，即 $J_1(U_{0m}^{\infty})=0$，$U_{0m}^{\infty}\neq 0$。

(2) TM_{0m} 模的截止特性

可以证明，TE_{0m} 模与TM_{0m} 模在临近截止与远离截止时具有相同截止条件和相同的本征值，即两种模式处于简并态，但要注意在临近截止与远离截止之间其本征值并不相同。

(3) EH_{lm} 模的截止特性

由于 $\lim\limits_{W\to 0}\dfrac{K_{l+1}(W)}{WK_l(W)}=\dfrac{2l}{W^2}=\infty$，得临近截止条件为 $J_l(U)\to 0$，即 $J_l(V_c)=0$，$V_c\neq 0$。因此，截止频率为 $V_c^{EH_{lm}}=\mu_{lm}$，μ_{lm} 是方程 $J_l(x)=0$ 的第 m 个非零根。由图 2.16(a) 可知，最小截止频率 $V_c^{EH_{11}}=\mu_{11}=3.8317$。由于 $\lim\limits_{W\to\infty}\dfrac{K_{l+1}(W)}{WK_l(W)}=0$，得远离截止条件为 $J_{l+1}(U)\to 0$，即 $J_{l+1}(U_{lm}^{\infty})=0,U_{lm}^{\infty}\neq 0$。

(4) HE_{1m} 模的截止特性

由于 $\lim\limits_{W\to 0}\dfrac{K_0(W)}{WK_1(W)}=\infty$，得临近截止条件为 $J_1(V_c^{HE_{1m}})=0$。因此，截止频率为 $V_c^{HE_{1m}}=\mu_{1m}$，μ_{1m} 是方程 $J_1(x)=0$ 的第 m 个根。由图 2.16(a) 可知，最小截止频率 $V_c^{HE_{11}}=\mu_{11}=0$，即HE_{11} 模不截止，是光纤中的基模。由于 $\lim\limits_{W\to\infty}\dfrac{K_0(W)}{WK_1(W)}=0$，得远离截止条件为 $J_0(U_{1m}^{\infty})=0$。

(5) HE_{lm} 模的截止特性（$l>1$）

由于 $\lim\limits_{W\to 0}\dfrac{K_{l-1}(W)}{WK_l(W)}=\dfrac{1}{2(l-1)}$，得临近截止条件为$\dfrac{n_1^2J_{l-1}(U)}{n_2^2UJ_l(U)}=\dfrac{1}{2(l-1)}$，再根据贝塞尔函数递推关系式得到$\dfrac{J_{l-2}(V_c)}{J_l(V_c)}=\dfrac{n_2^2}{n_1^2}-1$。由于 $\lim\limits_{W\to\infty}\dfrac{K_{l-1}(W)}{WK_l(W)}=0$，得远离截止条件为 $J_{l-1}(U_{lm}^{\infty})=0$，$U_{lm}^{\infty}\neq 0$。

根据以上分析，图 2.17 给出了一些低阶矢量模的 U-V 曲线，可以很方便地找出各个模式的截止频率以及 U 值的取值范围。

2.4.4.3 色散曲线与单模条件

对于结构参数给定的光纤，其模式分布是固定的。可根据本征值方程，并利用数值计算，得到各导模传输常数 β 与光纤归一化频率 V 的关系曲线，称为色散曲线。因此，本征值方程又

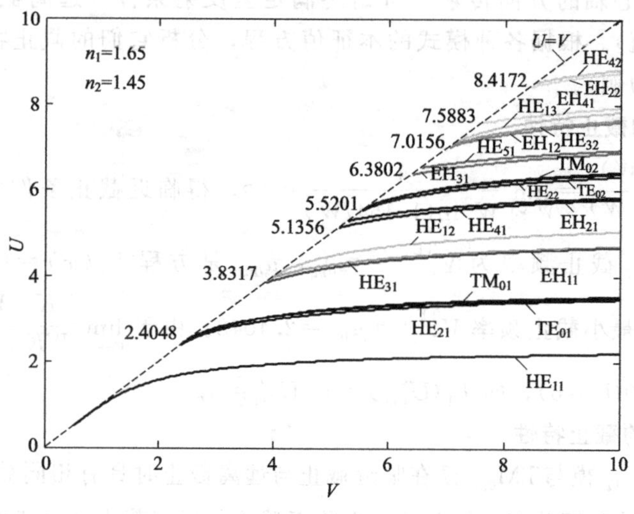

图 2.17　低阶矢量模的 U-V 曲线图

称色散方程。图 2.18 给出了几组低阶矢量模式的色散曲线，纵坐标采用有效折射率 $n_{\mathrm{eff}}=\beta/k_0$ 表示，并且 n_{eff} 在 n_1 和 n_2 之间取值。色散图中每一条曲线都对应于一个导模。

在图 2.18 中做一条平行于纵轴的虚线，其与色散曲线的交点数就是光纤中允许存在的导模数，且由交点纵坐标可求出相应导模的传输常数 β。由图 2.18 可以看出，归一化截止频率 V_c 越大则导模数越多。另外，图 2.18 中可以明显看出基模为HE_{11} 模式，因为当 $V_c<2.4048$ 时，在光纤中只存在 HE_{11} 模，其他导模全部截止。

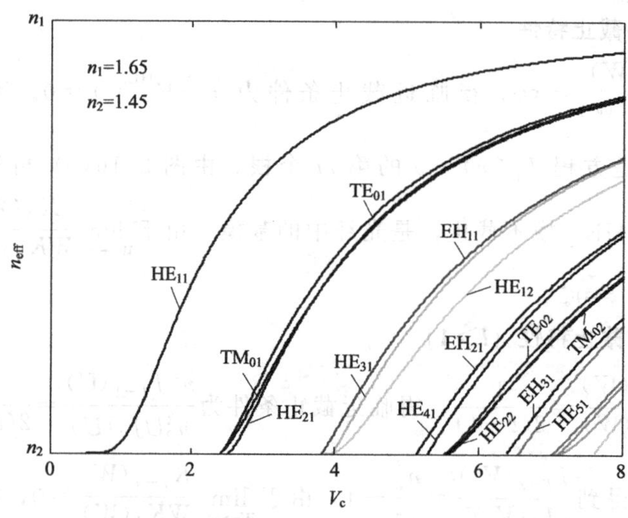

图 2.18　有效折射率 n_{eff} 和归一化频率 V_c 的关系图

由式(2.120) 和HE_{11} 模式的截止频率，可以得到阶跃折射率单模光纤的工作条件为

$$V=\frac{2\pi a}{\lambda_0}\sqrt{n_1^2-n_2^2}<2.4048 \tag{2.134}$$

由式(2.134) 可知，在给定 a、n_1、n_2 时，可以得到单模光纤的截止波长 λ_c，由此可以确定给定光纤是否可以工作的单模传输状态。

2.4.5 弱导光纤与线偏振模

2.4.5.1 线偏振模概念

由上节中场的纵向分量和横向分量的表达式可以证明，场的横向分量最大值与纵向分量最大值之比近似满足

$$\left|\frac{E_{t\max}}{E_{z\max}}\right| \approx \left|\frac{H_{t\max}}{H_{z\max}}\right| \approx \frac{k_0 n_1 a}{U} = \frac{n_1 k_0}{\sqrt{n_1^2 k_0^2 - \beta^2}} > \frac{1}{\sqrt{2\Delta}} \tag{2.135}$$

考虑到一般光纤的相对折射率差 $\Delta \approx 10^{-2}$，可知场的横向分量要比纵向分量大一个数量级以上，也就是说光纤中的传导模式场近乎是横电磁场。因此，场的横向分量更能反映场分布的特性。然而，通过严格的矢量法分析得到的场分量表达式［附录中式(3)～式(6)］具有非常复杂的函数形式，不易分析场的各种特性。为此，本节引入弱导光纤和线偏振模的概念。

由本征值方程式(2.124) 和式(2.125) 可以看出，若 $n_1 \approx n_2 \approx n$，则其形式将变得非常简单。另外，由模式的截止条件以及色散曲线（图 2.18）可知，$HE_{l+1,m}$ 模和$EH_{l-1,m}$ 模具有相近的色散曲线，尤其是接近截止时基本完全重合，即两者是近乎简并的。证明发现，如果将这两类模式线性叠加可使场的某一横向分量相互抵消，即电（磁）场的横向分量只有一个。当将这种场的表达式转化到直角坐标系，可发现光场表现出典型的线性偏振特性。这就是本节要提出的线偏振（Linearly Polarized，LP_{lm}）模，其只包含 4 个场分量，并且场分布的表达式和本征值方程也要比精确矢量模式简单得多。此外，弱导光纤中纤芯对于光波的约束减弱，电磁场在包层中延伸更远，高阶模的损耗会显著增大，因此只有低阶模式才能长距离传输。

2.4.5.2 弱导近似下矢量模的本征值方程

① 当 $n_1 \approx n_2 \approx n$ 时，由式(2.130) 可得TM_{0m} 模的本征值方程为

$$\frac{J_1(U)}{UJ_0(U)} + \frac{K_1(W)}{WK_0(W)} = 0 \tag{2.136}$$

② 当 $n_1 \approx n_2 \approx n$ 时，由式(2.132) 和式(2.133) 可得HE_{lm} 模的本征值方程为

$$\frac{J_{l-1}(U)}{UJ_l(U)} - \frac{K_{l-1}(W)}{WK_l(W)} = 0 \tag{2.137}$$

在弱导近似下，TE_{0m} 模和EH_{lm} 模的本征值方程式(2.129) 和式(2.131) 不发生变化。对比式(2.129) 与式(2.136) 可知，在弱导光纤中TE_{0m} 模与TM_{0m} 模的本征值方程相同，为简并模。同时，如果用 $l-1$，m 代入EH_{lm} 的本征值方程式(2.131) 和用 $l+1$，m 代入HE_{lm} 的本征值方程式(2.137)，两方程完全等价，即 $U\dfrac{J_{l\pm1}(U)}{J_l(U)} = \pm W\dfrac{K_{l\pm1}(W)}{K_l(W)}$（此式取正号和负号完全等价），因此$EH_{l-1,m}$ 模与$HE_{l+1,m}$ 模为简并模。

2.4.5.3 LP_{lm} 模式的本征解

由于$EH_{l-1,m}$ 模和$HE_{l+1,m}$ 模简并，具有相同的本征值，同时两者旋向相反，可合成线偏振光。通过简并矢量模式的线性叠加，LP_{lm} 只有 4 个不为零的场分量，可以是沿直角坐标系中 x 方向偏振的偏振模（包含 E_x、H_y、E_z、H_z 分量），也可以是沿直角坐标系中

y 方向偏振的偏振模（包含 E_y、H_x、E_z、H_z 分量）。根据柱坐标系和直角坐标系的变换关系，附录中的式(2)，可得如下关系：

$$\begin{cases}\dfrac{\partial F(x,y)}{\partial x}=\dfrac{\partial F(r,\varphi)}{\partial r}\cos\varphi-\dfrac{1}{r}\times\dfrac{\partial F(r,\varphi)}{\partial\varphi}\sin\varphi\\ \dfrac{\partial F(x,y)}{\partial y}=\dfrac{\partial F(r,\varphi)}{\partial r}\sin\varphi+\dfrac{1}{r}\times\dfrac{\partial F(r,\varphi)}{\partial\varphi}\cos\varphi\end{cases}\tag{2.138}$$

① 首先，构造 LP_{lm} 模沿 x 方向偏振的本征解，选择贝塞尔函数 $J_{l-1}\left(\dfrac{Ur}{a}\right)$（对于 $\mathrm{EH}_{l-1,m}$ 模）和 $J_{l+1}\left(\dfrac{Ur}{a}\right)$（对于 $\mathrm{HE}_{l+1,m}$）组成 E_z 和 H_z，可得如下：

$$E_z=\frac{-\mathrm{j}A}{2k_0an}\begin{cases}\dfrac{U}{J_l(U)}\left[J_{l+1}\left(\dfrac{Ur}{a}\right)\sin(l+1)\varphi+J_{l-1}\left(\dfrac{Ur}{a}\right)\sin(l-1)\varphi\right] & (0\leqslant r\leqslant a)\\ \dfrac{W}{K_l(W)}\left[K_{l+1}\left(\dfrac{Wr}{a}\right)\sin(l+1)\varphi-K_{l-1}\left(\dfrac{Wr}{a}\right)\sin(l-1)\varphi\right] & (r>a)\end{cases}\tag{2.139}$$

$$H_z=\frac{\mathrm{j}A}{2k_0anZ_0}\begin{cases}\dfrac{U}{J_l(U)}\left[J_{l+1}\left(\dfrac{Ur}{a}\right)\cos(l+1)\varphi-J_{l-1}\left(\dfrac{Ur}{a}\right)\cos(l-1)\varphi\right] & (0\leqslant r\leqslant a)\\ \dfrac{W}{K_l(W)}\left[K_{l+1}\left(\dfrac{Wr}{a}\right)\cos(l+1)\varphi+K_{l-1}\left(\dfrac{Wr}{a}\right)\cos(l-1)\varphi\right] & (r>a)\end{cases}\tag{2.140}$$

式中，$Z_0=\sqrt{\mu_0/\varepsilon_0}$ 是真空中平面波的特征阻抗。由于 E_z 和 H_z 之间存在 $\pi/2$ 的相位差，将 $\mathrm{EH}_{l-1,m}$ 模和 $\mathrm{HE}_{l+1,m}$ 模线性叠加将使得场的横向分量 E_y 和 H_x 项为零或近似为零。由直角坐标系下场的纵、横分量关系［见附录中的式(1)］，经过运算可得

$$\begin{cases}E_x=\begin{cases}A\,[J_l(Ur/a)/J_l(U)]\cos l\varphi & (0\leqslant r\leqslant a)\\ A\,[K_l(Wr/a)/K_l(W)]\cos l\varphi & (r>a)\end{cases}\\ H_y=\begin{cases}-(An/Z_0)\,[J_l(Ur/a)/J_l(U)]\cos l\varphi & (0\leqslant r\leqslant a)\\ -(An/Z_0)\,[K_l(Wr/a)/K_l(W)]\cos l\varphi & (r>a)\end{cases}\\ E_y=0\\ H_x\approx 0\end{cases}\tag{2.141}$$

② 同理，可以构造 LP_{lm} 模沿 y 方向偏振的本征解，如下：

$$\begin{cases}E_y=\begin{cases}A\,[J_l(Ur/a)/J_l(U)]\cos l\varphi & (0\leqslant r\leqslant a)\\ A\,[K_l(Wr/a)/K_l(W)]\cos l\varphi & (r>a)\end{cases}\\ H_x=\begin{cases}-(An/Z_0)\,[J_l(Ur/a)/J_l(U)]\cos l\varphi & (0\leqslant r\leqslant a)\\ -(An/Z_0)\,[K_l(Wr/a)/K_l(W)]\cos l\varphi & (r>a)\end{cases}\\ E_x=0\\ H_y\approx 0\\ E_z=\dfrac{\mathrm{j}A}{2k_0an}\begin{cases}U/J_l(U)\,[J_{l+1}(Ur/a)\sin(l+1)\varphi+J_{l-1}(Ur/a)\sin(l-1)\varphi] & (0\leqslant r\leqslant a)\\ W/K_l(W)\,[K_{l+1}(Wr/a)\sin(l+1)\varphi-K_{l-1}(Wr/a)\sin(l-1)\varphi] & (r>a)\end{cases}\\ H_z=\dfrac{-\mathrm{j}A}{2k_0anZ_0}\begin{cases}U/J_l(U)\,[J_{l+1}(Ur/a)\cos(l+1)\varphi-J_{l-1}(Ur/a)\cos(l-1)\varphi] & (0\leqslant r\leqslant a)\\ W/K_l(W)\,[K_{l+1}(Wr/a)\cos(l+1)\varphi+K_{l-1}(Wr/a)\cos(l-1)\varphi] & (r>a)\end{cases}\end{cases}\tag{2.142}$$

除上述LP_{lm}模的本征解表达式之外，若将 E_z 和 H_z 表达式中的 sin 和 cos 函数分别用 −cos 和 sin 函数来代替，则可得出另一组本征解，其沿角向变化的函数形式为 $\sin(l\varphi)$。因此，可以看出每一个LP_{lm} 模具有四种简并［两种径向变化，x 和 y 方向偏振；两种角向变化，$\cos(l\varphi)$ 和 $\sin(l\varphi)$］。但要注意的是，LP_{0m} 模只有两种径向简并。

2.4.5.4 LP_{lm} 模式的本征值方程

由式(2.139) 或式(2.142)，根据 E_z 在 $r=a$ 处连续，可得

$$\frac{UJ_{l+1}(U)}{J_l(U)}\sin[(l+1)\varphi]+\frac{UJ_{l-1}(U)}{J_l(U)}\sin[(l-1)\varphi]=\frac{WK_{l+1}(W)}{K_l(W)}K_{l+1}\sin[(l+1)\varphi]-\frac{WK_{l-1}(W)}{K_l(W)}\sin[(l-1)\varphi] \tag{2.143}$$

上式对于任意的 φ 都成立，即可得到LP_{lm} 模的本征值方程为

$$\frac{UJ_{l+1}(U)}{J_l(U)}=\frac{WK_{l+1}(W)}{K_l(W)}\Leftrightarrow\frac{UJ_{l-1}(U)}{J_l(U)}=-\frac{WK_{l-1}(W)}{K_l(W)} \tag{2.144}$$

2.4.5.5 弱导光纤中模式的简并性

通过对比式(2.144) 和弱导近似下矢量模的本征值方程式(2.129)、式(2.131)、式(2.136) 与式(2.137)，可以得到：

① $l>1$ 时，LP_{lm} 模的本征值方程与$EH_{l-1,m}$ 模与$HE_{l+1,m}$ 模的本征值方程相同。

② $l=1$ 时，LP_{1m} 模的本征值方程与TE_{0m}、TM_{0m}、HE_{2m} 模的本征值方程相同。

③ $l=0$ 时，LP_{0m} 模的本征值方程与HE_{1m} 模的本征值方程相同。

上述本征值方程相同的模式具有完全相同的传输特性，即模式简并。由以上分析，可得表 2.2。

表 2.2 各种LP_{lm} 模的构成、简并度和本征值方程

线偏振模	矢量模	简并度	本征值方程
LP_{0m}	HE_{1m}	2	$\frac{J_0(U)}{UJ_1(U)}-\frac{K_0(W)}{WK_1(W)}=0$
LP_{1m}	TE_{0m}、TM_{0m}、HE_{2m}	4	$\frac{J_1(U)}{UJ_0(U)}+\frac{K_1(W)}{WK_0(W)}=0$
$LP_{lm}(l>1)$	$EH_{l-1,m}$、$HE_{l+1,m}$	4	$\frac{J_l(U)}{UJ_{l+1}(U)}-\frac{K_l(W)}{WK_{l+1}(W)}=0$

2.4.5.6 LP_{lm} 模式的截止特性

① 对于$LP_{lm}(l>0)$ 模，由于$\lim\limits_{W\to0}\frac{WK_{l-1}(W)}{K_l(W)}=0$，则$\frac{V_cJ_{l-1}(V_c)}{J_l(V_c)}\to0$，得截止条件为 $J_{l-1}(V_c)=0$。因此，截止频率为 $V_c^{LP_{lm}}=\mu_{l-1,m}$，$\mu_{l-1,m}$ 是方程 $J_{l-1}(x)=0$ 的第 m 个非零根。

② 对于$LP_{lm}(l=0)$模，由于$\lim\limits_{W\to0}\frac{WK_1(W)}{K_0(W)}=0$，则$\frac{V_cJ_1(V_c)}{J_0(V_c)}\to0$，得截止条件为 $J_1(V_c)=0$。因此，截止频率为 $V_c^{LP_{0m}}=\mu_{0,m}$，$\mu_{0,m}$ 是方程 $J_1(x)=0$ 的第 m 个根。可见，LP_{01} 模的截止频率为 $V_c=0$，即为弱导光纤中的基模，其与矢量模HE_{11} 模等价。

③ 对于LP_{lm} 模，由于$\lim\limits_{W\to\infty}\frac{WK_{l-1}(W)}{K_l(W)}=\infty$，得远离截止条件为 $J_l(U_{lm}^{\infty})=0$，且 $l\neq0$

时 $U_{lm}^{\infty} \neq 0$。

由上述可知，LP_{lm} 模的 U_{lm} 值在 $[V_c, U_{lm}^{\infty}]$ 之间。部分低阶模的 U 值取值范围如图 2.19 所示。表 2.3 给出了较低阶的LP_{lm} 模和所对应的矢量模的名称、简并度、截止频率 V_c 和远离截止频率 U_{lm}^{∞}。

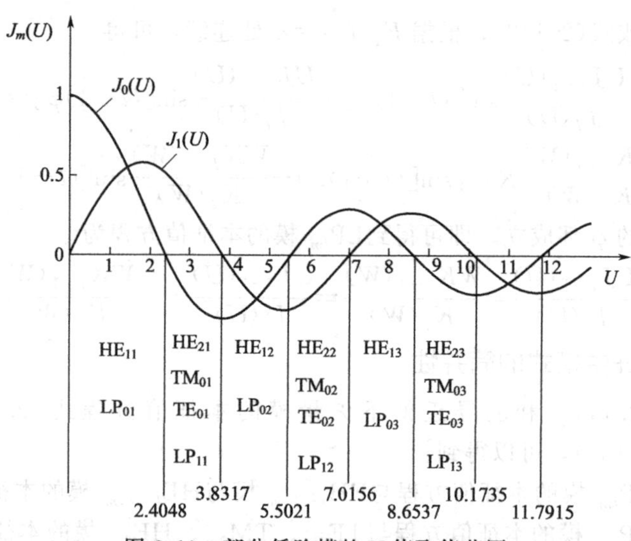

图 2.19　部分低阶模的 U 值取值范围

表 2.3　较低阶的LP_{lm} 模和所对应的矢量模的名称、简并度、截止频率 V_c 和远离截止频率 U_{lm}^{∞}

LP 模	矢量模的名称×个数	简并度	V_c	U_{lm}^{∞}
LP_{01}	HE_{11}×2	2	0	2.4048
LP_{11}	HE_{21}×2、TE_{01}、TM_{01}	4	2.4048	3.8317
LP_{21}	EH_{11}×2、HE_{31}×2	4	3.8317	5.1356
LP_{02}	HE_{12}×2	2	3.8317	5.5201
LP_{31}	EH_{21}×2、HE_{41}×2	4	5.1356	6.3802
LP_{12}	HE_{22}×2、TE_{02}、TM_{02}	4	5.5201	7.0156
LP_{41}	EH_{31}×2、EH_{51}×2	4	6.3802	7.5883
LP_{22}	EH_{12}×2、HE_{32}×2	4	7.0156	8.4172

2.4.5.7　光场分布图与模场分布图

（1）光场分布图

光场分布图是用电力线和磁力线绘出的光纤横截面上电磁场的分布图，图 2.20 给出了组成 LP 模式的几种低阶矢量模的光场分布图，分别为LP_{01} 模（HE_{11} 模）、LP_{11} 模（TE_{01} 模、TM_{01} 模、HE_{21} 模）、LP_{21} 模（EH_{11} 模、HE_{31} 模）的光场分布图。

（2）模场分布图（模斑图）

模场分布图是用颜色表示能量强弱及其在光纤横截面分布的图形，可以直观地理解为光斑或模斑的形状，也可以认为是光纤中横模的能量分布情况。一般地，对于LP_{lm} 模，其沿径向的亮斑数为 m，沿角向的亮斑数为 $2l$，并且 $l=0$ 则中心为亮斑，$l \neq 0$ 则中心为暗斑。主要分析式(2.141) 或式(2.142) 中 E_x（x 方向偏振）或 E_y（y 方向偏振）的 $J_l(Ur/a)/$

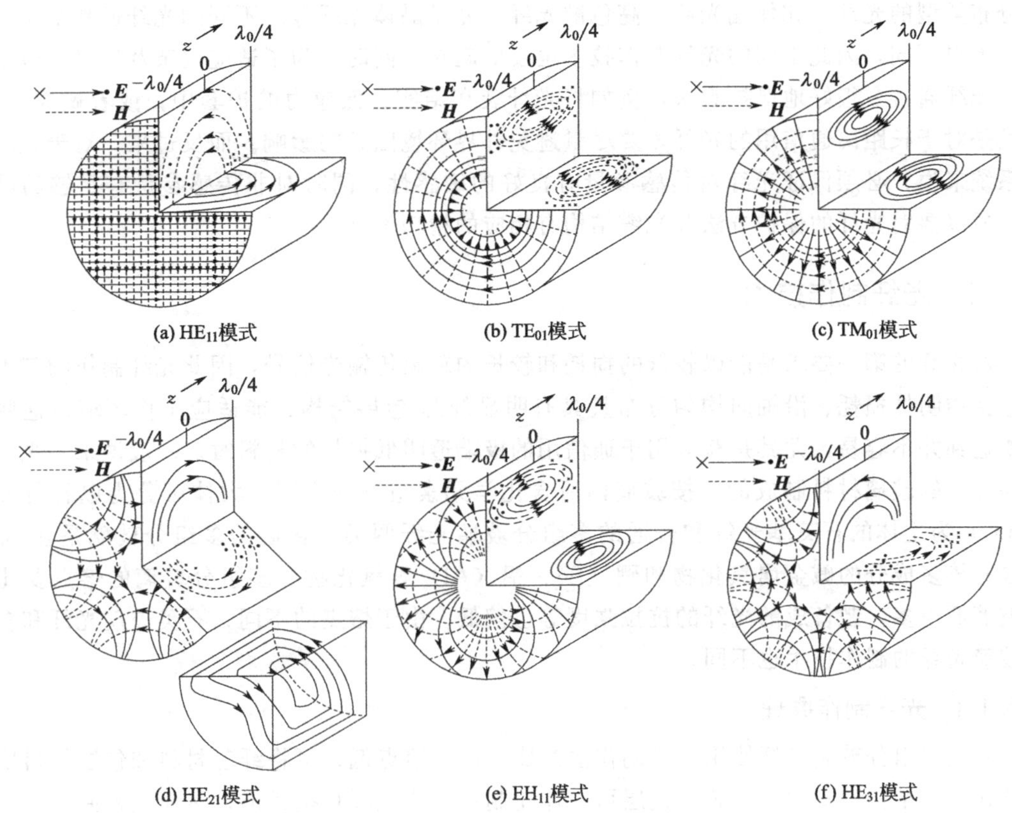

(a) HE_{11}模式 (b) TE_{01}模式 (c) TM_{01}模式

(d) HE_{21}模式 (e) EH_{11}模式 (f) HE_{31}模式

图 2.20 组成 LP 模式的几种低阶矢量模的光场分布图

$J_l(U)$ 项和 cos ($l\varphi$) 项在 U 的取值范围内的符号及有无零点，来确定模斑的分布情况。

例如，对于LP_{21} 模，由表 2.3，U_{21} 的取值范围为（3.8317,5.1356）、$U_{21}r/a$ 的取值范围为（0,5.1356），则 $J_2(U_{21})$ 与 $J_2(U_{21}r/a)$ 均大于零，即场沿径向无零点，而沿角向分布为 cos2φ，当 $\varphi=\pi/4$、$3\pi/4$、$5\pi/4$、$7\pi/4$ 时出现零点，即沿角向有两条暗线，将光场分为四个亮斑，如图 2.21(a) 所示。另外，图 2.21(b)～(e) 也给出了 LP_{01}、LP_{02}、LP_{11}、LP_{44} 模的模斑图。

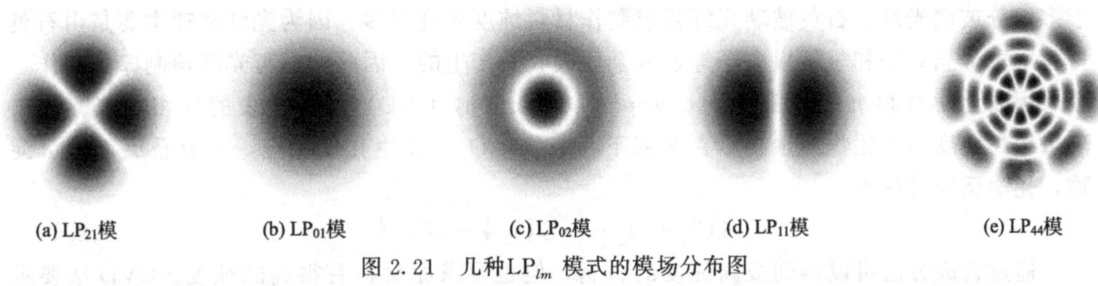

(a) LP_{21}模 (b) LP_{01}模 (c) LP_{02}模 (d) LP_{11}模 (e) LP_{44}模

图 2.21 几种LP_{lm} 模式的模场分布图

2.5 光纤与光缆

除常规用的通信光纤以外，针对不同的研究和应用需求，研究者设计出各种结构、折射率分布类型的光纤，如保偏光纤、高色散光纤、光子晶体光纤等。不同的光纤通常基于的制作技术也不同，因此不同的光纤制作技术也发展起来。同时，为了适应复杂及恶劣的应用环境，光纤通常要很好地保护起来，例如将光纤装在结实、低应力的护套中，或者做成光缆，尤其是对于长距离通信用的光纤，要尽量避免外界环境因素的影响。而反过来，对于光纤传感系统来说，必须保证光纤对传感参量有良好的敏感性，同时对非传感参量有足够的屏蔽性，所以要对光纤的保护方法及光缆结构有相应的精巧设计。

2.5.1 光纤制作技术

对光纤的第一要求是能以较低的损耗和较长的距离传输光信号，因此光纤制作的基本要求包括透明低损耗、沿轴向均匀分布且具有明显纤芯-包层结构、能适应工作环境。这些要求要达到并不容易，尤其是获取用于通信用的极端透明低损耗的材料时。一般说来，光纤是用高纯度的玻璃材料制成的。按玻璃内所含化学元素组分的不同，大体可分为以石英玻璃（SiO_2）为主体的石英基光纤和普通的多组分玻璃光纤两类。普通的多组分玻璃是在 SiO_2 中含有较多成分的碱金属氧化物和硼（B）、铝（Al）等氧化物。多组分玻璃的熔点要比石英玻璃低得多，制备成的光纤的抗拉强度等也偏低。由于熔点的不同，石英玻璃光纤和多组分玻璃光纤的制作技术也不同。

2.5.1.1 光纤制作原理

一般多组分玻璃光纤使用一步制作法制成，由于熔点低，可将纤芯材料和包层材料熔融后装在双层结构设备中，纤芯和包层可一体化制备，使光纤直接成形，然而这种制作方法往往很难得到高纯度的光纤。而石英玻璃光纤的制备要复杂得多，一般需要两步法完成，即先制作光纤预制棒，再进行光纤预制棒拉丝。光纤预制棒实际上是制作与预期制作光纤具有完全相同的几何结构和折射率分布但尺寸比光纤要大得多的先期材料，而光纤拉丝是在高温下将大尺寸的光纤预制棒拉制成细小的预期尺寸的光纤的过程。在玻璃体光纤完成以后，为了增加其抗拉和抗弯曲特性，需要在光纤外涂覆一层树脂材料。可见，预制棒拉丝只是尺寸上的改变，拉丝和涂覆也在一步中完成，因此光纤预制棒的制作是光纤制作中更为重要和关键的工艺过程。

多组分玻璃光纤熔点低，损耗要求低，可以使用以双坩埚法为代表的非气相工艺。相比于多组分玻璃光纤，石英玻璃光纤要求制作材料纯度要高得多。因为光纤损耗主要是由石英材料中重金属离子和氢氧根离子等各种杂质吸收而产生的。因此，石英光纤预制棒的制作一般采用以化学气相沉积（Chemical Vapor Deposition，CVD）法为代表的气相工艺。CVD 法采用高纯度的卤化物为预料，在高温下与氧气（O_2）发生化学反应，生成石英玻璃沉淀物，化学反应过程为

$$SiCl_4 + O_2 \longrightarrow SiO_2 \downarrow + 2Cl_2 \uparrow \tag{2.145}$$

通过合成方法可以得到极高纯度的材料，但也要求原材料有很高的纯度。CVD 法要求制作原材料的纯度达到 10^{-9} 量级，即其中的重金属离子、氢氧根离子等杂质的浓度在 10^{-9} 量级以下。然而，为了制成光纤波导结构，还不得不在纤芯或包层中进行微量的有用掺杂，常用的掺杂材料包括用于提高石英折射率的铝（以 Al_2O_3 形式）、锗（以 GeO_2 形式）与磷（以 P_2O_5 形式）和用于降低石英折射率的硼（以 B_2O_3 形式）和氟（F）等，通过高纯度的卤化物原料（如 $AlCl_3$、$GeCl_4$、$POCl_3$、BCl_3、$SiCl_3F$ 等）与氧气发生化学反应。为了防

止掺杂产生太高的光纤损耗并且获得合适的折射率分布，光纤中有用杂质的掺入方法和掺入浓度需要精确的设计而完成。

目前常用的基于CVD法的预制棒制作技术主要可分为内部气相沉积法和外部气相沉积法两类。内部气相沉积法主要有改进的化学气相沉积（Modified CVD，MCVD）法和等离子体激活化学气相沉积（Plasma-activated CVD，PCVD）法等。外部气相沉积法主要有侧向外部气相沉积（Outside Vapor Deposition，OVD）法和轴向外部气相沉积（Vapor Axial Deposition，VAD）法。值得注意的是，利用CVD法制作的光纤预制棒材料均为无定形的熔融状态石英，材料分子随机取向，与石英晶体不同，原则上石英光纤是各向同性的。有时候，通过CVD法制作光纤预制棒的纤芯和包层尺寸比例不满足最终光纤的几何结构，还需要通过套管法技术调整包层尺寸，以得到合适的几何结构比例。

光纤预制棒制作好之后，在光纤拉丝塔上进行拉丝，通过调节和精确控制拉丝参数，可得到预期包层外径的光纤。

2.5.1.2　非气相工艺——双坩埚法

图2.22为利用双坩埚法制作多组分玻璃光纤的设备系统示意图。内坩埚和外坩埚为白金材料双层圆柱腔体设计，底部为圆锥腔体设计。将纤芯玻璃材料粉末和包层玻璃材料粉末分别装入内坩埚和外坩埚中，加热元件将玻璃材料加热熔化后熔化液从底部流出，纤芯和包层自然形成，熔合后快速冷却而固化。光纤由炉底拉出后先通过一个非接触测径仪和一个反馈系统（反馈系统用于控制绕丝卷筒的转速，以保持恒定外径）。经过测径仪后，光纤进入到涂覆材料池进行涂层，并被干燥后连续缠在卷筒上。此种方法简单、成本低，通过不断加入玻璃材料可以制作任意长度的连续光纤。但玻璃材料熔点不能太高，因为一旦加热温度高于1000℃，白金坩埚粒子易扩散到纤芯中，难以保证高纯度。另外，内外坩埚必须严格同心，否则因厚度不均导致的热膨胀率不同而引起光纤扭曲。因石英材料熔点为2000℃左右，对纯度要求极高，这种方法不可行。

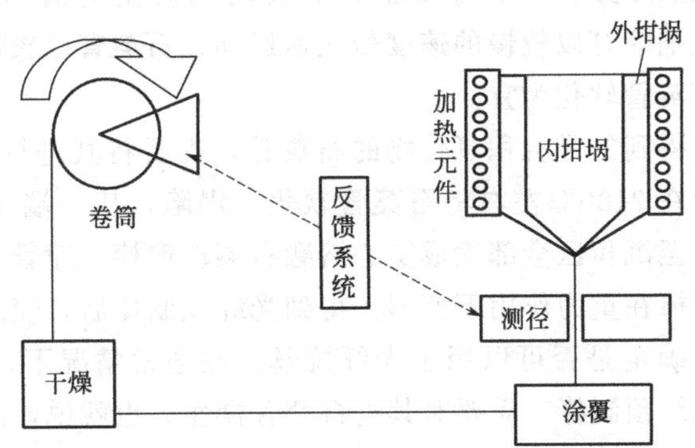

图2.22　利用双坩埚法制作多组分玻璃光纤的设备系统示意图

2.5.1.3　内部气相沉积法

之所以称为内部气相沉积，是因为整个气相化学反应过程均在一根石英管内部完成。由于处于封闭性空间，内部气相沉积法可以制得纯度极高的光纤预制棒。但它也有缺点，那就是沉积效率偏低、原材料利用率低。

MCVD法是最成熟且应用最为广泛的内部气相沉积工艺，其最早由美国Bell实验室实现。利用MCVD法制作光纤预制棒的设备系统示意图如图2.23所示。其基本原理是，利用氧气鼓泡携带料瓶中挥发出的高纯度氯化物（如 $SiCl_4$、$GeCl_4$ 等）蒸气进入石英管，在氢氧焰高温加热下氯化物和氧气反应生成氧化物 SiO_2、GeO_2 颗粒等，发生反应的温度范围是1600～1900℃。氧化物悬浮颗粒受力的作用而向低温区运动，并附着在石英管壁上。

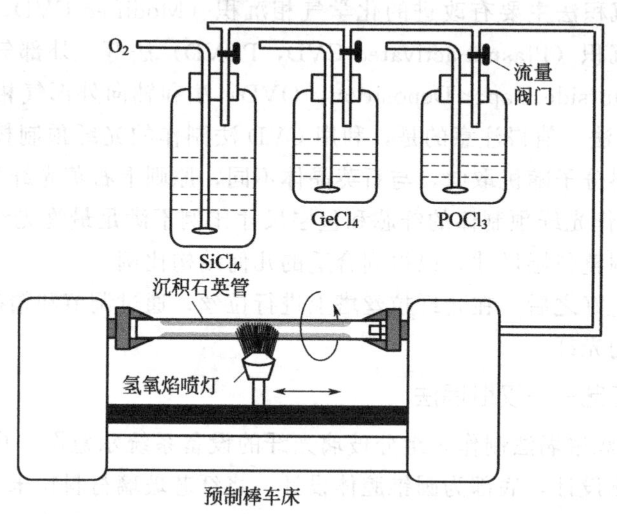

图 2.23　利用 MCVD 法制作光纤预制棒的设备系统示意图

为实现均匀反应和沉积，在整个过程中，氢氧焰喷灯需要一直以合适速度在预制棒车床上水平往返运动，并且沉积石英管一直以合适速度旋转。氢氧焰喷灯每向左或者向右移动一次，石英管内部就沉积一层氧化物颗粒。通过控制氧气流量，可以精确控制沉积的每层氧化物的厚度。通过调节料瓶流量阀门，可以精准调整掺杂物的掺入比例，以控制沉积材料的折射率。根据最终要制作的光纤几何结构和折射率剖面分布及其精细程度，确定需要沉积的氧化物层数，一般为几层到几十层甚至上百层不等。附着在石英管上的氧化物颗粒，实际上是一种白色非透明的疏松状物质，在高温加热下玻璃化而变为透明的石英玻璃。在将近2000℃的高温下，氢氧焰喷灯以较慢的速度做往返运动、石英管以较慢的速度旋转，但要注意温度的控制以不使石英管软化为宜。

以上过程完成后，得到的是沉积氧化物的石英管，需要将其进行烧缩成实心的预制棒。保持石英管慢速旋转，在2100℃左右将石英管软化、塌陷，从一端缩成实心后向另一端缓慢移动氢氧焰喷灯，直至沉积区全部缩成实心熔融石英玻璃棒。缩管过程中的温度需要严格控制，以防止光纤预制棒在重力作用下变形。得到光纤预制棒后，使用测棒仪进行光纤预制棒折射率剖面测量，以确定是否可以用于光纤拉丝。在通常情况下，不能直接得到满足纤芯、包层结构比例的光纤预制棒，需要对其进行套管操作。也就说，由预制棒车床制得的光纤预制棒的芯/包尺寸比例偏大，需要在其外在高温下再套一个纯石英管，以得到和预期光纤完全相同芯/包尺寸比的光纤预制棒。

采用 MCVD 法制作光纤预制棒的过程中，有许多注意事项。例如，沉积石英管必须清洁干净，在装预制棒车床之前，需要用去离子水仔细清洗石英管，然后用氮气吹扫；在进行沉积之前，需要用合适的温度（1600～1800℃），在氮气环境下，对石英管进行高温抛光，以去除黏附在管内壁上的微小固体颗粒。为了进一步改善 MCVD 法制得的光纤预制棒的均匀性，诸多研究单位将单个氢氧焰喷灯改为用多个氢氧焰喷灯（四周环抱石英管加热），也有将氢氧焰喷灯改进为用无明火焰的石墨环形加热炉，极大改进了光纤预制棒的制作质量。

PCVD法与MCVD法的核心技术相同，是为了进一步提高MCVD法的沉积效率而改进的内部气相沉积工艺。PCVD制备系统的热源是微波，其反应机理为：微波加热产生等离子体使气体电离，粒子重新结合时释放出的热能熔化反应物，以形成透明的石英玻璃沉积层。PCVD法可加快沉积速度、降低反应温度和提高沉积效率，并且可以更为准确地控制光纤的折射率分布。另外，PCVD法有助于消除MCVD法存在的石英沉积层的微观不均匀性，从而进一步降低散射导致的本征损耗。目前，PCVD工艺也被广泛应用于薄膜波导结构和光电子集成器件的研制。

2.5.1.4 外部气相沉积法

由于内部气相沉积法是在石英管内完成，其总体可制作的光纤预制棒尺寸受限，不适合制作大型光纤预制棒。而外部气相沉积法是由内而外制作的，沉积效率高，可以用于大型预制棒的制作。

利用OVD法制作光纤预制棒的设备系统示意图如图2.24所示，由美国康宁公司于1972年发明。其原料在氢氧焰中水解生成SiO_2微粉，化学反应如式(2.146)。微粉颗粒附着于石墨或氧化铝材料制成的母棒外表面，依次制作纤芯和包层。通过控制原材料的气体流量来控制材料比例，以得到不同折射率的沉积层。而通过控制沉积的层数，以控制纤芯和包层的尺寸比例。沉积完成后，在母棒上得到非透明的白色疏松体，然后去掉母棒并经过高温下脱水、烧结得到透明的实心玻璃棒，即为光纤预制棒。

$$SiCl_4+2H_2+O_2 \longrightarrow SiCl_4+2H_2O \longrightarrow 4HCl\uparrow+SiO_2\downarrow \tag{2.146}$$

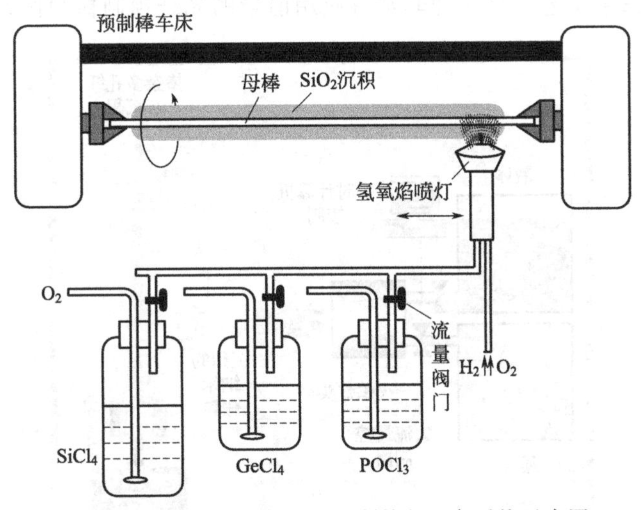

图2.24 OVD法制作光纤预制棒的设备系统示意图

OVD法制作光纤预制棒的沉积速度快、效率高（可达50%），适合大型光纤预制棒的制作，单根光纤预制棒可重2～3kg，可拉制上百千米的光纤。由于OVD法需要在预制棒车床上进行，制作的光纤预制棒的长度还是受装置和母棒的限制，并且OVD法制棒环境控制方面存在不足。

VAD法和OVD法化学反应完全相同，不同之处是光纤预制棒的制作是沿其轴向垂直生长的，其设备系统示意图如图2.25所示。VAD法由日本NTT茨城电气通信实验室于1977年发明。VAD法制作光纤预制棒是在一个封闭的不断通有干燥气体的炉体内完成。从一个引棒底端开始沉积疏松层，并不断旋转引棒，在沉积的同时向上提拉引棒，疏松

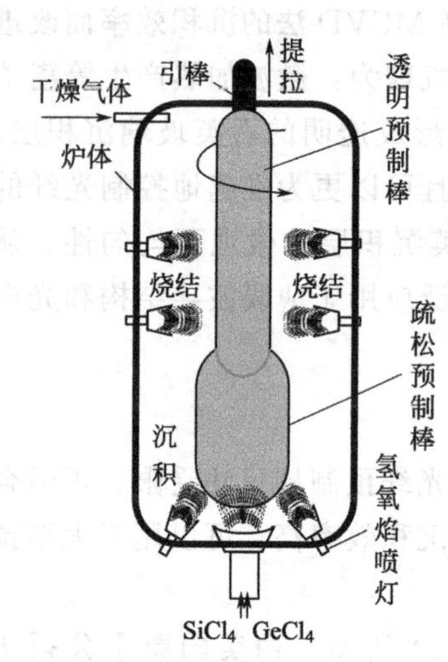

图 2.25 VAD 法制作光纤预制棒的设备系统示意图

层不断生长。当疏松层长到烧结区时，对其进行高温烧结玻璃化，将不透明的疏松层转变成透明的玻璃预制棒。光纤预制棒在洁净的炉体内一体成形，而且 VAD 法最大的一个优点就是光纤预制棒可以无限制地生长，长度上没有限制。相比 OVD 法，VAD 法的沉积效率更高（可达 80%），采用多头氢氧焰喷灯可进一步加快沉积速度，制作的光纤预制棒可以一次拉制上千千米的光纤。

2.5.1.5 其他光纤预制棒制作方法

以上介绍的几种光纤预制棒制作方法，总体沉积颗粒较大、可允许的沉积层数有限，尤其是管内沉积法。2006 年，芬兰著名特种光纤生产厂家 Liekki 公司发明了一种直接纳米颗粒沉积（Direct Nanoparticle Deposition，DND）法，其结合了气相和液相沉积工艺，得到了史无前例的玻璃组分可控性，其系统结构与 VAD 法类似（图 2.26），也是提拉生长法。采用 DND 法沉积的颗粒粒径只有 10～100nm，可以沉积上千层，因此可以精确控制光纤预制棒的折射率分布，这就为复杂折射率剖面光纤的制作提供了可能性。而且，采用 DND 法可以实现高浓度的掺杂制作，尤其有利于高浓度稀土掺杂光纤的制作。由此可见，DND 法结合了 VAD 法的大尺寸制作工艺和独特的折射率分布精准控制与特殊的掺杂工艺，是一种非常有应用前景的光纤预制棒制作方法。

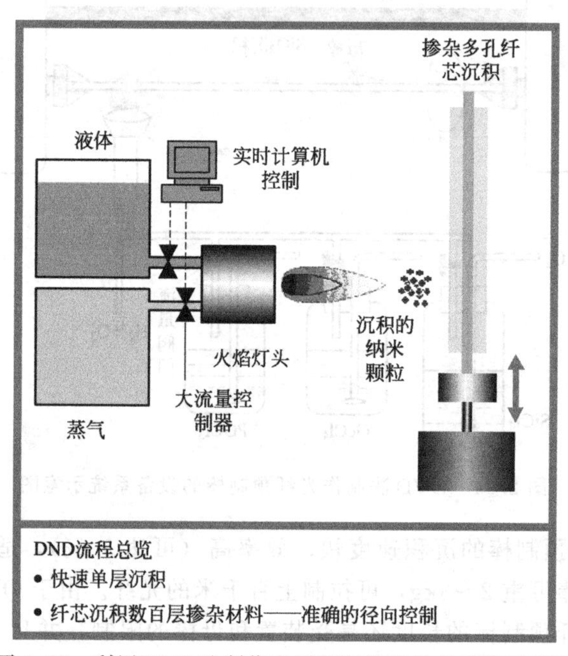

图 2.26 利用 DND 法制作光纤预制棒的设备系统示意图

2.5.1.6 光纤拉制技术

光纤预制棒可以看作是尺寸被放大了很多倍的实际光纤体，需要将其在光纤拉丝塔上拉制成实际尺寸的光纤。图 2.27 为光纤拉丝塔的基本原理示意图，经过清洁、折射率分布测量和筛选的光纤预制棒被固定在送棒机构上，并将其送入石墨环形加热炉中。当光纤预制棒被加热到约 2100℃时，底端熔化并在重力作用下往下落，随后将其轻松牵引依次通过测径仪、涂覆装置、同心度测量装置、紫外固化、牵引辊、套塑，最后被缠绕到绕纤轮上。在整个过程中，绕纤轮、牵引辊和送棒机构通过反馈控制系统精密配合，通过速度调整以精确控制拉制光纤的外径。目前的拉丝工艺可以控制光纤直径波动范围在±0.5μm。经过涂覆的光纤在抗拉强度和抗弯强度上得到全面提升，经过套塑的光纤的抗环境扰动能力进一步加强。

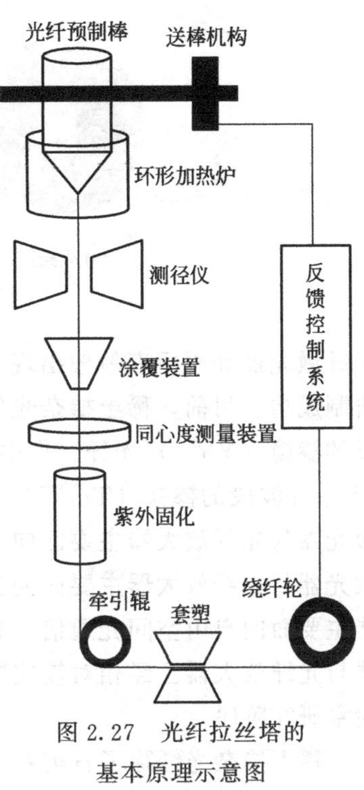

图 2.27　光纤拉丝塔的基本原理示意图

根据体积不变原理，光纤预制棒在拉制成光纤后总体的体积是不变的。对于直径为 D、长度为 L 的光纤预制棒，其体积 $V_{preform}=\pi D^2L/4$，被拉制成直径为 d、长度为 l 的光纤，其体积为 $V_{fiber}=\pi d^2l/4$，则满足 $V_{preform}=V_{fiber}$。所以，根据光纤预制棒的尺寸可以计算出光纤的拉制长度。例如，对于直径 1cm、长度 20cm 的光纤预制棒，要拉制成外径 125μm 的普通单模光纤，可以拉制长度为 1.28km。

2.5.2　特种光纤

特种光纤是相对于面向通信用的石英普通单模光纤或多模光纤而言的。随着科学的不断发展和应用的不断拓展，以及光纤制作技术的不断改进与创新，各种类型的特种光纤被相继研制出。现将常见的特种光纤介绍如下。

2.5.2.1　保偏光纤

在 2.2.2 节介绍的偏振模色散，将成为限制未来超高速光纤通信的关键因素。按照光波导理论，单模光纤只有LP_{01} 模式传输。而实际上LP_{01} 模式也是由相互正交的两个线偏振模式构成的。通常，由于光纤截面的结构是圆对称的，原则上是各向同性的，那么上述两个正交的线偏振模式的传输常数相等，两线偏振光是完全简并的。但实际上，光纤并不是完全圆对称的，例如在光纤制作过程中引入的微小椭圆度、在光纤使用过程中弯曲或应力导致的折射率变化，这些都将会在单模光纤中引入双折射，造成两个线偏振模式的传输常数不再相等，导致偏振模色散的出现。为了解决这个问题，人们设计出保偏光纤（即偏振保持光纤）。保偏光纤基本的制作原理为在纤芯的两边对称地引入热膨胀系数较大的应力区（图 2.28），为光纤引入较大的双折射。在这种情况下，外界的扰动对于光纤本身很大的双折射将变得微不足道，从而达到免受外界干扰的目的。只要将线偏振光沿着保偏光纤主轴之一（快轴或慢轴）输入，光的偏振态就可以一直不变地在光纤中传输。保偏光纤目前在光纤通信、光纤传感、光纤激光器等领域得到了广泛的应用。

2.5.2.2　稀土掺杂光纤

在光纤的纤芯中掺入不同的稀土元素，即可制作稀土掺杂光纤。1985 年，英国的 Payne 等发现在掺杂稀土元素的光纤中有激光振荡和光放大的现象，随后各种类型的光纤放大器和

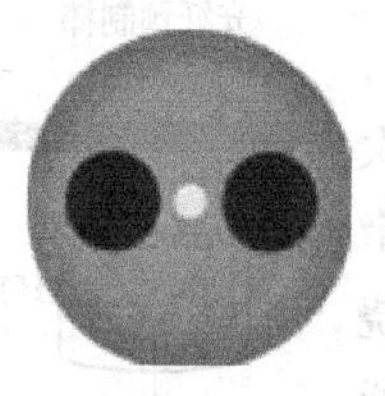
(a) 熊猫型

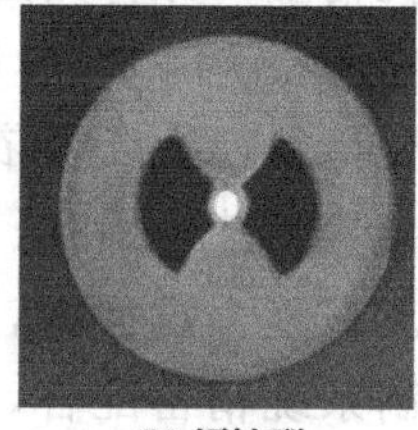
(b) 领结型

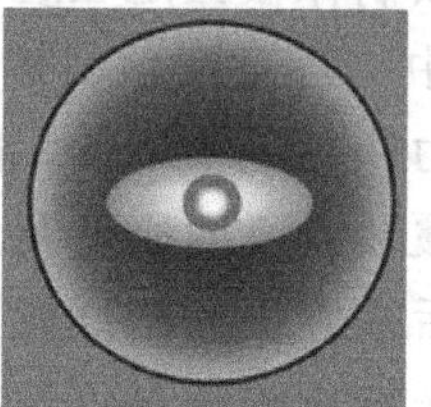
(c) 椭圆内包层型

图 2.28　几种常见的保偏光纤横截面图

光纤激光器如雨后春笋般出现。基于稀土离子丰富的能级结构，各个波段的稀土掺杂光纤被研制成功。目前，稀土掺杂光纤主要有 3 种类型，集中于 3 个主要波段，如集中于 1μm 波段的掺镱（Yb^{3+}）光纤、集中于 1.55μm 波段的掺铒（Er^{3+}）光纤与铒镱共掺光纤、集中于 2μm 波段的掺铥（Tm^{3+}）光纤与铥钬（Tm^{3+} ∶ Ho^{3+}）共掺光纤等。1μm 波段的光纤激光器与光纤放大器主要面向大功率应用，如工业加工、激光武器等。1.55μm 波段的光纤激光器与光纤放大器主要面向光纤通信、光纤传感等。2μm 波段的光纤激光器和光纤放大器主要面向自由空间光通信、激光医疗等领域。其中，1μm 波段和 1.55μm 波段的光纤激光器与光纤放大器已经相对较成熟，而 2μm 波段的光纤激光器与光纤放大器主要还停留在实验室研究阶段。

稀土掺杂光纤除了石英基以后，还有基于各种玻璃基质的光纤（如硅硼酸盐、碲酸盐、磷酸盐、氟磷酸盐、氟化物等光纤），以面向不同光纤激光器和光纤放大器的应用需求。

2.5.2.3　光子晶体光纤

光子晶体光纤又称微结构光纤或多孔光纤，它通过在包层中沿轴向排列的微小空气孔对光进行约束，从而实现光的轴向传输。独特的波导结构，使得光子晶体光纤与常规光纤相比具有许多无可比拟的传输特性。图 2.29 所示为几种常见的商用光子晶体光纤横截面图。光子晶体光纤具有 4 个典型的特性，分别为无截止单模特性、可控的色散特性、良好的非线性效应和优异的双折射特性。基于这些特性，光子晶体光纤在超快光纤激光器、超连续谱光源、高功率光纤激光器、光纤传感器等领域，具有极大的潜在应用价值。目前，光子晶体光纤本身及其各种应用大多还停留在实验室研究阶段。由于制作复杂性、技术含量高，以及价格偏高，限制了光子晶体光纤实用化进程。

图 2.29　几种常见的商用光子晶体光纤横截面图

2.5.2.4　色散补偿光纤

对于采用单模光纤的干线系统，多数是利用 1.3μm 波段零色散光纤构成的。然而，损耗最小的光纤工作波长为 1.55μm，且随着 C+L 波段的掺铒光纤放大器的实用化，若能在 1.3μm 零色散的光纤中 1.55μm 波长也能工作，将是非常有益的。因为在 1.3μm 零色散光纤中，1.55μm 波段的色散较大。如果在此光纤线路中，插入一段色散符号相反的光纤，就可使整个光纤线路的总色散为零。为此目的所用的光纤则称作色散补偿光纤，可通过合理设计光纤的波导结构以得到合适的波导色散而制得。色散补偿光纤与标准的 1.3μm 零色散光纤相比，纤芯直径更细，而且纤芯与色层的折射率差也较大。色散补偿光纤也是波分复用光纤通信线路的重要组成部分。

2.5.2.5　色散位移光纤

单模光纤的工作波长在 1.3μm 时，模场直径约为 9μm，其传输损耗约为 0.3dB/km。此时，零色散波长恰好在 1.3μm 处。而从光纤损耗谱可以看出，石英光纤在 1.55μm 波段的传输损耗最小（约 0.2dB/km）。由于已经实用的掺铒光纤放大器（EDFA）是工作在 1.55μm 波段的，如果在此波段也能实现零色散，就更有利于 1.55μm 波段的长距离传输。于是，通过巧妙地利用光纤材料中的石英材料色散与特殊设计的波导色散的合成抵消特性，可使原在 1.3μm 波段的零色散移位到 1.55μm 波段。基于此目的设计的光纤即为色散位移光纤。

在光通信的长距离传输中，减小光纤色散是非常重要的，但也同时考虑光纤的其他性能，如损耗小、接续容易或工作中的特性变化影响小。色散位移光纤的设计，就综合考虑了这些因素。

2.5.2.6　色散平坦光纤

色散位移光纤是将单模光纤零色散设计位于 1.55μm 波段的光纤。而色散平坦光纤却是在 1.3～1.55μm 的较宽波段的色散都做到很低，几乎达到零色散。制作色散平坦光纤时，需要对光纤的折射率分布进行复杂的设计。色散平坦光纤在波分复用光纤通信系统中有着非常重要的应用价值。

2.5.2.7　多芯光纤

通常的光纤是由一个纤芯区和围绕它的包层区构成的。但多芯光纤却是一个共同的包层区中存在多个纤芯。根据纤芯的相互接近程度，可有两种功能：其一是纤芯间隔大，即不产生光波耦合的结构，这种光纤能提高传输线路的单位面积的集成密度，在光通信中可以做成具有多个纤芯的带状光缆，而在非通信领域可作为光纤传像束；其二是使纤芯之间的距离靠得很近，不同纤芯之间能产生光波耦合作用，利用此原理可以制作各种滤波器件及特种功能的光纤器件。

2.5.2.8　红外光纤

作为光通信领域所开发的石英系列光纤，工作波长只能在 2μm 左右，这是由石英材料的本征损耗特性决定的。为了能在更长波段工作，如中红外或远红外波段，需要开发在这些波段具有较低损耗的传输光纤，称之为红外光纤。红外光纤主要用于光能传送，例如面向温度计量、热图像传输、激光手术刀医疗、热能加工等应用，目前普及率尚低。如由氟化物玻璃做成的光纤被简称为 ZBLAN（即将氟化锆、氟化钡、氟化镧、氟化铝、氟化钠等氟化物玻璃原料简化成的缩语）光纤，主要工作在 2～10μm 波长的光传输业务。

2.5.2.9　复合光纤

复合光纤是在 SiO_2 原料中适当混合诸如氧化钠、氧化硼、氧化钾等氧化物的多成分玻璃制成的光纤。复合光纤的特点是比石英光纤的软化点低且纤芯与包层相对折射率差可以做到很大，主要用在医疗业务的光纤内窥镜。

2.5.2.10 塑包光纤

塑包光纤是将高纯度的石英玻璃做成纤芯，而将折射率比石英稍低的塑料作为包层的阶跃型光纤。它与石英光纤相比较，具有纤芯粗、数值孔径高的特点。塑包光纤易与发光二极管光源结合，损耗也较小，非常适用于局域网和近距离通信。

2.5.2.11 塑料光纤

纤芯和包层都用塑料（聚合物）做成的光纤称为塑料光纤。早期产品主要用于装饰和导光照明及近距离光路的光通信中。原料主要是有机玻璃、聚苯乙烯和聚碳酸酯。损耗受到塑料固有的C—H结合结构制约，一般每千米可达几十分贝。塑料光纤的纤芯直径一般为1000μm，比单模石英光纤大100倍，接续简单，而且易于弯曲和施工。近年来，随着带宽的不断增加，渐变折射率多模塑料光纤的发展受到了重视。目前，塑料光纤在汽车内部局域网中应用较快，未来在家庭局域网中也会得到广泛应用。

2.5.2.12 抗恶劣环境光纤

通信用光纤通常设定的工作环境温度在－40～60℃之间，设计时是以不受大量辐射线照射为前提的。相比之下，对于在更低温或更高温以及遭受高压或外力影响、暴晒辐射线的恶劣环境下也能工作的光纤，称作抗恶劣环境光纤。一般为了对光纤表面进行机械保护，可多涂覆一层塑料涂覆。但是，随着温度升高，塑料保护功能有所下降，对使用温度也有所限制。如果改用抗热性塑料，如聚四氟乙烯等树脂，即可将光纤的工作温度提高到300℃。也有在石英玻璃表面涂覆镍（Ni）和铝（Al）等金属的，这种光纤称为耐热光纤。另外，当光纤受到辐射线照射时，光纤损耗会增加。这是因为石英玻璃遇到辐射线照射时，石英玻璃中会出现结构缺陷（也称作色心），尤其是受0.4～0.7μm波长光束照射时损耗增大。改进措施是使用掺杂OH^-或F元素的石英玻璃制作光纤，就能抑制因辐射线造成的损耗缺陷，这种光纤称作抗辐射光纤，多用于核电站的监测用光导纤维镜等。

2.5.2.13 偏心光纤

标准光纤的纤芯是设置在包层中心的，纤芯与包层的截面形状为同心圆形。但因用途不同，也有将纤芯位置和纤芯形状、包层形状做成不同状态或将包层穿孔形成异型结构。相对于标准光纤，这些光纤称为异型光纤。偏心光纤是异型光纤的一种，其纤芯设置在偏离中心且接近包层外层的位置。由于纤芯靠近外表，部分光场会逸出包层传输(称此为倏逝场)，当光纤表面附着物质时，会对光纤中传输的光波产生影响。如果附着物质的折射率较光纤高，光波则往光纤外辐射；如果附着物质的折射率低于光纤，光波不能往外辐射，却会因物质吸收而产生光波损耗。利用这一现象，就可检测有无附着物质以及折射率的变化，制成光纤强度传感器。偏心光纤与光时域反射计组合使用，可以设计为分布式光纤传感器。

2.5.2.14 空心光纤

将光纤做成空心，形成圆筒状空间用于光传输，称为空心光纤。空心光纤主要用于能量传送，可供X射线、紫外线和远红外线光能传输。空心光纤结构有两种：一种是将玻璃做成圆筒状，其纤芯和包层的原理与阶跃型光纤相同，利用光在空气与玻璃之间的全反射传输，由于大部分光可在无损耗的空气中传输，具有一定距离的传输能力；另一种是使圆筒内面的反射率接近1，以减少透射损耗，可在内壁涂覆电介质，使工作波段损耗减少，如可以制成波长10.6μm损耗达几分贝/米的空心光纤。

2.5.3 光缆技术

单独的成品光纤，都是经过了一次涂覆或二次涂覆（套塑）的光纤，虽然已具有一定的强度，但还是经不起实用场合的弯折、扭曲和侧压力的作用。欲使成品光纤能达到通信工程上的实用要求，必须像通信用的各种铜线电缆那样，利用传统的绞合与套塑、在缆芯中放置加强元件材料、金属带铠装等成缆工艺制成光纤光缆。

2.5.3.1 光缆的制作要素

光缆的实用要求是能适应工程所要求的铺设条件，承受实用条件下的抗拉、抗冲击、抗弯、抗扭曲等力学性能，以保证光纤原有的传输性能不变。因此，需要考虑三件事：选择合格的成缆光纤、确定光缆的基本设计原则、选择好的加强元件和合理的成缆工艺。

(1) 选择合格的成缆光纤

光缆性能的好坏在很大程度上取决于光纤性能的好坏。因此，提供成缆的光纤必须具有符合相关规定技术指标要求的传输性能。在工作温度范围内传输性能稳定可靠，并有一定的抗拉强度。考虑到在生产实践中光纤会受到环境温度变化引起的损耗增加和外界的机械横向压力的影响，为此设计了紧套光纤结构、松套光纤结构。环境温度变化引起损耗增加，是由于光纤石英玻璃的线膨胀系数非常小（约3.4×10^{-7}/℃），而其他光纤套塑材料（如聚乙烯、尼龙、聚丙烯等）的线膨胀系数都在10^{-4}/℃量级，两者相差三个数量级。因此，光纤套塑材料在温度降低时就出现纵向收缩，对光纤施加压缩力，产生毫米量级的微弯曲半径，使光纤传输的光信号能量的一部分转变为辐射模辐射出去，造成损耗的增加。同样在绞合成缆铺设安装过程中，光纤也可能会受到外界的机械横向压力（主要是侧压力），而造成微弯或弯曲引起的附加损耗。有了成品光纤（紧套光纤或松套光纤）后，还不能直接用来成缆。为了保证光纤在缆芯内有足够的机械强度，国际上规定，在成缆绞合前应对要成缆的光纤进行拉伸应变的筛选试验，只有符合抗拉强度要求的光纤才能用来成缆。筛选试验在拉丝涂覆（松套光纤）或套塑（紧套光纤）后进行。在筛选光纤时需要对光纤施加一定的张力（一般此张力应小于平均抗拉强度）和弯曲力，如果此时光纤本身的微缺陷扩大，有些光纤甚至快要断裂，就不能通过筛选。经过严格筛选后的光纤，可以用于制作光缆。

(2) 确定光缆的基本设计原则

光缆结构形式的合理设计，应满足下列技术要求。

① 在制造光缆时的成缆绞合、护层铠装、护套挤塑等过程中，考虑到使用的地形、气候条件等环境，要保持光纤原有的传输性能，并能稳定可靠地工作。

② 为光纤提供机械保护，保证在制造、铺设、使用光缆的过程中光纤不致断裂，而且所受的应力最小，以保证光缆的寿命大于20年（有的工厂提出了30年的寿命指标）。同时，也要考虑使用者在维护和接续方面应方便可靠。

(3) 选择好的加强元件和合理的成缆工艺

光缆中的加强元件也称为加强芯材料，是光缆的一个重要组成部分。加强元件从机械上保证了光纤的安全，决定了光缆可以承受拉伸负荷的能力。实际上，在光缆的制造、铺设和使用过程中，光缆所承载的应力T将由光缆内各种加强元件、填充物、护套层和光纤等共

同承担，即满足

$$T = S\sum_i E_i A_i \tag{2.147}$$

式中，S 为光缆轴向应变；E_i 和 A_i 分别为各部件的杨氏模量和横截面积。

由式(2.147) 可知，光纤的加强元件应当选用具有大杨氏模量并且具有一定横截面积的材料，这样光缆内加强元件即可承担绝大多数的光缆应力。另外，加强元件还需要尽量具有低线膨胀系数和较好的柔韧性。以这种加强元件材料做成的光缆结构，可得到抗拉强度高、重量轻、热性能稳定的光缆。目前，常用的加强元件有钢丝、聚酯单丝、芳纶纤维、玻璃纤维等。其中，钢丝制作光缆加强元件应用最多，它的特点是杨氏模量高、价格便宜，但重量太大。后三种材料重量轻、价格贵，一般在无金属光缆中作加强元件用。

2.5.3.2 光缆的基本结构

光缆通常包含缓冲套管、加强元件和护层三个基本部分，光纤放置在缓冲套管内。光纤缓冲套管一般由塑料组成，有紧套和松套两种。紧套是指套塑管紧密附着于光纤涂覆层上，光纤在紧套管内不能自由移动；而在松套管内光纤悬浮于管内油膏中，并且有一定的活动空间。在常温下，紧套光纤性能稳定、外径较小，易于处理。但由于套塑管与光纤的热膨胀特性不同，紧套光纤在低温时易发生弯曲，引起光纤微弯损耗，而在高温下又会引入轴向应力，导致紧套光纤一般只应用于室内光缆结构中。松套管内光纤处于悬浮状态，光纤的实际长度大于光缆长度，即存在一定的余长，因此具有良好的温度稳定性和抗拉伸特性，并且具有缓冲侧向冲击的能力，被广泛应用于各种室外光缆结构中。松套管内的光纤可以是一根，也可以是多根。

光缆内的加强元件有中心加强和外层加强两种结构。在多种情况下，两种结构在一条光缆内是同时使用的，并且中心加强元件一般采用质轻的非金属材料，外层加强元件一般采用金属加强材料。这种结构的优点是在保证光缆具有足够的抗拉伸和抗侧压冲击能力的同时，使光缆重量维持在较低水平。

光缆护层与电缆护层一样，是由护套等构成的多层组合体，负责为整个光缆结构提供保护，增强光缆的抗拉、抗压、抗弯曲等方面的能力，同时提高光缆的防水、防腐等抗恶劣环境的能力。护层一般分为填充层、防水层和外护套等。填充层是由聚氯乙烯（PVC）等组成的填充物，起固定各单元位置的作用。防水层用在海底光缆中，由密封的铝管等构成。外护套常用材料有聚氯乙烯和聚乙烯（PE）。

2.5.3.3 光缆的主要类型

光缆主要按照应用场合进行分类，分为室内光缆和室外光缆。室外光缆主要包括地埋光缆、架空光缆、海底光缆、用户光缆等。

室内光缆通常为结构简单的PVC保护光缆，缆内加强元件为环绕于缆芯周围的芳纶纤维，缆芯为光纤通过二次套塑而成的紧套光纤或松套光纤，整个光缆中没有金属结构。市内光缆在交换局、实验室、光纤到户中被大量使用，具有直径小、重量轻、柔韧性好等优点。市内光缆通过PVC外护套的颜色进行区分，黄色为单模，橘色为多模。

室外光缆的类型较多，常见的几种包括层绞式、骨架式、带状式、束管式，分别如图2.30(a)～(d) 所示。

(1) 层绞式光缆结构与一般的电缆结构类似，能用普通的电缆制作设备和加工工艺来制造，工艺比较简单和成熟。这种结构由中心加强元件承受张力，内置光纤和填充了油膏的光纤缓冲套管环绕在中心加强元件周围并以一定的节距绞合而成。可以通过增加单个缓冲套管内的光纤根数或者增加缓冲套管的个数来扩容。

(2) 骨架式光缆结构中光纤悬浮放置在环绕于中心加强元件位置的螺旋状 PE 骨架缓冲槽内，周围用油膏保护。主要由骨架承受外界冲击，光纤具有一定的余长和活动空间。相对来说，光纤密度较小。

(3) 带状式光缆结构是先将多根光纤排列成行制成带状光缆单元，再将若干根带状单元按一定的方式排列或扭绞成缆。带状光缆具有外径小、芯数大、便于集中熔接等优点；带纤矩阵叠合，光纤排列紧密有序、光缆结构紧凑、体积小容量大。管内填充专用油膏，防水防潮，弯曲时光纤受力小。

(4) 束管式光缆结构中无中心加强元件，充有油膏的光纤缓冲套管置于光缆中心，光纤悬浮于套管内。加强元件绕缓冲套管放置，可同时抵御轴向张力和横向冲击。束管式光缆具有外径小、重量轻、成本低和工艺简单等优点。

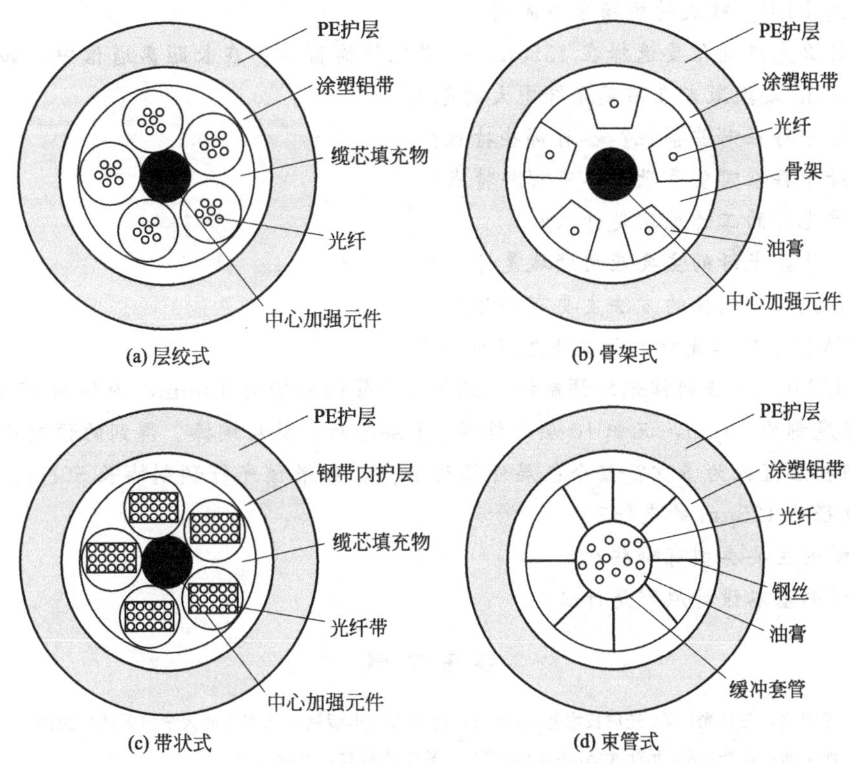

图 2.30　几种常见的室外光缆结构类型

习题与思考

1. 使用光线理论分析光纤传光特性的前提是什么？

2. 光纤波导数值孔径的物理意义是什么？

3. 取较大的数值孔径有哪些好处？同时会带来哪些问题？

4. 阶跃折射率光纤和渐变折射率光纤各有哪些优缺点？

5. 简述多模光纤和单模光纤中色散的不同。

6. 传输常数的物理意义是什么？

7. 说明参数 V 的物理意义。

8. 分别写出阶跃折射率光纤中 TE_{01}、TE_{03} 模式在临近截止和远离截止时的本征值。

9. 如何判断给定光纤是否为单模光纤？

10. 给定一种阶跃型石英光纤，纤芯和包层在光纤的工作波长 1.55μm 附近的折射率分别为 $n_1=1.4488$、$n_2=1.4462$，纤芯直径为 12μm，则

(1) 计算该光纤的相对折射率差、数值孔径和归一化工作频率。

(2) 该光纤在 1.55μm 工作波长处是否为单模光纤？为了维持单模工作状态，光纤的工作波长应该限制在什么波长范围？

11. 一种阶跃型光纤的参数为 $n_1=1.4682$、$n_2=1.4628$、$a=9.5\mu m$，工作波长为 1.55μm，则

(1) 计算光纤的归一化截止频率。

(2) 光纤中所支持的总的模式数量是多少？

12. 试画出 LP_{68} 模式的模场分布简图。

13. 为什么光纤通信要选择在 1550nm 低损耗传输窗口？在长距离通信中，如何避免或者消除 1550nm 波段激光在石英光纤中大的色散？

14. 光纤中存在哪些损耗？各有哪些特点？

15. 光纤中存在哪些色散？各有哪些特点？

16. 保偏光纤的工作原理是什么？

17. 稀土掺杂光纤的主要应用领域是什么？

18. 制作光纤预制棒的方法主要有哪些？

19. MCVD 法制作光纤的优缺点各是什么？

20. 使用 MCVD 法制作光纤预制棒，沉积石英管的外径为 18mm、内径为 15mm，假设每层沉积厚度都为 15μm，沉积 10 层阻挡层、1 层芯层，然后缩棒。得到的预制棒芯子直径为多少？阻挡层直径为多少？整个包层外径为多少？如果该光纤预制棒长 50cm，能够拉制多少千米直径为 125μm 的光纤？

21. 光缆的主要类型有哪些？

22. 光缆的基本设计原则是什么？

参考文献

[1] 延凤平，任国斌，王目光，等. 光波技术基础. 北京：清华大学出版社＋北京交通大学出版社，2019.

[2] 刘德明，孙军强，鲁平，等. 光纤光学. 第 2 版. 北京：科学出版社，2008.

[3] 薛国良，王颖，郭建新. 光纤传输与传感. 保定：河北大学出版社，2004.

[4] S. Tammela，M. Söderlund，J. Koponen，et al. The potential of direct nanoparticle deposition for the next generation of optical fibers. Proceedings of SPIE Photonics West，Optical Components and Materials III 6116：61160G，2006.

[5] 方祖捷，秦关根，瞿荣辉，等. 光纤传感器基础. 北京：科学出版社，2014.

[6] G. P. Agrawal. Nonlinear Fiber Optics 3. Elsevier Science，2004.

[7] C. Tsao. Optical Fiber Waveguide Analysis. Oxford University Press，1992.

[8] 延凤平，裴丽，宁提纲. 光纤通信系统. 北京：科学出版社，2006.

[9] 廖延彪，黎敏. 光纤光学. 第 2 版. 北京：清华大学出版社，2013.

[10] 王建. 导波光学. 北京：清华大学出版社，2010.

[11] 吴重庆. 光波导理论. 第 2 版. 北京：清华大学出版社，2006.

[12] GJB 1695—93 光纤光缆接头总规范.

第3章 光纤传感原理与系统组成

随着科学技术的不断发展，传感技术将发挥越来越大的作用。在自动控制装备中，传感器提供反馈信号以保证控制系统的高效精准工作；在无人驾驶系统中，传感器替代人类驾驶员对任何突发状况作出精确判断和正确应急处理；在智慧型城市建设中，传感器时刻报告各种基建设施、桥梁隧道等的健康状况；在医疗保健领域中，传感器可连续不间断监测人体健康指标；在安保、国防、反恐应用中，传感器时刻监控并及时拉响警报。

光纤传感技术作为一种新型的高性能传感技术，有望在众多领域取代传统传感技术。光纤传感器是光通信与集成光学技术发展的结晶，可将被测信号和信息以光学的形式输出，并结合光传输的众多独特优势，使之在传统电子传感器无法适应的传感场合展现出很强的应用优势。而且，光纤同时作为敏感元件和低损耗的传输线，使得光纤传感器可以用于传统电子传感器无法企及的长距离远程测量与监测领域。

3.1 光纤传感器概述

3.1.1 光纤传感器的定义

由第 2 章中光波导理论可知，在光纤中传输的光场可以用电场的表达形式表示为

$$\vec{E}=\vec{E}_0 e^{j(\omega t-\beta z)} \tag{3.1}$$

式中，$\vec{E}_0$ 是光波的常矢量振幅；$\beta=k_0 n_{\mathrm{eff}}=(2\pi/\lambda_0)n_{\mathrm{eff}}$ 为传输常数，其中 λ_0 为工作波长；$\omega t-\beta z$ 为初始相位，其中 ω 为光波频率。

由式(3.1) 可见，光场中包含 5 个被影响的参量，分别为光强度 $|\vec{E}_0|^2$、波长 λ_0、相位 $\omega t-\beta z$、偏振态（$\vec{E}_0$ 的振动方向）和频率 ω。因此，可以将光纤传感器定义为利用光纤

中传输的光信号在预测媒质中产生的光强度、波长、相位、偏振态、频率等特性变化来检测各种理化生参量的仪器。

3.1.2 光纤传感器的基本组成与原理

光纤传感器一般由光源、输入传输光纤、传感光纤/传感元件、输出传输光纤、接收器、分析系统等主要元器件组成，另外还包括实现各种不同功能及起桥接作用的各种光纤无源器件及光耦合器件。光纤传感器基本的工作原理为：光源发出未被调制的空载波光信号进入到输入传输光纤，并经由输入传输光纤到达被测区域；光信号在被测区域受到外界待测参量影响（即被调制），光波将发生光强度、波长、相位、偏振态或频率等变化；被调制的光信号经由输出传输光纤到达光探测器，被转变为电信号后送入分析系统进行数据处理，从而得到待测参量的准确信息（即被解调）。待测参量可以为物理、化学、生物等参量，目前光纤传感器可以测量的理化生参量达上百种。

光纤传感器按照传感原理包含两种基本类型，即功能型（或传感型）光纤传感器［图 3.1(a)］和非功能型（或传光型）光纤传感器［图 3.1(b)］。在功能型光纤传感器中，传感用的元件为光纤本身，即输入传输光纤、传感光纤、输出传输光纤三者为一体，是连续的，光纤本身兼具传输与传感功能。而在非功能型光纤传感器中，光纤只负责传输，并且输入传输光纤与输出传输光纤是不连续的，传感部分是专门设计的对待测参量敏感的传感器件，并且一般这种器件需要进行光信号形式或光-电-光信号的转换。传感光纤和传感元件均可称为光敏感器件。由于在这两种类型中，光纤的功能不同，故对光纤的要求也不同。

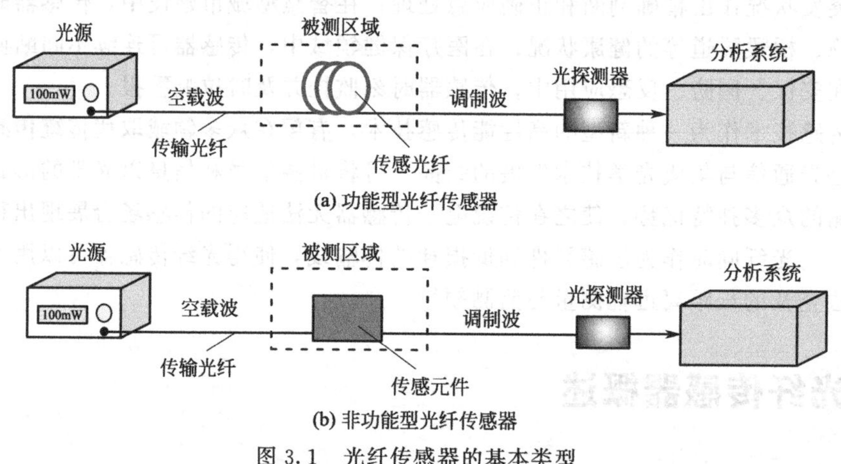

图 3.1 光纤传感器的基本类型

为了提高探测灵敏度，功能型光纤传感器一般使用对待测信号敏感、传输性能又好的特种光纤；而非功能型光纤传感器一般使用通信用普通单模光纤或多模光纤即可，但传感元件需要进行巧妙的设计以实现对待测参量敏感且测量灵敏度极高而对非待测参量不敏感。随着传感技术的不断发展，目前研究比较火热的分布式光纤传感器，实际上是一种性能非常好的、可以使用普通通信用单模光纤进行“传”与“感”一体的功能型光纤传感器。分布式光纤传感器既可以实现高灵敏度的探测，又可以实现高空间分辨率、长距离的分布式测量，是一种有极大应用前景的传感器。其实，分布式测量也是功能型光纤传感器相对于非功能型光纤传感器的一个显著优势，因为非功能型光纤传感器一般只适合进行分立式的单点或多点测量，不能实现全分布式测量。另外，由于非功能型光纤传感器较功能型光纤传感器具有更多的信号转换环节，故需要更多的光耦合器件或光转换器件，其系统结构往往更加复杂。虽然目前应用较多的还属非功能型光纤传感器，但相信可分布式测量的功能型光纤传感器必将得到广泛的应用和发展。

3.1.3　光纤传感器的分类

根据3.1.2节的分析可知，光纤传感器按传感原理可以分为功能型与非功能型，按被调制的光波参数可以分为强度调制型、波长调制型、相位调制型、偏振态调制型和频率调制型，按测量空间特性可以分为分立式和分布式，按光信号的处理方式可以分为干涉型和非干涉型，等等。以上分类方法之间既有相互交叉与关联，又要注意区分与区别，例如分布式光纤传感器一定是功能型光纤传感器，但功能型光纤传感器不一定是分布式光纤传感器。

3.2　光纤传感系统的核心器件

由图3.1可知，光纤传感系统中的核心器件主要有光源、光敏感器件与光探测器。光源负责信号的发射，其质量的好坏直接影响传感测量是否准确。一个稳定高性能的光源是传感成功实现的前提。光敏感器件是外界待测参量与光纤中传输的光信号相互作用的媒介，其探测灵敏度、线性度、调制强度等决定了能否将待测参量有效地加载到光信号上。光敏感器件可以是光纤本身（针对功能型光纤传感器，故也可称为功能型光敏感器件），也可以是其他的光转换器件（针对非功能型光纤传感器，故也可称为非功能型光敏感器件）。光探测器接收载有待测参量的光信号，并转变为电信号后交由分析系统做数据处理和参量解调，从而得到待测参量的具体信息。由此可见，光探测器的性能直接影响系统接收到的信号的信噪比、失真程度等。

3.2.1　光源

光纤传感系统对光源的具体要求主要表现在：体积小、便于与光纤耦合；有足够的亮度，以提高传感器输出的光功率；发出的光波长应合适，以减少光波在光纤中传输时的能量损耗；工作时稳定性好、噪声小，能在室温下连续长期工作；便于维护，使用方便。

光纤传感系统可使用的光源种类有很多，按照光的相干性可分为相干光源和非相干光源两大类。非相干光源包括白炽光源与半导体发光二极管；相干光源包括各种激光器，如固体激光器、半导体激光器以及光纤激光器等。目前，大多数光纤传感系统中使用的都是高质量的相干光源，根据上述要求可知，最符合要求的包括半导体激光器和光纤激光器。在一些要求较低的场合，也可以使用低成本的半导体发光二极管。

3.2.1.1　半导体激光器（LD）

半导体激光器的显著优点包括体积小、重量轻、耗电少、易与光纤耦合、发射波长适合在光纤中低损耗传输、辐射功率高、光谱窄、相干性高、可以直接进行强度调制、可靠性高等。半导体激光器是目前光纤通信系统和光纤传感系统中使用比例较高的相干光源，尤其是在长距离相干光纤传感系统中。

(1) 晶体的能带

自由原子中的电子按能量的不同被固定在不同的绕核轨道中，即电子绕核运动的能量是不连续的、分立的量子态，称为原子的不同能级。晶体的能谱是在原子能级的基础上按共有化运动的不同而分裂成若干组，每组中能级彼此靠得很近，组成有一定宽度的带，称为能带。价电子所处的能带称为价带，价带以上能量最低的允许电子占据的能带称为导带。导带底的能量 E_c 和价带顶的能量 E_v 之间的能量差 $E_g=E_c-E_v$，称为禁带宽度或带隙。电子不可能占据禁带。在热平衡状态下，能量为 E 的能级被电子占据的概率服从费米分布，如下：

$$p(E)=\frac{1}{1+\exp\left(\frac{E-E_f}{kT}\right)} \tag{3.2}$$

式中，k 为玻尔兹曼常数；T 为热力学温度；E_f 为费米能级（用来描述半导体中各能级被电子占据的状态）。在费米能级，被电子占据和空穴占据的概率相同。

(2) 半导体的类型

根据带隙、导带中的电子数以及价带中的电子缺位数，可将材料分成以下 3 类。

① 绝缘材料。价带和导带之间被很宽的带隙分开，导带中通常没有电子，而价带中充满了电子。当电场加于绝缘体两边时，没有电流通过，但是如果温度足够高，绝缘体也可能变成导体，其导电性随温度升高而升高。

② 导体。电子充满价带和导带的 50%左右，此时若加电场，电子很容易通过晶体。但当金属温度升高时，会增加晶格振动的电子散射，其导电性随温度升高反而下降。

③ 半导体。价带中充满了电子，导带中为空，但是导带和价带的带隙要比绝缘体小得多，热运动能够使少数电子从价带跃迁到导带，同时在价带中由于电子跃迁而造成空穴，表现出较弱的导体特性，称为半导体。电子和空穴在热运动条件下成对出现，并且数量很少，这样的半导体称为本征半导体，如图 3.2(a) 所示。

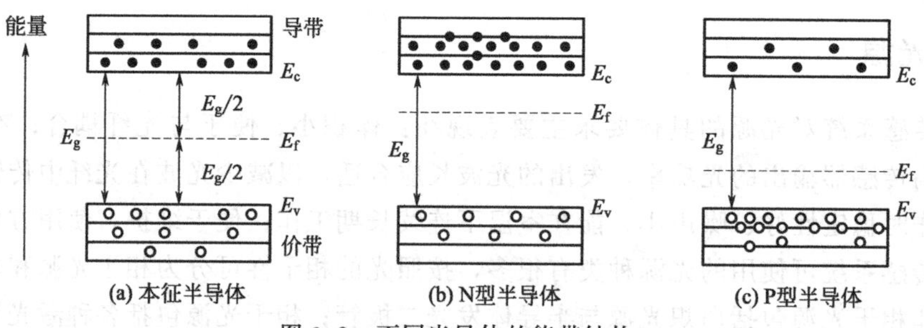

图 3.2 不同半导体的能带结构

在本征半导体中掺入微量的五价元素磷（P）、砷（As）等，则构成 N 型半导体，如图 3.2(b) 所示。在 N 型半导体中，自由电子为多数载流子（多子），空穴为少数载流子（少子）。N 型半导体主要靠自由电子导电，自由电子参与导电移动后，在原来的位置留下一个不能移动的正离子。在本征半导体中掺入微量的三价元素硼（B）、铟（In）等，则构成 P 型半导体，如图 3.2(c) 所示。在 P 型半导体中，空穴为多数载流子（多子），自由电子为少数载流子（少子）。P 型半导体主要靠空穴导电。邻近的束缚电子获取足够的能量，填补空穴导电，使原子成为一个不能移动的负离子。可见，N 型半导体的费米能级 E_f 更靠近导带底，而P型半导体的费米能级 E_f 则更靠近价带顶。

(3) 半导体激光器中增益区的形成

由半导体的能带结构可推断，欲在半导体中形成受激辐射所需的粒子数反转，应在导带和价带之间形成电子和空穴的大浓度差。这样在入射光子出现时，大量的电子从导带跃迁到价带与空穴复合，可以形成受激辐射发光。然而，这对于单独的N型半导体和P型半导体均不可能实现，虽然N型半导体中有大量的自由电子，P型半导体中有大量的空穴。当把两者相结合时，则形成PN结。在P型和N型半导体组成的PN结界面上，将形成内部自建电场，如图3.3所示。具体的形成过程为：由于存在多数载流子（电子或空穴）的梯度，因而产生扩散运动，形成扩散电流。电子从N型半导体越过PN结界面到达P型半导体与其中的空穴复合，结果在PN结界面附近的N型半导体只剩下电离施主而带正电、P型半导体只剩下电离受主而带负电，从而形成空间电荷区（或称耗尽层）。空间电荷区的出现，形成PN结的内部自建电场，并且内部自建电场阻止多子的进一步扩散。然而，内部自建电场促进了少子（P区的电子和N区的空穴）的漂移运动，即产生漂移电流，并且最终扩散电流与漂移电流相等，使内部自建电场不再变化，耗尽层的宽度也保持稳定。

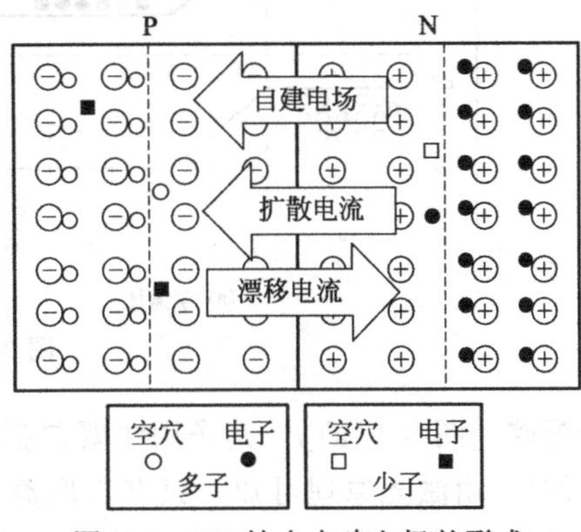

图3.3 PN结中自建电场的形成

从能带上考虑，内部电场产生与扩散相反方向的漂移运动，直到P区和N区的费米能级 E_f 相同、两种运动处于平衡状态为止，结果能带发生倾斜，如图3.4(a)所示。可见，PN结区的耗尽层中导带和价带都没有多子，能带的倾斜导致势垒出现，N区的电子无法到达耗尽层，P区的空穴也无法移动到耗尽层，即在不加激励条件（零偏压时）下，无法形成可产生受激辐射的粒子数反转。为了形成激光增益区，需要对PN结加正向偏压［与内部自建电场方向相反，如图3.4(b)所示］，结果能带倾斜减小，扩散增强。电子运动方向与电场方向相反，使N区的电子向P区运动，P区的空穴向N区移动，最后在PN结形成一个特殊的增益区。增益区的导带中有大量自由电子、价带中有大量空穴，结果获得粒子数反转分布。加正向偏压 V 获得粒子数反转分布条件为

$$V > \frac{E_f^N - E_f^P}{e} \tag{3.3}$$

式中，E_f^P 和 E_f^N 分别为增益区形成后P区和N区的费米能级。

(4) 半导体激光器的激射条件

增益区形成的粒子数反转是半导体激光器的首先条件，另一个条件是必须存在光学反馈谐振腔，并在谐振腔内建立起稳定的振荡。有源区中实现粒子数反转后，受激辐射占据主导地位，但是有源区初始的光场来源于导带和价带的自发辐射，频谱较宽，方向杂乱无章。为了得到单色性和方向性好的激光输出，必须引入光学反馈谐振机理，从而在有源区中建立起稳定的振荡。半导体激光器一般采用两种方法构成谐振腔：①利用晶体天然解理面形成法布里-珀罗（F-P）谐振腔；②利用有源区一侧的周期性波纹结构提供光耦合来形成光振荡（分布反馈型——DFB，分布布拉格反射型——DBR）。对于利用解理面作为反射镜的典型F-P

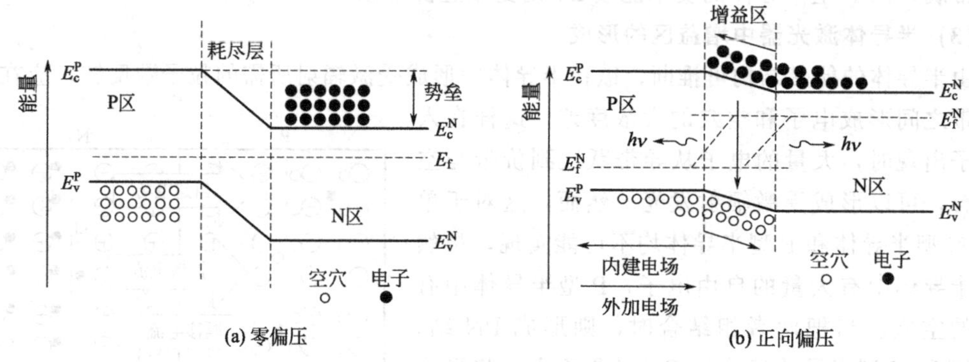

图 3.4 PN结能带结构图

谐振腔［图 3.5(a)］，其作用主要包括方向选择、引入阈值（振幅条件）与光谱选择（相位条件）。由激光原理可知，只有当增益等于或大于总损耗时，才能建立起稳定的振荡，这一增益称为阈值增益。为达到阈值增益所要求的注入电流称为阈值电流。在谐振腔内开始建立稳定的激光振荡的阈值条件为

$$\gamma_{th}=\alpha+\frac{1}{2L}\ln\frac{1}{R_1R_2} \tag{3.4}$$

式中，γ_{th} 为阈值增益系数；α 为谐振腔内激活物质的损耗系数；L 为谐振腔的长度；R_1 和 R_2 分别为两个反射镜的反射率。

激光振荡除满足阈值条件外，还必须满足相位条件，即在谐振腔中光波每传输一周满足相干加强条件，即

$$m\lambda=2nL\Rightarrow\lambda=\frac{2nL}{m} \tag{3.5}$$

式中，λ 为激光波长；n 为激活物质的折射率；$m=1,2,3,\cdots$ 称为纵模模数（在共振腔内沿腔轴方向形成的各种驻波称为谐振腔的纵模）。

结合阈值条件和相位条件可知，一个纵模只有在其增益大于或等于损耗时，才能成为工作模式，即在该频率上形成激光输出，如图 3.5(b)、(c) 和 (d) 所示。有两个以上纵模激振的激光器，称为多纵模激光器。通过在光腔中加入色散元件或采用外腔反馈等方法，可以使激光器只有一个模式激振，这样的激光器称为单纵模激光器。

(5) 常见半导体激光器的基本构型

最简单的半导体激光器由一个薄有源层、P 型和 N 型限制层以及天然解理面谐振腔构成，如图 3.6 所示。

① 同质结半导体激光器。同质结的结构如图 3.7(a) 所示。同质结半导体激光器辐射复合，发生在 P 区的一个电子扩散长度 L_-（约 5μm）内和 N 区的一个空穴扩散长度 L_+ 内，并且 L_- 远大于 L_+。故同质结有源区的厚度几乎等于 L_-。若要在如此厚的有源区内积累到阈值所需的非平衡载流子浓度，其阈值电流密度应很高。另外，辐射复合产生的光场也会向有源区两边渗透，降低了半导体激光器的输出激光功率。为使阈值电流密度降低和有效工作，必须将注入有源区的载流子限制在更小的区域内，以提高注入载流子的密度，并将光子限制在有源区内。采用异质结可以同时实现以上两个目的。

② 异质结半导体激光器。图 3.7(b) 为单异质结，其中包括一个同质结；图 3.7(c) 为双异质结；GaAs 为有源层，$Ga_{1-x}Al_xAs$ 为限制层。以双异质结为例说明，其由三层不同

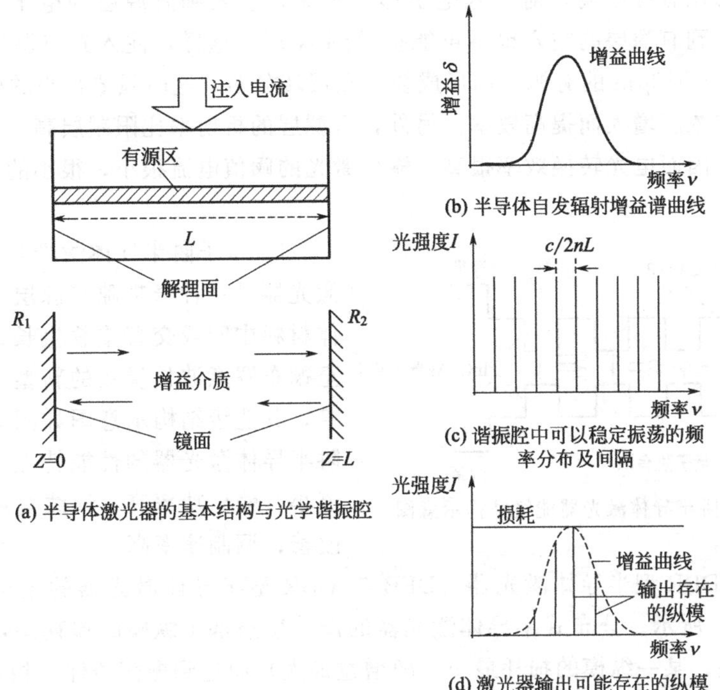

图 3.5　半导体激光器激光的形成与输出模式

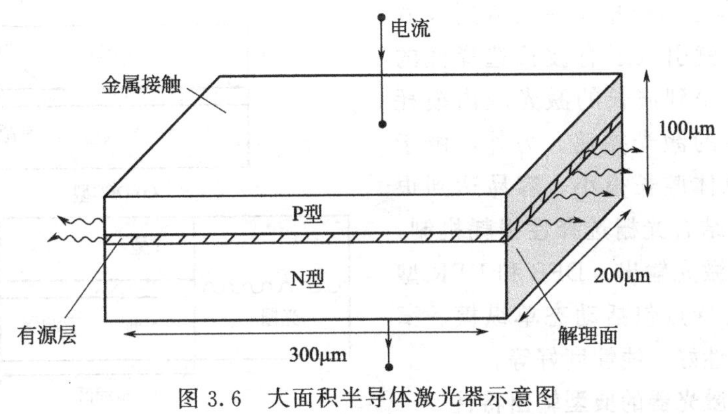

图 3.6　大面积半导体激光器示意图

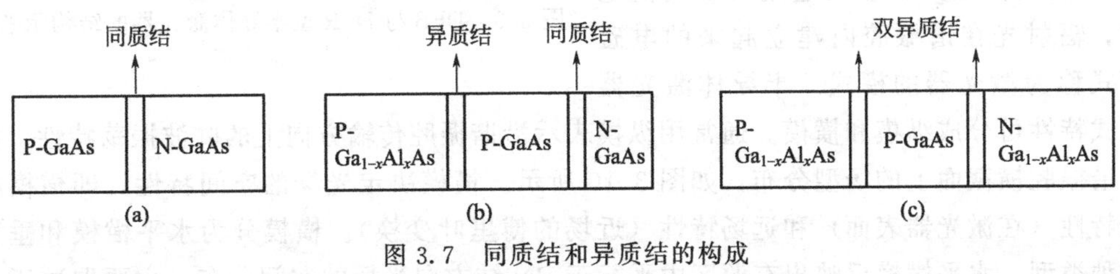

图 3.7　同质结和异质结的构成

类型半导体材料构成，不同材料发射不同的光波长。结构中间有一层厚 0.1～0.3μm 的窄带隙 P 型半导体，称为有源层；两侧分别为宽带隙的 P 型和 N 型半导体，称为限制层。三层半导体置于基片（衬底）上，前后两个晶体解理面作为反射镜构成 F-P 谐振腔。由于限制层的带隙比有源层宽，施加正向偏压后，P 层的空穴和 N 层的电子注入有源层。P 层带隙宽，导带的能态比有源层高，对注入电子形成势垒，注入到有源层的电子不可能扩散到P层。同理，注入到有源层的空穴也不可能扩散到N层。这样，注入到有源层的电子和空穴被限制在厚0.1～0.3μm的有源层内形成粒子数反转分布，这时只要很小的外加电流，就可以使电子和空穴浓度增大而提高效率。另外，有源层的折射率比限制层高，产生的激光被限制在有源区内，因而电光转换效率很高，输出激光的阈值电流很小，很小的散热体就可以在室温连续工作。

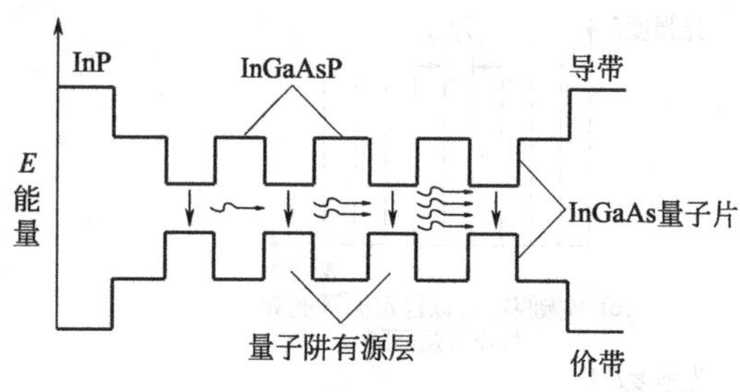

图3.8 量子阱半导体激光器能级结构示意图

③ 量子阱半导体激光器。量子阱半导体激光器是一种窄带隙有源层夹在宽带隙半导体材料中间或交替重叠生长、有源层厚度小至德布罗意波长量级的新型半导体激光二极管，其能级结构示意图如图3.8所示。量子阱半导体激光器的性能特点主要有：阈值电流小、输出功率高；谱线宽度窄、频率啁啾改善；调制速率高。

④ DFB与DBR型半导体激光器。DFB与DBR型半导体激光器的结构示意图分别如图3.9(a)、(b)所示。分布式半导体激光器的设计思想基于纵模的损耗差，即不同的纵模具有不同的损耗，某一纵模的损耗最小（净增益最大）而达到振荡条件。相位光栅在波导中产生折射率的周期性变化，使正反向传输的行波产生耦合。当光波长满足布拉格条件时，耦合达到最大。在布拉格条件下，入射波几乎被全反射，起到反射镜作用（对波长有选择性的反射镜），而不满足布拉格条件的入射波基本不反射，这样就引入了有波长选择性的损耗，可以使欲得到波长的激光腔内损耗最低，形成最终的激光振荡。另外，由于半导体激光器总体腔长很小，容易达到很大的纵模间隔，结合光栅选择性损耗机制，容易得到单纵模激光输出。DFB和DBR型半导体激光器的特点包括动态单纵模、窄谱线、波长稳定性好、线性度好等。

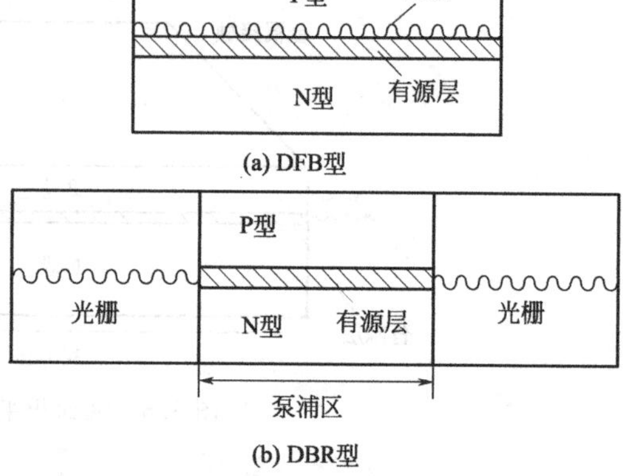

图3.9 DFB与DBR型半导体激光器的结构示意图

(6) 半导体激光器的典型输出特性

① 模式特性。当注入电流大于阈值电流时，辐射光在谐振腔内建立起来的电磁场模式称为激光器的模式。半导体激光器的模式特性可分成纵模和横模。通常用纵模表示沿谐振腔传输方向上的驻波振荡特性，横模表示谐振腔横截面上的场型分布，如图3.10所示。横模决定光场的空间特性，即横模决定近场特性（在激光器表面）和远场特性（近场的傅里叶变换）。横模分为水平横模和垂直横模两种类型。水平横模反映出有源区中平行于PN结方向光场的空间分布，主要取决于谐振腔宽度、边壁材料及其制作工艺；垂直横模表示与PN结垂直方向上电磁场的空间分布。水平横模的发散角小（一般为5°～10°），而垂直横模的发散角大（一般为30°～50°），因此半导体激光器的输出光斑为椭圆形。半导体激光器的模式及输出一般具有以下特性：当半导体激光器仅注入直流电流时，随注入电流的增加则纵模数减少；对半导体激光器进行直接强度

调制时，会使发射谱线增宽，振荡模数增加（这是因为注入电流的不断变化使有源区内载流子浓度随之变化，进而导致折射率也随之变化，半导体激光器的谐振频率发生漂移，动态谱线展宽，并且调制速率越高，调制电流越大，谱线展宽也越多）。

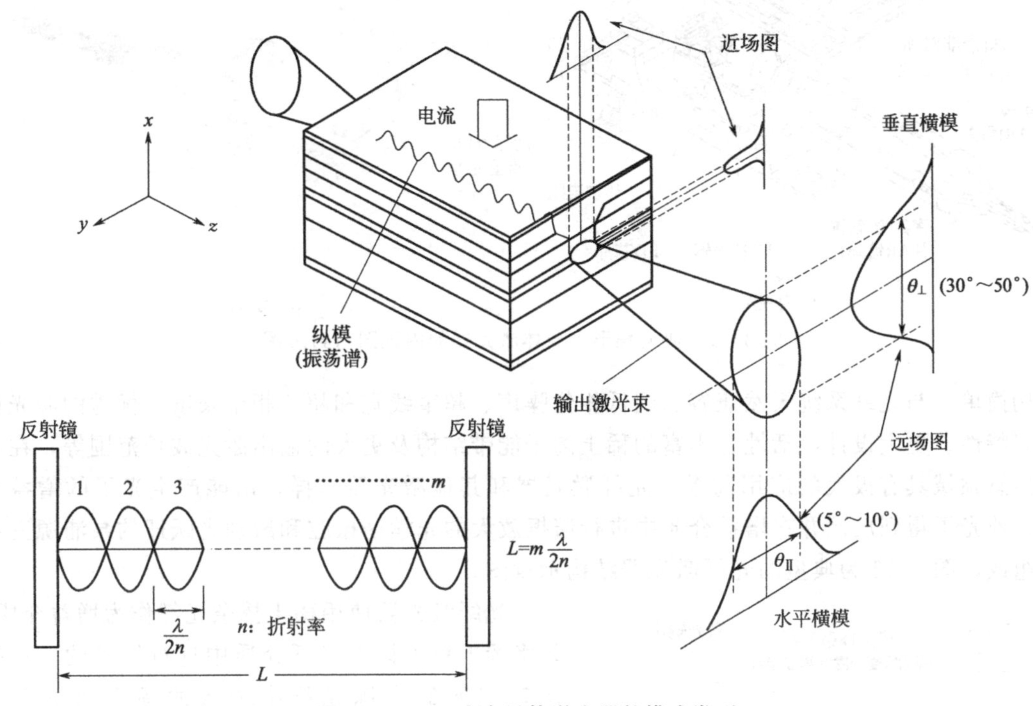

图 3.10　F-P 腔半导体激光器的模式类型

② 温度特性。一般半导体激光器的阈值电流会随着温度的升高而不断增加，并且量子效率不断下降，峰值波长向长波长方向移动。

③ 光谱特性。光谱特性描述的是半导体激光器的纯光学性质，即输出光功率随波长的分布规律。稳态工作时半导体激光器光谱由几部分因素共同决定：发射波长范围取决于半导体激光器的自发增益谱，精细的谱线结构取决于光学谐振腔中纵模分布，波长分量的强弱则与激射时各模式的增益条件密切有关。对于半导体激光器的光谱，一般涉及几个重要的参数：在规定输出光功率时，半导体激光器光谱内强度最大的光谱波长被定义为峰值波长；连接光谱 50%最大幅度值线段的中点所对应的波长称为中心波长；包含所有振荡模式在内的发射谱总的宽度称为半导体激光器的谱宽，某一单独模式的宽度称为线宽；在规定的输出功率和规定的调制时最高光谱峰值强度与次高光谱峰值强度之比称为边模抑制比，并且一般只针对单纵模半导体激光器而言。

(7) 半导体激光器的封装

半导体激光器对于温度和振动的敏感性较强，因此半导体激光器需要良好的封装以实现稳定的工作，并且一般将 PN 结输出的激光经过光束整形后导入光纤中以方便使用。高性能的半导体激光器一般都采用蝶形封装，图 3.11 分别给出了典型蝶形半导体激光器内视图与封装图。

3.2.1.2　光纤激光器

光纤激光器是近 20 年新兴的一类高质量激光器件，其具有诸多显著和独特的优势，如

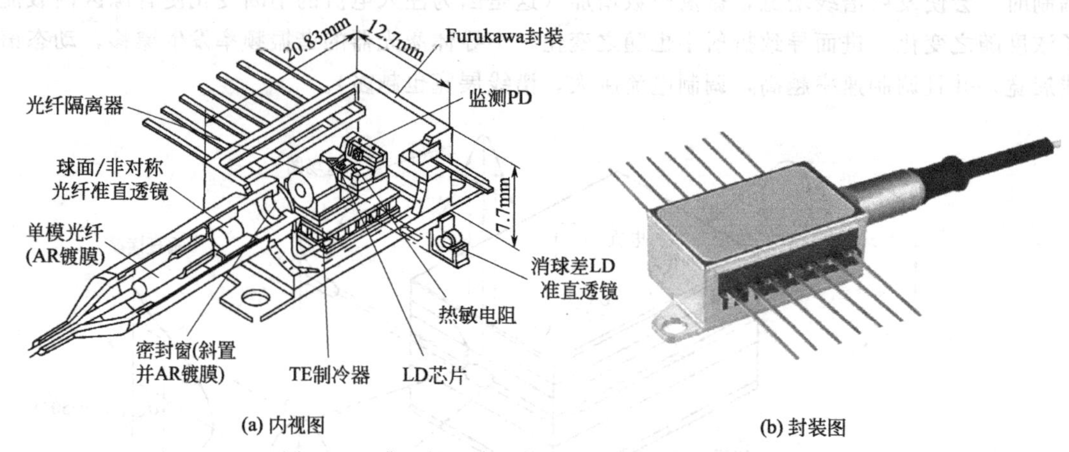

图 3.11　典型蝶形半导体激光器的内视图与封装图

结构简单、与光纤系统天然兼容、超低相位噪声、超窄线宽和超长相干长度、优秀的激光偏振态特性、更大设计灵活性、丰富的稀土离子能带结构及更大的输出激光波长范围等，在光纤传感领域具有极大的应用前景。光纤激光器和其他激光器一样，由能产生光子的增益介质、使光子得到反馈并在增益介质中进行谐振放大的光学谐振腔和激励光跃迁的泵浦源三部分组成，图 3.12 为典型的光纤激光器结构示意图。

图 3.12　典型的光纤激光器结构示意图

光纤激光器使用稀土掺杂光纤作为增益介质，是将稀土粒子掺入光纤介质中进行发光的。目前比较成熟的有源光纤中掺入的稀土离子有镱（Yb^{3+}）、铒（Er^{3+}）、铥（Tm^{3+}）、钬（Ho^{3+}）等。掺铒光纤在 1.55μm 波长具有很高的增益，正对应石英光纤低损耗第三通信窗口，由于其潜在的应用价值，掺铒光纤激光器发展十分迅速。掺镱光纤激光器是波长 1.0～1.2μm 的通用源，镱离子具有相当宽的吸收带（800～1064nm）以及相当宽的激发带（970～1200nm），故泵浦源选择非常广泛且泵浦源和激光都没有受激态吸收。掺铥、钬光纤激光器的激射波长为 2μm 波段，是用于大气监测、医疗激光手术刀的重要激光器。

由于光纤激光器采用稀土掺杂光纤作为增益介质，其具有很强的设计灵活性。常见的光纤激光器结构类型如图 3.13 所示，主要包括线形腔光纤激光器、环形腔光纤激光器和复合腔光纤激光器。

图 3.13(a) 所示为典型的线形腔光纤激光器，其可使用性能相同的光纤光栅对作为谐振腔镜，泵浦光从一个光纤光栅一端输入。由于光纤光栅是一种窄带反射型滤波器件，通过合理设计，可以在掺杂光纤自发辐射谱范围内选择意愿得到的波长激光振荡与输出。其中，光纤光栅可以熔接到掺杂光纤上，也可以直接写到掺杂光纤上。由于线形腔中激光在掺杂光纤中振荡形成驻波，根据激光原理可知，驻波的存在会产生空间烧孔效应，导致多模振荡，影响激光的相干性。

由于光纤具有柔韧性，光纤激光器可以设计成环形腔结构，如图 3.13(b) 所示。环形腔中激光运行在行波状态，不会产生烧孔效应。环形腔是光纤激光器特有的一种性能优越的激光谐振腔类型。它具有封闭式波导结构，抗干扰能力强、稳定性高，而且环形腔内可以灵活地加入各种滤波器件和控制器件，使得光纤激光器可以实现各种性能的激光输出，因此具有很高的使用价值。

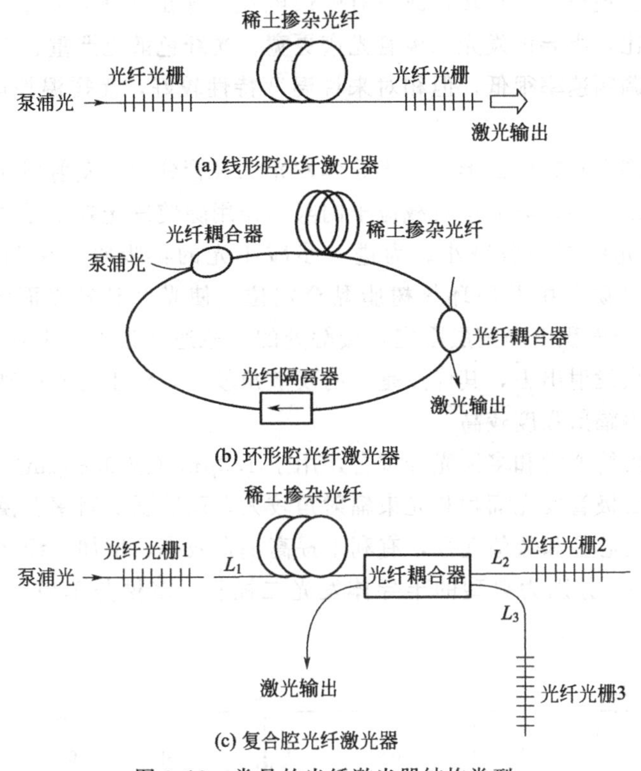

图 3.13　常见的光纤激光器结构类型

为了进一步增强线形腔光纤激光器的选模特性，人们设计出如图 3.13(c) 所示的复合腔光纤激光器。其中，光纤光栅 1 和光纤光栅 2 对应的臂组成一个谐振腔（腔长为 L_1+L_2），光纤光栅 1 和光纤光栅 3 对应的臂组成另一个谐振腔（腔长为 L_1+L_3），两个谐振腔耦合在一起构成复合谐振腔。两个谐振腔频率不同，复合谐振腔必须同时满足两个谐振腔的频率振荡条件。根据游标效应原理，可知复合谐振腔的频率间隔为

$$\Delta\nu=\frac{c}{2n(L_2-L_3)} \tag{3.6}$$

由式(3.6) 可知，只要适当选择 L_2 和 L_3 的值，使它们的差值足够小，就可以使复合谐振腔的纵模间隔足够大，在整个增益谱线内只有一个纵模在振荡，该激光器就可以实现单纵模运转。同理可知，也可以设计基于环形腔的复合腔光纤激光器，以进一步提高环形腔光纤激光器的输出质量，甚至得到单纵模激光输出。

目前，光纤激光器大部分还处于实验室研究阶段，已报道的类型包括单频窄线宽光纤激光器、高功率光纤激光器、多波长光纤激光器、可调谐/扫描光纤激光器、高峰值功率脉冲光纤激光器、随机光纤激光器等，并且其中多种光纤激光器有望将来成为各种类型光纤传感器的理想光源。

3.2.1.3　半导体发光二极管

由于半导体激光器结构复杂、封装困难、成本较高，在一些要求比较低的光纤传感应用中，可以使用半导体发光二极管。实际上，半导体发光二极管就是简单地加了正向偏置的

PN结，当施加正向电流时，注入的非平衡载流子在扩散过程中复合发光，以自发辐射为主，发射的是宽谱的荧光。半导体发光二极管没有F-P腔谐振机制，制作容易，为非相干光源，不一定需要实现粒子数反转，故没有阈值电流，输出功率基本上与注入电流成正比。与半导体激光器相比，半导体发光二极管光谱更宽、光纤色散更严重、发散角更大，与光纤的耦合效率很低，调制速率很低，但相对来说温度特性较好，无需温控电路，而且寿命长、可靠性高。

根据把光输出耦合到光纤的形式，半导体发光二极管分为面发射型和边发射型两种基本结构。在面发射型结构中，异质结对载流子的限制作用除使发光效率提高外，还因通光区是宽带隙材料，可使光的再吸收减小。为进一步减小光的再吸收，在N-GaAs上腐蚀一个“阱”，将光纤插入“阱”中并用环氧树脂黏合定位，使光纤到发光面的间距减小到10～15mm。PN结的发光面积由隔离层限定，接触处的直径通常为15～100mm。在边发射型结构中，以定向的光束发射出去，其优点是光的发散角较小，便于与光纤耦合；另外，光从很窄的端边射出，使得辐射强度较高。

半导体发光二极管通常和多模光纤耦合，用于1.3μm（或0.85μm）波长的小容量短距离系统。因为发光二极管发光面积和光束辐射角较大，而阶跃折射率多模光纤或渐变折射率多模光纤具有较大的芯径和数值孔径，有利于提高耦合效率，增加入纤功率。

图3.14(a)～(c) 分别为典型的半导体发光二极管、多模与单模半导体激光器的光谱特性。

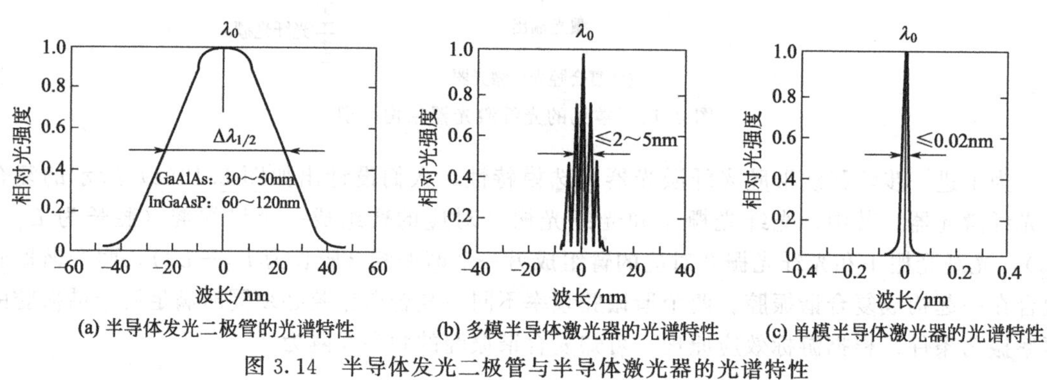

(a) 半导体发光二极管的光谱特性　(b) 多模半导体激光器的光谱特性　(c) 单模半导体激光器的光谱特性

图3.14　半导体发光二极管与半导体激光器的光谱特性

3.2.2 光敏感器件

光敏感器件是光纤中传输的光波与外界待测参量相互作用的核心器件，其特性对于整体光纤传感系统的重要性不言而喻。光敏感器件包括功能型光敏感器件和非功能型光敏感器件。其功能是将外界待测参量调制到光载波上，因此根据待测参量类型的不同，光敏感器件的设计与制作基于的原理也不同。光波与待测参量相互作用涉及的调制技术有强度调制、波长调制、相位调制、偏振态调制和频率调制。针对不同的调制技术，光敏感器件设计基于的原理及主要面向的待测参量可以分为以下几类。

(1) 强度调制型光敏感器件

强度调制型光敏感器件主要是靠外界待测参量改变光纤中传输光波的光强度来实现调制的。例如，基于反射式和透射式外部光强度调制设计的光敏感器件，可用于测量温度、振动、压力、加速度、位移等参量；基于光模式（微弯）损耗特性设计的光敏感器件，可用于测量振动、压力、加速度、位移等参量；基于光纤折射率变化、倏逝波耦合、反射系数变化特性设计的光敏感器件，可用于测量温度、压力、振动等参量；基于半导体吸收特性设计的光敏感器件，可用于测量温度参量；基于射线辐射引起特种光纤吸收损耗增加特性设计的光敏感器件，可用于测量核电站、放射线物质堆放处的辐射量参量。其中，基于光模式（微弯）损耗特性设计的强度调制型光敏感器件既可以是功能型光敏感器件，也可以是非功能型光敏感器件；而其他类型的强度调制型光敏感器件一般为非功能型光敏感器件。

（2）波长调制型光敏感器件

波长调制型光敏感器件主要是靠外界待测参量改变光纤中传输光波的波长来实现调制的。目前，较常用的波长调制型光敏感器件为光纤光栅，主要包括光纤 Bragg 光栅、长周期光纤光栅、闪耀/倾斜光纤光栅、取样光纤光栅等，可用于测量温度、应力、应变、弯曲、微位移、折射率、振动等参量。基于光纤光栅设计的波长调制型光敏感器件为功能型光敏感器件。

（3）相位调制型光敏感器件

相位调制型光敏感器件主要是靠外界待测参量改变光敏感器件的折射率或传输常数引起传输光波相位变化来实现调制的。相位调制型光敏感器件一般位于光纤干涉仪的一个传输臂中，通过外界调制引起干涉仪两臂相位差变化而导致的干涉条纹变化来传感。常见的包括：基于磁致伸缩效应设计的光敏感器件，可用于测量电流、磁场等参量；基于电致伸缩效应设计的光敏感器件，可用于测量电场、电压等参量；基于萨格纳克效应设计的光敏感器件，可用于测量角速度参量；基于光弹效应设计的光敏感器件，可用于测量振动、压力、加速度、位移等参量。常见的相位调制型光敏感器件均为功能型光敏感器件。

（4）偏振态调制型光敏感器件

偏振态调制型光敏感器件主要是靠外界待测参量改变光纤中传输光波的偏振态来实现调制的。例如，基于法拉第效应设计的光敏感器件，可用于测量电流、磁场等参量；基于泡克尔斯效应、克尔效应设计的光敏感器件，可用于测量电场、电压等参量；基于双折射变化设计的光敏感器件，可用于测量温度参量。其中，基于法拉第效应设计的偏振态调制型光敏感器件可以为功能型光敏感器件或者非功能型光敏感器件，而其他类型的偏振态调制型光敏感器件一般为非功能型光敏感器件。

（5）频率调制型光敏感器件

频率调制型光敏感器件主要是靠外界待测参量改变光纤中传输光波频率来实现调制的。例如，基于多普勒效应设计的光敏感器件，可用于测量速度、流速、振动、加速度等参量；基于受激拉曼散射效应设计的光敏感器件，可用于测量气体浓度、温度等参量；基于光致发光效应设计的光敏感器件，可用于测量温度、辐射等参量。常见的频率调制型光敏感器件均为非功能型光敏感器件。

随着各种类型光纤传感新技术、新机理、新理论的不断提出，各种新型光敏感器件也被不断研制出来。另外，随着各种新型材料（如二维材料等）被不断发现和研制，也将为光敏感器件的设计和制作提供更多新的想法，使光纤传感器可以测量的理化生参量种类也会不断增多。

3.2.3 光探测器

凡是能把光辐射量转换成另一种便于测量的物理量的器件，都称为光探测器。从近代测量技术看，电量不仅是最方便而且是最精确的。所以，大多数光探测器都是把光辐射量转换成电量来实现对光辐射的探测。即使直接转换量不是电量，通常也总是把非电量（如温度、体积等）再转换为电量来进行测量。从这个意义上说，凡是把光辐射量转换为电量（如电流或电压）的器件都称为光探测器。显然，光探测器是光接收系统的前端，其灵敏度、带宽等特性参数直接影响光纤传感系统的总体性能，了解光探测器的特性参数是应用光探测器的基础。

光纤传感系统对光探测器的要求主要有：线性好，可按比例地将光信号转换为电信号；灵敏度高，能探测微小的输入光信号，并输出较大的电信号；响应频带宽、响应速度快，动态特性好；性能稳定，噪声小。

3.2.3.1 光探测器的原理

光探测器在受光照射后，吸收光子能量，并把光子能量转换成另一种能量，因此光探测器是将光能转换为其他能量的换能器。按照探测机理的不同，光探测器可分为热电探测器和光电探测器。热电探测器的原理是基于光辐射引起探测器温度上升，从而使与温度有关的电物理量产生变化，测量其变化便可测定入射光子的能量或功率。因为温度升高是一种热积累过程，且与入射光子的能量大小有关，所以热电探测器的光谱响应没有选择性，从可见光到红外光波段均有响应。较常用的热电效应有三种：温差电效应、热敏电阻效应和热释电效应。热电探测器的优点是可以在室温下工作和无光谱选择性。温差电探测器和热敏电阻探测器的缺点是，由于有热平衡过程，响应速度慢，只能用于光能量、功率的慢速测量。热释电探测器对温度的变化极灵敏，响应速度快，在中、远红外光探测器中有发展前途。

在光纤传感系统中所用的光探测器多半是光电探测器。光电探测器是利用内光电效应或外光电效应制成的探测器。在光辐射作用下，内光电效应的电子不逸出材料表面，而外光电效应产生光电子发射。光电探测器所应用的光电效应主要有光电子发射效应、光电导效应、光生伏特效应及光电磁效应等。下面简单介绍这几种光电效应。

(1) 光电子发射效应

根据光的量子理论，每个光子具有能量 $h\nu$。当光照射在某些金属、金属氧化物或半导体表面上时，如果光子能量 $h\nu$ 足够大，则电子吸收光子能量后就逸出材料表面成为光电子。这种效应称为光电子发射或外光电效应，可用爱因斯坦方程来描述

$$E_k = h\nu - W \tag{3.7}$$

式中，ν 为光的频率；$E_k=\frac{1}{2}mv^2$ 为光电子的动能，其中 m 是光电子质量，v 为光电子离开材料表面时的速度；W 为光电子发射材料的逸出功，表示产生一个光电子所必须给予束缚电子的最小能量。

光电子的动能与入射光的强度无关，仅随入射光的频率增加而增加。在临界情况下，假设电子逸出材料表面后能量全部耗尽，并且速度减为零，即 $E_k=0$，则 $\nu=\frac{W}{h}=\nu_0$，或 $\lambda_0=\frac{hc}{W}$。也就是说，当入射光频率为 ν_0 时，光电子恰好能逸出材料表面；而当 $\nu<\nu_0$（或 $\lambda>$

λ_0）时，无论光通量多大也不会有光电子产生，则 ν_0 称为光电效应的低频限，λ_0 称为光电效应的长波限。这是利用外光电效应的光电探测器的光谱响应有选择性的物理原因。

(2) 光电导效应

当光照射在某些半导体材料时，若进入内部的光子能量足够大，则某些电子吸收光子能量从原来的束缚态变成导电的自由态。这时在外电场作用下流过半导体的电流会增大，即半导体的电导增大，这种现象称为光电导效应。它是一种内光电效应。光敏管及光敏电阻的光电效应属于此类效应。

光电导效应可分为本征型光电导效应和杂质型光电导效应。本征型是指能量足够大的光子使电子离开价带跃入导带，价带中由于电子离开产生空穴，在外电场的作用下，电子和空穴参与导电，使电导增加。此时长波限条件由禁带宽度 E_g 决定，即 $\lambda_0=hc/E_g$。杂质型是指能量足够大的光子使施主能级中的电子或受主能级中的空穴跃迁到导带或价带，从而使电导增加。此时长波限由杂质的电离能 E_i 决定，即 $\lambda_0=hc/E_i$。由于 $E_i \ll E_g$，可知杂质型光电导的长波限比本征型光电导的长波限要大得多。

(3) 光生伏特效应

对于半导体 PN 结，无光照射时存在内部电场 E，当光照射在 PN 结及其附近时，若光子能量足够大，则在 PN 结区及其附近产生少数载流子，即电子-空穴对，或称作光生载流子。它们在 PN 结区外时，靠扩散进入 PN 结区；而在 PN 结区内时，则在外加电场驱使下使电子漂移到 N 区、空穴漂移到 P 区。结果，N 区带负电荷，P 区带正电荷，产生附加电动势（称为光生电动势），此效应称为光生伏特效应。如在 PN 结外添加电源和电阻 R 组成回路，则在 R 上有信号电压输出，如图 3.15 所示。这样就实现了输出电压跟随输入光信号变化的光电转换作用。

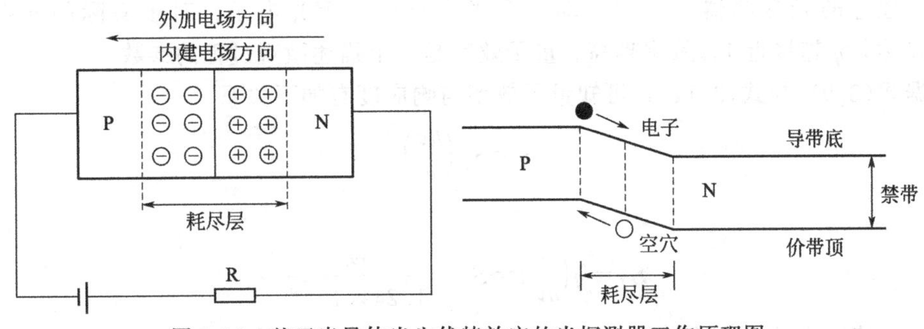

图 3.15　基于半导体光生伏特效应的光探测器工作原理图

(4) 光电磁效应

将半导体样品置于强磁场中，用激光辐射线垂直照射样品表面。当光子能量足够大时，在样品表面层内激发出光生载流子（电子-空穴对），并在样品表面层和体内形成载流子浓度梯度，于是光生载流子向体内扩散。在扩散过程中，由于磁场产生的洛伦兹力作用，电子和空穴偏向样品两端产生电荷积累，这就是光电磁效应。

3.2.3.2 光探测器的主要工作特性

(1) 响应度

根据光电转换类型不同，响应度可分为电压响应度和电流灵敏度两种类型。

① 电压响应度 R_V。电压响应度定义为入射的单位光功率所能产生的信号电压，即

$$R_V=\frac{V_P}{P_0} \tag{3.8}$$

式中，V_P 为光探测器产生的信号电压；P_0 为入射功率。通常规定 P_0 和 V_P 均取有效值。

② 电流灵敏度 S_I。电流灵敏度定义为入射的单位光功率所能产生的信号电流，即

$$S_I=\frac{I_P}{P_0} \tag{3.9}$$

式中，I_P 为光探测器产生的信号电流。通常规定 P_0 和 I_P 均取有效值。

(2) 量子效率

光探测器吸收光子产生光电子，光电子形成光电流，光电流与光功率成正比。由光子统计理论可知，光电流 I_P 与入射光功率 P_0 的关系为

$$I_P=\alpha P_0=\frac{\eta e}{h\nu}P_0 \tag{3.10}$$

式中，$\alpha=\frac{\eta e}{h\nu}$为光电转换因子；$e$ 为电子电荷；h 为普朗克常数；ν 为入射光频率；η 为量子效率；$P_0/h\nu$ 为单位时间入射到光探测器表面的光子数；I_P/e 为单位时间内被光子激励的光电子数。

量子效率 η 的定义为

$$\eta=\frac{I_P h\nu}{eP_0} \tag{3.11}$$

对于理想的光探测器，$\eta=1$，即一个光子产生一个光电子；对于实际的光探测器，$\eta<1$。显然，η 越接近 1，效率越高。量子效率是一个描述微观过程的参数。

根据式(3.9) 与式(3.11)，可知量子效率与响应度有如下关系：

$$\eta=S_I\left(\frac{h\nu}{e}\right) \tag{3.12}$$

或

$$S_I=\eta\left(\frac{e}{h\nu}\right)\Rightarrow S_I=\frac{\eta\lambda}{1.24\times10^{-6}} \tag{3.13}$$

式中，将频率转换成波长，并代入普朗克常数及光在真空中的速度。

由以上的推导可见，在工作波长一定时，响应度与量子效率有定量的关系。响应度和量子效率都是描述器件光电转换能力的物理量，但是它们分析的角度不同。响应度是在外部电路中呈现的宏观灵敏特性，而量子效率是在器件内部呈现的微观灵敏特性。

提高量子效率的方法有：减小入射表面反射率；尽量减小光子在表面层被吸收的可能性；增加耗尽层厚度，使光子在耗尽层被充分吸收。然而，耗尽层又不能太厚。如采用 PIN 结构，P^+ 和 N^+ 很薄，低掺杂 I 区很厚，可充分在耗尽层被吸收，而耗尽层越厚导致光生载流子漂移到加有反偏压的 PN 结两端所需时间越长，漂移时间决定了 PN 结的响应速率。因此，耗尽层的厚度需要根据量子效率和响应速率折中。

(3) 响应时间

响应时间是指半导体光电二极管产生的光电流随入射光信号变化快慢的状态。影响响应

时间的因素主要有：从光入射光敏面到发生受激吸收的时间；零场区光生载流子的扩散时间；有场区光生载流子的漂移时间。

(4) 暗电流

在理想情况下，当没有光照射时，光探测器应无光电流输出。但实际上由于热激励、宇宙射线或放射性物质的激励，在无光照射情况下，光探测器仍有电流输出，这种电流称为暗电流。严格地说，暗电流还包括器件表面的漏电流。暗电流由体内暗电流和表面暗电流组成。器件的暗电流越小越好。

3.2.3.3 光探测器的分类

光探测器依材料分类包括由直接带隙半导体材料、间接带隙半导体材料制成的探测器，广为应用的探测器材料有Ⅳ族、Ⅲ-Ⅴ族等半导体材料，而异质结材料能够提供透明的窗口、完全的光学限制和优异的导波特性；依波段分类包括用于在紫外光波段、可见光波段、红外波段、远红外波段等使用的探测器，紫外光波段有 SiC、GaN 等光探测器，可见光波段有 Si、InGaN 等探测器，红外波段有 Ge、InGaAs、GaAs 等探测器，远红外波段有 TeCdHg 等探测器；依结构分类包括 PN 型光电二极管、PIN 型光电二极管、雪崩型光电二极管、MSM 型光电探测器；依内部增益分类包括内部增益和无内部增益两大类探测器，PN 型光电二极管、PIN 型光电二极管、MSM 型光电探测器等没有内部增益，而雪崩型光电二极管有内部增益。

(1) PIN 型光电二极管

PIN 型光电二极管是较常见的光探测器。PN 结耗尽层只有几微米，长波长的穿透深度比耗尽层宽度还大，导致大部分入射光被中性区吸收，使光电转换效率低、响应时间长、响应速度慢。为改善这些特性，在 PN 结中设置一层掺杂浓度很低的 N 型半导体（近乎本征半导体，称为 I 区，如图 3.16 所示），这种结构便是 PIN 型光电二极管。其中，I 层很厚（为 5～50μm），吸收系数很小，入射光很容易进入材料内部被充分吸收而产生大量的电子-空穴对，因而大幅度提高了光电转换效率。两侧 P^+ 层和 N^+ 层很薄，吸收入射光的比例很小，I 层几乎占据整个耗尽层，因而光生电流中漂移分量占支配地位，从而大大提高了响应速度。另外，还可以通过控制耗尽层的厚度，来改变器件的响应速度。

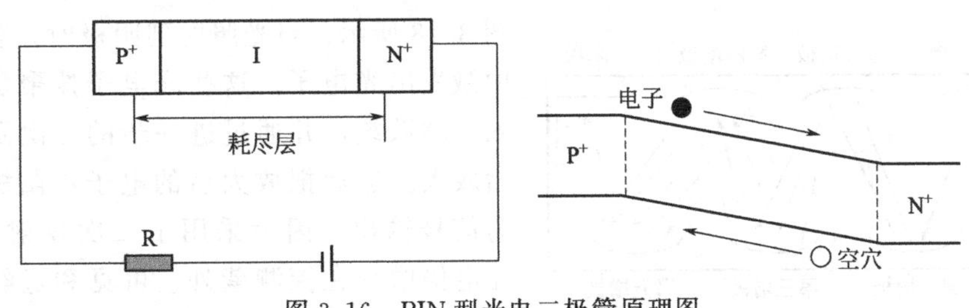

图 3.16　PIN 型光电二极管原理图

(2) 雪崩型光电二极管

雪崩型光电二极管是利用雪崩倍增效应而具有内增益的光电二极管。它的工作过程是：在光电二极管的 PN 结上加高反向电压（一般为几十伏或几百伏），使 PN 结区产生一个很强的电场，当光激发或热激发的载流子进入 PN 结区后，在强电场的加速下获得很大的能量，与晶格原子碰撞而使晶格原子发生电离，产生新的电子-空穴对，新产生的电子-空穴对在向电极运动过程中又获得足够大的能量，再次与晶格原子碰撞，进而又产生新的电子-空穴对，这一过程不断反复，使 PN 结内电流急剧增加，这种现象称为雪崩倍增。

图 3.17 所示为典型的雪崩型光电二极管的结构与能带示意图。目前常用的雪崩型光电二极管结构包括拉通型（又称通达型）和保护环型。拉通型雪崩光电二极管容易发生极间击穿现象，从而使区间遭到破坏；保护环型雪崩光电二极管在制作时积淀一层环形的 N 型材料，以防在高反压时使 PN 结边缘产生雪崩击穿。

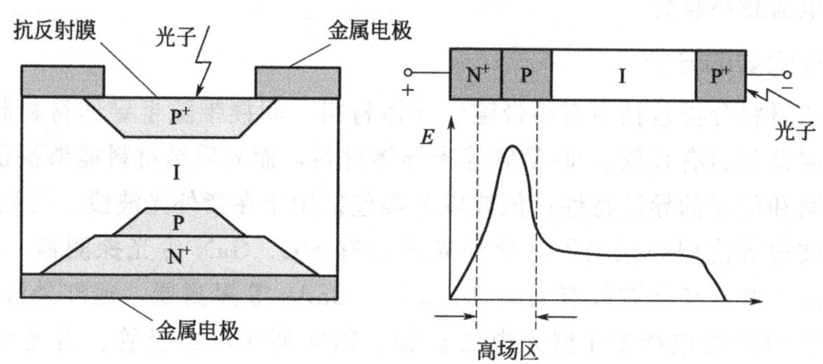

图 3.17　典型的雪崩型光电二极管的结构与能带示意图

（3）MSM 型光探测器

金属-半导体-金属（Metal-Semiconductor-Metal，MSM）型光探测器与 PN 结型光电二极管不同，是另一种类型的光探测器。MSM 型光探测器是在硅材料上直接积淀叉指状金属电极，常用于光纤通信。当适当波长的光入射时，硅材料价带电子吸收光子能量而跃迁到导带上，在导带和价带之间产生光生电子-空穴对。在外加偏压下，光生电子-空穴对在电场作用下经过漂移或扩散等运动被叉指电极俘获，形成光生电流。与 PIN 型光探测器和雪崩型光探测器相比，MSM 型光探测器的结电容小、带宽大，可工作在 300GHz 以上；此外，MSM 型光探测器制作容易、成本偏低。但是，这种器件的灵敏度较低，因为半导体材料的一部分面积被金属电极占据了，所以使有源区的面积减小了。

（4）光电倍增管

光电倍增管是一种将微弱光信号转换成电信号的真空电子器件，其原理示意图如图 3.18 所示。当光照射到阴极时，阴极向真空中激发出光电子。这些光电子按聚焦极电场进入倍增系统，并通过进一步的二次发射得到倍增放大。然后把放大后的电子用阳极收集，作为信号输出。因为采用了二次发射倍增系统，光电倍增管在探测紫外、可见和近红外区的辐射能量的光电探测器中，具有极高的灵敏度和极低的噪声。另外，光电倍增管还具有响应快速、成本低、阴极面积大等优点。

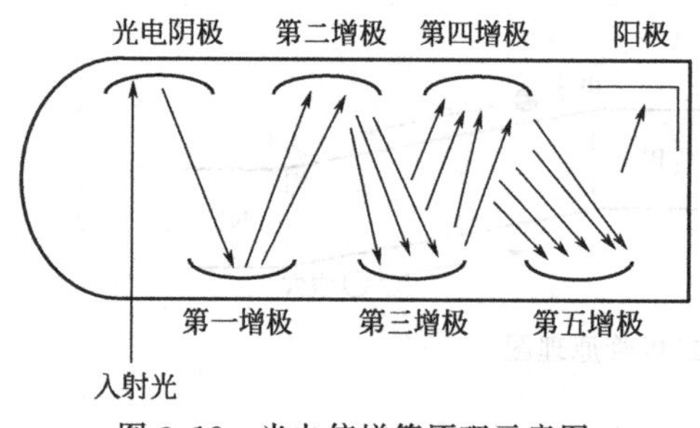

图 3.18　光电倍增管原理示意图

光探测器在使用过程中，有诸多注意事项，如不正当操作，极易造成损坏。主要注意事项有以下几个方面：光探测器是反向加压的，与光源的使用正好相反；工作电压应选择最佳偏压以便得到最大的信噪比；更换光探测器时，应选择性能参数一致或接近的器件；使用过程中应防止高温偏置、热循环以及管子漏气受湿度的影响；防止静电击穿。

3.3 光纤传感系统其他器件

除了光源、光敏感器件、光探测器这些核心器件以外，要组成整个功能顺利实现的光纤传感系统，还需要各种光纤无源器件，它们可以实现光纤中的信号连接、能量分路/合路、波长复用/解复用、光路转换、能量衰减、方向阻隔、偏振调控、滤波与波长选择、光路开关等功能。常见的光纤无源器件包括光纤连接器、光纤衰减器、光纤耦合器、波分复用/解复用器、光纤起偏器、光纤偏振控制器、光纤隔离器、光纤环行器、光纤滤波器、光开关等。

3.3.1 光纤连接器

光纤连接器是把两个光纤端面良好地结合在一起，以实现光纤之间可拆卸（活动）低损耗连接的光纤无源器件。它还具有将光纤与有源器件、光纤与其他无源器件、光纤与系统和仪表进行活动连接的功能。在光纤连接时，由于光纤纤芯直径、数值孔径、折射率分布的差异以及横向错位、角度倾斜、端面间隙、端面形状、端面粗糙度等因素的影响，都会产生连接损耗，这些都是制作和使用光纤连接器需要注意的问题。

常见的光纤连接器的类型有基于双锥结构型、V形槽结构型、球面定心结构型、透镜耦合结构型和套管结构型等，但是目前使用最流行、被人们最认可的是套管结构型光纤连接器，其结构示意图如图3.19所示。将裸光纤粘接固定在陶瓷插针体中，插针体端面经打磨、抛光制成光纤连接头。法兰盘中的对正套管（其尺寸是精密设计制作的）具有均匀的内径和圆度，并且尺寸与插针体完美匹配。将两个同类型的光纤连接头的插针体插入法兰盘的套管中（直接端面接触），便可实现良好的连接。

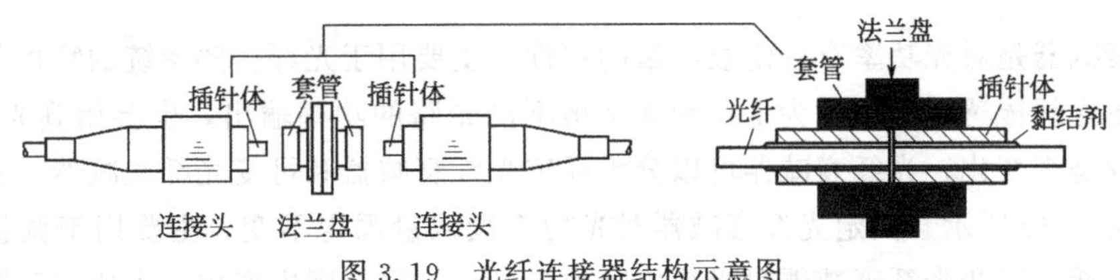

图3.19 光纤连接器结构示意图

通常光纤连接器的型号用××/××表示，“/”前的字母表示光纤连接器的类型，而“/”后的字母表示光纤/插针体端面处理工艺。

较常用的光纤连接器的类型包括FC、SC、ST、LC型。FC型光纤连接头及法兰盘的外部加强方式采用金属套，紧固方式为螺丝扣，一般在实验室和配线架上使用。SC型光纤连接头及法兰盘的外壳呈矩形，紧固方式采用插拔销栓式，无须旋转连接，是常用于光模块或普通光纤收发器的连接器。ST型光纤连接头及法兰盘的外壳呈圆形，紧固方式为螺丝卡扣，常用于光纤配线架。LC型光纤连接头及法兰盘采用操作方便的模块化插孔栓锁机理制成，是常用于连接小型可插拔光模块的连接器。其中，FC、SC、ST型光纤连接头的插针体直径为标准的2.5mm；而LC型光纤连接头的插针体直径为1.25mm，更适用于密集、空间小的场合。

为了特殊的应用，人们还研发出了MU、MC、MT-RJ等光纤连接器。MU型光纤连接器是以 SC 型光纤连接器为基础研制的小型单芯光纤连接器，采用 1.25mm 直径的套管和自保持机构，其优势在于能实现高密度安装。随着光纤网络向更大带宽、更大容量方向的迅速发展和 DWDM 技术的广泛应用，对 MU 型光纤连接器的需求也将迅速增长。MC 型光纤连接器是国内通信公司自主研发的一款比 LC 型光纤连接器体积更小、密度更高的高密度单芯光纤活动连接器，适用于各种高密度场合，如大容量中心机房和高密度数据中心，在相同的空间内最高密度可达到 LC 型光纤连接器的两倍，堪称世界体积最小、密度最高的一款光纤连接器。MT-RJ 型光纤连接器为方形设计，连接器端面光纤为双芯（间隔 0.75mm）排列，一头双纤收发一体，主要用于数据传输的高密度光纤连接器。

光纤/插针体端面处理工艺一般包括：PC（Physical Contact）型，接头端面是平的，回波损耗一般＞40dB；UPC（Ultra Polished Connector）型，接头截面是弧形的，回波损耗一般为 50～55dB；APC（Angle Polished Connector）型，接头截面为 8°倾斜角接触面，回波损耗一般＞60dB。考虑到光纤传感系统一般均为小信号传感与测量，对回波或反射信号较为敏感，因此一般都用 APC 型光纤连接器。在实验室中，光纤传感系统一般均使用 FC/APC 型光纤连接器。

光纤连接器一般考虑的指标有插入损耗、回波损耗、重复性及互换性等。插入损耗是指光纤中的光信号通过光纤连接器之后，输出光功率相对于输入光功率的比值的分贝数，一般商用光纤连接器的插入损耗要求在 0.2～0.3dB。回波损耗是指在光纤连接器处，反射光功率相对于输入光功率的比值的分贝数，一般对于 PC 型光纤连接器要求＞40dB、APC 型光纤连接器要求＞60dB。重复性是指光纤连接器多次插拔后插入损耗的变化，一般要求＜±0.1dB。互换性是指同种类型的不同光纤连接器互换对接时插入损耗的变化，一般要求＜±0.1dB。

3.3.2 光纤衰减器

光纤衰减器是对光功率有一定衰减量的器件，主要用于光纤传感系统的特性测试或其他测试中。在光纤传感系统中，为了控制或平衡不同光路的功率输出，也会用到光纤衰减器。根据衰减量是否变化，光纤衰减器可以分为固定光纤衰减器和可变光纤衰减器，其结构示意图分别如图 3.20 所示。固定光纤衰减器对光功率衰减量固定不变，主要用于调整光纤传输线路的光损耗；可变光纤衰减器对光功率衰减量可在一定范围内变化，主要用于测量光接收机灵敏度和动态范围。

3.3.3 光纤耦合器

光纤耦合器是一类能使光纤中传输的光信号在特殊结构的耦合区发生耦合，并进行能量再分配的器件，有时也被称为分路器或者合路器。光纤耦合器对于光纤通信系统、光纤传感系统、光纤激光器系统起着举足轻重的作用，其为光纤光学系统的结构灵活性和多功能化提供了必备的功能型器件。按端口形式划分，光纤耦合器可分为 X(2×2) 型光纤耦合器、Y(1×2) 型光纤耦合器、星（$N\times N, N>2$）型光纤耦合器以及树（$1\times N, N>2$）型光纤耦合器等；按制作方法划分，光纤耦合器可分为光波导型光纤耦合器、微光学型光纤耦合器、熔融拉锥型光纤耦合器等，目前主要以熔融拉锥型光纤耦合器为主。熔融拉锥型光纤耦合器通过熔融拉锥法制作，下面以 2×2 型光纤耦合器为例介绍熔融拉锥法制作光纤耦合器。

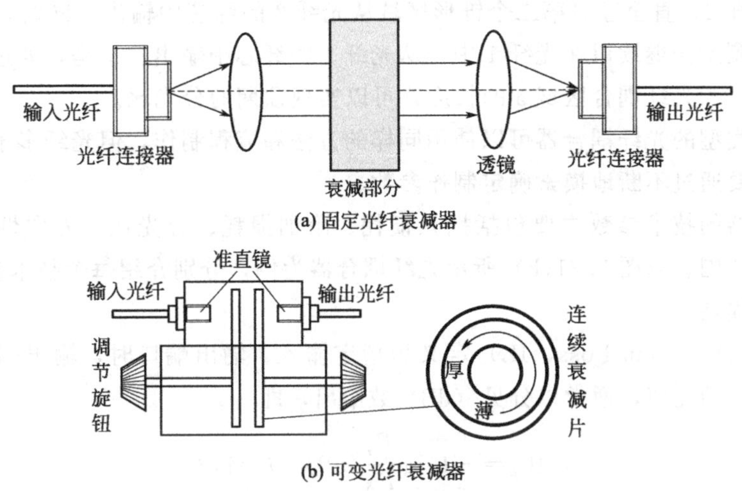

图 3.20　光纤衰减器结构示意图

图 3.21(a) 所示为熔融拉锥型光纤耦合器的制作系统示意图，其制作流程为：将两根去除涂覆层的光纤以一定方式靠拢，其中一根光纤与光源连接；在氢氧焰高温下加热至光纤熔融，同时向两侧拉伸光纤，形成双锥体形式的特殊波导结构；通过计算机系统监控两路光纤输出功率，实现预期比例光功率耦合时，停止拉伸和加热。

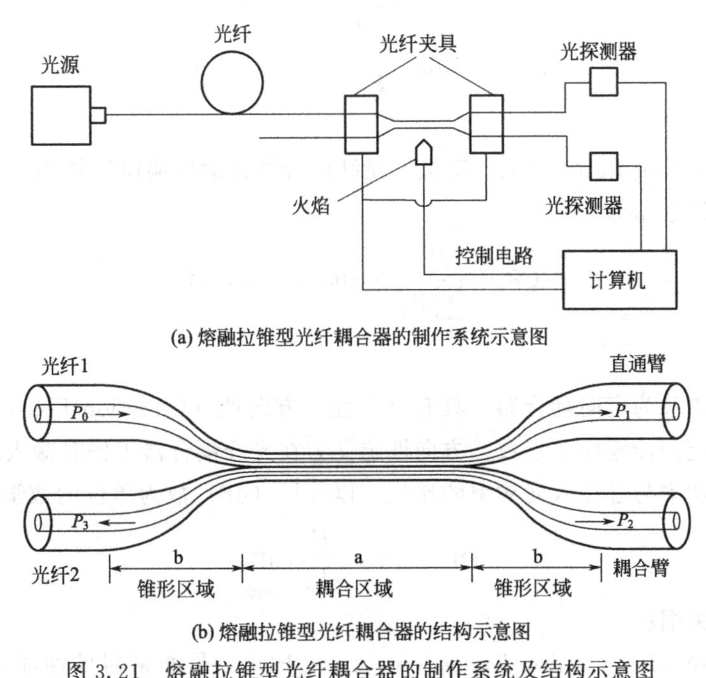

图 3.21　熔融拉锥型光纤耦合器的制作系统及结构示意图

$P_0 \sim P_3$—各端口的功率值

图 3.21(b) 所示为拉制成的光纤耦合器结构示意图，图中主要有一个耦合区域 a 和两个锥形区域 b。光纤 1 的直径在锥形区域不断减小，纤芯中传输的光束不断由变小的纤芯渗透到包层直至到包层与空气的交界面，并且到耦合区域后模场的一部分光变成倏逝场到达包层外。由于光纤 2 和光纤 1 具有同样结构形式，彼此接触，光纤 1 中变为倏逝场的光能量就

会耦合到达光纤 2，直至经过第二个锥形区域从光纤 2 的纤芯中输出。同时，没有完全耦合到光纤 2 中的剩余光继续留在光纤 1 中，从光纤 1 的纤芯中输出。于是，通过控制两光纤在耦合区域的直径和光纤耦合区域 a 的长度，可以实现预期的分光比。

其他端口类型的光纤耦合器可以使用同样的方法和流程制作，但光纤多于两根时制作难度会增加，需要通过不断地摸索确定制作参数。

光纤耦合器的技术参数主要包括插入损耗、附加损耗、分光比、方向性、偏振相关损耗、工作波长范围。以图 3.21(b) 所示光纤耦合器为例，分别介绍每个技术参数的定义。

(1) 插入损耗

插入损耗（Insertion Loss，IL）定义为指定输入、输出端口时，输出端口的光功率相对于输入光功率的比值，通常以分贝（dB）数给出，即

$$IL_i=-10\lg\frac{P_i}{P_0}(\text{dB})\quad i=1,2 \tag{3.14}$$

式中，IL_i 制作系统 i 表示输入端口到第 i 个输出端口的插入损耗；P_i 表示第 i 个输出端口的光功率。

(2) 附加损耗

附加损耗（Extra Loss，EL）表征的是器件制作工艺水平引入的能量损失，由所有输出端口的光功率总和相对于全部输入光功率的衰减值表示，通常以分贝数给出，即

$$EL=-10\lg\frac{\sum_i P_i}{P_0}(\text{dB})\quad i=1,2 \tag{3.15}$$

(3) 分光比

分光比（Coupling Ratio，CR）定义为光纤耦合器各输出端口的输出功率相对输出总功率的百分比，可以表示为

$$CR=\frac{P_i}{\sum_i P_i}\times 100\%\quad i=1,2 \tag{3.16}$$

(4) 方向性

光纤耦合器也称为定向耦合器，具有方向性。方向性（Direction Loss，DL）也称为串扰，是衡量器件定向传输性的参数。方向性定义为在光纤耦合器工作时输入端非注入光功率的端口的输出光功率与总注入光功率的比值，以分贝（dB）数为单位的数学表达式为

$$DL=-10\lg\frac{P_3}{P_0}(\text{dB}) \tag{3.17}$$

(5) 偏振相关损耗

偏振相关损耗（Polarization Dependent Loss，PDL）是衡量器件性能对于输入光信号的偏振态的敏感程度的参量。它定义为当输入光信号的偏振态发生 360°变化时，器件各输出端口输出光功率的最大值 $P_{\max i}$ 和最小值 $P_{\min i}$ 的差，常以分贝数表示为

$$PDL=-10\lg\frac{P_{\min i}}{P_{\max i}}(\text{dB})\quad i=1,2 \tag{3.18}$$

在实际应用中，由于一般光纤中的光信号的偏振态是经常发生变化的，故为了不影响器件的使用效果往往要求器件的 PDL 足够小。

(6) 工作波长范围

工作波长范围定义为光纤耦合器在规定的性能要求下工作的波长范围（$\lambda_{min}\sim\lambda_{max}$），一般越大越好。

3.3.4 波分复用/解复用器

在光纤传输系统中，将不同波长的信号结合在一起经一根光纤传输或输出的器件称为波分复用器（也称为合波器）。反之，经同一传输光纤传送的含有多个波长的信号分解为单个波长分别输出到不同光纤的器件称为波分解复用器（也称为分波器）。波分复用/解复用器主要的应用领域就是波分复用或密集波分复用光通信系统，是其中的关键器件。有时为了扩展光纤传感系统的待测参量的个数或者增加传感测量的通道数，可使用波分复用/解复分器。从原理上讲，波分复用/解复用器是互易的（双向可逆），即只要将波分复用器的输出端和输入端反过来使用，就是波分解复用器。

波分复用/解复用器的主要类型有衍射光栅型、阵列波导光栅型、光纤光栅型等。图 3.22 所示为衍射光栅型波分复用器结构示意图，通过衍射光栅对于不同波长的衍射角不同的原理制作，结构简单。但是，衍射光栅型波分复用器因使用的凸透镜和衍射光栅的位置和角度对于器件整体性能影响较大，易受环境扰动等因素的影响。后来人们又在此基础上设计出了采用渐变折射率棒透镜的衍射光栅型波分复用器，将凸透镜换成棒透镜且光纤焊接在棒透镜上、衍射光栅与棒透镜也结合为一体，整体器件中没有空间光，稳定性大为提升。

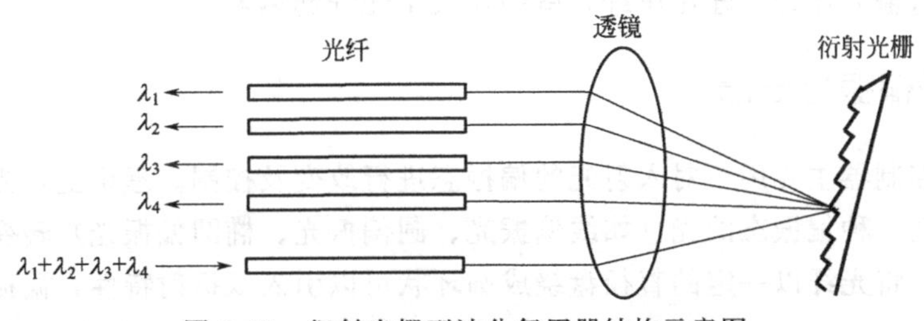

图 3.22 衍射光栅型波分复用器结构示意图

图 3.23 所示为阵列波导光栅型波分复用器结构示意图。其中，阵列波导两端端面分别排布在圆周上，形成凹面阵列波导光栅。含有多个波长的复用信号光经输入光纤入射到输入星形耦合区，在此波导区发生衍射，到达阵列波导光栅输入端面的凹面光栅上进行功率分配，并进入阵列波导区。因阵列波导输入端面位于光栅的圆周上，衍射光以相同的相位到达阵列波导输入端面上。光束经阵列波导传输后到达输出星形耦合区，又因相邻的阵列波导保持有相同的长度差 ΔL，在输出端面的凹面光栅上相邻阵列波导的某一波长的输出光具有相同的相位差，并且对于不同波长的光此相位差不同，于是不同波长的光在输出星形耦合区平板波导中发生衍射并聚焦到不同的输出光纤上输出，从而完成了波长分配（即解复用）功能。如果将输入端、输出端反过来使用，即可完成复用功能。

3.3.5 光纤起偏器

在偏振相关性光纤传感系统中，经常会用到光纤起偏器，迫使光纤中传输的光为线偏振光或单偏振光。偏振光是相对于自然光而言的，振动方向对于传输方向的不对称性称为偏

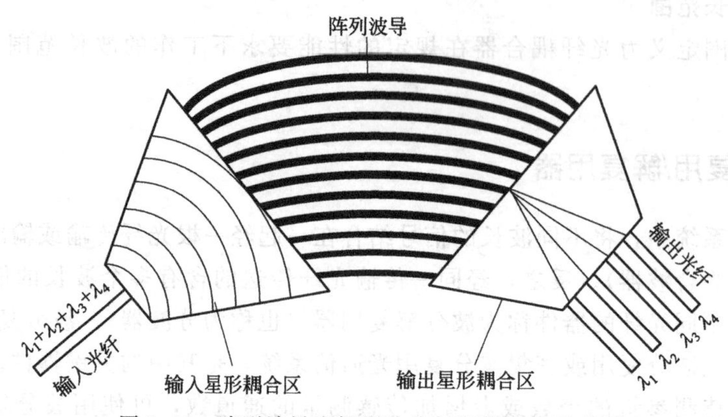

图 3.23 阵列波导光栅型波分复用器结构示意图

振。在垂直于传输方向的平面内，包含一切可能方向的横振动，并且平均来说任一方向上具有相同的振幅，这种横振动对称于传输方向的光称为自然光（非偏振光），凡是因振动失去这种对称性的光统称偏振光。偏振光又分为单偏振光和部分偏振光，单偏振光包括线偏振光、圆偏振光和椭圆偏振光，而部分偏振光是介于单偏振光和自然光的振动状态的光。

用于从自然光中获得偏振光的无源器件称为起偏器。自然光通过起偏器后成为线偏振光，其振动方向与起偏器的偏振化方向一致。将光纤中传输的光经透镜准直后入射到起偏器，再经透镜聚焦后回到光纤，就完成了光纤中传输光的起偏。将以上结构做成小型化并封装成整体，带有输入尾纤、输出尾纤，就制作成了光纤起偏器。

3.3.6 光纤偏振控制器

光纤偏振控制器主要用于对入射光的偏振态进行改变及控制。理论上，光纤偏振控制器能将输入的任何一种偏振态的光（如线偏振光、圆偏振光、椭圆偏振光）转变成任意指定偏振态的光输出。将光纤以一定的直径盘绕成圆环状可以引入双折射特性，偏振光在其中传输时其两垂直偏振分量会产生相位差，从而使其偏振态发生变化，此时盘绕的光纤相当于波片的功能。通过控制圆环直径和盘绕圈数，可以引入固定的相位差，完成特定波片的功能。光纤偏振控制器就是依据这个原理设计制作的。常用的光纤偏振控制器为三桨式，即将光纤盘绕于三个固定直径的圆盘中，通过控制盘绕圈数和圆盘直径，三个圆盘分别相当于 1/4 波片、1/2 波片和 1/4 波片，如图 3.24 所示。通过调节三个圆盘角度，可使输出光偏振态完全覆盖庞加莱球表面，即形成任意状态的偏振光。

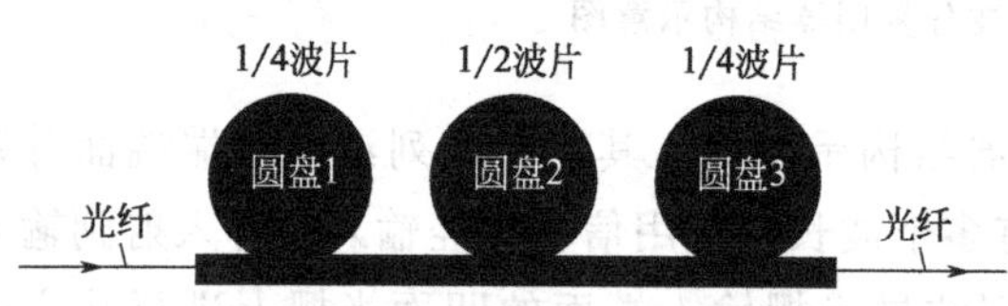

图 3.24 三桨式光纤偏振控制器的结构示意图

3.3.7 光纤隔离器

大多数光纤无源器件的输入端和输出端是可以互换的，称之为互易器件。而光纤隔离器就是一种典型的非互易器件，光纤隔离器是允许光向一个方向通过而阻止向相反方向通过的无源器件。它的作用是防止光路中由于各种原因产生的后向传输光对光源以及光路系统产生不良影响。光的单向传输对于光纤传感系统尤为重要。由于光纤传感测量的往往是小信号，其很容易受到光源和系统自身性能的影响，反射光或反向传输的无用光很可能引起光源性能的波动或光路其他器件功能的异常，在很多场合需要避免。

光纤隔离器主要是利用磁光晶体的法拉第效应制作的，其特点是插入损耗低、反向隔离度高、回波损耗高。光纤隔离器分为偏振相关型与偏振无关型。偏振相关型光纤隔离器使用了两只起偏器，一只用于起偏、一只用于检偏，中间夹入基于法拉第效应制作的45°旋光器，基于此原理制作的偏振相关型光纤隔离器的结构示意图如图3.25所示。当光纤中的光束正向传输时，经准直镜后进入起偏器成为线偏振光，然后进入45°旋光器使偏振态光旋转45°角，之后再经过与起偏器偏振轴正好成45°放置的检偏器后无能量损失通过，最后经准直镜聚焦后回到光纤中；然而，当光束反向传输时，经过检偏器起偏的光再经过45°旋光器旋光45°角后，由于偏振方向与起偏器的偏振方向垂直，光束无法通过，从而形成光隔离作用。

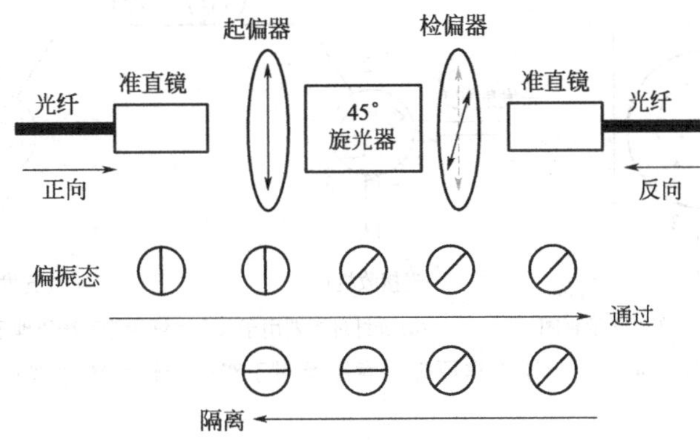

图3.25　偏振相关型光纤隔离器的结构示意图

偏振相关型光纤隔离器意味着正向传输光的偏振态与整个光纤隔离器的插入损耗是相关的，光束的偏振态类型以及偏振方向与起偏器偏振轴的夹角决定了整个器件的插入损耗。针对这个问题，人们又研制出了偏振无关型光纤隔离器。它不使用任何起偏器，利用的是双折射率晶体的分光功能，如图3.26所示。当光正向传输时，依次经过准直镜、双折射晶体1分为偏振态垂直的e光和o光，再依次经过45°旋光晶体后旋转偏振态、经过双折射晶体2后e光和o光再次合为一起、经过准直镜后重新耦合回光纤，光无损传输通过光纤隔离器；反过来，当光反向传输时，依次经过准直镜、双折射晶体2分为偏振态垂直的o光和e光，再依次经过45°旋光晶体后旋转偏振态、经过双折射晶体1后o光和e光呈一定角度分开传输，则光束不能再次经过准直镜重新耦合回光纤，光被隔离。偏振无关型光纤隔离器对正向输入光的偏振态没有要求，其插入损耗不具有偏振相关性。

3.3.8　光纤环行器

光纤环行器是由多个光纤隔离器单元组合而成、控制光束传输方向的无源器件。图3.27(a)所示为光纤环行器工作原理示意图，光束由端口1输入只能到达端口2，光束由端口2输入只能到达端口3，构成了环形传输光路，端口1到端口2之间为一个隔离器，端口2到端口3之间为一个隔离器。图3.27(b)所示为光纤环行器用于双向光纤传输系统原理示意图，利用两个光纤环行器组成正向和反向两套光纤传输系统，但共用一条光纤传输线路，互不干扰。

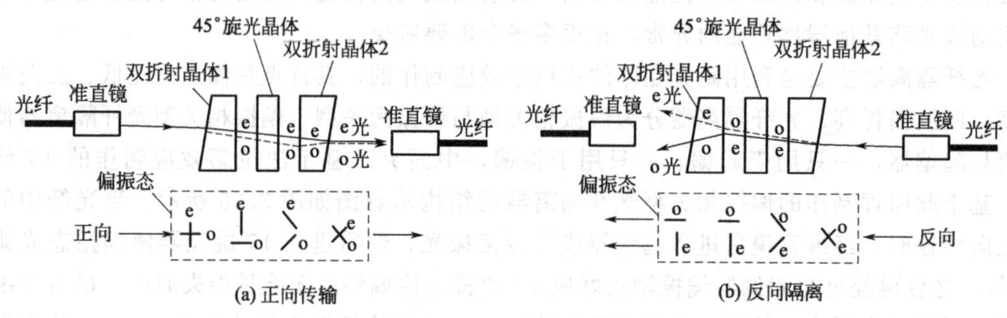

图 3.26　偏振无关型光纤隔离器的结构示意图

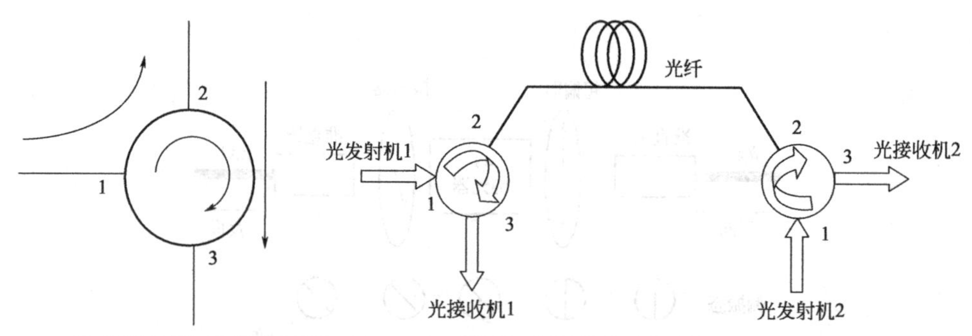

图 3.27　光纤环行器工作原理示意图及用于双向传输系统原理示意图

3.3.9　光纤滤波器

可以进行波长选择的无源光器件，可称为光滤波器。而由光纤制作的光滤波器则称为光纤滤波器。光纤滤波器分为带通滤波器和带阻滤波器。从众多光波长中选出某个波长加以利用的滤波器，即为带通滤波器。从连续的宽谱光中选择某些波长加以去除的滤波器，即为带阻滤波器。常用的光纤滤波器为窄带通滤波器，一般涉及三个重要参数：自由光谱范围(FSR)，表示滤波器的两个相邻的通带之间的频谱范围；滤波带宽（或称传递函数的半高全宽，FWHM)，表示滤波器的滤波频带宽度；精细度（finesse)，由 FSR 和 FWHM 的比值得到，用以衡量滤波器的优劣程度，精细度越高越好。常见的光纤滤波器有光纤马赫-曾德尔干涉仪滤波器、光纤法布里-珀罗滤波器、光纤光栅滤波器。由于这些滤波器将在后续章节中进行介绍，这里不详细展开论述。

3.3.10　光开关

光开关（optical switch）是一种具有一个或多个可选择的传输窗口，可对光纤传输线路或集成光路中的光信号进行相互转换或逻辑操作的器件。光开关既可以实现光路的通断，也可以实现不同光路之间的切换，在光纤传感系统中具有重要的应用价值。根据光开关的原理和实现方法，主要有传统机械光开关、微机械光开关、热光开关、液晶光开关、电光开关和声光开关等类型。其中，传统机械光开关、微机械光开关、热光开关因其各自的特点在不同场合得到了广泛应用。目前应用较为广泛的是传统的 1×2 和 2×2 型机械光开关。传统机械光开关可通过移动光纤将光直接耦合到输出端，也可采用棱镜、反射镜切换光路，将光直接送到或反射到输出光纤中。传统机械光开光的典型缺点就是开关速度有限，不适合用于高速开关系统中。随着器件的不断小型化、技术的不断进步和面向不同的应用需求，未来会出现更多不同类型的光开关，更实用和更高速的光开关也会不断被研制出。

3.4　光纤传感器中的耦合

一个完整的光纤传感系统是由各类器件有机组成的，而其中一个重要环节就是各个器件之间的连接，即光能量在各个器件之间的耦合。随着光纤本身损耗的不断降低直至逼近理论极限，光纤无源器件与光纤、光纤与光纤、光源与光纤以及光探测器与光纤的耦合引起的衰减就会显得尤为重要。因为整个光纤传感系统会涉及很多个连接耦合点，每个耦合点产生零点几分贝的损耗，所有耦合点涉及的损耗就比较可观，这就会限制整个光纤传感系统可应用的光纤长度。尤其是现在长距离远程监测光纤传感技术和超长距离分布式光纤传感技术的不断发展和应用需求的日益强烈，耦合引起的损耗问题更加值得关注。另外，虽然目前大部分的光纤传感器的光传输距离短，光纤自身的损耗可忽略不计，但是从另一角度更加凸显出耦合引起的损耗。因此，无论是较短距离还是长距离的光纤传感系统，其涉及的各类连接光耦合损耗问题都是值得深入研究的。

3.4.1　光源与光纤的耦合

由 3.2.1 节可知，光纤传感系统使用的光源主要有半导体激光器、光纤激光器和半导体发光二极管。其中，光纤激光器与光纤的耦合最为简单，因为光纤激光器本身使用光纤输出激光，并且大部分用于光纤传感系统中的光纤激光器均为单模光纤输出，因此光纤激光器与光纤可以简单使用匹配的光纤连接器耦合或者使用光纤熔接机熔接耦合（见 3.4.2 节介绍）即可。而半导体激光器或者半导体发光二极管均通过 PN 结输出，由于半导体光源输出的远场光斑为椭圆光斑，其与圆形纤芯的光纤耦合将会引入较大的耦合损耗，需要通过较为复杂的光斑整形才能得到较好的耦合效果，如图 3.11 所示。考虑到目前光纤传感系统中使用较多的光源还属半导体激光器，下面主要对半导体激光器与光纤的耦合进行分析。

3.4.1.1　直接耦合

图 3.28 所示为半导体激光器与光纤直接耦合示意图。根据式(2.22) 与式(2.23)，光纤具有一定的数值孔径 NA，不是入射到光纤端面上的所有光都能耦合进光纤中传输，而只能接收孔径角 $2\theta_c$ 内的那部分光。例如，光纤的数值孔径为 0.14 时 $2\theta_c$ 约为 16°，对于典型的半导体激光器的远场光斑特性（在平行于 PN 结方向 $2\theta_{\parallel}$ 约为 9°、在垂直于 PN 结方向 $2\theta_{\perp}$ 约为 45°），可知平行于 PN 结方向的全部光功率都能进入光纤，但垂直于 PN 结方向的光功率不能全部进入光纤。

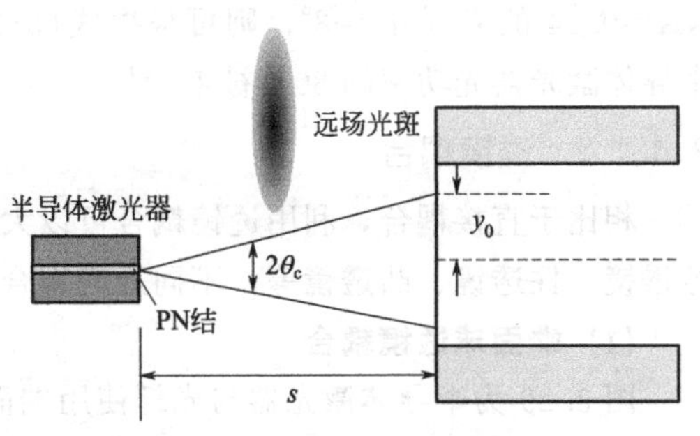

图 3.28　半导体激光器与光纤直接耦合示意图

下面结合图 3.28 分析直接耦合的理论极限。在基横模输出的情况下，垂直于光纤中心

轴的平面内的光场是高斯分布，空间某点光强度可表示为

$$I(x,y,z)=A(z)\exp\left\{-2\left[\left(\frac{x}{w_x}\right)^2+\left(\frac{y}{w_y}\right)^2\right]\right\} \tag{3.19}$$

式中，$A(z)$ 是与 x、y 无关的常数；$w_x=\frac{\lambda z}{\pi w_{0x}}$，$w_y=\frac{\lambda z}{\pi w_{0y}}$，其中 w_{0x} 和 w_{0y} 为高斯光束的腰宽，即谐振腔镜面上发光区在 x、y 方向的宽度，一般 $w_{0x}\approx 30\mu m$，$w_{0y}\approx 0.3\mu m$。

① 首先由式(3.19) 计算激光发出的总功率 P_0（以 $z=s$ 平面为准）

$$P_0=\int_{-\infty}^{\infty} I(x,y,z)\mathrm{d}x\mathrm{d}y \tag{3.20}$$

因为 $I(x, y, z)$是偶函数，则有

$$P_0=2\int_0^{\infty} A(s)\exp\left\{-2\left[\left(\frac{x}{w_x}\right)^2+\left(\frac{y}{w_y}\right)^2\right]\right\}\mathrm{d}x\mathrm{d}y \tag{3.21}$$

令 $B=\frac{\sqrt{2\pi}}{2}w_yA(s)\int_0^x \mathrm{e}^{-2\left(\frac{x}{w_x}\right)^2}\mathrm{d}x$（在 $z=s$ 面上为常数）、$y=\frac{w_y}{2}t$，且引入误差函数 $\mathrm{erf}(A)=\frac{2}{\sqrt{2\pi}}\int_0^A \mathrm{e}^{-\frac{t^2}{2}}\mathrm{d}t$，可得

$$P_0=B\mathrm{erf}(\infty) \tag{3.22}$$

② 包含在 $2\theta_c$ 张角内的光功率为

$$P=2\int_0^{x_0}\int_0^{y_0} A(s)\exp\left\{-2\left[\left(\frac{x}{w_x}\right)^2+\left(\frac{y}{w_y}\right)^2\right]\right\}\mathrm{d}x\mathrm{d}y \tag{3.23}$$

将其变形可得

$$P=B\mathrm{erf}\left(\frac{2\pi}{\lambda}w_{0y}y_0\right) \tag{3.24}$$

其实，这一部分光功率还不能完全进入光纤，因为光纤端面上还有约 4%的反射损耗（菲涅耳反射）和其他类型损耗。现取光纤端面损耗为 10%，则耦合效率为

$$\eta=\frac{P}{P_0}\times 90\%=\frac{\mathrm{erf}\left(\frac{2}{\lambda}\pi w_{0y}y_0\right)}{\mathrm{erf}(\infty)}\times 90\% \tag{3.25}$$

式(3.25) 的结果是在理想情况下的最佳耦合效率 η_{max}，再考虑到激光输出高次模、光纤端面与光纤中心轴不垂直等因素，实际耦合效率要小于 η_{max}。举例说明：一般室温下工作的双异质结半导体激光器的发光区厚度 w_{0y} 为 0.1～0.3μm，取 $w_{0y}=0.25\mu m$，$\lambda=0.85\mu m$，NA=0.14 的光纤 $\theta_c=8°$，则可根据式(3.25) 求出 $\eta_{max}\approx 20\%$。因此，对直接耦合来说，半导体激光器光功率的 80%被浪费掉。

3.4.1.2 透镜耦合

相比于直接耦合，利用透镜耦合可以大大提高耦合效率。可采用的透镜类型主要有端面球透镜、柱透镜、凸透镜等，不同透镜耦合效率也有差异。

(1) 端面球透镜耦合

图 3.29 为半导体激光器与光纤使用端面球透镜耦合示意图，在光纤端面使用熔融法或提拉法制作一个半球形透镜，可以有效增加光纤接收角，具体 θ_c 为

$$\theta_c = \arcsin\left\{n_1 \sin\left[\arcsin\left(\frac{d}{2r}\right) + \arccos\frac{n_2}{n_1}\right]\right\} - \arcsin\left(\frac{d}{2r}\right) \tag{3.26}$$

式中，r 为球透镜半径；d 为纤芯直径；n_1 和 n_2 分别为纤芯和包层的折射率。

由上式可知，当 $r \to \infty$ 时，式(3.26) 变为平面端面的结果。通过研究表明，θ_c 与 $d/2r$ 有关，接收存在一个最佳值（对应 $d/2r$ 为 0.75），可使耦合效率 η 达到 60%。

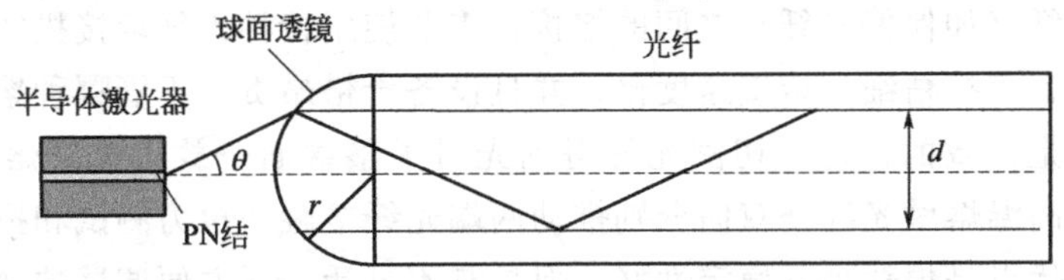

图 3.29 半导体激光器与光纤的端面球透镜耦合示意图

(2) 柱透镜耦合

由于半导体激光器输出的光斑是一个长椭圆形，如果设法将垂直于 PN 结方向的光压缩，使整个光斑呈圆形后再耦合，则可提高耦合效率，利用柱透镜即可达此目的。如图 3.30 所示，由半导体激光器发出张角为 θ 的光，经柱透镜两次折射后进入光纤，相当于扩大了等效接收角。如对于 NA＝0.06 的光纤，可知当 $z=0.16R$ 时，垂直方向的接收角可达±42°，则可有效提高耦合效率。但是，这种装置的精确性要求极高，稍有偏差，耦合效率则急剧下降，甚至不如直接耦合。

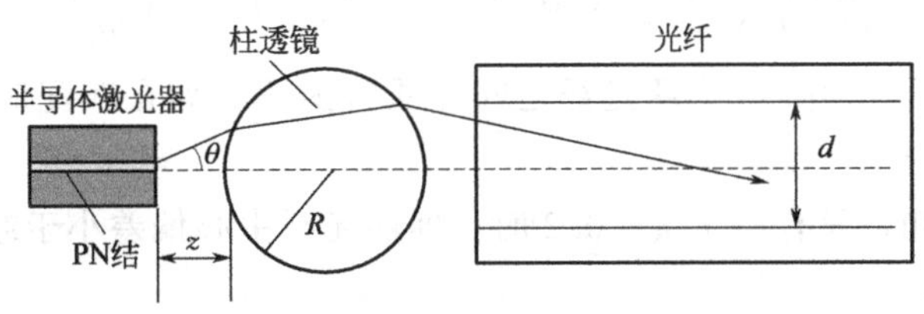

图 3.30 半导体激光器与光纤的柱透镜耦合示意图

(3) 凸透镜耦合

如图 3.31 所示，将半导体激光器放在凸透镜的焦点上，使其为平行光，然后再用另一个凸透镜将平行光聚集到光纤端面上。光学耦合系统一般由两部分组成，每部分包含一个凸透镜，因为中间为平行光，精度要求不高。一般采用直径为 6mm 的凸透镜，焦距为 4～15mm。凸透镜耦合方式整体精度要求不高，调整组装容易，使用方便。

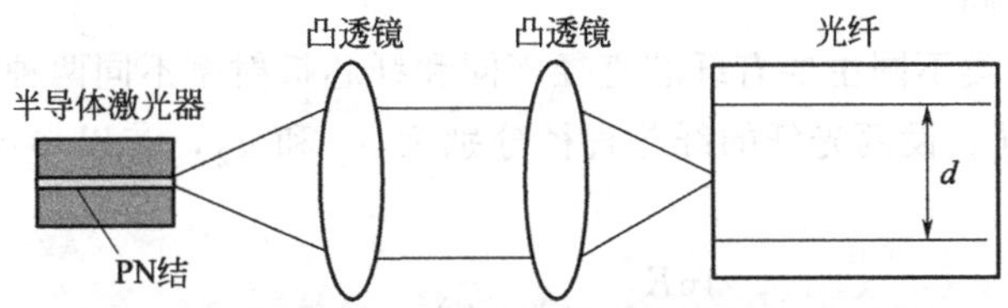

图 3.31 半导体激光器与光纤的凸透镜耦合示意图

除以上三种主要的耦合方式以外，研究者也在不断研制出各种新耦合技术，以实现更高的耦合效率或者得到更高的稳定性。如使用自聚焦透镜耦合或不同类型透镜组合方式耦合，但这些耦合方式整体设计难度大、成本较高。

3.4.2 光纤与光纤的耦合

光纤与光纤的耦合方式主要有两种：固定连接耦合和活动连接耦合。

① 固定连接耦合。固定连接耦合就是光纤熔接，使用光纤熔接机来实现；对于普通单模光纤之间的熔接，一般使用单模光纤熔接机实现，其熔接简单、快速，熔接机价格便宜；但是对于特种光纤（如保偏光纤）之间的熔接，需要使用特种光纤熔接机实现，这种熔接机一般技术含量高、熔接精细、熔接速度慢，并且设备价格昂贵。不管哪种熔接机，其基本的熔接原理和流程是一致的，即：切割光纤得到光滑平整端面→放入光纤熔接机进行光纤对轴→电弧放电，高温熔融光纤→双向分别推动两端光纤接触→拉力测试和损耗估计→完成熔接。光纤熔接的优点是损耗小、稳定性好，但具有不灵活、不方便调试的缺点。

② 活动连接耦合。活动连接耦合即使用光纤连接器连接，将光纤端面制作成各种不同型号的光纤连接头，使用法兰盘进行连接，插入损耗较光纤熔接要大一些，但是方便拆卸、适合调试。

对于光纤与光纤的耦合，一般会考虑轴偏离、角度倾斜、光纤种类不同等引入的损耗。

(1) 轴偏离

设两根光纤半径均为 a，其中心偏离距离为 x。因为只有相重叠的部分才能允许光通过，则由轴偏离造成的耦合损耗为

$$\alpha=\frac{16K^2}{(1+K)^4}\times\frac{1}{\pi}\left\{2\arccos\left(\frac{x}{2a}\right)-\left(\frac{x}{a}\right)\left[1-\left(\frac{x}{2a}\right)^2\right]^{\frac{1}{2}}\right\} \tag{3.27}$$

式中，$K=n/n_0$，其中 n_0 为两光纤之间介质折射率。如在匹配液中 $K=1.0$，在空气中 $K=1.45$。

由式(3.27) 可知，只有当 $x/a<0.2$ 时，即两光纤中心偏差小于芯径的 1/10 时，才能使耦合损耗小于 1dB。

(2) 角度倾斜

设两根光纤的中心轴发生角度为 θ 的倾斜，当 θ 足够小时，耦合损耗为

$$\alpha=\frac{16K^2}{(1+K)^4}\left[1-\frac{\theta}{\pi K(2\Delta)^{\frac{1}{2}}}\right] \tag{3.28}$$

式中，Δ 为纤芯与包层相对折射率差。

由式(3.28) 可知，欲得到小于 1dB 的耦合损耗，要求 θ 小于 5°。

(3) 光纤种类不同

两耦合光纤的种类不同主要有纤芯直径不同和纤芯折射率不同两种。

① 纤芯直径不同。设两光纤的纤芯直径分别为 a_1 和 a_2，若以 $p=1-a_2/a_1$ 表示径差因子，则有

$$\alpha=\begin{cases}\dfrac{16K^2}{(1+K)^4}(1-p)^2 & p\geqslant 0\\[2ex] \dfrac{16K^2}{(1+K)^4} & p<0\end{cases} \tag{3.29}$$

② 纤芯折射率不同。设两光纤的包层折射率相同，均为 n_2，而两纤芯折射率分别为 $n_2(1+\Delta_1)$ 和 n_2 $(1+\Delta_2)$，令 $q=1-\Delta_2/\Delta_1$ 为度量纤芯折射率差的因子，则有

$$\alpha=\begin{cases}\dfrac{16K^2}{(1+K)^4}(1-q)^2 & q\geqslant 0\\ \dfrac{16K^2}{(1+K)^4} & q<0\end{cases} \tag{3.30}$$

3.4.3 光纤与光探测器的耦合

光纤传感系统中一般使用的硅光电二极管的光敏面积都比较大（直径为 2mm），因此光探测器和光纤耦合比较容易。由式(2.22) 与式(2.23) 可知，从光纤端面出射的光的发散角由光纤的数值孔径决定。如对于一般光纤（NA＝0.14），有 $\theta\approx 8°$，而光探测器的光敏面却没有接收角的要求，因此只要光纤输出端面和光探测器的光敏面靠得足够近，在不加任何光学系统的情况下耦合效率也容易达到 85%以上。

习题与思考

1. 功能型光纤传感器和非功能型光纤传感器的定义分别是什么？两者根本区别点是什么？
2. 分布式光纤传感器一定是功能型光纤传感器吗？为什么？
3. 光纤传感器常用的光源有哪些类型？
4. 从能带理论层面上解释导体、半导体和绝缘体的区别。
5. 半导体激光器中的纵模和横模分别表示什么？
6. 半导体激光器和发光二极管的光束质量有哪些区别？
7. 光纤激光器常用的谐振腔结构有哪几种？各有哪些特点？
8. 光纤激光器相对于半导体激光器具有哪些独特的优缺点？
9. PIN 型光电二极管 I 区表示什么？其作用是什么？
10. 雪崩型光电二极管相对于 PIN 型光电二极管的优缺点各是什么？
11. 常见的光纤连接头有哪些？按照连接头端面的不同，又可以进行哪些分类？
12. 简述熔融拉锥型光纤耦合器的制作方法以及分光原理。
13. 熔融拉锥型 2×2 光纤耦合器的输入光功率为 P_0＝200mW，另外三个端口的输出功率分别为 P_1＝94mW，P_2＝90mW，P_3＝6nW，计算分光比、附加损耗、插入损耗（0 端口到 2 端口）以及串扰大小。
14. 描述光纤隔离器、光纤环行器的功能，并解释它们的工作原理。
15. 详细说明偏振相关型光纤隔离器和偏振无关型光纤隔离器的构造及工作原理。
16. 如果将半导体激光器输出光束直接耦合进入光纤，耦合效率将非常低，为什么？
17. 使用柱透镜将半导体激光器 PN 结输出光束耦合进入光纤，耦合效率很高，最关键的原因是什么？实际应用时实施难度又很大，为什么？
18. 导致光纤与光纤连接耦合产生损耗的因素主要有哪些？

参考文献

[1] 薛国良，王颖，郭建新. 光纤传输与传感. 保定：河北大学出版社，2004.

[2] 王友钊，黄静. 光纤传感技术. 西安：西安电子科技大学出版社，2015.

[3] 方祖捷，秦关根，瞿荣辉，等. 光纤传感器基础. 北京：科学出版社，2014.

[4] 廖延彪，黎敏. 光纤光学. 第 2 版. 北京：清华大学出版社，2013.
[5] 延凤平，裴丽，宁提纲. 光纤通信系统. 北京：科学出版社，2006.
[6] 廖延彪，苑立波，田芊，等. 中国光纤传感 40 年. 光学学报，2018，38 (3)：328001.
[7] 刘铁根，于哲，江俊峰，等. 分立式与分布式光纤传感关键技术研究进展. 物理学报，2017，66 (7)：070705.
[8] 周广宽，葛国库，赵亚辉，等. 激光器件. 第 2 版. 西安：西安电子科技大学出版社，2018.
[9] 李川. 光纤传感器技术. 北京：科学出版社，2013.
[10] 郭玉彬，霍佳雨. 光纤激光器及其应用. 北京：科学出版社，2008.
[11] 杨中民，徐善辉. 单频光纤激光器. 北京：科学出版社，2018
[12] GJB 1695—93 光纤光缆接头总规范.
[13] 陈文杰，江俊峰，刘琨，等. 基于相干光时域反射型的光纤分布式声增敏传感研究. 物理学报，2017，66 (7)：070706.
[14] T. Feng，F. Yan，W. Peng，et al. A high stability wavelength-tunable narrow-linewidth and single-polarization erbium-doped fiber laser using a compound-cavity structure. Laser Physics Letters，2014，11 (4)：045101.
[15] X. Wen，T. Ning，Y. Bai，et al. High-Sensitive Microdisplacement Sensor Based on Fiber Mach-Zehnder Interferometer. IEEE Photonics Technology Letters，2014，26：2395-2398.
[16] 刘铁根，王双，江俊峰，等. 航空航天光纤传感技术研究进展. 仪器仪表学报，2014，35 (8)：1681-1692.
[17] 裴世鑫，崔芬萍，谢欣桐，等. 基于光纤干涉的温度与压力传感实验系统设计与实现. 大学物理，2018，37 (5)：52-56.

第4章 光纤传感调制技术及类型

由 3.1.1 节可知，基于光波所包含的五种参量，光纤传感调制技术共包含强度调制型、波长调制型、相位调制型、偏振态调制型和频率调制型。再由 3.2.2 节可知，光敏感器件的设计也是针对这五类调制技术所开展的。所谓光纤传感调制技术就是通过一定方法将外界待测参量信息加载到光纤中传输的光波上的过程，光敏感器件就是完成此过程的核心器件。承载信息的调制光波在光纤中传输后，由光探测器接收，再由分析系统解调，最终得到待测参量的信息，完成传感测量。

基于五种调制技术，光纤传感器包括五种类型：强度调制型光纤传感器、波长调制型光纤传感器、相位调制型光纤传感器、偏振态调制型光纤传感器和频率调制型光纤传感器，下面对每种光纤传感调制技术及类型进行详细论述。

4.1 强度调制型光纤传感器

强度调制型光纤传感器是利用外界因素引起光纤中光强度的变化来探测外界物理量及其变化量的测量系统。按照光波是否需要输出光纤外被调制可以分为外调型和内调型。外调型需要将光波先导出光纤，被进行光强度调制后再导回光纤，主要包括反射式强度调制型与透射式强度调制型两类；而内调型不需要将光波导出光纤，直接对光纤中的光波进行强调调制，主要包括光模式强度调制型、折射率强度调制型、光吸收系数强度调制型三类。从外调型和内调型的原理可知，外调型一般为非功能型光纤传感器，而内调型一般为功能型光纤传感器。

强度调制型光纤传感器具有原理简单、体积小、价格低廉、带宽高、频率响应快等显著优点，也有易受光源、光纤、光纤器件（如光纤耦合器、光纤连接器等）以及光探测器等引起光强度变化的影响等明显缺点。强度调制型光纤传感器是最早进入实用化和商用化的光纤传感器，在所有调制技术类型光纤传感器数量中约占30%。

4.1.1 光强度的外调制技术

对于光强度的外调制技术，调制环节发生在光纤外，光纤只起到传输光的作用，光纤本身的性质并不发生改变。此时光纤分为两部分：发送光纤和接收光纤。

4.1.1.1 反射式强度调制型光纤传感器

图4.1所示为典型的反射式强度调制型光纤传感器的结构示意图，其基本结构包括光源、传输光纤（发送光纤与接收光纤）、反射面以及光探测器。反射式强度调制型光纤传感器调制原理为：光源发出的光波经发送光纤传输后，入射到反射面；光波的全部或部分从反射面反射后由接收光纤收集，再经传输后由光探测器接收；光探测器接收光强度信号，并且接收到的光强度大小随反射面与两光纤间的距离变化而变化。

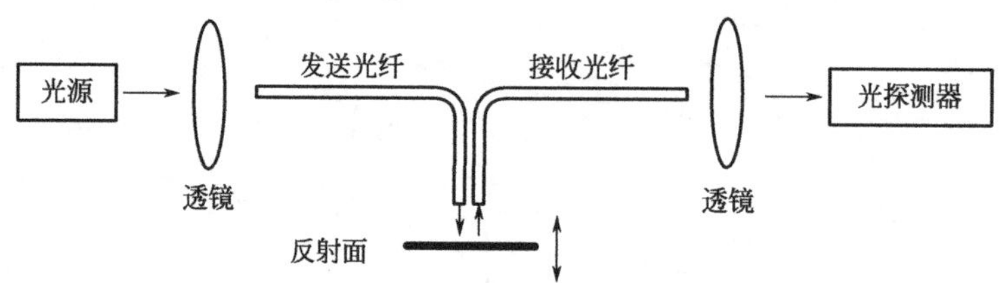

图4.1 典型的反射式强度调制型光纤传感器的结构示意图

如图4.2(a) 所示，将光纤抽象为只有纤芯且纤芯半径为 r，在距离发送光纤 l 处有一个可移动的反射面（或可移动物体的反射表面），接收光纤与发送光纤平行且两者之间的距离为 d，两光纤距反射面的距离相同，两光纤类型相同且数值孔径为NA（对应的输出发散角为 $\varphi=\arcsin\mathrm{NA}$）。假设发送光纤在反射面后形成一个距离反射面为 l 的虚像，则研究强度调制响应等效于计算虚光纤像与接收光纤之间的耦合强度。设发送光纤的像发出的光波到达接收光纤位置形成的总光域为半径为 R 的圆形，且设 $T=\tan\varphi=\tan(\arcsin\mathrm{NA})$，则接收光纤接收到的光强度可分以下三种情况进行讨论。

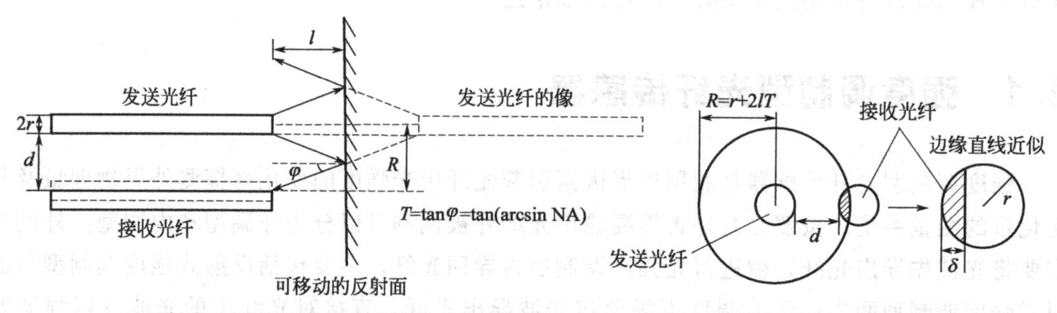

(a) 反射式强度调制光纤传感光纤间的光耦合示意图

(b) 接收光纤与反射光区域不完全重叠及重叠部分边缘近似直边处理示意图

图4.2 反射式强度调制型光纤传感器强度调制原理示意图

① 当 $l<\dfrac{d}{2T}$ 时，两光纤的耦合为零，无反射光进入接收光纤。

② 当 $l>\dfrac{(d+2r)}{2T}$ 时，两光纤耦合最强，输出光强度达到最大值。此时发送光纤的像发

出的光域面积将接收光纤端面积 πr^2 全部遮盖，光域面积为 $\pi R^2=\pi(r+2lT)^2$。光耦合系数为 $[r/(r+2lT)]^2$。

③ 当 $\frac{d}{2T}\leqslant l\leqslant\frac{(d+2r)}{2T}$ 时，耦合到接收光纤的光通量由发送光纤的像发出的光域面积与接收光纤端面重叠的面积确定，如图 4.2(b) 所示。将重叠区域的边缘做直线处理后，利用几何关系，可得接收光纤端面中受光照射部分的面积所占的百分比为

$$\alpha=\frac{1}{\pi}\left\{\arccos\left(1-\frac{\delta}{r}\right)-\left(1-\frac{\delta}{r}\right)\sin\left[\arccos\left(1-\frac{\delta}{r}\right)\right]\right\} \tag{4.1}$$

式中，δ 为重叠面积的高且有 $\delta=R-r-d=2lT-d$。可见，α 是 δ/r 的函数，且 $\frac{\delta}{r}=\frac{2lT-d}{r}$。假定反射面无光吸收，两光纤的光功率耦合效率 γ（即重叠面积与光域面积之比）为

$$\gamma=\alpha\left(\frac{r}{r+2lT}\right)^2 \tag{4.2}$$

式(4.2) 给出了反射式强度调制型光纤传感器的设计依据。其实，上面的分析进行了很多简化处理，例如光纤为阶跃型光纤、模谱是均匀一致的（即功率密度在整个光域内是均匀的）、反射面平行于光纤端面、反射率为 100%等。而实际上光纤可能不是标准的阶跃型光纤，模谱在大多数情况下并不是均匀一致的，反射面也不可能完全平行于光纤端面，反射率也不可能为 100%。

根据研究，反射式强度调制型光纤传感器一般具有图 4.3 所示的响应曲线。从图中可以看出，这种调制方式的灵敏度和线性测量范围是相互制约的。图中涉及的参数有：起始距离 l_0 表示接收光纤开始能接收到由发送光纤发出并经反射面反射的光时所对应的反射面到光纤端面之间的距离，其中区间 $[0,l_0]$ 称为死区；峰值距离 l_p 表示当接收光纤接收到光信号达到最大值时，光纤端面与反射面之间的距离；前坡表示位于 $[l_0,l_p]$ 的特性曲线段，后坡表示位于 $[l_p,\infty]$ 的特性曲线段。由图可以看出，前坡灵敏度高，分辨率高，线性度较好，但其线性范围小，只适用于测量微小位移变化；后坡曲线的斜率为负，虽线性范围大，但灵敏度低，只能用于低分辨率大量程的位移测量。

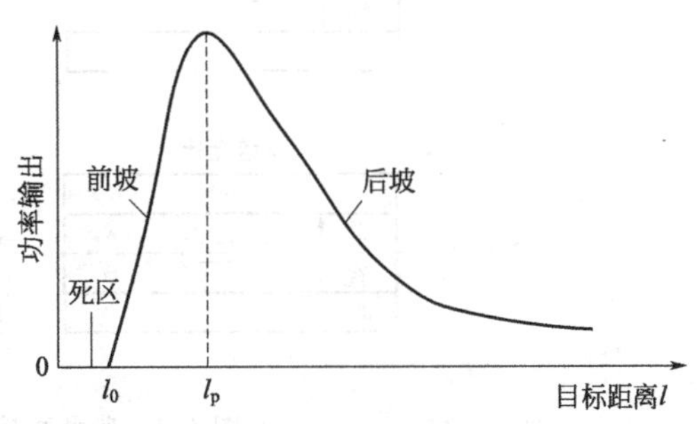

图 4.3 反射式强度调制典型响应曲线

因为以光强度变化来获取被传感参量变化的信息，测量结果极易受光源、光纤等引起的光强度波动以及光探测器和后续电路产生的电子噪声的影响，存在较大测量误差。研究表明，环境光干扰、光源的功率波动、光纤的特性变化、反射面的反射率变化等是影响反射式强度调制型光纤传感器精度和稳定性的主要因素。因此，提高稳定性、增强灵敏度、扩大线性范围等成为反射式强度调制型光纤传感器的研究热点。

另外，反射式强度调制型光纤传感器具有明显的优点，如原理简单、体积小、性能可靠、设计灵活、价格低廉、带宽高、频率响应快等，在要求成本和采样速率的高精度、非接触式测量领域具有很大的吸引力，已经被广泛应用于位移、振动、压力、应变、角位移、表面粗糙度、温度等物理量的测量。反射式强度调制型光纤传感器在光纤传感领域中占据十分

重要的位置。

4.1.1.2　透射式强度调制型光纤传感器

透射式强度调制是通过改变发送光纤与接收光纤的间距、位置、角度等或在发送光纤与接收光纤的耦合端面之间插入遮光屏，以实现对发送光纤与接收光纤之间的光强度耦合效率的调制。透射式强度调制方式分为直接透射式强度调制和遮光屏式强度调制。

(1) 直接透射式强度调制

直接透射式强度调制的原理为：通常发送光纤不动，而接收光纤可以做横向位移、纵向位移或转动（图 4.4），以实现对发送光纤与接收光纤之间光强度耦合效率的调制。通过检测光探测器所接收的光强度，从而实现对位移（或角位移）、压力、振动、温度等物理量的测量。但是，由于发送光纤发出的光具有较大的发散角，光斑在空间分布很快会变得很大，使得接收光纤接收的光强度有限，所以直接透射式强度调制型光纤传感器往往具有灵敏度低、动态范围小等缺点。但是，此类传感器结构简单、成本低，可以用于对灵敏度要求较低的场合。

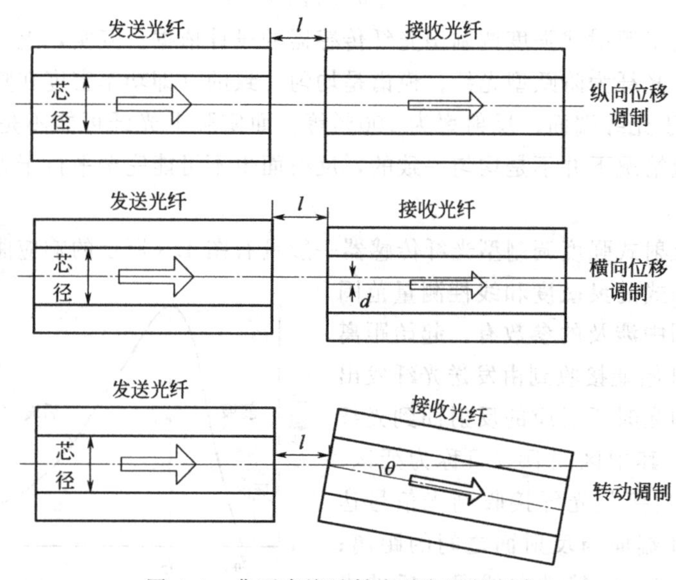

图 4.4　典型直接透射式强度调制方式

(2) 遮光屏式强度调制

遮光屏式强度调制的典型结构包括发送光纤、受待测参量控制的可移动遮光屏和接收光纤，如图 4.5(a) 所示。其调制原理为：在发送光纤和接收光纤之间加入一定形式的受待测参量控制的可移动光屏，对进入接收光纤的光束产生一定程度的遮挡，产生光强度调制，从而实现测量。遮光屏可以为固体、液体、遮光片、光栅、码盘、待测物体本身等。由图可以看出，两光纤直接耦合的传感系统结构简单、成本低，和反射式强度调制具有相同的原理。由于接收光纤接收到的全部光强度只是发送光纤形成的光锥底面的一小部分，占总光强度的比例仅为 $r/(d+r)$。如果设可移动遮光屏遮挡住的光斑径向尺寸为 δ，则接收光纤接收到的光强度的比例同式(4.2)。所以，直接耦合传感系统的测量灵敏度比较低、测量动态范围比较小。

为了提高测量灵敏度和测量动态范围，可以使用图 4.5(b) 所示的基于透镜聚焦的透射式强度调制方式，经过透镜的准直和聚焦，将可移动遮光屏插入两透镜之间，并将可移动遮光屏与待测参量或物体相联系。因为，无遮光屏时，使用透镜后接收光纤可以全部接收发送光纤发出的光强度。当使用遮光屏在准直光束间移动时，可以实现的测量灵敏度比直接耦合时高出一个数量级以上。同时，通过使用不同焦距和大小的透镜，还可以实现较大的测量动态范围。然而，使用透镜耦合的缺点是需要调节和维护、系统整体稳定性及抗环境扰动能力较差。

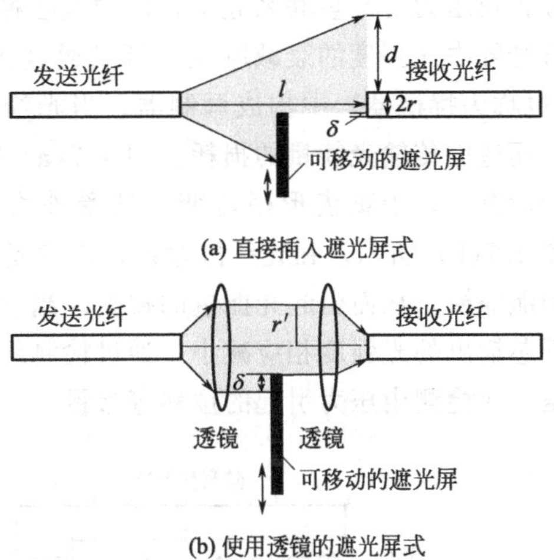

图 4.5 遮光屏式强度调制原理示意图

(3) 双光栅型遮光屏式强度调制

为了进一步提高测量灵敏度和测量动态范围，人们又研制出利用两个相同周期结构的光栅型遮光屏制作强度调制型光纤传感器，其结构如图 4.6(a) 所示。两个光栅均为 50%透光、50%不透光型周期光栅，其中一个固定不动，另一个可移动并与待测参量或物体相联系。所以当两个光栅的透光部分相重叠时，总的透光系数为 0.5 (透射强度为总光强度的 1/2)；而当两个光栅的透光与不透光部分交错时，总的透光系数为 0。由于周期光栅的引入，在可移动光栅移动过程中光的输出强度是周期性的，如图 4.6(b) 所示。所以如果使用的双光栅面积足够大，原则上系统可以实现很大的测量动态范围，而且传感测量的分辨率在光栅条纹间距数量级以内，容易达到微米量级。另外，为了改善使用透镜导致的抗环境扰动能力差的特性，研究者研制出基于光纤端面透镜准直和聚焦光束的结构。可见，基于周期性光栅的遮光屏式强度调制方式可以构成高灵敏度、高分辨率、大测量动态范围、简单可靠的光纤传感器。

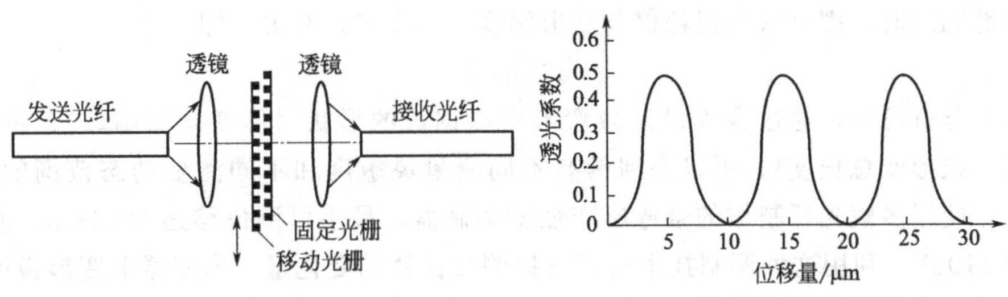

图 4.6 光栅型遮光屏式强度调制光纤传感器结构示意图及典型调制响应曲线

4.1.2 光强度的内调制技术

对于光强度的内调制技术，调制环节一般发生在光纤内部。光纤既起传输光的作用，又起敏感器件的作用，不再区分发送光纤和接收光纤。内调制技术主要包括光模式强度调制、折射率强度调制、光吸收系数强度调制。

4.1.2.1 光模式强度调制型光纤传感器

光模式强度调制一般是通过微弯引入的，通过微弯引起光纤中传输的纤芯传导模式转变成辐射模式，从而产生光损耗。通过微弯，可以精确地把光强度的变化与引起微弯的器件的位置及压力等参量联系起来，以构成各种功能的强度调制型光纤传感器。微弯调制利用在微弯光纤中光强度的衰减原理，可以通过将光纤夹在两块具有周期性锯齿波纹的微弯变形器（也称为扰模器）中构成调制器。当光纤发生微弯曲时，会有一部分传输光泄漏到包层中，从而造成传输光能量的损耗。图 4.7(a) 所示为基于微弯的光模式强度调制型光纤传感器结构示意图，当锯齿形微弯变形器受外力作用而产生位移时，光纤则发生许多微弯。又如图 4.7(b) 所示，在光纤微弯处，传输光不能满足全反射条件而泄漏到包层中转变为包层模和泄漏模，从而引起光能量的损失。当受力增加时，光纤微弯的程度增大，泄漏随之增加，纤芯输出的光强度相应减小。通过检测纤芯或包层的光功率，就能测得引起微弯的压力、声压，或检测由压力引起的位移等参量。

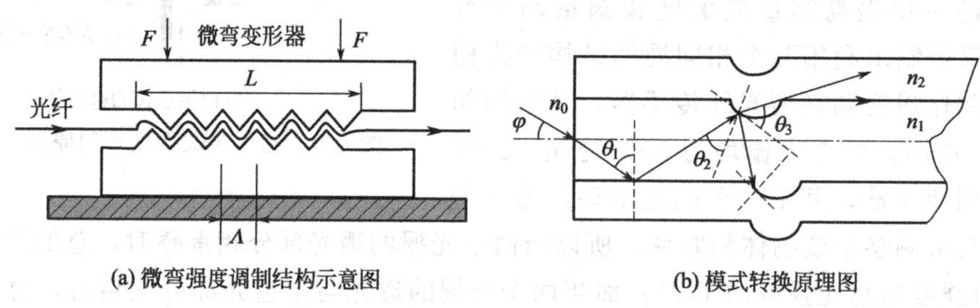

(a) 微弯强度调制结构示意图　　(b) 模式转换原理图

图 4.7　光模式强度调制原理示意图

微弯效应造成的损耗 α 可写成如下形式：

$$\alpha \propto f(\Lambda, m, A, r, R, \Delta) \tag{4.3}$$

式中，Λ 为锯齿周期；m 为锯齿数目；A 为变形幅度；r 为纤芯半径；R 为包层半径；Δ 为纤芯与包层的相对折射率差。

上式中任何一个参数改变都会起到光强度调制的作用。在实际问题里，微弯变形器及光纤参数全部固定时，则可认为损耗仅与变形幅度（形变量）有关，即

$$\alpha \propto g(A) \tag{4.4}$$

由以上分析可知，通过合理设计微弯形变器锯齿的形状（形变调制函数）、锯齿周期、锯齿数目（或形变总长度），可以得到具有不同测量灵敏度和不同测量动态范围的调制器。研究表明，使用多模光纤制作的微弯形变强度调制器，最小可测位移达 0.01nm、测量动态范围可达 110dB。利用这种调制技术可以直接测量位移的变化量（形变器上变形板的位移大小决定光强度的衰减程度），而间接测量的量则包括温度、压力、振动、应变等。

另外，光模式强度调制具有以下独特优点：机械-光学转换效应使得所需部件少、设备简单、造价低，便于分布式沿线测量；容易机械装配，不需要将光纤连接到其他部件中，从而避免差热膨胀问题；具有较高的可靠性和安全性；由于光纤的光路是完全封闭的，更适合在高温高压、易燃易爆、腐蚀性介质等恶劣环境下进行测量。

4.1.2.2　折射率强度调制型光纤传感器

通过待测参量引起光纤折射率的变化以实现光强度调制的方式，称为折射率强度调制。主要有三类，分别为利用光纤折射率的变化引起传输光波损耗变化的强度调制、利用光纤折射率的变化引起倏逝波耦合度变化的强度调制、利用光纤折射率的变化引起光纤光强度反射系数变化的透射光强度调制，下面分别予以介绍。

(1) 传输光波损耗变化型

根据光纤传输原理可知，光纤的纤芯折射率 n_1 要大于包层折射率 n_2，如果在某些条件下出现足够长的一段光纤的纤芯折射率 n_1 小于包层折射率 n_2，纤芯传导模式会迅速泄漏到包层中，从而引入强烈的损耗。根据这个原理，通过设计纤芯材料和包层材料的折射率温度系数相差很多的光纤，从某个温度点开始出现纤芯折射率小于包层折射率，则可以用于温度传感。具体为：在温度恒定时，纤芯折射率 n_1 与包层折射率 n_2 之间的差值是恒定的；而当温度变化时，n_1、n_2 之间的差值发生变化（图 4.8），当温度升高到 T_z 时 $n_1=n_2$，波导结构消失，温度继续升高时 $n_1<n_2$。因此，以某一温度时接收到的光强度为基准，可以通过检测传输损耗而实现对于光纤外界温度参量的传感测量。

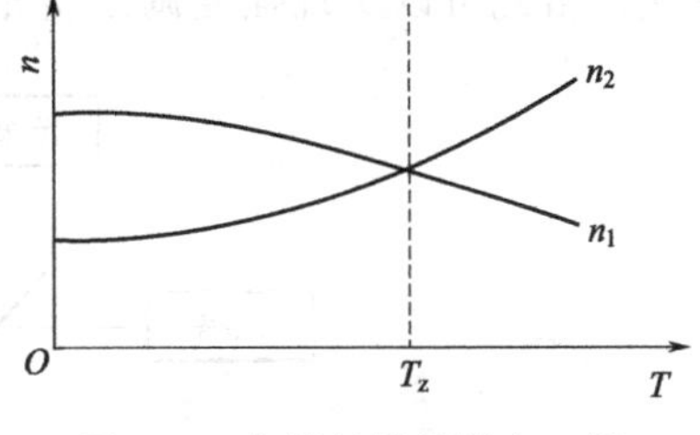

图 4.8 光纤材料折射率 n 随温度 T 变化的关系

(2) 倏逝波耦合度变化型

根据光纤传输特性可知，当光在纤芯和包层分界面处发生全反射时，并不是所有光能量均从界面处反射回去，而是在光疏介质中仍存在部分电磁场，其强度按指数规律迅速衰减，穿透深度一般约为几个波长，这种场称为倏逝场（对应的光波称为倏逝波）。若使倏逝场能量以较大的振幅穿过光疏介质，并伸展到附近的折射率高的光密介质中，能量就能穿过间隙，使反射光减弱，这一过程称为受抑全反射。熔融拉锥型光纤耦合器的设计与制作就是基于此原理完成的。

如图 4.9 所示，当完全或部分去掉包层的两根单模光纤或多模光纤相互靠近一定距离时，光将从一根光纤耦合进另一根光纤中，构成倏逝波耦合度变化型光纤传感器。其中，L 为两光纤的相互作用长度，d 为两纤芯之间的距离。可知，在已发生耦合且光探测器可以探测到光功率条件下，当移动光纤发生微小位移时，光探测器探测到光功率发生显著变化，从而实现微位移测量。另外，还可以将两光纤全部固定，而在间隔 d 内填充不同折射率的液体，还可以实现液体折射率的传感测量。

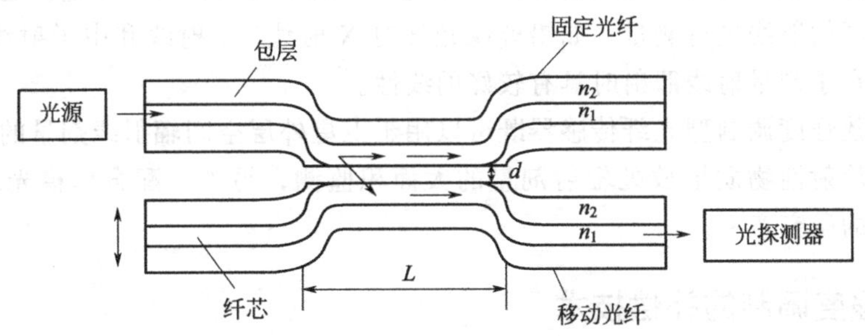

图 4.9 倏逝波耦合度变化型强度调制原理示意图

(3) 光强度反射系数变化型

光强度反射系数变化型强度调制是利用光纤（或其他光学元件）的反射端面的反射系数随待测参数变化而达到调制光强度的目的。如图 4.10 所示，光源发出的光波经过分束镜后经光纤传输进入调制器，调制器设计为使光波按原路返回，经分束镜到达光探测器用于检测光强度。光纤右侧末端有两个相互搭接的反射镜，其中底面为全反射镜（镀膜而成）并处于折射率为 n_2 的介质中，斜面反射镜与折射率为 n_3 的调制器介质接触，调节斜面反射镜的角度使纤芯传输光波经反射后能垂直入射到全反射面上，且纤芯传输光波入射到斜面反射镜时能够部分地透射到调制器介质中。由于调制器介质的折射率 n_3 对于反射回到光探测器的光强度有明显影响，通过外界参量影响调制器介质的折射率 n_3 使光探测器接收光强度发生变化，由此可以实现强度调制型光纤传感。

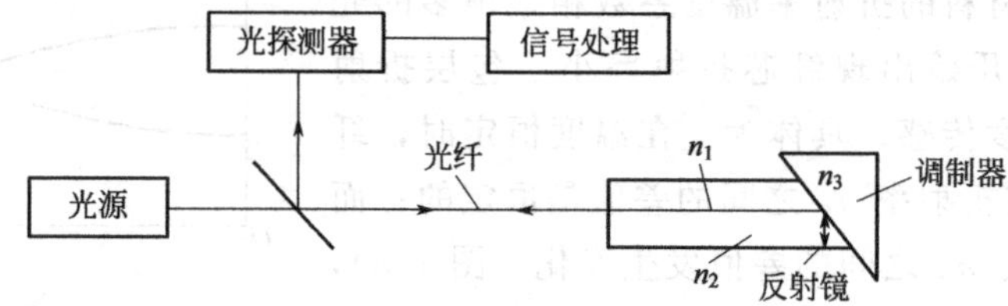

图 4.10　光强度反射系数变化型强度调制原理示意图

光波在入射平面上的光强度分配由菲涅耳公式描述，有

$$R_{\parallel}=\left[\frac{n^2\cos\theta-(n^2-\sin^2\theta)^{\frac{1}{2}}}{n^2\cos\theta+(n^2-\sin^2\theta)^{\frac{1}{2}}}\right]^2,R_{\perp}=\left[\frac{\cos\theta-(n^2-\sin^2\theta)^{\frac{1}{2}}}{\cos\theta+(n^2-\sin^2\theta)^{\frac{1}{2}}}\right]^2 \tag{4.5}$$

式中，$R_{\parallel}$ 为平行偏振方向的光强度反射系数；$R_{\perp}$ 为垂直偏振方向的光强度反射系数；$n=n_3/n_1$；θ 为入射光波在界面上的入射角。

由式(4.5) 可知，当光波以大于临界角入射到 n_1、n_3 介质的界面上时，若由于压力或温度的变化引起 n_3 微小变化，则会导致反射系数的变化，从而产生反射光强度的改变。因此，可以用于制作强度调制型温度或压力光纤传感器。

4.1.2.3　光吸收系数强度调制型光纤传感器

光吸收系数强度调制主要是面向 X 射线、γ 射线和中子射线等辐射线的测量。通过设计和制作特殊的光纤，其传输损耗随着辐射线照射强度的增强而增加，使光纤输出功率减小，从而实现强度调制型光纤传感。光吸收系数强度调制型光纤传感器结构简单，由光源、特种光纤、光探测器组成，其中特种光纤部分也可以由单模光纤、特种光纤、单模光纤依次连接组成，用于远程测量。将特种光纤置于待测环境中，用于测量辐射线剂量。通过改变光纤材料成分可对不同的射线进行测量，如铅玻璃光纤对 X 射线、γ 射线和中子射线均特别灵敏，并且这种材料在小剂量射线照射时具有较好的线性。

光吸收系数强度调制型光纤传感器既可以用于卫星外层空间辐射线剂量的监测，也可以用于核电站、放射性物质堆放处辐射剂量的大面积监测；另外，配合单模光纤实现远程监控，具有重要的研究意义。

4.1.3　光强度调制的补偿技术

强度调制型光纤传感器对于非待测参量引起的光强度的变化非常敏感，系统中任何器件所引起光强度变化都会积累到最终的接收信号中造成误差，例如光源功率波动、光纤传输损耗变化、光纤器件（如光纤耦合器、光纤连接器等）特性变化、光探测器的特性漂移以及环境杂散光等引起的光强度变化是此类光纤传感器主要的误差来源。因此，为了避免这些误差，获得高精度和高稳定性的测量以及提高系统的长期稳定性，研究者设计出各种补偿方法，其基本的思路是通过参考光路引入参考信号，用以消除非传感因素引起的光强度变化。为理解强度调制补偿原理，下面对常用的几种典型补偿方法进行简单论述。

4.1.3.1 多光纤补偿法

多光纤补偿法一般是面向反射式强度调制型光纤传感器的补偿技术，基本思路是使用两根（或两组）光纤分别接收测量光，利用两组测量信号的相关性与差异性进行适当的数据处理，便可以达到补偿的目的。这种方法简单，且可以改善传感器的线性范围和线性度，而且可有效地消除光源功率波动和反射面的反射率变化等因素对测量精度的影响。在实际设计中，为了增大发射亮度和接收光通量，往往不用单根发送光纤和接收光纤，而采用多根光纤集合成的发送光纤束和接收光纤束（将发送光纤束的发射端和接收光纤束的接收端集合在一起，构成Y形光纤探头）。这样可以有效提高接收光信噪比，并有效减少光源功率波动的影响，减少不同反射面反射率差异的影响，还可以分散系统中存在的接收元件、放大电路和光纤微弯损耗不匹配的影响，起到很好的补偿作用。

4.1.3.2 双波长补偿法

对于同一套强度调制型光纤传感系统，如果使用的工作波长不同，光敏感器件的调制特性不同，导致整个光纤传感系统的响应特性也不同。基于此原理，光纤传感系统中可采用不同波长的两个光源，两个波长不同的光信号在光敏感器件中受到不同的调制，对其进行一定的信号处理，可达到系统补偿的目的。

如图4.11所示，由光源 S_1 和 S_2 分时交替发出波长为 λ_1 和 λ_2 的单色光，经光纤 L_1 传输并在光敏感器件处受到不同调制，再经光纤 L_2 传输后由光探测器 D_1 和光探测器 D_2 分别接收。设 D_1 只接收 S_1 发射时的光强度信号 I_1，D_2 只接收 S_2 发射时的光强度信号 I_2，则有

$$\begin{cases} I_1 = S_1 C_{11} L_{11} M_1 L_{21} C_{21} D_1 \\ I_2 = S_2 C_{12} L_{12} M_2 L_{22} C_{22} D_2 \end{cases} \tag{4.6}$$

式中，S_i 为光源输出功率；C_{1i} 和 C_{2i} 分别为两个光纤耦合器对波长 λ_i 的透射率；L_{1i} 和 L_{2i} 分别为两段光纤对波长 λ_i 的透射率；M_i 为传感头对光信号的强度调制函数；D_i 为光探测器的灵敏度；下标 $i=1$，2表示对应两个不同波长 λ_1 和 λ_2 的参数。

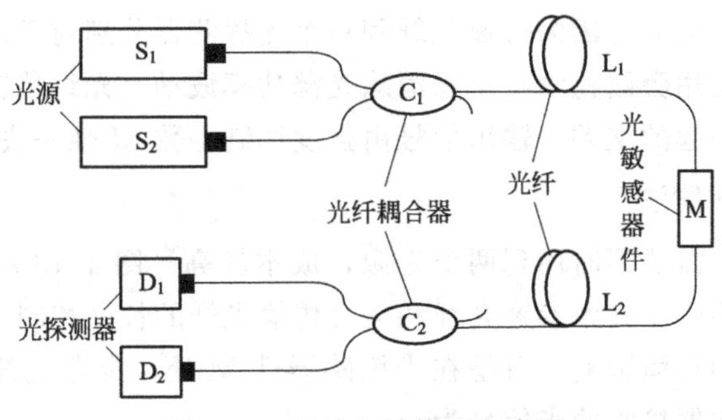

图4.11 双波长补偿法光路图

对两个光探测器的信号求比值可得

$$\xi = \frac{I_1}{I_2} = \frac{S_1 C_{11} L_{11} M_1 L_{21} C_{21} D_1}{S_2 C_{12} L_{12} M_2 L_{22} C_{22} D_2} \approx \frac{S_1 M_1 D_1}{S_2 M_2 D_2} \tag{4.7}$$

式中，近似“≈”成立是因为光纤耦合器和光纤对于两个波长的特性近乎相同。可见，双波长补偿方式消除了光纤耦合器和光纤传输损耗对测量结果的影响，但是无法消除光源功率波动和光探测器特性漂移的影响。

为了消除光源功率波动和光探测器特性漂移的影响，研究者设计出改进的双波长补偿法，如图 4.12 所示。相比于图 4.11 所示的补偿法，相当于增加了一条旁路，以便于监测光源功率波动，再用分时交替发射方法监测光源 S_1 和 S_2 发射时的光信号。在时刻 t_1 时由光源 S_1 发光，光探测器 D_1 和 D_2 分别接收信号 I_{R1} 和 I_{M1}；在时刻 t_2 时由光源 S_2 发光，光探测器 D_1 和 D_2 分别接收信号 I_{R2} 和 I_{M2}。

由图 4.12 可知，四个信号的表达式为

$$\begin{cases} I_{R1}=S_1C_1L_{\lambda_1}D_{11} \\ I_{M1}=S_1C_1L_{11}M_1L_{21}D_{21} \\ I_{R2}=S_2C_2L_{\lambda_2}D_{12} \\ I_{M2}=S_2C_2L_{12}M_2L_{22}D_{22} \end{cases} \tag{4.8}$$

式中，C_1 和 C_2 分别为光纤耦合器对波长 λ_1 和 λ_2 的透射率；L_{λ_1} 和 L_{λ_2} 分别为监测光路光纤对于两个波长的透射率；D_{1i} 和 D_{2i} 分别为两个光探测器对波长 λ_i 的探测灵敏度；其余参量定义同前。

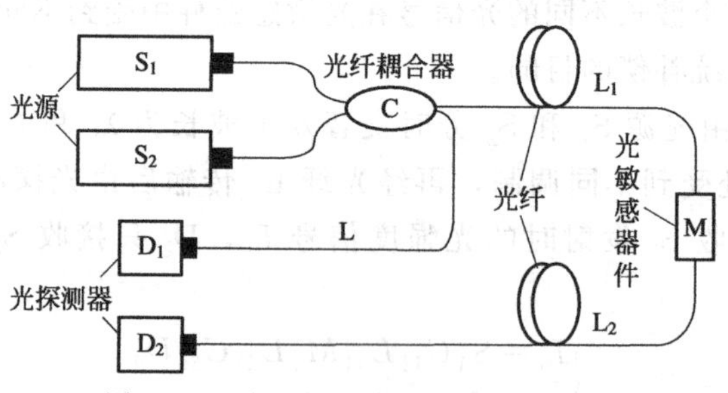

图 4.12　改进的双波长补偿法光路图

对信号做如下运算：

$$\xi=\frac{I_{R1}I_{M2}}{I_{M1}I_{R2}}=\frac{L_{\lambda_1}D_{11}L_{12}M_2L_{22}D_{22}}{L_{\lambda_2}D_{12}L_{11}M_1L_{21}D_{21}}\approx\frac{M_2}{M_1} \tag{4.9}$$

式中，近似“≈”成立是因为每段光纤和每个光探测器分别对于两个工作波长的特性近乎相同。可见，通过使用旁路监测，可以消除光源功率波动、光纤传输损耗变化、光探测器特性漂移等影响因素引起的误差，输出信号由强度调制函数 M 唯一决定。

4.1.3.3　旁路监测补偿法

对于以上补偿法，需要同时用到两个光源，成本较高。图 4.13 所示为仅使用一个光源的旁路监测补偿法光路图。其中参考光纤和信号传输光纤的长度相同，经过的空间位置也一致，以确保受到相同的环境影响。只是在光敏感器件 M 处，参考光纤从旁路通过，不受被测量调制。两个光探测器接收的光信号为

$$\begin{cases} I_M=SCL_1ML_2D_1 \\ I_R=SCLD_2 \end{cases} \tag{4.10}$$

式中，S 为光源输出功率；C 为光纤耦合器的透射率；L、L_1、L_2 分别为三段光纤的透射率；M 为传感头对光信号的强度调制函数；D_1、D_2 分别为两个光探测器的灵敏度。

对两个信号做比值运算，得

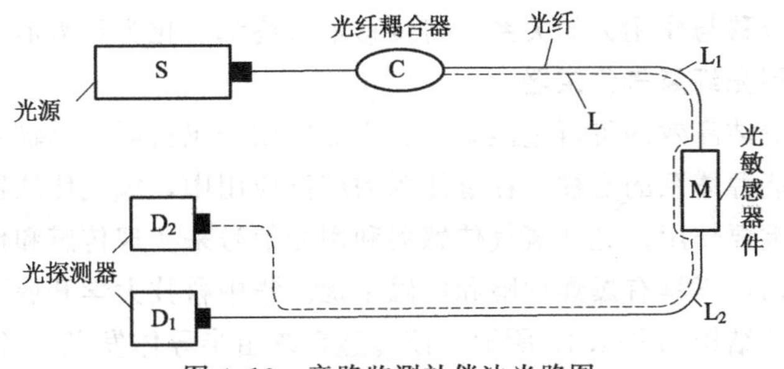

图 4.13　旁路监测补偿法光路图

$$\xi=\frac{I_M}{I_R}=\frac{L_1ML_2D_1}{LD_2}\approx\frac{MD_1}{D_2} \tag{4.11}$$

式中，近似“≈”成立是因为 L_1 和 L_2 两段光纤总的透射率和 L 段光纤的透射率近乎相同。可见，旁路监测补偿法的系统结构简单、成本低，可消除光源功率波动和光纤传输损耗的影响，但无法消除光探测器灵敏度漂移因素的影响。

除以上提到的补偿方法外，研究者还设计出诸如光桥平衡补偿法、改进型光桥平衡补偿法、神经网络补偿法等，但系统复杂程度超过以上几种补偿方法，成本也更高。然而，为了满足某些特殊场合高精度、高分辨率、高稳定性的光纤传感需求，牺牲一些成本和简易性也是值得的。目前，已设计出的很多强度补偿方法均可以实现消除除光敏感器件外所有器件所引入的光强度扰动的影响，使得强度调制型光纤传感器在整个光纤传感领域具有较高的实用化程度。

4.1.4　强度调制型光纤传感器的应用与发展

4.1.4.1　强度调制型光纤传感器的应用

强度调制型光纤传感器典型的应用包括测量压力、温度、折射率、位移、加速度、液体浓度等，下面列举近几年常见的强度调制型光纤传感器应用实例。

(1) 反射式强度调制型静冰压力光纤传感器

在寒冷的冬季，我国的东北、华北、西北地区的河道、水库等水面会形成广阔的封冻区域，位于封冻区域内的水工建筑与设备会受到冰盖层产生的静冰压力的挤压，甚至导致水工建筑与设备完全损坏。实现对静冰压力及相关物理参数的定点连续自动检测，是冰力学研究领域的一个重要内容。太原理工大学研制了一种基于反射式强度调制型静冰压力光纤传感器自动检测系统，并将其安装于黄河万家寨水利枢纽水库库区，进行了冬季静冰压力定点连续自动检测现场实验。图 4.14 为太原理工大学设计的静冰压力测量光敏感器件结构示意图，通过刚性连轴将刚性受压面的压力转化为平膜片中心的压力，平膜片微小位移通过后续电路检测出来。该设计使整个传感系统具有较高的灵敏度。通过检测光

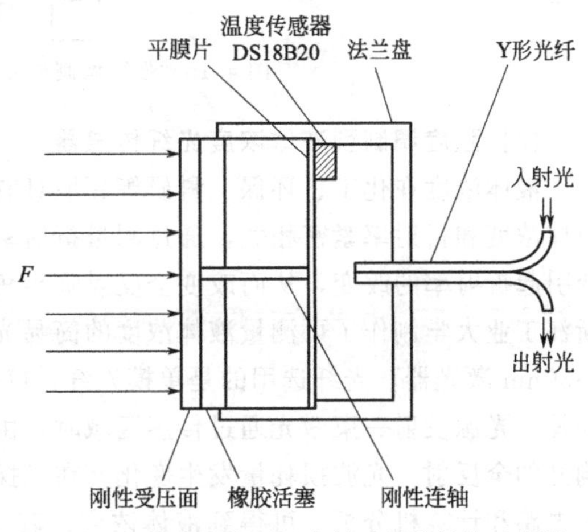

图 4.14　静冰压力测量光敏感器件结构示意图

信号强度的变化和位移与作用力的关系，将位移量最终都转化为压力值。

(2) 强度调制型光纤氢气传感器

氢气作为一种清洁高效的可再生能源，已广泛应用于飞行器、车辆和船舶等的助推装置中，被称为新世纪能源体系的支柱。在氢能源的广泛应用中，氢气传感器在氢气浓度监测和泄漏检测中发挥着重要作用。光纤氢气传感器利用光信号来实现传感和传输，不存在高温热源的产生和电流流动，不具有爆炸危险和电磁干扰。华中科技大学开展了强度调制型光纤氢气传感器的研究，其结构如图 4.15 所示。该传感系统由半导体发光二极管（作为光源）、多光纤型双光路光纤束、标准氢气气体测试系统以及微弱信号数据采集处理系统等几部分组成，并采用多光纤型双光路补偿方法。从光源发出来的光信号经光纤束均匀地分成两路，分别进入氢气气室后照射在两块大小、体积、厚度相同的钯钇合金薄膜（位于氢气反室内）上。经过薄膜反射的光信号通过各自的光电转换放大电路接收并转换成微弱的光电流；然后经前置放大电路放大成与数据采集卡相匹配的电压信号，USB-N9215 数据采集卡对其进行采样，并经 A/D 转换器转换成数字信号；最后在 LabVIEW 软件中对信号做处理。此光纤氢气传感器表现出良好的灵敏度、稳定性和低零漂。

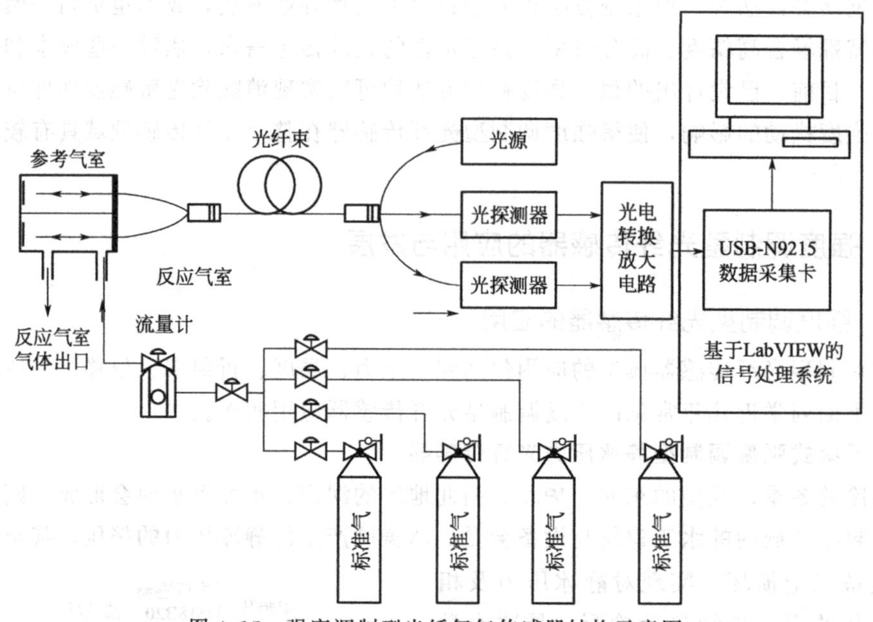

图 4.15　强度调制型光纤氢气传感器结构示意图

(3) 强度调制型液体浓度光纤传感器

液体浓度在化工、环保、科研等领域具有非常重要的意义，测量液体浓度十分必要。而液体浓度和折射率紧密相关，通过测量折射率推算出液体浓度是常用方法之一。液体浓度改变引起折射率的改变，从而改变全反射临界角，光纤末端光强度会受到调制。基于该原理，浙江工业大学制作了可测量液体浓度的简易光纤传感装置，如图 4.16 所示。光源选用的是 1330nm 激光器，光纤选用的是单模光纤，U 形光纤探头中部分光纤包层被 20%的氢氟酸腐蚀掉。光源发射一束激光通过传感区域时，由于液体浓度改变导致折射率发生改变，从而影响光的全反射，光波损耗量发生变化，在光探测器处的光强度信号也因此改变。通过信号放大电路和计算机分析，可得到液体浓度。其中，氢氟酸去包层后光纤直径为 8μm，作为光敏感器件；U 形区域弯曲半径为 1cm。

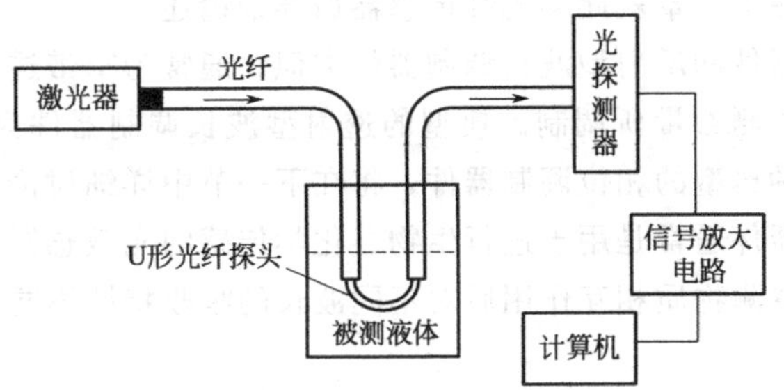

图 4.16 强度调制型液体浓度光纤传感器结构示意图

4.1.4.2 强度调制型光纤传感器的发展

鉴于强度调制型光纤传感器具有诸多显著优点，研究者对其不断开展创新性的研究工作。未来强度调制型光纤传感器的研究和发展难点仍然在于如何进一步提高传感灵敏度、精度和稳定性；如何有效消除外界环境因素的干扰和噪声，以提高微弱信号处理的准确度。另外，随着应用需求的不断提升，强度调制型光纤传感器从单点测量转向多点测量将是一个研究重点，可以利用局域网或互联网把传感器连接在一起实现传感器的网络化、智能化。还有，补偿结构与强度调制型光纤传感器结构的一体化以及高精度、高稳定度、全光纤型、能同时实现对多种外界干扰的有效补偿方法的提出也将是一个重点研究方向。

4.2 波长调制型光纤传感器

波长调制型光纤传感器是利用外界待测参量引起光纤中传输的光波的光谱特性发生变化，来探测外界物理量及其变化量的测量系统。波长调制方法检测的是单个波长、多个波长或者整个光谱的变化与漂移。波长调制型光纤传感器大多数为分立式非功能型光纤传感器，其中光纤只起传输光信号的作用，不充当光敏感器件（所用的光敏感器件一般专门设计）。

4.2.1 波长调制光纤传感原理

图 4.17 所示为典型的波长调制型光纤传感器简易结构示意图，主要包括光源、波长调制器件（波长敏感器件）和波长分析设备。其中，光源可以是宽带光源或者可调谐/扫描激光器；波长调制器件可以是反射型、透射型、吸收型、激发型光波长敏感器件；波长分析设备可以由棱镜分光计、光栅分光计或干涉滤波器等结合信号处理与分析系统组成，也可以是成熟的光谱分析仪、波长计或者波长解调仪等。

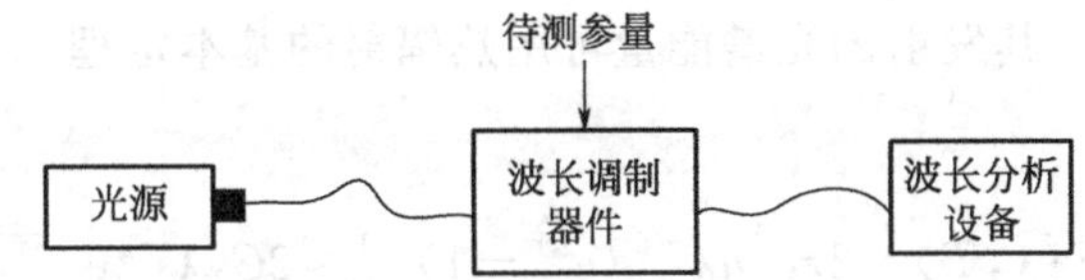

图 4.17 典型的波长调制型光纤传感器简易结构示意图

反射型波长调制器件通常为窄带反射滤波器件，其窄带反射谱中心波长可以被外界待测参量（如应变、温度等）所改变，从而被待测参量所调制。最典型的反射型波长调制器为光纤布拉格光栅（简称光纤光栅），并且光纤光栅传感器是目前最实用和性能最好的波长调制型光纤传感器件，将在下一章就此类光纤传感器做详细论述。

透射型波长调制器件和反射型波长调制器件类似，通常为窄带透射滤波器件，并且其透射中心波长可被外界待测参量所调制。典型的透射型波长调制器件为光纤法布里-珀罗滤波器（也可以认为是一种典型的相位调制器件，将在下一节中详细讨论）。

吸收型波长调制器件通常是用于进行生物、化学传感的光敏感器件，利用宽带光源光谱或扫描激光源光谱与待测物质相互作用后对不同波长的吸收特性不同，对待测物质成分及浓度进行测定。

激发型波长调制器件一般是将激励光入射到待测物质中，根据待测物质被激发后产生的光谱成分及强度分布，对待测物质的成分及浓度进行测定，偏向于光谱分析测量领域。

在各种类型的波长调制型光纤传感器中，基于反射型（如光纤光栅）和透射型（如光纤法布里-珀罗滤波器）光波长敏感器件的光纤传感器主要用于应变、温度测量等领域；而其他类型主要应用于医学、化学分析等领域，如对人体血气的分析、pH 值的检测、指示剂溶液浓度的化学分析、磷光和荧光现象分析、黑体辐射分析等。下面对几种常见类型的调制方法进行论述。

4.2.2 波长调制方法类型

4.2.2.1 光纤光栅测应变与温度

光纤光栅是最典型和实用的波长调制器件，基于光纤光栅的传感过程是通过外界待测参量对光纤光栅反射中心波长 λ_B 的调制来获取待测参量信息的，其数学表达式为

$$\lambda_B = 2n_{eff}\Lambda \tag{4.12}$$

式中，n_{eff} 为纤芯的有效折射率；Λ 为光纤光栅的周期。

从式(4.12) 可以看出，凡是影响纤芯有效折射率和光纤光栅周期的外界因素都能改变光纤光栅的反射中心波长，即通过建立 n_{eff}、Λ 与外界待测物理量的关系，并通过测量光纤光栅反射中心波长 λ_B 就可实现传感。根据石英光纤的热光效应、热胀效应、弹光效应和应变效应，可以建立光纤光栅自身应变、外界环境温度变化与 n_{eff}、Λ 变化的数学关系，再根据式(4.12) 建立起应变与温度和 λ_B 的关系，从而根据测量到的反射中心波长 λ_B 及其变化量，对应变和温度进行测量。

4.2.2.2 黑体辐射测温度

黑体是指能够完全吸收入射辐射能量并具有最大发射率的物体。非接触式测温技术是通过测量物体的热辐射能量来确定物体表面温度的。物体的热辐射能量随温度的升高而增加。对于理想的黑体辐射源，其发射的光谱能量可用热辐射的基本定理——普朗克黑体辐射公式表示，即

$$E(\lambda,T) = 2\pi c^2 h\lambda^{-5}\left(e^{\frac{ch}{k\lambda T}} - 1\right)^{-1} \approx 2C_1\lambda^{-5}e^{-\frac{C_2}{\lambda T}} \tag{4.13}$$

式中，$C_1 = \pi c^2 h = 3.74\times10^{-12}\,\mathrm{W\cdot cm^2}$ 是第一辐射常数；$C_2 = ch/k = 1.44\,\mathrm{cm\cdot K}$ 是第二辐射常数；T 为黑体绝对温度，K；h 为普朗克常数；k 为玻尔兹曼常数。普朗克黑体辐射公式阐明了黑体光谱辐射通量密度、温度和波长三者之间的关系，如图 4.18 所示。

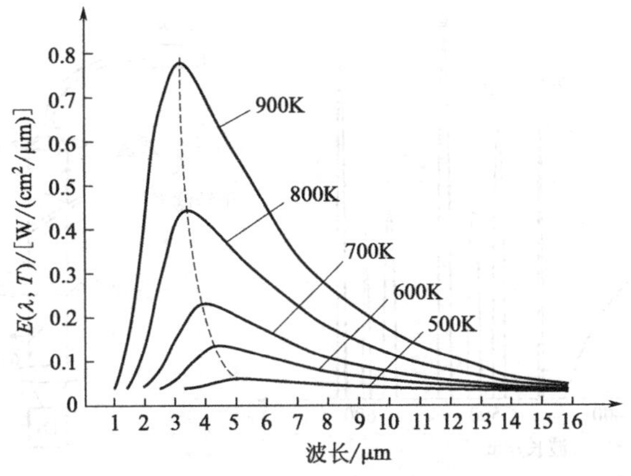

图 4.18 黑体光谱辐射通量密度与温度、波长的关系图

光纤黑体探测技术就是以黑体腔收集黑体辐射，由带有薄金属膜的石英遮光体包住的蓝宝石光纤端部作为温度光纤探头，利用光纤传输热辐射波到分光仪或滤光片以测出黑体温度，如图 4.19 所示。温度光纤探头上的薄金属膜与外界热源相接触并感温。根据黑体辐射定律，通过光纤把光信号传输到光探测器转换成电信号。光电流和黑体辐射呈非线性关系，但通过信号处理可以部分校正成线性，然后进行数字处理和显示。光纤探头探测光信号后由光纤传输，整体系统抗电磁场干扰，而且重量轻、灵敏度高、体积小，探头可以做到 0.1mm。整体测温系统不用外加光源，只用探头收集黑体辐射，故可以制作成非常简单的光测高温计，在 250～650℃范围内，分辨率的典型值为 1℃。用这种原理制作的温度光纤传感器的测温上限受石英的熔点温度的限制，测温下限受光探测器灵敏度的限制。

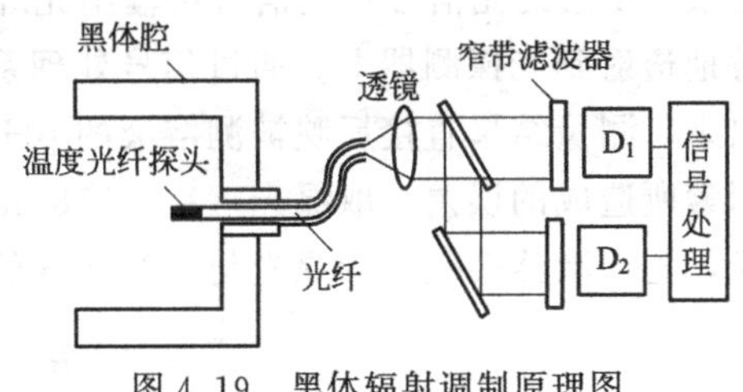

图 4.19 黑体辐射调制原理图

4.2.2.3 磷光光谱测温度

稀土磷光体的磷光光谱随温度变化而改变。如图 4.20(a) 所示，光谱中“r”谱线的强度随温度升高而增加，而“g”谱线的强度则随温度升高而降低，因此两者的比值是温度的单值函数。由于这两条谱线被照射谱中的相同部分激励，它们的比值与激励光谱基本无关。利用磷光光谱对温度变化的特性可以制成光纤温度探测系统［图 4.20(b)］，系统采用干涉滤光片来进行光谱分析。经分光片分光后由光电二极管 D_1（对 540nm 的光敏感）、D_2（对 630nm 的光敏感）转换成电信号，再经过电子电路进行信号处理，可以有效测量“r”谱线和“g”谱线的强度比值。由于使用了两个频谱分量不同的光电二极管进行检测，因此校正两者的差动漂移是非常重要的。通过合适的信号处理和采用秒级的信号积分时间之后，可得到 0.1℃的分辨率，准确度为 1℃。

4.2.2.4 光谱吸收测 pH 值

光纤传感器测溶液的 pH 值利用的是化学指示剂对被测溶液的颜色反应。图 4.21 为光纤 pH 值探头的一种典型结构。光纤 pH 探头是一个可渗透的薄膜容器，内装入直径为 5～10μm 的聚丙酸酯小球，用指示剂将聚丙酸酯小球进行染色。由于指示剂的透明度在红色区

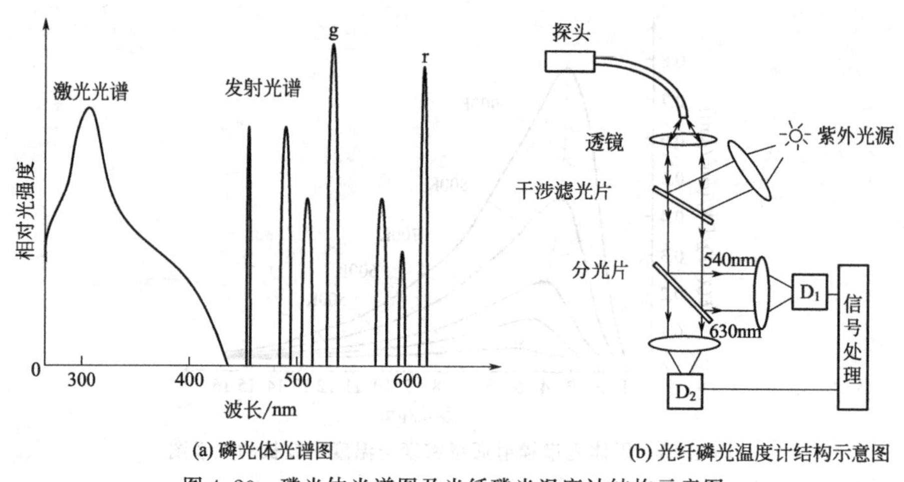

(a) 磷光体光谱图 (b) 光纤磷光温度计结构示意图

图 4.20 磷光体光谱图及光纤磷光温度计结构示意图

域对 pH 值非常敏感，在绿色区域却对 pH 值不敏感，故当白光由输入光纤导入浸泡在被测溶液中的光纤 pH 探头后，经过用指示剂染色的聚丙酸酯小球发生后向散射，得到反映被测溶液 pH 值的光信号。光信号由输出光纤导出进入旋转的双色滤光器，从而使红光和绿光交替地透射到光探测器上。通过信号处理系统把这两种颜色（波长）的光强度信号的比值测量出来，测量结果直接反映被测溶液的 pH 值。采用双波长工作方式是为了消除测量中由多种因素所造成的误差。取绿光（$\lambda_1=558\text{nm}$）作为调制检测光，红光（$\lambda_2=630\text{nm}$）作为参考光，光探测器接收到的绿光与红光强度的吸收比值为 R，pH 值与 R 的关系为

$$R=k\times 10^{\left(\frac{c}{L+10}-\Delta\right)} \tag{4.14}$$

式中，k、c 为常数；L 为试剂长度；$\Delta=\text{pH}-pK$（其中，pH 为酸碱度，pK 为酸碱平衡常数）。

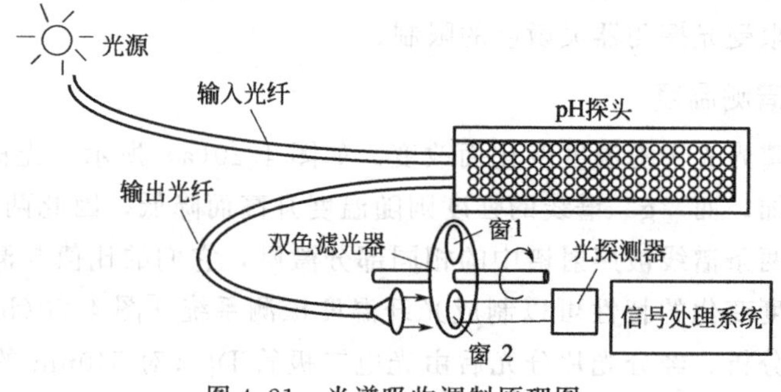

图 4.21 光谱吸收调制原理图

光纤 pH 探头要求光源和光探测器有足够高的温度稳定性，以保证测量准确度。光纤 pH 探头可用于测量血液的 pH 值，且 pH 值在 7～7.4 的范围内仪器具有 0.01 的分辨率。

基于上述原理，采用不同的化学指示剂，可测量不同 pH 值范围的溶液。

4.2.2.5 表面等离子体共振测折射率

与棱镜型表面等离子体共振（Surface Plasmon Resonance，SPR）传感器相比，基于 SPR 的光纤传感器具有体积小、响应快、成本低、可实时在线检测等优点，在生命科学、药物开发、医学诊断、公共安全和环境污染监控等领域具有广阔的应用前景。SPR 光纤传

感器利用光传输过程中在纤芯和包层界面产生的倏逝波来激发表面等离子体振荡，最早由华盛顿大学的 Jorgenson 教授于 1993 年提出。如图 4.22 所示，光纤中长度为 L 的一段通过研磨或者腐蚀去掉包层并涂以金属薄膜，形成样品池，可以装入不同折射率的液体。纤芯中传输的光波在边界发生全反射时产生的倏逝波与金属薄膜中的自由电子发生相互作用（即 SPR），激发出沿金属薄膜表面传输的表面等离子波。当入射光的波长满足某一特定值时，其大部分会转换成表面等离子波的能量，使反射光的能量明显下降，在反射谱上出现共振吸收峰，此时入射光的波长称为 SPR 的共振波长。如果金属薄膜外侧的折射率发生变化，则共振波长会发生变化，于是可以建立起样品池液体折射率与共振波长的对应关系，形成折射率对波长的调制。通过波长测量方法测量透射光谱，即可对样品池中液体的折射率进行测量。使用分辨率为 0.01nm 的光谱仪，折射率变化的测量灵敏度为 8.8×10^{-5}RIU。

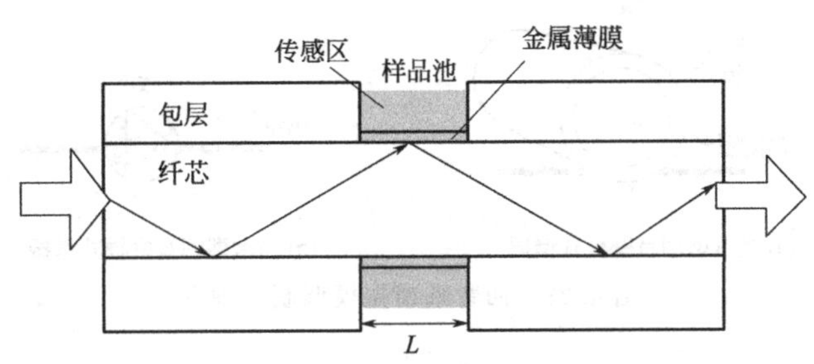

图 4.22 SPR 波长调制原理图

基于 SPR 波长调制的光纤传感器常用于免疫标记生化检测技术，目前被广泛应用于抗原抗体反应、模拟细胞膜与药物作用、蛋白质相互作用分析和病毒测定等研究。而且光纤 SPR 耦合器体积微小，易于与传输光纤连接而实现远程监控，目前成为光纤 SPR 传感器的主要研究方向。

另外，由于温度可以改变液体折射率，可以在样品池中充以某种液体，并将传感区进行封装而制成基于 SPR 的高灵敏度光纤温度传感器。例如，天津大学利用大直径光纤施加金镀层并填充水后构成 SPR 光纤传感器对温度进行传感，并首次利用经验模态分解算法处理所得 SPR 特征谱以提升精度，最终在 20℃实现了 335.7pm/℃的温度传感灵敏度和 0.06℃的温度分辨率，在 99℃实现了 626.9pm/℃的温度传感灵敏度和 0.03℃的温度分辨率。

4.2.2.6 回音壁谐振模测折射率

光纤回音壁谐振模传感技术是利用光纤产生的倏逝场激发的沿着介质弯曲边界通过全反射进行传输的能量分布模式，即回音壁模式（Whispering Gallery Mode，WGM）。相比于直波导，空心光纤形成的环状谐振腔中传输的光可以绕环路多次，因此具有更长的与物质作用的有效长度。WGM 在环状谐振腔的表面上形成倏逝场，谐振腔表面附近的物质浓度变化或者吸附的生物分子量的变化都可以由回音壁谐振峰中心波长来反映。通过检测谐振峰中心波长，可以获得谐振腔表面附近分子的定量或动力学信息。在近年的发展中，形成了微管型、微瓶型、微盘型、微泡型等多种构型，应用在物理量（如折射率、温度、磁场强度等）传感、光纤激光器、医学诊断、药品研制、食物检测、环境监测等领域中。

微管型 WGM 传感在 2006 年由密歇根大学提出，如图 4.23(a) 所示。他们利用一根熔融石英毛细管制作流体样品通道，通过拉锥光纤产生的倏逝场在石英毛细管上激发 WGM，从而实现对石英毛细管内乙醇-水溶液浓度的传感，其折射率传感灵敏度达到 2.6nm/RIU，折射率传感探测极限达到 1.8×10^{-5}RIU，随后又制作出折射率传感灵敏度达 16.1nm/RIU、探测极限达 5×10^{-6}RIU 的折射率传感器。

天津大学通过理论分析指出，可以在微管内壁涂覆高折射率介质层吸引电磁场向微管内部移动来提高折射率传感灵敏度，并计算折射率传感灵敏度随涂覆层厚度及涂覆层折射率的变化情况，解释了模式灵敏度的增强原因。同时研究了微管 WGM 不同径向模式下的光场分布对传感灵敏度的影响。通过改变入射光角度，利用棱镜耦合方法在微管中激发出不同的径向模式，实验测得了不同径向模式的传感灵敏度。

除了微管型光纤传感器外，研究者还设计出微泡型光纤传感器，如图 4.23(b) 所示。将微泡区置于待测溶液中，对待测溶液折射率进行传感测量，制作的传感器在 1550nm 附近 Q 值达到 1.5×10^7，折射率传感灵敏度达到 82nm/RIU。

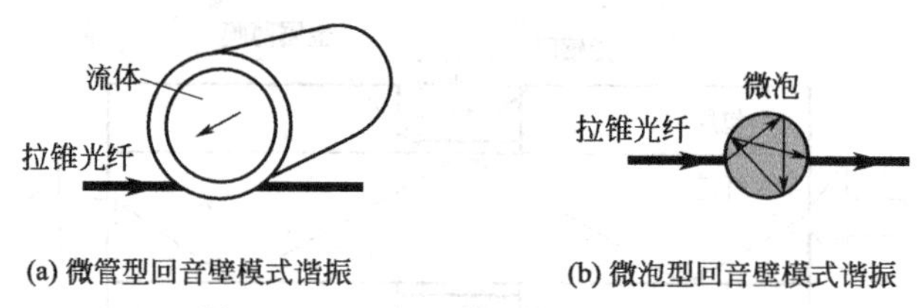

(a) 微管型回音壁模式谐振　　(b) 微泡型回音壁模式谐振

图 4.23　回音壁谐振模调制原理图

4.2.2.7　吸收光谱测气体种类

气体的吸收谱线反映气体分子或原子各种可能的能级跃迁，能直接给出气体分子结构的信息，可鉴别不同的气体，如臭氧的气体吸收峰波长为 280nm、二氧化碳的为 1538nm、甲烷的为 1650nm、二氧化氮的为 790nm、一氧化碳的为 1570nm、乙炔的为 1530nm 等。当光源光谱覆盖一个或多个气体的吸收谱线时，光通过待测气体就会衰减，输出光强度 I、输入光强度 I_0 和气体浓度 C 之间的关系可以满足

$$I=I_0^{-\alpha LC} \tag{4.15}$$

式中，α 是光吸收系数；L 是光通过气体的长度。

常见气体的特征吸收谱线处于光纤的高损耗中红外区 2000nm～10μm，可检测气体在石英光纤窗口 1000～1700nm 的谐波谱。将输入光谱通过待测气体，再检测输出光谱的波长成分与强度，便可以对气体种类及浓度进行传感测量。气体的吸收光谱检测通常使用谐波法。

4.2.3　波长检测方法

4.2.3.1　光谱分析法

波长调制的最基本解调或者检测方法就是光谱分析法，光谱分析法可以分为光谱仪直接测量法和光谱分析解调测量法两种，其检测原理示意图如图 4.24 所示。无论对于反射型波长调制还是透射型波长调制，解调方法就是测量波长及其功率的分布特性，光谱仪是直接的测量手段。光谱仪直接测量法简单，尤其适合于实验室使用，如图 4.24(a) 和 (b) 所示。但传统的以色散棱镜或衍射光栅为基础的光谱仪分辨率较低，不能很好地满足要求；而高分辨率的光谱仪虽可以满足要求，但价格昂贵、体积庞大不便携。另外，光谱仪不能直接输出对应于波长变化的电信号，这对于测量结果的记录、存储和显示以及提供控制回路必要的电信号以达到工业生产过程自动控制的目的都是不可行的。所以，对于面向实际应用的场合，这种解调方法并不适用，仅适合于实验室研究工作的开展。光谱分析解调测量法可以解决以上问题，如图 4.24(c) 和 (d) 所示。采用分光计（或扫描滤波器）结合 CCD 阵列探测器以及处理系统，可以直接得到波长变化的电信号，方便分析、显示、记录与反馈控制等。基于光谱分析解调测量法制作的专用波长解调仪（如光纤光栅解调仪）是波长调制型光纤传感系统常用的实用化分析测量设备。

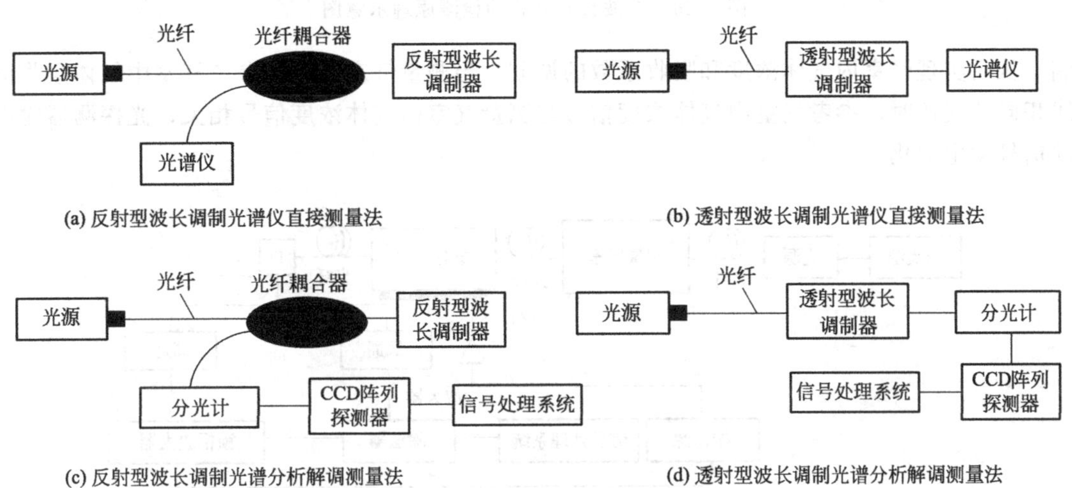

图 4.24　光谱分析法检测原理示意图

4.2.3.2　比色法

(1) 二波长单光路检测法

将 λ_1 和 λ_2 波长滤光片装在同一个旋转盘上，检测信号的颜色受外界待测参量调制，参考信号的颜色对待测参量不敏感，同时补偿检测光路系统引入的误差，如图 4.25 所示。当旋转盘转动时，不同波长的光相继经滤光片到达光探测器，经信号处理系统可得到待测参量的变化，用于波长分析。

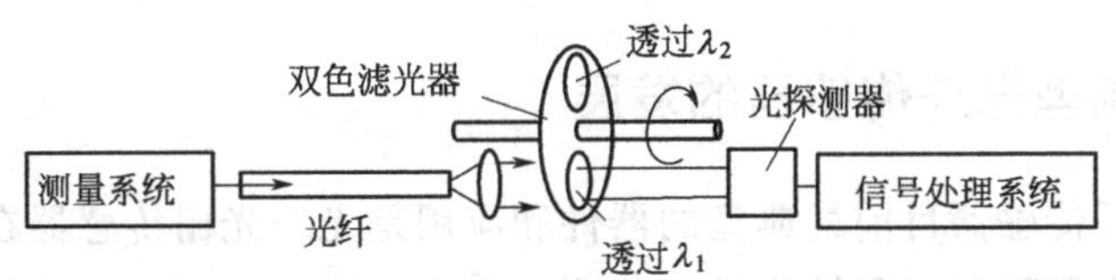

图 4.25　二波长单光路的检测原理示意图

(2) 二波长双光路检测法

由于光探测器对波长的光响应灵敏度不同，如果两个波长相差较大，采用二波长单光路检测法会存在很大误差，因此可用二波长双光路的检测方法。如图 4.26 所示，分别用两个光探测器接收来自两个滤光片输出的光强度信号。双光路采用除法器能算出两个不同波长光功率的比值，用于准确解调波长调制信号，还能消除光源波长波动带来的干扰。

4.2.3.3　谐波法

对于气体光谱吸收系数调制的检测常使用谐波法，如图 4.27 所示。参考气室充以 100%的被检测气体，且一侧贴有压电陶瓷（PZT）以调制气室内压力，气体吸收谱线被调

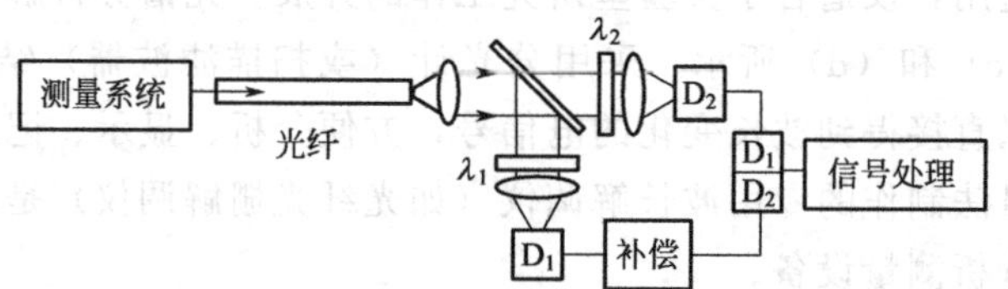

图 4.26　二波长双光路的检测原理示意图

制，从而实现气室内气体浓度和吸收系数的调制。当测量气室存在与参考气室中气体吸收谱线相同的气体时，参考气室内气体浓度信号与测量气室内气体浓度信号相关，光探测器输出的信号发生变化。

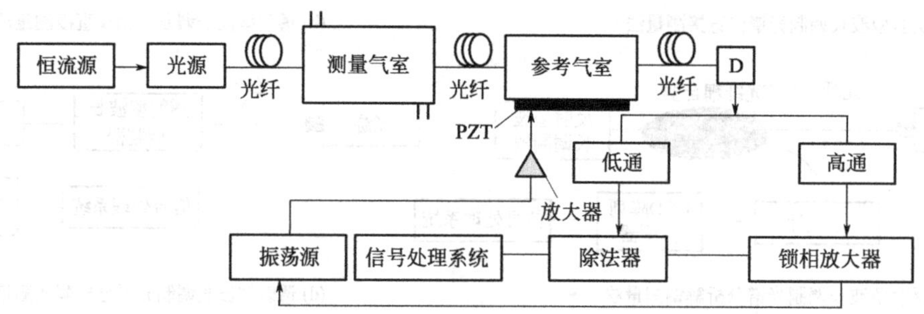

图 4.27　气体光谱吸收系数调制的谐波法检测原理示意图

谐波检测可有效消除系统噪声和各种干扰，广泛应用于微弱信号的检测。通过高频调制某个相关波长（频率）的信号，使其扫描待测的特征信号。在信号处理系统中，以调制频率或调制频率的倍频作为参考信号，用锁相放大器记录拟得到的信息，这一特征信息具有调制信号的一系列谐波信息。光探测器后面的电路将信号中的交直流部分分开，交流部分送入锁相放大器，其输出可与直流部分相除，以消除光源或光传输过程中功率波动对测量结果的影响。这样的检测系统有较强的抗干扰能力，当干扰气体的吸收带与被测气体有部分重叠时，只要吸收谱线结构没有很大的相关性，输出信号不会有较大的变化。

4.2.4　波长调制型光纤传感器的发展

波长调制型光纤传感器目前最典型的器件和应用是光纤光栅传感器在应力、应变和温度传感领域的应用，主要面向工程结构健康监测、火灾监测、井下高压检测、地震波检测、地震物理模型成像监测、地壳微弱形变监测以及航空航天设备状态实时监测等领域。未来的主要发展方向是新型高分辨率与低成本光纤光栅解调仪的研制、多参量同时可分辨测量、多点准分布式传感实现与多路复用以及传感网络建设等研究。

其他类型波长调制型光纤传感器基本都是面向特殊和特定应用的传感测量，且大部分为分立式、非功能型光敏感器件进行波长调制，很多传感探头需要精确和针对性的设计，因此未来的发展方向主要针对探头小型化、微型化、简易化开展研究，同时设法不断提高传感测量的灵敏度、分辨率、探测极限和探测范围。另外，这些针对特殊应用的光纤传感器也在向着大规模复用和新型光纤器件的提出两个方向不断发展，面向更多特殊应用领域的波长调制型光纤传感器也会被不断提出和应用。

波长调制型光纤传感器的特殊封装和寿命延长方面也需要不断开展工作，尤其是对于需要长期监测液体折射率、浓度等特性参数的传感器，其测量特性的长期稳定性是今后的一个研究重点。

4.3 相位调制型光纤传感器

利用光相位调制来实现一些物理量的测量可以获得极高的灵敏度。其开发应用已有100多年的历史，广泛应用于高分辨率实验室测量装置，基于干涉仪的原理实现测量。2016年，LIGO科学团队与VIRGO团队共同宣布，在2015年9月14日测量到在距离地球13亿光年处的两个黑洞合并所发射出的引力波信号，其探测基于的基本原理是测量引力波到达迈克耳逊干涉仪时引起的两臂微小相位差。当然，测量引力波的LIGO系统非常复杂，它是一个超大超精密的迈克耳逊干涉仪，不仅具有等效于1600km长的两臂长，而且防振系统能够抑制各种振动噪声，真空系统是全世界最大与最纯的系统之一，光学器件具备前所未有的精确度，所以LIGO系统能够测量比质子尺寸还小1000倍（10^{-19}m）的光程差。然而，以自由空间作干涉光路的一般干涉仪，由于其体积大，空气易受环境温度、声波及振动的影响，使干涉测量不稳定、准确度低，同时调整也较困难，故限制其在一般场合下的实用性。

光纤的出现为光学干涉仪开辟了广阔的天地，因为用光纤代替自由空间作为干涉光路有两个突出的优点：一是减少干涉仪安装和校准的固有困难，可使仪器小型化、模块化；二是可以用加长光纤的方法得到超长干涉臂长，从而使干涉光路对环境参数的响应灵敏度增加。相位调制型光纤传感器就是利用外界因素引起光纤中光波相位变化来探测各种参量的光纤干涉仪测量系统。

4.3.1 相位调制光纤传感原理

4.3.1.1 相位调制型光纤传感器的工作原理

相位调制型光纤传感器是先通过待测能量场对单模光纤中传输的相干光进行相位调制后，再通过测量相位的变化来确定待测能量场相关待测量的大小。但由于光探测器无法响应激光的频率，故需要将相位调制转化为强度调制，即经由光探测器测量到光强度变化后得到相位变化。实际上，干涉仪就是将相位调制转化为强度调制的装置。

如图4.28所示为相位调制型光纤传感器的工作原理示意图。入射光波被分为两部分分别入射到两条光路中进行传输，一路为参考信道（不被外界影响），另一路为测量信道。测量信道中光波经过相位调制区被外界待测信号调制而产生相位变化，后在输出端与参考信道输出光波相遇发生干涉而产生干涉条纹，于是可以通过检测干涉条纹的变化量来确定由外界待测信号引起测量信道中光波的相位变化量，再通过相位变化与外界待测信号的关系，得到待测信号的具体信息。确切地讲，相位调制型光纤传感器是将上述两个信道分别换成单模光纤，干涉条纹测量改为光探测器强度测量后形成的。

相位调制型光纤传感器基本上均为功能型光纤传感器，光纤本身为光敏感器件，因此具有以下几个主要特点。

① 灵敏度高。如前所述，相位调制型光纤传感器基于光的干涉原理来完成信号检测，是目前已知的最灵敏的探测技术之一。通过使用数米甚至数百米的光纤作为干涉臂，可以得到比传统光纤干涉仪更高的灵敏度。

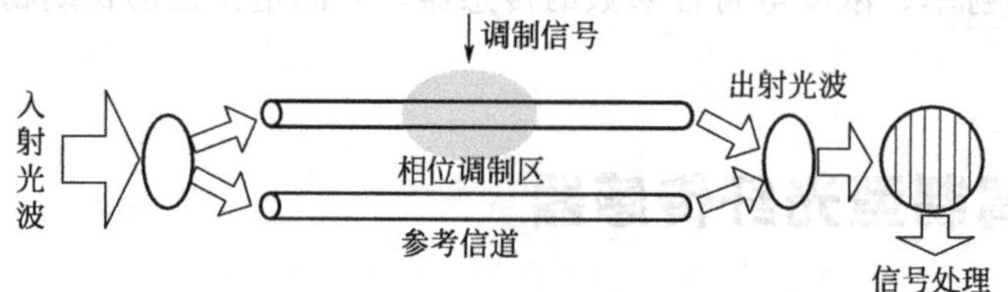

图 4.28 相位调制型光纤传感器的工作原理示意图

② 探头结构灵活多样。由于使用光纤本身作为敏感器件（功能型光敏感器件），传感探头的结构设计可以灵活多样，以适应不同的应用环境与空间特性。

③ 可测量对象广泛。根据干涉仪测量原理，凡是能引起干涉仪光程变化的参量均可以测量。目前，相位调制型光纤传感器可以实现压力、应变、温度、加速度、电磁场、液体浓度与折射率等多种参量的测量，而且能够同时测量多种参量。

④ 可实现长距离分布式测量。由于使用单模光纤本身作为传感介质，属于功能型光纤传感器，故相位调制型光纤传感器有望实现大范围分布式的测量，将在众多应用场合具有极大的应用价值。

为了保证同一模式的光场叠加以实现干涉仪两路最佳的干涉效果，一般使用单模光纤作为传感介质。有时为了避免由于偏振态的不稳定而导致光强度波动，可用保偏光纤作为传感介质，但会大大增加系统成本，尤其是对于超长距离传感。另外，研究表明光纤材料和涂覆层以及护套层材料的使用对于光纤传感灵敏度具有明显的影响。故为了使光纤干涉仪对待测参量“增敏”而对非待测参量“去敏”，需要对单模光纤进行特殊处理，以满足不同测量的需要。

4.3.1.2 光纤相位调制的基本原理

设波长为 λ 的激光在长度为 L 的光纤内传输，对应的相位延迟为

$$\varphi=\frac{2\pi}{\lambda}nL=\beta L \tag{4.16}$$

式中，β 为光波传输常数；n 为纤芯折射率；L 为光纤长度。

从式(4.16) 可知，光纤中传输光波的相位变化取决于外界待测参量引起的光纤波导以下三个参数的变化。

① 光纤物理长度 L 的变化，主要由轴向应变、热膨胀、泊松比变化引起。

② 纤芯折射率 n 及其分布的变化，主要由弹光效应和温度变化引起。

③ 光纤横截面几何尺寸的变化，主要由应力应变、热膨胀引起。

由上可以看出，光纤中光波的相位调制可以归结为两种基础物理效应：应变和温度，而其实很多其他物理参量通常可以通过转换为应变或温度而进行间接测量。假定折射率沿光纤截面分布不发生变化，则当外界扰动作用在光纤上时，引起的光相位变化可以表示为

$$\Delta\varphi=\beta\Delta L+\Delta\beta L=\Delta\varphi_L+\Delta\varphi_n+\Delta\varphi_D \tag{4.17}$$

式中，$\Delta\varphi_L$、$\Delta\varphi_n$、$\Delta\varphi_D$ 分别为应变或温度引起的光纤长度、纤芯折射率、横截面尺寸变化而产生的光相位调制量，且有

$$
\begin{cases}
\Delta\varphi_L=\beta L\dfrac{\Delta L}{L}=\beta L\varepsilon_L & (1)\\
\Delta\varphi_n=L\dfrac{\partial\beta}{\partial n}\Delta n & (2)\\
\Delta\varphi_D=L\dfrac{\partial\beta}{\partial D}\Delta D & (3)
\end{cases}
\tag{4.18}
$$

式中，ε_L 为光纤轴向应变量；D 为光纤直径。

① 仅考虑应变作用时，在式(4.18) 中，方程 (1) 表示应变效应引起的轴向作用导致的相位调制量，方程 (2) 表示弹光效应引起的折射率变化导致的相位调制量，方程 (3) 表示泊松效应引起的横向作用导致的相位调制量。其中，泊松效应引起的相位调制量较前两项要小得多，可以忽略不计。由于纤芯和包层的有效折射率差很小，有

$$\frac{\partial\beta}{\partial n}=\frac{d\beta}{dn}=\frac{2\pi}{\lambda}\tag{4.19}$$

将式(4.18) 和式(4.19) 代入式(4.17)，可得

$$\Delta\varphi=\beta L\varepsilon_L+L\frac{2\pi}{\lambda}\Delta n=\beta\left(L\varepsilon_L+L\frac{\Delta n}{n}\right)\tag{4.20}$$

式(4.20) 建立了光纤应变效应与光纤中传输光波相位变化的关系。

② 仅考虑温度作用时，类似于应变效应，有

$$\frac{\Delta\varphi}{\Delta T}=\beta\left[L\left(\frac{\partial n}{\partial T}+n\frac{\partial L}{\partial T}\right)\right]\tag{4.21}$$

③ 只考虑温度对长度和折射率的影响，忽略光纤直径的变化，有

$$\Delta\varphi=\frac{2\pi L}{\lambda}\left(\alpha+\frac{\partial n}{\partial T}\right)\Delta T\tag{4.22}$$

式中，α 为热膨胀系数。

式(4.22) 建立了光纤温度效应与光纤中传输光波相位变化的关系。

4.3.2 常见光纤干涉仪的类型

光纤干涉仪是相位调制型光纤传感器的核心。常见的光纤干涉仪主要有两大类：双光束干涉型和多光束干涉型。双光束干涉型光纤干涉仪主要包括马赫-曾德尔（Mach-Zehnder）光纤干涉仪、迈克耳逊（Michelson）光纤干涉仪和萨格纳克（Sagnac）光纤干涉仪三种，其基于的基本原理是将光纤中传输的一束光分成两路，在光纤中传输一定长度后，再次汇合后发生干涉，并随后到达光探测器。多光束干涉型光纤干涉仪主要包括法布里-珀罗（Fabry-Pérot）光纤干涉仪和环形腔光纤干涉仪两种，其基于的基本原理是光纤中传输的光束在法布里-珀罗腔和光纤环形腔中形成振荡，每传输一个有效谐振光程将输出一部分光场，最终的输出光场是无数次谐振输出光场的干涉叠加。

4.3.2.1 马赫-曾德尔光纤干涉仪

图 4.29 所示为全光纤型马赫-曾德尔光纤干涉仪原理示意图，该干涉仪是最典型的双光束干涉型光纤干涉仪。激光器发出的单色激光被 3dB 光纤耦合器 1 分成光强度相等的两束光波，并分别入射到参考光纤臂和传感光纤臂（传感光纤臂被外界待测物理场调制），之后两路光纤传输的光波在 3dB 光纤耦合器 2 中再次汇合后发生干涉，并由两路分别送入光探

测器 D_1 和 D_2 转为电信号，最后由信号处理单元分析两臂的相位差及其变化情况。由双光束干涉原理可知，马赫-曾德尔光纤干涉仪所产生的干涉场的光强度为

$$I \propto (1+\cos\Delta\varphi) \tag{4.23}$$

由式(4.23) 可知，当两臂的相位差 $\Delta\varphi=\beta\Delta L=2m\pi$ 时，干涉为极大值。其中 β 为传输常数、m 为干涉级次，且有

$$m=\frac{\Delta L}{\lambda} \text{或} m=\nu\Delta t \tag{4.24}$$

可见，当外界待测参量引起两臂相对光程差 ΔL 或相对光程时延 Δt 发生变化，或者传输的光波波长 λ 或光波频率 ν 发生变化时，都会使 m 发生变化，即引起干涉条纹的移动。如外界因素（如应变、温度等）可直接引起干涉仪传感光纤臂的光纤长度和折射率发生变化，导致两臂相对光程差 ΔL 发生变化，从而引起干涉条纹的移动，于是通过测量干涉条纹的移动量可感测相应的物理量。

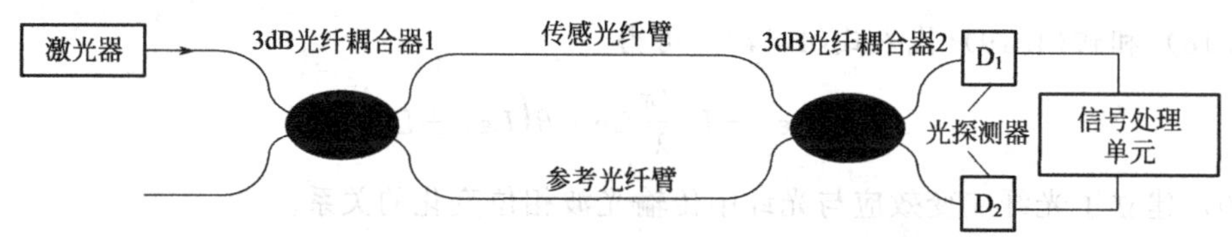

图 4.29　全光纤型马赫-曾德尔光纤干涉仪原理示意图

除了图 4.29 所示的马赫-曾德尔光纤干涉仪外，研究者又设计出多种基于模式干涉的单光纤型马赫-曾德尔光纤干涉仪，用于制作小型、紧凑的相位调制型光纤传感器，如图 4.30 所示。

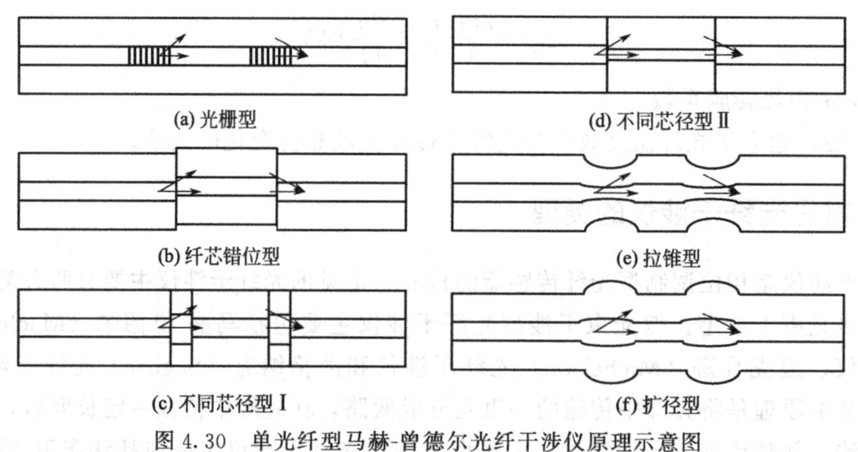

图 4.30　单光纤型马赫-曾德尔光纤干涉仪原理示意图

4.3.2.2　迈克耳逊光纤干涉仪

在空间光学中，迈克耳逊光纤干涉仪是一种非常精密的测长仪器，可以用来测量激光器的输出波长。光纤型迈克耳逊干涉仪和传统迈克耳逊干涉仪的结构和原理类似。如图 4.31 所示，激光器输出的单色激光经光纤传输到 3dB 光纤耦合器后被均分为强度相等的两路，分别进入参考光纤臂和传感光纤臂传输后被反射端面反射回到 3dB 光纤耦合器，然后输出到光探测器转换成电信号，最后由信号处理单元分析。其中，传感光纤臂连接的是可移动反射端面，通过调节此端面可以得到合适的光程差。由上述原理可知，迈克耳逊光纤干涉仪和马赫-曾德尔光纤干涉仪同为双光束干涉，其理论原理基本一致，如式(4.23) 和式(4.24)

所示。但由于是反射型，可移动反射端面每移动 ΔL 光程，两臂相对光程差实际变化 $2\Delta L$。由理论可知，可移动反射镜面每移动 $\Delta L=\lambda/2$ 光程，光探测器的输出就从最大值变到最小值后再变到最大值，即变化一个周期。通过将可移动反射端面与外界参量（如位移、振动等）关联，即可实现相位调制。实际上，除了可移动反射端面可以作为光敏感器件外，多数情况下经调节后两个反射端面被固定，而传感光纤臂本身作为光敏感器件，此时迈克耳逊光纤干涉仪和马赫-曾德尔光纤干涉仪的相位调制机理完全相同，唯一不同点为激光发射和检测是否在同一端。值得注意的是，由于迈克耳逊光纤干涉仪使用的是反射光干涉和检测，故一般需要在激光器输出后配置一个光纤隔离器，以防止反射光进入激光器而影响其性能及输出稳定性。

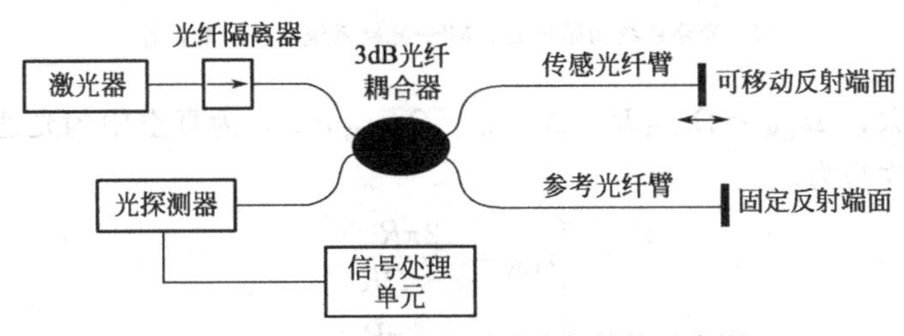

图 4.31 迈克耳逊光纤干涉仪结构示意图

4.3.2.3 萨格纳克光纤干涉仪

萨格纳克光纤干涉仪是利用萨格纳克效应构成的干涉仪，即将一束激光分成两束后在由同一光纤绕成的光纤环中沿相反方向前进，在外界因素作用下产生不同的相移，再通过干涉效应进行检测。萨格纳克光纤干涉仪最典型的应用就是转动光纤传感器，即光纤陀螺仪。图 4.32 为萨格纳克光纤干涉仪结构及原理示意图，用一根长为 L 的光纤，绕制成半径为 R 的光纤环。激光器发出的激光由 3dB 光纤耦合器均分为两束，分别从光纤两端输入，再从另一端输出。两输出光再次相遇后在 3dB 光纤耦合器处产生干涉效应，此干涉光强度由光探测器检测，并由信号处理单元分析数据。

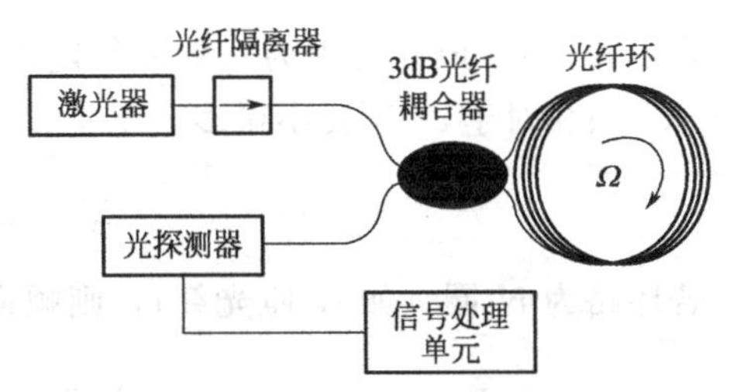

图 4.32 萨格纳克光纤干涉仪结构及原理示意图

基于萨格纳克光纤干涉仪制作的转动光纤传感器（即光纤陀螺仪）的理论可基于图 4.33 分析。对于长度为 L、半径为 R 的理想环形光路系统，当其静止不动时［图 4.33(a)］，顺时针、逆时针传输的两路光的传输时间相等，即

$$t_{\mathrm{CW}}=t_{\mathrm{CCW}}=\frac{L}{c}=\frac{2\pi R}{c} \tag{4.25}$$

当光路系统有一转动角速度 Ω 时［设 Ω 垂直于环形平面，如图 4.33(b)所示］，顺时针、逆时针传输的两路光的光程分别为 $L+\Delta l_{\mathrm{CW}}$ 和 $L-\Delta l_{\mathrm{CCW}}$，传输时间也不再相等，分别为

$$\begin{cases} t_{\mathrm{CW}}=\dfrac{L+\Delta l_{\mathrm{CW}}}{c} \\ t_{\mathrm{CCW}}=\dfrac{L-\Delta l_{\mathrm{CCW}}}{c} \end{cases} \tag{4.26}$$

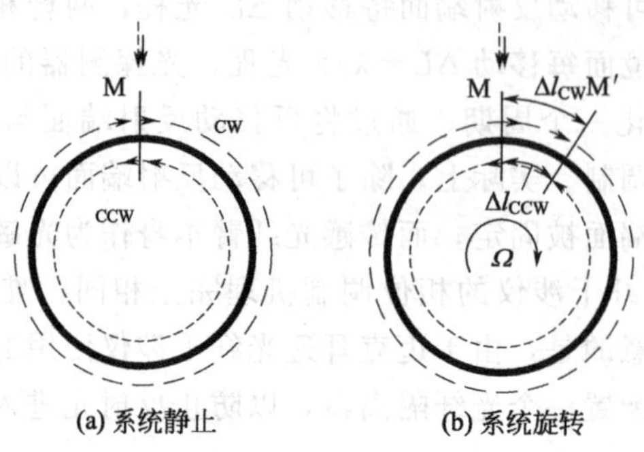

图 4.33　理想环形光路系统中的萨格纳克效应

M—光路系统初始位置；M′—光路系统转动后的位置

式中，$L=2\pi R$；$\Delta l_{CW}=\Omega t_{CW}R$；$\Delta l_{CCW}=\Omega t_{CCW}R$；$c$ 为真空中的光速。

式(4.26) 可改写为

$$\begin{cases} t_{CW}=\dfrac{2\pi R}{c-\Omega R} \\ t_{CCW}=\dfrac{2\pi R}{c+\Omega R} \end{cases} \tag{4.27}$$

于是，相反方向传输的两束光的时延差为

$$\Delta t=t_{CW}-t_{CCW}=\frac{4\pi\Omega R^2}{c^2-\Omega^2R^2}\approx\frac{4\pi\Omega R^2}{c^2} \tag{4.28}$$

式中，"≈"成立是因为一般光纤陀螺仪测量的角速度都很小且光纤环的半径也很小，即 Ω^2R^2 项相对于 c^2 项要小得多。于是，反向传输的两束光的光程差为

$$\Delta L=\Delta tc=\frac{4\pi\Omega R^2}{c} \tag{4.29}$$

若环路为 N 圈（如 N 匝光纤），则顺逆时针光路之间的相位差为

$$\Delta\varphi=\beta\Delta L=\frac{8\pi NA}{\lambda c}\Omega \tag{4.30}$$

式中，A 为环形光路的面积；λ 为工作激光波长。

根据以上原理，当光纤环的面积为 A 时，可以通过增加光纤绕制圈数 N（即增加光纤长度 L），成倍增加光纤陀螺仪相位检测的灵敏度。另外，由于萨格纳克光纤干涉仪中没有活动部分，可制成高性能、低成本的器件。

4.3.2.4　法布里-珀罗光纤干涉仪

法布里-珀罗干涉仪一般由两块平行放置的反射镜组成，如图 4.34 所示。激光器输出的光束入射到干涉仪，在两个相对的反射镜表面多次往返，透射出去的平行光束由光探测器接收。法布里-珀罗干涉仪是典型的多光束干涉仪，根据多光束干涉原理，光探测器上探测到的干涉光强度的变化为

$$I=I_0/\left[1+\frac{4R}{(1-R)^2}\sin^2\left(\frac{\varphi}{2}\right)\right] \tag{4.31}$$

式中，R 是反射镜的反射率；φ 是相邻光束间的相位差。

由式(4.31) 可知，当反射镜的反射率 R 值一定时，透射的干涉光强度随 φ 变化。

由式(4.31) 可知：当 $\varphi=0$，2π，4π，…，$2m\pi$ 时，干涉光强度有最大值 I_0；当 $\varphi=$

$\pi, 3\pi, 5\pi, \cdots, (2m+1)\pi$ 时，干涉光强度有最小值 $[(1-R)/(1+R)]^2 I_0$；透射的干涉光强度最大值与最小值之比为 $[(1+R)/(1-R)]^2$。可见，反射率 R 越大，干涉光强度变化越显著，分辨率越高，这是法布里-珀罗干涉仪的最大特点，它也是最灵敏的位移测量装置。基于以上原理，通过在光纤端面镀高反射膜后，将两个光纤端面彼此靠得很近时，即可制成法布里-珀罗光纤干涉仪，目前国际上此类干涉仪产品质量最高的为美国 Micron Optics 公司的产品，如图 4.35 所示。

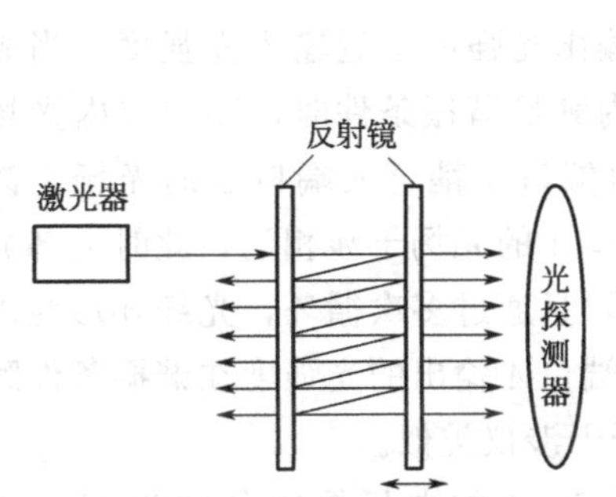

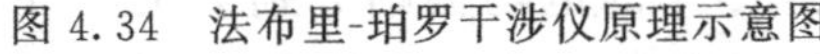

图 4.34 法布里-珀罗干涉仪原理示意图

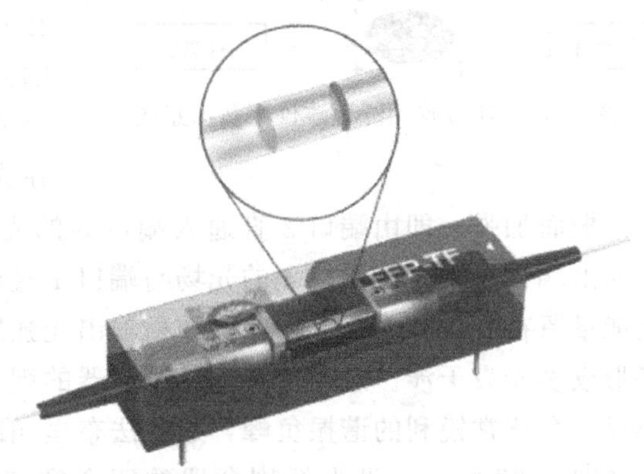

图 4.35 法布里-珀罗光纤干涉仪结构及内视图

图 4.36(a) 和 (b) 所示为当 $R=0.5$、0.7、0.9、0.95 时，仿真得到的法布里-珀罗光纤干涉仪的输出透射率随相位和波长的变化关系。由图中可以看出，随着反射镜反射率 R 的不断增大，谐振峰的锐度不断增加，且在 π 的偶数倍时透射率取得最大值、在 π 的奇数倍时透射率取得最小值。为了表征法布里-珀罗光纤干涉仪的性能，一般引入自由光谱范围 (Free Spectrum Range，FSR) 和半高全宽 (Full Width at Half Maximum，FWHM)，并以两者的比值作为评价其性能的指标，称为精细度 (fineness) f，即

$$f=\frac{\mathrm{FSR}}{\mathrm{FWHM}} \tag{4.32}$$

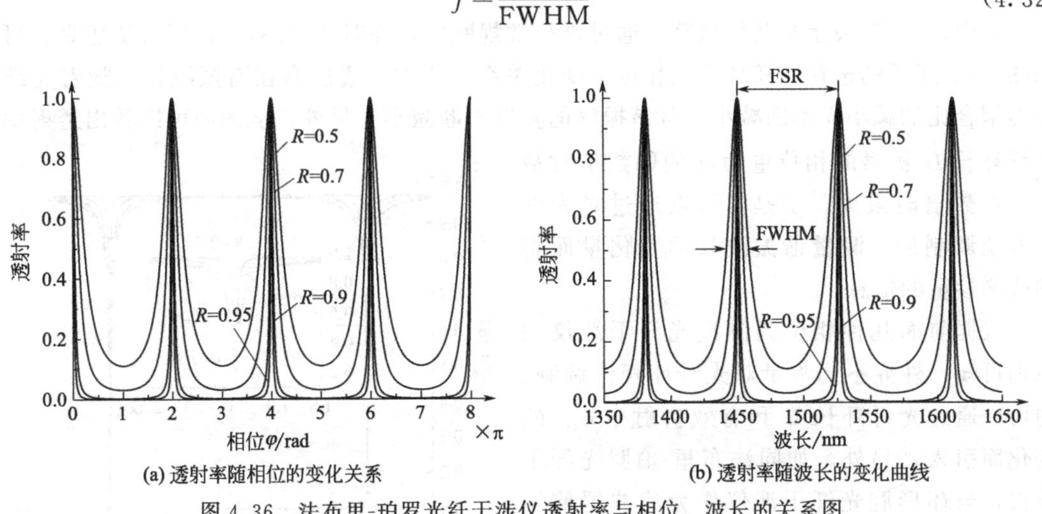

图 4.36 法布里-珀罗光纤干涉仪透射率与相位、波长的关系图

精细度越高的法布里-珀罗光纤干涉仪越适合光纤传感，对于相位的变化越敏感。另外，法布里-珀罗光纤干涉仪也非常适合作为光纤窄带滤波器使用（同样是精细度越高时其滤波

性能也越好），用于光纤通信系统或者光纤激光器系统中。

4.3.2.5 环形腔光纤干涉仪

利用光纤耦合器将单模光纤连接成闭合回路，即可构成环形腔光纤干涉仪，如图 4.37 所示。激光器发出的光束由端口 1 输入时，一部分光场能量直通入端口 4 后输出，另一部分光场能量耦合到端口 3 进入光纤环内。当光波在光纤环内不满足谐振条件时，则到达端口 2 的光场能量大部分耦合到端口 4 后输出，环形腔的透射输出光强度接近输入光强度。当光波在光纤环内满足谐振条件时，环形腔内光场能量因谐振而加强，即由端口 2 直通入端口 3 的光场与由端口 1 耦合入端口 3 的光场干涉叠加，而由端口 2 耦合到端口 4 的光场与端口 1 直通入端口 4 的光场干涉相消，此时大部分的光场能量留在光纤环内，环形腔的透射输出光强度变小，且通过多次循环，光纤环形腔内的光场形成多光束干涉。通过控制光纤耦合器的耦合比，端口 4 输出的光强度在谐振条件附近将形成一个非常锐利的谐振负峰，这与法布里-珀罗光纤干涉仪类似。

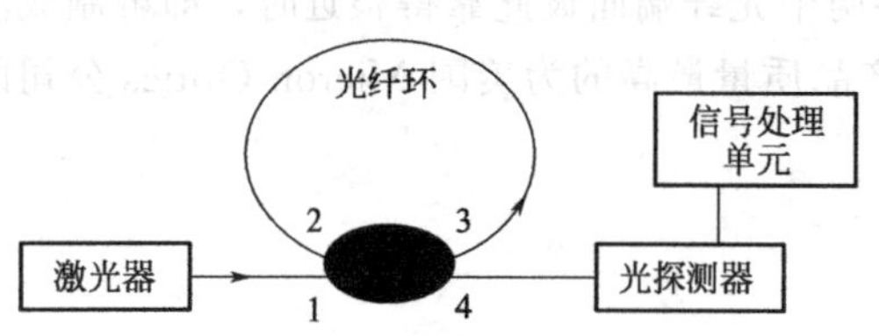

图 4.37 环形腔光纤干涉仪原理示意图

如图 4.37 所示，设光纤耦合器的四个端口 1、2、3、4 的电场振幅分别为 E_1、E_2、E_3、E_4，κ 和 γ 分别为光纤耦合器的耦合比和插入损耗，β 为光纤的传输常数，δ 为光纤熔接损耗，α 为光纤传输损耗，n_{eff} 为单模光纤的有效折射率，L 为光纤环长。通过推导，可得输出光场 E_4 和输入光场 E_1 的关系为

$$\frac{E_4}{E_1}=\sqrt{1-\gamma}\times\sqrt{1-\kappa}+\frac{-\kappa(1-\gamma)\sqrt{1-\delta}\,\mathrm{e}^{(-\alpha+\mathrm{i}\beta)L}}{1-\sqrt{1-\gamma}\times\sqrt{1-\kappa}\times\sqrt{1-\delta}\,\mathrm{e}^{(-\alpha+\mathrm{i}\beta)L}} \tag{4.33}$$

于是，可以得到环形腔光纤干涉仪的透射率 T 为

$$T=\left(\frac{E_4}{E_1}\right)\left(\frac{E_4}{E_1}\right)^* \tag{4.34}$$

式中，“$*$”表示求共轭运算。通过进行常规赋值，并对式(4.34) 进行数值仿真，可得到图 4.38 所示的透射率随环形腔相位的变化关系。图中，透射率在谐振波长处随着光纤耦合器耦合比的减小而不断减小，且谐振峰的宽度不断减小。另外，从图中可以看出透射率在光纤环长 L 积累的相位量为 π 的偶数倍时最小、奇数倍时最大。于是，可以通过对光纤环相位调制后，测量谐振波长的变化量而得到待测参量的信息。

根据前面几种相位调制型光纤干涉仪的原理可知，外界不同参量对光纤环相位调制，均可以通过光纤环长 L 和有效折射率 n_{eff} 的变化而引入。另外，如同法布里-珀罗光纤干涉仪，当环形腔光纤干涉仪作为滤波器使用时，也可以引入自由光谱范围 FSR、半高全宽 FWHM 和精细度 f 等主要参数对其进行性能表征。

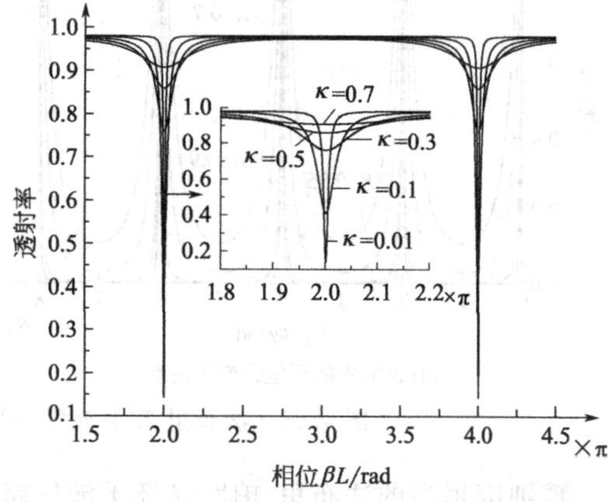

图 4.38 环形腔光纤干涉仪透射率随相位的变化关系图

前面介绍的光纤干涉仪有几个共同缺点，即对温度敏感、需要长相干长度的光源、信号处理电路复杂。另外，一般光纤传感器都希望尽量保持在线性工作区域，而由上述几种光纤干涉仪的理论公式可知，它们的干涉项均为两束或多束干涉光相位差的余弦函数，这就限制了它们的线性输出范围。为了得到最大的灵敏度，一般双光束干涉仪常工作在正交状态，即把干涉项的余弦函数变为正弦函数。经证明，如果干涉仪的输出端用线性函数近似代替正弦函数，并且在正交工作状态下输入的相位差为 0.25rad 左右、产生的线性度误差在 1%左右，即可以进行较高准确性的传感测量。通过以上转化处理后，如果将输出相位信号限定在干涉仪的线性范围内，那么光纤传感器的系统将大为简化，不必要采用复杂的信号处理电路系统和相位补偿技术。而为了限定可测量相位信号的动态范围，常采用相位压缩原理实现。相位压缩的原理是指干涉仪实际测量的相位为干涉光束相位差的变化量，而不是普通光纤干涉仪测量的相位差。通过相位压缩技术实现的光纤干涉仪也称为微分干涉仪，它可以将输入调制信号超出几个到几百个干涉仪条纹的相位压缩在光纤干涉仪的线性工作范围内。因此，微分干涉仪相关技术在相位调制型光纤传感器中具有重要的研究意义。

4.3.3　相位调制传感信号解调方法

基于光纤干涉仪的相位调制型光纤传感器是由光纤中的光波相位的变化来测量外界参量，实质上是将相位变化转变为干涉仪输出的强度变化进行测量。如何准确地从干涉仪输出的强度变化信息中得到由待测参量引起的相位变化，在工程应用中非常重要，这个过程称为相位信号解调。由对各种光纤干涉仪类型的分析可知，基于相位调制的光纤传感器在各类光纤传感器中具有最高的测量灵敏度，传感场中参量的微小扰动就会引起光纤中光波相位的明显变化，因此相位调制型光纤传感器也极易受到外界噪声的影响。

根据光纤干涉仪中参考臂传输光波频率是否改变，相位调制传感信号的解调方法主要分成两大类：零差（homodyne）解调法和外差（heterodyne）解调法。在零差解调法中，解调电路直接将干涉仪中的相位变化信号转变为电信号。零差解调法又包括主动（active）（或称有源）零差解调法和被动（passive）（或称无源）零差解调法。在外差解调法中，需要在干涉仪参考臂中对光波进行一个频移，然后两路光波信号将产生一个拍频信号，外界参量引起的相位变化对拍频信号进行调制，最后采用电信号分析方法解调出这个调制的拍频信号。在一般情况下，零差解调方法的相位解调范围有限，外差解调方法的相位解调范围相对要大得多，但是外差解调方法的解调电路更加复杂。

4.3.3.1　主动零差解调法

以马赫-曾德尔光纤干涉仪为例，其输出光强度可以表示为

$$I=I_0\{1+\cos[S(t)+(\varphi_s'-\varphi_r')]\} \tag{4.35}$$

式中，$S(t)$ 为待测相位信号；φ_s'和 φ_r'分别为信号臂和参考臂的随机漂移相位。

假设干涉信号可见度为 1，将式(4.35) 展开，并考虑到 $S(t)$ 很小，近似有

$$I=I_0[1+\cos(\varphi_s'-\varphi_r')-S(t)\sin(\varphi_s'-\varphi_r')] \tag{4.36}$$

当光纤干涉仪工作于正交工作点时，满足 $\varphi_s'-\varphi_r'=2m\pi\pm\pi/2$，即有

$$I=I_0[1\mp S(t)] \tag{4.37}$$

由以上分析可知，如果信号臂和参考臂的相位没有随机漂移或者两者相位差固定于 $\varphi'_s-\varphi'_r=2m\pi\pm\pi/2$，则通过测量工作于正交状态的光纤干涉仪的输出，即可简单实现对待测信号的解调。然而，对于工作于正交状态的相位调制型光纤传感器，如果不附加额外的相位控制部分，其初始相位工作点会由于外界环境扰动处于不断的随机变化中，这种相位工作点的漂移给检测相位信号带来极大困难。因此，如图 4.39 所示主动零差解调法中，需要人为主动控制干涉仪参考臂的相位，一般是在参考臂中引入一个压电陶瓷（PZT）制作的相位调制器（将光纤缠绕在 PZT 上，利用压电效应通过控制电信号来改变光纤的长度），使得干涉仪始终工作在正交状态，即时刻保证 $\varphi'_s-\varphi'_r=2m\pi\pm\pi/2$。这种方法也可称为主动相位跟踪零差解调法，干涉仪的输出信号经过一个电路伺服系统的处理后，反馈控制相位调制器，动态改变参考臂的相位，从而保持 $\varphi'_s-\varphi'_r$ 恒定。实际上，主动相位跟踪零差解调法使用的就是光纤锁相环原理。光纤锁相环的方法用于光纤干涉仪的解调，其优点在于结构简单、电路复杂性低、信号畸变小、系统处于线性状态等。

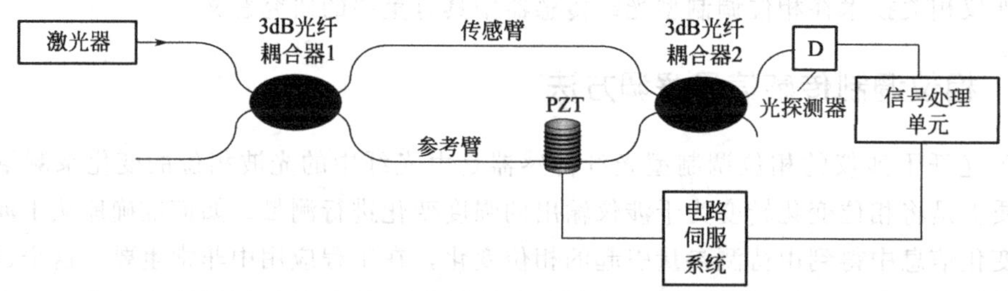

图 4.39 主动零差解调法系统示意图

与主动相位跟踪零差解调法类似的还有主动波长调谐零差解调法，后者的不同点在于电路伺服系统输出的控制信号反馈控制的是光源的驱动电路，其目的是使光源的波长发生改变。这种方法要求干涉仪两臂存在一定的非平衡性，预先引入初始相位差 $\Delta\varphi_0=2m\pi\pm\pi/2$。根据光纤干涉仪的原理可知，当光源波长改变 $\Delta\lambda$ 时，干涉仪两臂的相位差改变量为

$$\Delta\varphi=\frac{2\pi n\Delta L}{\lambda^2}\Delta\lambda \tag{4.38}$$

对于常用的半导体激光器，可以通过改变工作电流的方法来改变光源波长，但这种解调方法也更容易受到光源相位噪声的影响。

主动零差解调方法的突出优点是结构简单、易于实现、受外界噪声影响相对较小，但传感器的动态范围受反馈电路的限制，且相位解调范围仍然受到限制。采用的相位调制器一般对传感系统的频率响应有一定的限制，如 PZT 等电子有源补偿器件一般在光纤探头设计中是不被倡导使用的。

4.3.3.2 被动零差解调法

在被动零差解调法中，不主动控制干涉仪的工作点，即不使用相位调制器。这样，光纤干涉仪两臂的相位差 $\Delta\varphi$ 将不断改变，从而引起光纤干涉仪两个输出端的光强度的不断改变。当光纤干涉仪输出一端的光强度完全减弱时，另一端的光强度最强。如使用这两路测量得到的信号通过数学算法处理进行信号解调，可使系统始终保持最佳灵敏度。被动零差解调法有很多种解调算法，但最常用的为“微分交叉相乘法”。令 $\Delta\varphi$ 和 $\Delta\varphi_0$ 分别表示光纤干涉仪的相位变化和初始相位差，如果假设随机相位波动为零，则待测相位调制信号为 $S(t)=$

$\Delta\varphi(t)$。通过某种方法可以得到如下的两个正交分量：

$$\begin{cases}Q_1=A\cos[s(t)+\Delta\varphi_0]\\Q_2=A\sin[s(t)+\Delta\varphi_0]\end{cases}\tag{4.39}$$

式中，A 为幅度常数。

首先，对 Q_1 和 Q_2 进行微分，有

$$\begin{cases}\dfrac{\mathrm{d}Q_1}{\mathrm{d}t}=-\dfrac{\mathrm{d}S(t)}{\mathrm{d}t}A\sin[S(t)+\Delta\varphi_0]\\\dfrac{\mathrm{d}Q_2}{\mathrm{d}t}=\dfrac{\mathrm{d}S(t)}{\mathrm{d}t}A\cos[S(t)+\Delta\varphi_0]\end{cases}\tag{4.40}$$

将式(4.39) 与式(4.40) 交叉相乘，有

$$Q_0=Q_1\frac{\mathrm{d}Q_2}{\mathrm{d}t}-Q_2\frac{\mathrm{d}Q_1}{\mathrm{d}t}=A^2\frac{\mathrm{d}S(t)}{\mathrm{d}t}\tag{4.41}$$

将式(4.41) 的两边分别积分，可得

$$S(t)=\frac{1}{A^2}\int Q_0\mathrm{d}t+B\tag{4.42}$$

式中，B 为积分常数。

由上可以看出，使用这种方法，可以很好地解调出相位变化量 $\Delta\varphi$，而与初始相位差无关。

有多种方法可以得到式(4.39) 的信号，常见的有 2×2 耦合器法和 3×3 耦合器法。下面对每种方法进行简要论述。

(1) 2×2 耦合器法

根据 3dB 光纤耦合器的特性，出射两束光功率等分，而出射两臂相位差为入射两臂相位差附加 π/2，因为耦合区交叉耦合会产生 π/2 相移。如图 4.40 所示，C_1～C_4 为 4 个 3dB 光纤耦合器，D_1～D_4 为 4 个光探测器，A、B 为 2 个差分放大器。根据式(4.35)，将光强度转化为光探测器电压信号，设 V_0 为电压常数，则 3dB 光纤耦合器 C_3 的两路输出可以表示为

$$\begin{cases}V_{\mathrm{A}}=\dfrac{1}{2}V_0\{1-\cos[S(t)+\Delta\varphi_0]\}\\V'_{\mathrm{A}}=\dfrac{1}{2}V_0\{1+\cos[S(t)+\Delta\varphi_0]\}\end{cases}\tag{4.43}$$

3dB 光纤耦合器 C_4 的两路输出可以表示为

$$\begin{cases}V_{\mathrm{B}}=\dfrac{1}{2}V_0\{1+\sin[S(t)+\Delta\varphi_0]\}\\V'_{\mathrm{B}}=\dfrac{1}{2}V_0\{1-\sin[S(t)+\Delta\varphi_0]\}\end{cases}\tag{4.44}$$

于是，V_{A} 与 V'_{A}、V_{B} 与 V'_{B}分别经过差分放大器后，可得到一组正交信号，即

$$\begin{cases}\Delta V_{\mathrm{A}}=V_0\cos[S(t)+\Delta\varphi_0]\\ \Delta V_{\mathrm{B}}=V_0\sin[S(t)+\Delta\varphi_0]\end{cases} \tag{4.45}$$

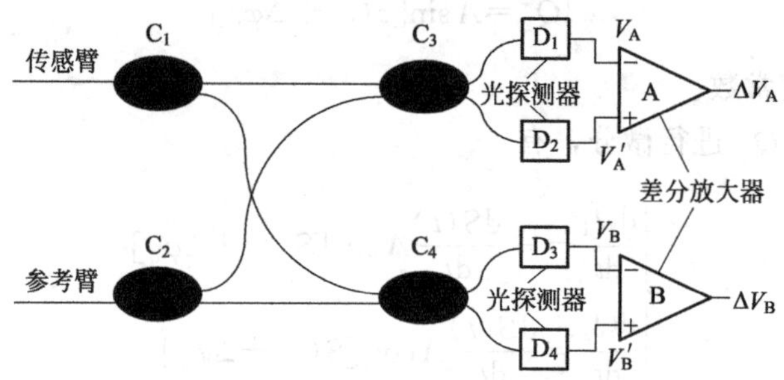

图 4.40　2×2 耦合器法解调原理示意图

(2) 3×3 耦合器法

3×3 光纤耦合器解调法是一种比较新的解调技术，其思路和原理比较简单。如图 4.41 所示，光纤干涉仪的第二个耦合器使用了一个 3×3 光纤耦合器。由于一般光功率三等分的光纤耦合器，三个输出端的相位差互为 2π/3，此时在 3 个光探测器处的信号为

$$\begin{cases}V_1=a+b\cos\left[S(t)-\dfrac{2\pi}{3}\right]\\ V_2=a+b\cos S(t)\\ V_3=a+b\cos\left[S(t)+\dfrac{2\pi}{3}\right]\end{cases} \tag{4.46}$$

式中，$S(t)=\Delta\varphi(t)=\varphi_s-\varphi_r$ 是传感臂与参考臂的相位差；a 与 b 是和光纤耦合器有关的常数。

容易看出，通过将式(4.46) 中 V_1 和 V_3 中的余弦项展开并分别进行加和减运算，就可以得到如式(4.39) 中的正交信号。

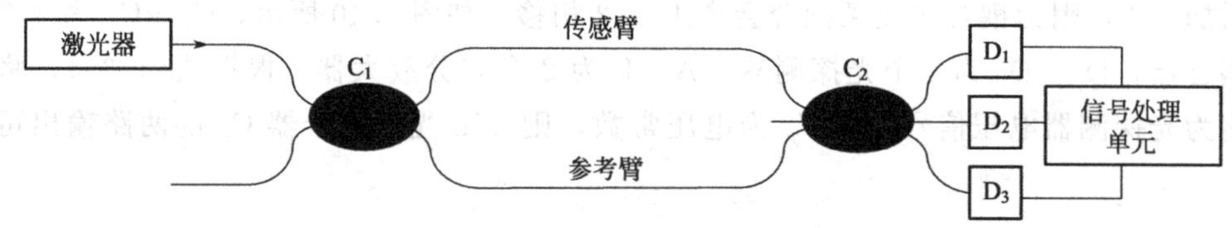

图 4.41　3×3 耦合器法解调原理图

被动零差解调法的动态范围仍然受到解调电路的限制，但光纤传感器的相位解调范围大大增加（在理论上没有限制），而且被动零差解调法对光源的相位噪声不敏感。另外，被动零差解调法比主动零差解调法的解调电路相对来说要复杂得多。

4.3.3.3　外差解调法

在经典的外差解调法中，参考臂引入一个移频器（一般为声光调制器，英文为 AOM)，于是光波传输到移频器后频率变为 $\omega_0-\omega_1$，其中 ω_0 与 ω_1 分别为光源的光波频率和移频器引入的频率变化量，如图 4.42 所示。

假设信号臂的光强度和参考臂的光强度分别为 I_1 和 I_2，$S(t)$ 为外界被测信号引入的相位（即待测信号)，$\Delta\varphi_0$ 为信号光和参考光的初始相位差，则两个光探测器 D_1 和 D_2 的探

测光强度为

$$\begin{cases} I_{D_1}=I_1+I_2+2\sqrt{I_1 I_2}\cos\left[\omega_1 t+S(t)+\Delta\varphi_0\right] \\ I_{D_2}=I_1+I_2-2\sqrt{I_1 I_2}\cos\left[\omega_1 t+S(t)+\Delta\varphi_0\right] \end{cases} \tag{4.47}$$

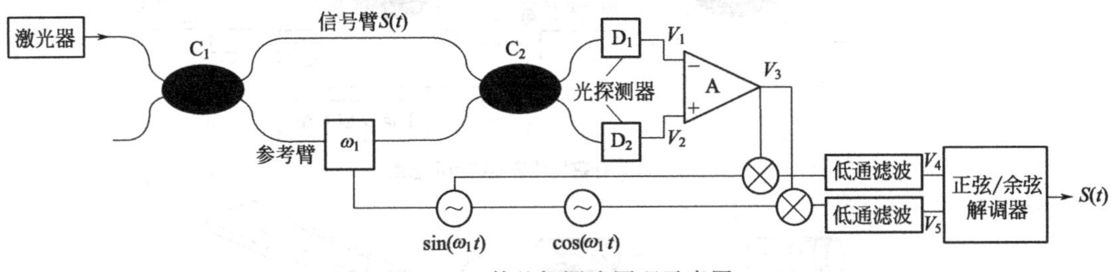

图 4.42　外差解调法原理示意图

差分放大器后输出为

$$V_3=2\alpha V_0\cos\left[\omega_1 t+S(t)+\Delta\varphi_0\right] \tag{4.48}$$

式中，α 是与偏振态和耦合器分光比有关的混频效应系数。

式(4.48) 是具有相位调制载波的典型形式。预提取 $S(t)$ 的线性信号，可把 V_3 加载到频率调制为 ω_1 的调频锁相环路的输入端，得到输出为 $\mathrm{d}\left[S(t)+\Delta\varphi_0\right]/\mathrm{d}t$ 形式，再利用式(4.42) 原理进行解调。也可以用 $\sin(\omega_1 t)$和 $\cos(\omega_1 t)$与 V_3 相乘，滤波后得到一组正交信号，即

$$\begin{cases} V_4=B\cos\left[S(t)+\Delta\varphi_0\right] \\ V_5=B\sin\left[S(t)+\Delta\varphi_0\right] \end{cases} \tag{4.49}$$

式中，B 为比例系数。

将正交信号再送入正弦/余弦解调器，计算出 $S(t)+\Delta\varphi_0$，并最终得到调制信号 $S(t)$。

以上外差解调法的相位解调范围大，在理论上没有限制，但是需要特殊的移频器，在一些需要控制成本或者小探测器探头使用场合可能不实用。为此，研究者又提出了诸如合成外差法、伪外差法等解调方法，但总体都需要更加复杂的解调电路和解调算法，这里不再详述。另外，外差解调法在整体上都对激光器的相位噪声敏感。

4.3.4　相位调制型光纤传感器的应用

4.3.4.1　基于马赫-曾德尔光纤干涉仪的光纤磁场传感器

利用磁致伸缩材料（常见的如镍）在磁场作用下所产生的变形引起光纤干涉仪两臂相位差变化，可以实现对磁场的测量，并可以构成高灵敏度的光纤磁场传感器。如图 4.43 所示，在马赫-曾德尔光纤干涉仪中用被覆或者黏合有磁致伸缩材料的光纤作为测量臂，在待测磁场作用下，被覆材料产生磁致伸缩现象，相应地测量臂上光纤产生轴向应变，从而引起光程的改变和产生相移。通过一定的相位解调方法可以得到相位变化量，再根据光纤应变量与磁场的关系，进而得到待测磁场强度。

此类光纤磁场传感器的光敏感器件是磁致伸缩材料被覆或黏合的光纤，有如光纤缠绕于磁致伸缩材料的心轮式、光纤镶嵌于磁致伸缩材料的被覆式和光纤粘贴于磁致伸缩材料表面

的带式等类型，如图 4.43(b)~(d) 所示。实验发现光纤磁场传感器的传感测量灵敏度与信号磁场频率和被覆层厚度有关，磁场频率越高、材料被覆层越厚，传感测量灵敏度越高。

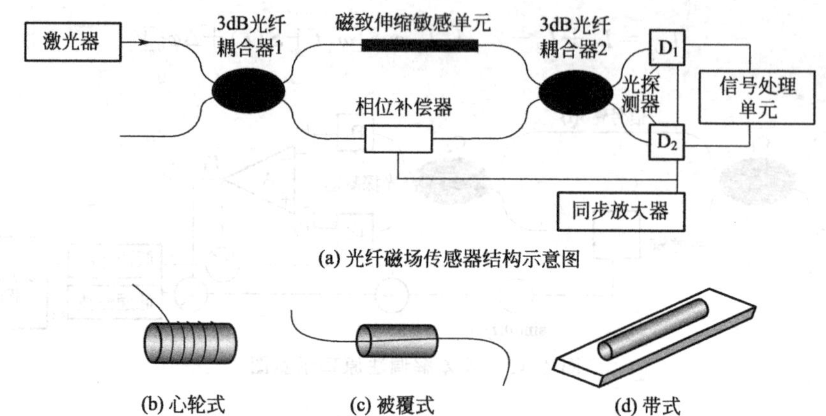

(a) 光纤磁场传感器结构示意图

(b) 心轮式　(c) 被覆式　(d) 带式

图 4.43　基于马赫-曾德尔光纤干涉仪的光纤磁场传感器结构示意图以及光敏感器件类型

4.3.4.2　基于马赫-曾德尔光纤干涉仪的微位移光纤传感器

基于马赫-曾德尔光纤干涉仪，研究者对如图 4.44(a) 所示的微位移光纤传感器进行了研究。宽带光源作为输入，光谱仪测量输出光谱。测量臂中光纤对接处有一微小的空间间隙，当固定某个空气间隙大小 L_{gap} 时，通过调节两个移动台可以引入两臂初始长度差 ΔL，此时两臂的初始相位差 $\Delta\varphi$ 为

$$\Delta\varphi=\frac{2\pi L_{gap}}{\lambda}+\frac{2\pi n_{eff}\Delta L}{\lambda} \tag{4.50}$$

式中，λ 为波长；n_{eff} 为光纤的有效折射率。

光纤干涉仪的自由光谱范围（FSR）可以表示为

$$\mathrm{FSR}=\frac{\lambda^2}{L_{gap}+n_{eff}\Delta L} \tag{4.51}$$

由式(4.51) 可知，随着空气间隙 L_{gap} 的不断增大，FSR 不断减小，两者成反比例关系，可以由此进行传感。而且，将式(4.51) 对空气间隙 L_{gap} 求导，可以得到传感灵敏度随空气间隙 L_{gap} 的变化为

$$\frac{\partial \mathrm{FSR}}{\partial L_{gap}}=-\frac{\lambda^2}{(L_{gap}+n_{eff}\Delta L)^2} \tag{4.52}$$

图 4.44(b) 所示为实验测得的在不同空气间隙 L_{gap} 下，光纤干涉仪输出光谱测量结果，可见 FSR 随着空气间隙 L_{gap} 的增大而减小。基于马赫-曾德尔光纤干涉仪的微位移光纤传感器对于位移的测量灵敏度可以高达 66nm/μm，可以准确测量$<10^{-6}$m 的位移变化量。

4.3.4.3　基于马赫-曾德尔光纤干涉仪的液位光纤传感器

基于光纤模间干涉可以制作结构紧凑、高灵敏度的光纤传感器，但需要采用激发高阶模式的方法，如采用扩径光纤锥（up-tapered fiber）方法。将光纤在高温下加热到熔融状态，然后两边稍用力挤压光纤，可以得到扩径光纤锥，在锥区可以激发出高阶模式。在扩径光纤锥区，原纤芯中传输的基模光波一部分转变为包层模式在包层中传输，剩余部分继续在纤芯

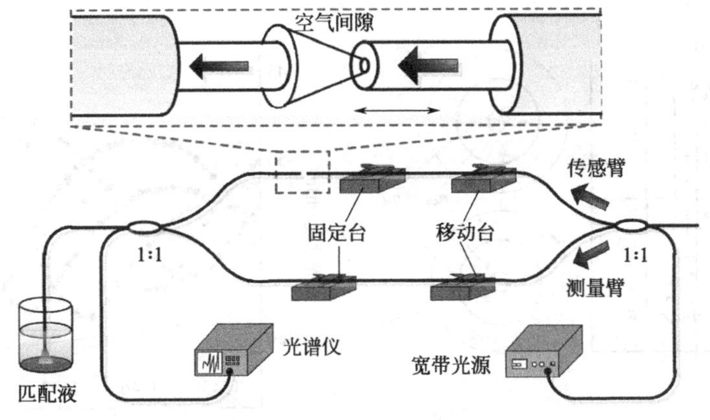

(a) 微位移光纤传感器结构示意图

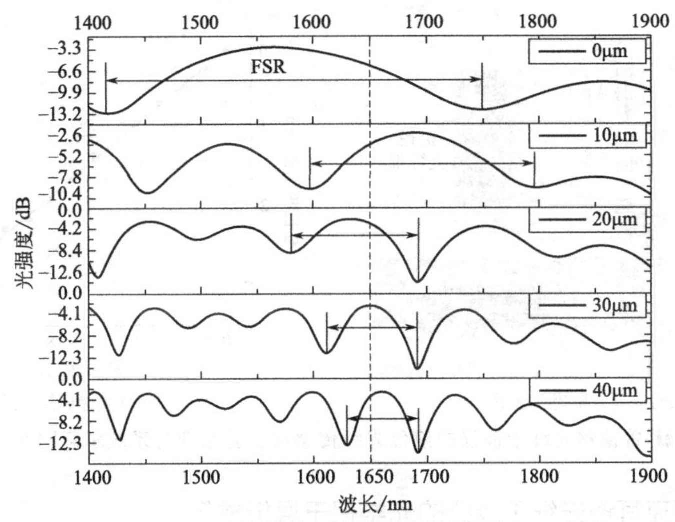

(b) FSR随空气间隙的变化曲线图

图 4.44　基于马赫-曾德尔光纤干涉仪的微位移光纤传感器结构示意图以及 FSR 随空间间隙的变化曲线图

中传输。传输一段距离后，在另一个扩径光纤锥处，包层模再次耦合回纤芯。由于包层和纤芯的有效折射率不同，则产生相位差，相当于马赫-曾德尔光纤干涉仪的两臂，在第二个锥区发生干涉，如图 4.45(a) 所示。

由于包层模式的有效折射率和包层外的介质折射率有关，将扩径光纤锥马赫-曾德尔光纤干涉仪一半浸入液体中，可以实现对液位高度的传感。研究者对此液位光纤传感器进行了实验，如图 4.45(a) 所示。纤芯模式和包层模式的相位差为

$$\varphi_n=\frac{2\pi}{\lambda}[(n_{\text{co\_air}}^{\text{eff}}-n_{\text{cl\_air}}^{\text{eff}})L_1+(n_{\text{co\_H}_2\text{O}}^{\text{eff}}-n_{\text{cl\_H}_2\text{O}}^{\text{eff}})L_2] \tag{4.53}$$

式中，$n_{\text{co\_air}}^{\text{eff}}$、$n_{\text{cl\_air}}^{\text{eff}}$、$n_{\text{co\_H}_2\text{O}}^{\text{eff}}$ 和 $n_{\text{cl\_H}_2\text{O}}^{\text{eff}}$ 分别为纤芯模式和包层模式在空气中和水中的有效折射率；L_1、L_2 分别为两锥区之间液位以上和进入水中的光纤长度。

由式(4.53) 可以看出，随着液位的变化，纤芯模式和包层模式的相位差发生变化，则光谱中干涉波谷（或波峰）波长也发生变化。图 4.45(b-1) 所示为随着液位深度的增加，干涉波谷波长向短波长方向漂移；图 4.45(b-2) 所示为液位深度和干涉波谷波长变化呈良好的线性关系，具有优秀的传感特性。实验证明，此液位光纤传感器的灵敏度为−22.5nm/m。

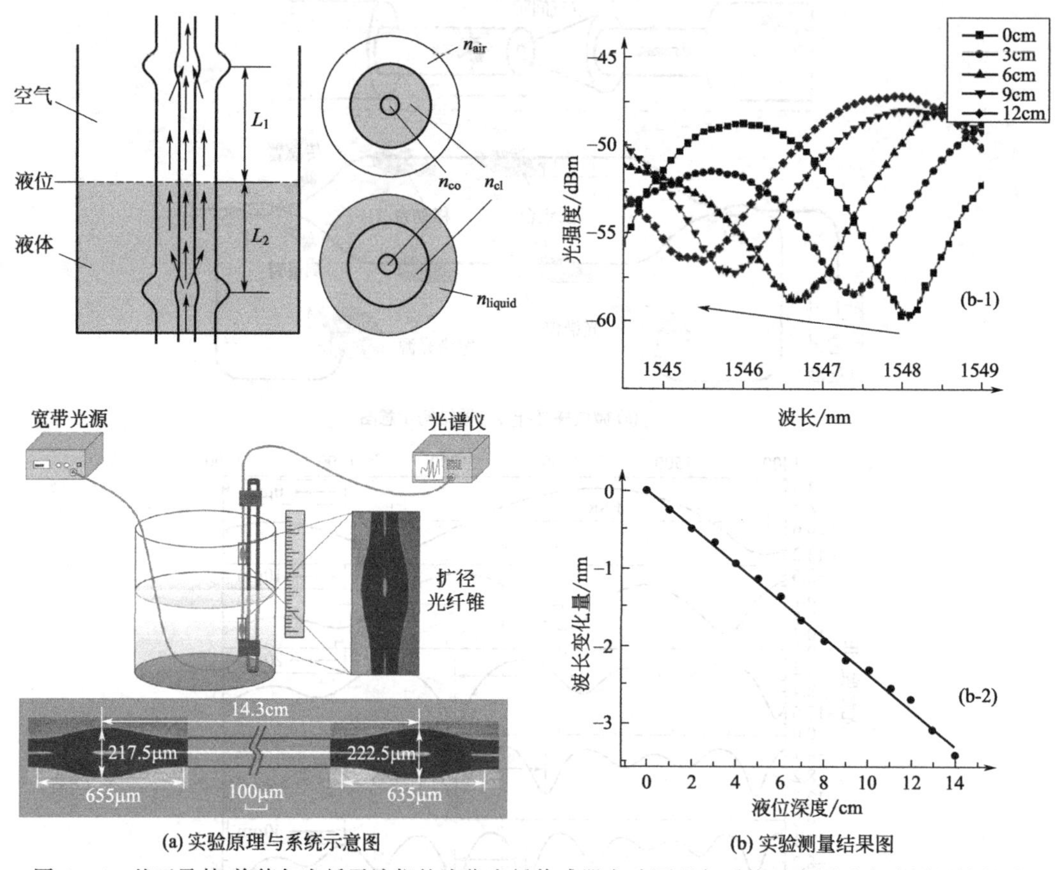

(a) 实验原理与系统示意图　　(b) 实验测量结果图

图 4.45　基于马赫-曾德尔光纤干涉仪的液位光纤传感器实验原理与系统示意图及实验测量结果图

4.3.4.4　基于迈克耳逊光纤干涉仪的光学相干层析成像

光学相干层析成像（Optical Coherence Tomography，OCT）基于的是白光迈克耳逊光纤干涉仪。白光迈克耳逊光纤干涉仪的最大特点是使用谱线宽度很大的白光光源，如超辐射发光二极管（Superluminescent Light Emitting Diode，SLED），其相干长度可以小于25μm。因为只有当迈克耳逊光纤干涉仪的两臂光程差在光源相干长度以内时，干涉仪才有干涉信号输出。所以对于 SLED 光源，只有两臂光程差小于 25μm 时才能形成干涉。例如，干涉仪测量臂光纤输出光信号照射到位置可以变化的反射面，并且参考臂的臂长可以在一定长度内变化，用于不断补偿反射面移动引起的测量臂长度变化（补偿成功标志为得到干涉信号输出），可以实现对于反射面位置变化的高灵敏度测量，原则上测量空间分辨率为光源的相干长度。OCT 系统正是基于这个原理制成的，但是测量的不是单一反射面，而是待测物质的内部结构。因为光束对许多物质都具有一定的穿透深度，而不同深度具有不同的散射系数，即在不同的深度有不同数量的光子可以返回到光纤中。通过扫描参考臂长，实现对于不同深度测量的光程补偿，得到沿待测物质不同深度分布的干涉信号，即可以得到待测物质内部结构信息。另外，再结合基于测量臂输出光纤制作的可二维扫描的探头结构，可以实现三维图像的采集和测量，如图 4.46 所示为典型的三维 OCT 测量系统。OCT 系统可以实现对于物质内部结构的无创测量，如图 4.46 左下角为测量得到的龋齿三维图像的一个切片，可以明显看出牙齿内部的空洞。

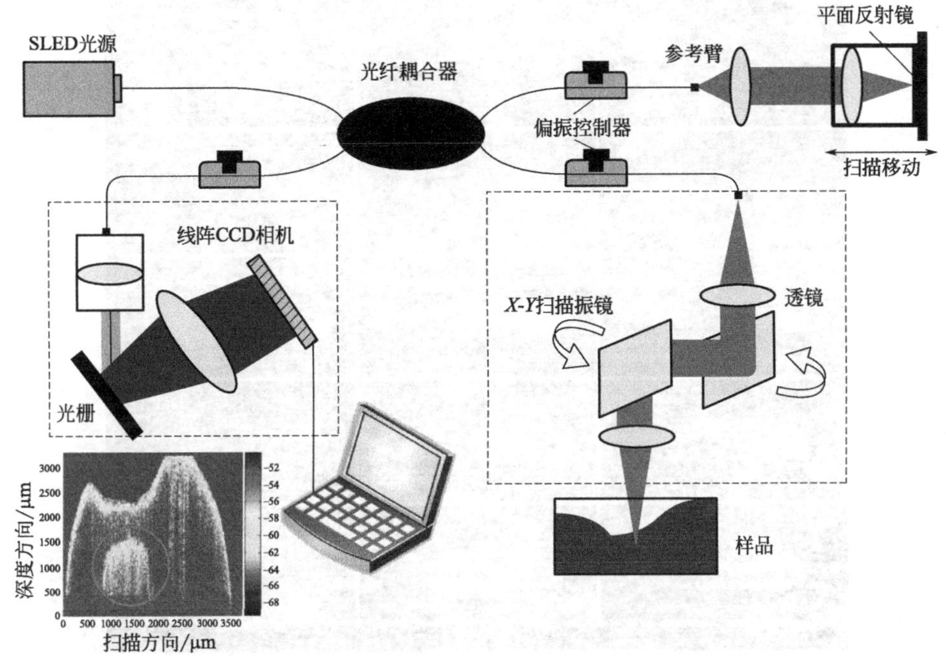

图 4.46 典型的三维 OCT 测量系统示意图

相对于常规的核磁共振、医学 X 射线 CT、超声等成像技术，OCT 技术具有更高的测量空间分辨率、更快的成像速度（可实时）、可二维/三维测量和较低的成本等优势。目前，OCT 技术已被成功应用于眼底病变测量和早期龋齿测量，并且有课题组（如河北大学、天津大学等）正在研究基于 OCT 技术的无创血糖浓度测量、昆虫胚胎发育无创检测、结合光纤传像束的组织内窥三维成像测量等。图 4.47 所示为河北大学光信息技术创新中心课题组基于 OCT 技术无创测量的蝗虫胚胎发育过程，验证了 OCT 技术有望用于昆虫发育及胚胎生长规律调控等研究。

4.3.4.5 基于萨格纳克光纤干涉仪的转动光纤传感器——光纤陀螺仪

传统陀螺仪是用高速回转体的动量矩敏感壳体相对惯性空间绕正交于自转轴的一个或两个轴的角运动检测装置。陀螺仪的种类很多，按用途可以分为传感陀螺仪和指示陀螺仪。传感陀螺仪用于飞行体运动的自动控制系统中，作为水平、垂直、俯仰、航向和角速度传感器。指示陀螺仪主要用于飞行状态的指示，作为驾驶和领航仪表使用。除了在航天飞行器中使用，陀螺仪现已广泛应用于手机、VR 眼镜、体感游戏、玩具飞机平衡等产品上。

基于萨格纳克光纤干涉仪的转动光纤传感原理已在前文中详细叙述，基于此原理制作的高质量转动光纤传感器称为光纤陀螺仪。和传统陀螺仪相比，光纤陀螺仪具有灵敏度高、无转动部分、体积小等显著优点。光纤陀螺仪可采用多圈光纤绕制方法成倍增加环路所围面积，从而大大增加相移的检测灵敏度，但不增加仪器的尺寸。由于没有转动部件，光纤陀螺仪可以被固定在被测的转动部件上，大大增加了其实用范围。光纤陀螺仪的制作难度就是对于零件、部件和系统的要求极为苛刻。例如，为了测出 0.01°/h 的转速，使用长为 1km 的光纤，光波波长 1μm，光纤绕成 10cm 直径的线圈，萨格纳克效应产生的相移 $\Delta\varphi$ 为 10^{-7}rad，而经 1km 长光纤传输后的相移为 6×10^{9}rad，即相对相移的大小为 $\Delta\varphi/\varphi\approx10^{-17}$，可见所需检测精度之高。

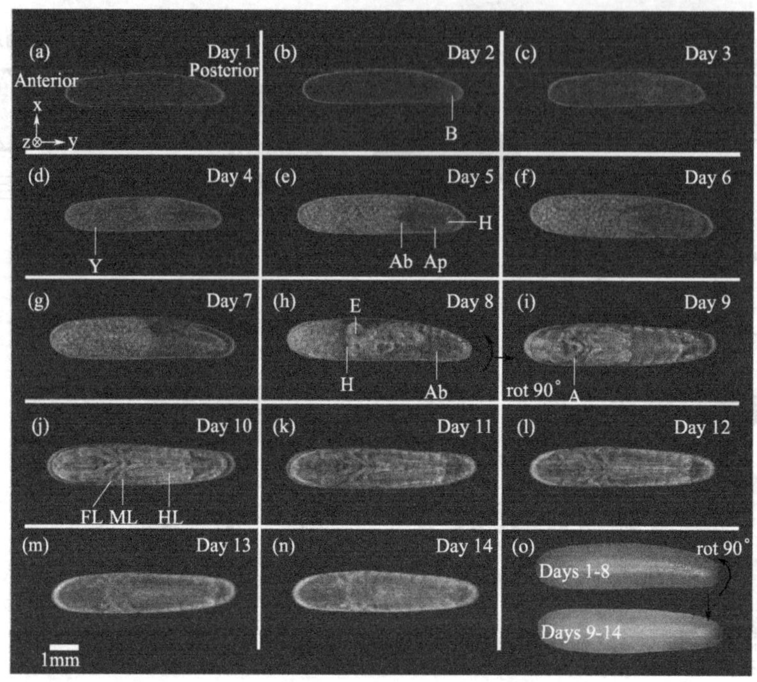

图 4.47　OCT 技术无创测量的蝗虫胚胎发育过程

光纤陀螺仪在研究和制作中，需要注意以下四个重要问题。

(1) 互易性和偏振态

为了能够实现最高精确度测量，要求光路中沿相反方向传输的相干光除非互易的转动相移外，其他因素引起的相移都要互易，这样所对应的相移才可抵消。一般采用“三同”措施，即同光路、同模式、同偏振态。

① 同光路：在图 4.32 所示的光路中只用了一个 3dB 光纤耦合器，而在耦合中对于交叉耦合的光波会在 3dB 光纤耦合器产生附加的相移，这样正反向传输的光束就会产生非互易性的相移，实际应用中需要用到两个 3dB 光纤耦合器才能将其抵消。

② 同模式：如果干涉仪光纤中可以传输的模式数量多于一个，那么就有可能输入某一模式后在另一端输出的是另一种模式的光，这样两种不同模式的光耦合干涉后产生的相移是非互易的且是不稳定的。因此，一般采用单模光纤或单模滤波器，以保证探测到的是同模式的光叠加。

③ 同偏振态：一般在单模光纤中，由于存在分布式的不均匀的微弱双折射，会使得光能量在两个互相垂直的偏振态之间不断发生耦合，这样不仅造成非互易性的相移，而且还会降低干涉条纹的对比度。为保证正反向传输的两光束的偏振态相同，通常在光路中采用偏振补偿技术或者使用保偏光纤。使用只有一个偏振态的单偏振光纤，可以很好地解决这一问题，但一般此类特种光纤价格昂贵，常规使用困难。

(2) 偏置和相位调制

干涉仪探测到的光功率为

$$P_D=\frac{1}{2}P_0(1+\cos\Delta\varphi) \tag{4.54}$$

式中，P_0 为输入的光功率；$\Delta\varphi$ 为待测的非互易引起的相位差。

由式(4.54)可知，余弦函数对于近零点（低转速、小相移差）灵敏度很低。为此，需要对检测信号加一个相位差偏置，偏置量介于 P_D 最大值和最小值之间。偏置状态可以分为45°偏置和动态偏置两种。45°偏置时有 $P_D \propto \sin\Delta\varphi$，其优点是无转动时输出为零，但存在偏置点本身不稳定的问题，给测量结果带来很大误差。动态偏置时有 $P_D(t) \propto P_0 \sin\Delta\varphi \sin(\omega_m t)$，其优点是无转动输出也为零，但是偏置点的稳定问题却得到很大改善。动态相移的偏置一般采用相位调制来实现，在光路中放入相位调制器，如利用附加转动、磁光调制、调制两反向传输光波之间的频率差等方法。常采用声光调制器调制两束反向传输光的频率，产生一个频差 Δf 去补偿转动所产生的相移，从而通过频率的检测测出转动量。

(3) 光子噪声

在光纤陀螺仪中，各种噪声甚多，大大影响了信噪比，因此必须予以重视。其中，光子噪声是基本限制。由于光的粒子性，光源发出的光是由一个个光子组成的，光子数随着时间存在波动，从而形成光子噪声。单个光子的能量表示为

$$E_P = h\nu = \frac{hc}{\lambda} \tag{4.55}$$

式中，h 为普朗克常数；ν 和 λ 分别为光波的频率和波长；c 为真空中的光速。光子数波动产生的光子数方差为

$$\left(\frac{\sigma_P}{E_P}\right)^2 = \frac{2P\Delta\nu}{\frac{hc}{\lambda}} \tag{4.56}$$

式中，$\Delta\nu$ 为计数带宽。

因此，光功率 P 的标准偏差（即光子噪声）为

$$\sigma_P = \sqrt{2P\Delta\nu\frac{hc}{\lambda}} \tag{4.57}$$

另外，为了实现最高测量灵敏度，除了光子噪声外，光纤陀螺仪中的相对强度噪声、热相位噪声也需要重点考虑。

(4) 寄生效应的影响及消除方法

① 直接动态效应。作用于光纤上的温度和机械应力引起传输常数和光纤尺寸变化，从而在接收器上产生相位噪声。如果扰动源对系统中心对称，则总体效果相消，因此应尽量避免单一扰动源靠近一端，并注意光纤环的绕制技术。

② 反射和瑞利散射。光纤中产生瑞利背向散射以及各个端面的反射会在光纤中产生次级波，其与初级波会发生相干叠加，致使在接收器上产生噪声，从而引起角速度的测量误差。散射波具有全方向性且频率不变，光强度与波长的四次方成反比。对于长1km的光纤，瑞利散射造成的最大相位误差为 10^{-2}rad；对于直径10cm、波长为1μm的光纤陀螺仪，相应的角速度误差为 10^3rad/h，不容忽视。在实用中，应尽量避免反射和最大程度减弱瑞利散射光的影响。

③ 法拉第效应。当处于磁场中时，光纤环由于法拉第效应会在光纤陀螺仪中引起噪声，影响的大小取决于磁场的大小和方向。不过，将光纤环放在磁屏蔽盒中可以简单有效地解决噪声问题。

④ 克尔效应。克尔效应是由于光场引起的材料折射率的变化，在单模光纤中意味着导波的传输常数是光波功率的函数。经验证，在光纤陀螺仪中，对于熔融石英材料，当正反两

束光波的功率相差 10nW 时，就足以引起不可忽略的误差。因此，对于总功率为 100μW 的一般情况，要求功率稳定性优于 10^{-4}。

以上讨论了光纤陀螺仪中最基本的几种误差源，尤其互易性是最直接和误差引入最大的来源。随着集成技术的发展和闭环光纤陀螺仪对调制器宽带宽的迫切需求，集成光学调制器代替了闭环光纤陀螺仪的声光调制器。集成光学调制器通常采用 Y 形波导结构，以实现最小的非互易性。基于保偏光纤和单模光纤的最小非互易性结构的光纤陀螺仪原理示意图如图 4.48(a) 和 (b) 所示，这是目前使用最多的两种结构，适用于中等精度以上的光纤陀螺仪。另外，由于掺铒光纤光源可输出功率高、平均波长稳定性好，便于获得较高的信噪比和较高的标度因数精度，在高精度光纤陀螺仪中，通常采用掺铒光纤自发辐射光源。在图 4.48(b) 中，通常在单模光纤环两端接入两个消偏器。两个消偏器的延迟长度和相互之间的延迟长度之差大于单模光纤环双折射引入的累积延迟量，以避免单模光纤环的输入光波消偏后非相关分量重新建立相关性，而产生信号衰落或偏振引起的非互易相位误差。

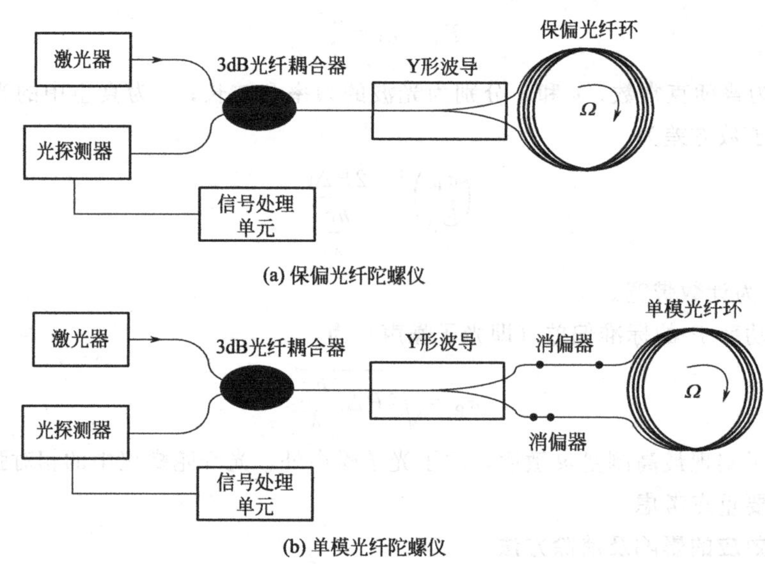

(a) 保偏光纤陀螺仪

(b) 单模光纤陀螺仪

图 4.48 基于 Y 形波导的最小互易性结构的光纤陀螺仪原理示意图

4.3.5 相位调制型光纤传感器的发展

由于相位调制型光纤传感器基于光纤干涉仪原理制作，其具有极高的测量灵敏度和分辨率，因此一直吸引着研究者的注意力。近年来，基于光纤法布里-珀罗（F-P）干涉仪的光纤压力传感器、光纤 F-P 温度传感器，基于混合 F-P 腔结构的压力和温度双参量光纤传感器、超高灵敏度光纤陀螺仪及高质量光纤环制作技术、各种新型光纤模式干涉仪及其对于不同参量测量的应用机理，以及基于各种干涉仪技术的多参量同时可分辨测量技术等均为研究热点，在不久的将来，各种新型的相位调制型光纤传感器会被不断研制出和应用。另外，目前光纤传感器的另一大研究热点——分布式光纤传感技术（将在第 6 章重点介绍），其中很多类型也都是基于相位调制型光纤传感原理的，如相干光时域反射（COTDR）技术、光频域反射（OFDR）技术等，这些技术目前大部分还停留在实验室研究阶段，其低成本实用化的道路还很长，还有诸多未被解决的关键科学技术问题等待被一一攻克。

4.4 偏振态调制型光纤传感器

光波是横电磁波，而其振动方向相对于传播方向的不对称性称为偏振。偏振光是指光矢量的振动方向（通常指电场矢量的方向）不变或按照某种规律变化的光波。偏振光可分为线偏振光（平面偏振光）、圆偏振光、椭圆偏振光和部分偏振光几种。如果光波电矢量的振动方向只局限于一确定的平面内，则称为平面偏振光，又因为振动方向在传播过程中为一直线，故又称线偏振光。如果光波电矢量的振动方向随时间有规律的变化，即电矢量末端轨迹在垂直于传播方向的平面上呈圆形或椭圆形，则称为圆偏振光或椭圆偏振光。如果光波电矢量的振动在传播过程中只在某一确定的方向上占有相对优势，则称为部分偏振光。光敏感外界因素可以改变光在传输过程中的偏振特性，可通过检测和分析光通过待测物理场后偏振态的变化得到待测参量信息。偏振态调制型光纤传感器具有较高的灵敏度，虽不及相位调制型光纤传感器，但是它的结构简单且调整方便。

4.4.1 偏振态调制光纤传感原理

图 4.49 所示为典型的偏振态调制型光纤传感器系统原理框图。一般光源发出的光波先进入可以产生已知偏振态的偏振态生成器，然后通过单模光纤/保偏光纤进入偏振态调制器被调制，之后再经单模光纤/保偏光纤传输到偏振态分析仪进行偏振态检测，最后由信号处理系统分析得到调制信号信息。有时，偏振态生成器需要生成多种已知偏振态，并分别被偏振态分析仪检测、信号处理系统分析后，才能准确得知调制信号信息。偏振态主要基于旋光现象和双折射。较典型的偏振态调制效应有泡克尔斯（Pockels）效应、克尔（Kerr）效应、法拉第（Faraday）效应和弹光效应。偏振态调制基于的基本特性为双折射现象，常见于双折射晶体（各向异性晶体）和高双折射光纤（保偏光纤）。

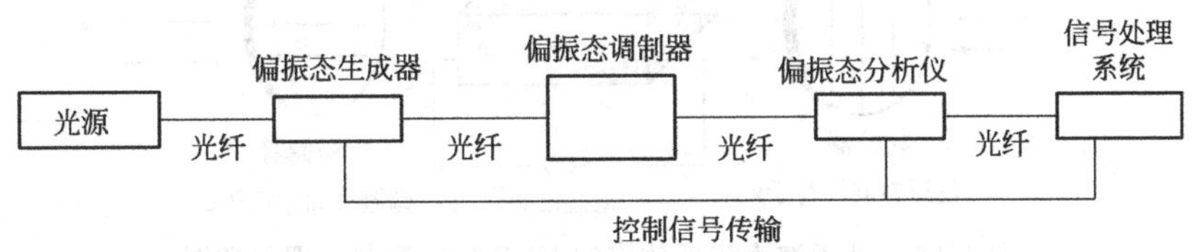

图 4.49 典型的偏振态调制型光纤传感器系统原理框图

在各向异性晶体或其他各向异性光传输介质中，一束入射光常有被分解为两束的现象，两束光分别被称为寻常光（o 光）和非寻常光（e 光）。对于 o 光，任意入射角的正弦值与折射角的正弦值的比为一常数（即折射率）。而对于 e 光，其入射角的正弦值与折射角的正弦值的比随入射角而变化。分解为 o 光和 e 光传输后，两者将具有不同的传输速度，经过晶体长度后产生相位差，于是再次汇合时合成光的偏振态和初始偏振态不同。通过对双折射晶体进行调制，可以使得 o 光和 e 光的相位差发生改变，从而实现对输出偏振态的调制。

在高双折射光纤中，由于应力区的引入或几何形状不对称，导致横向上两正交方向具有不同的折射率（即双折射），具体表现为两个偏振主轴（快轴和慢轴，折射率较小的轴为快轴）。由于双折射的引入，任意与两偏振主轴方向不平行的输入线偏振光将分解为沿快、慢轴传输的分量，并且随着光的传输两垂直分量产生相位差，而且在不同光纤位置合成不同偏振态的光，初始偏振态发生改变。如果输入线偏振光与快轴或慢轴平行，则在光纤传输中偏振态保持不变，表现为偏振保持特性。然而，当外界扰动足够大时，沿某偏振主轴传输的偏振光也可以向另一个偏振主轴耦合，从而产生偏振串扰。因此，通过调制高双折射光纤的双折射特性，可以对传输光波的偏振态进行调制。

4.4.2 偏振态调制主要技术

4.4.2.1 泡克尔斯效应

泡克尔斯效应也称为一次电光效应或线性电光效应，表示当强电场施加于光正在穿行的各向异性晶体时所引起的感生双折射正比于所加电场的一次方。泡克尔斯效应使晶体的双折射性质发生改变，可由描述晶体双折射性质的折射率椭球的变化来表示。以主折射率表示的折射率椭球方程为

$$\frac{x_1^2}{n_1^2}+\frac{x_2^2}{n_2^2}+\frac{x_3^2}{n_3^2}=1 \tag{4.58}$$

对于双轴晶体，主折射率 $n_1 \neq n_2 \neq n_3$；对于单轴晶体，主折射率 $n_1=n_2=n_o$，$n_3=n_e$（n_o 为寻常光折射率，n_e 为非寻常光折射率）。

基于泡克尔斯效应实现的电光调制包括纵向调制和横向调制。晶体的两端设有电极，并在两极间加一个电场。外加电场平行于通光方向，称为纵向调制；而外加电场垂直于通光方向，称为横向调制。对于基于纵向调制的磷酸二氢钾（KDP）类晶体（图 4.50），其折射率的变化 Δn 与电场强度 E 的关系由下式给定：

$$\Delta n=n_o^3\gamma_{63}E \tag{4.59}$$

式中，γ_{63} 是 KDP 晶体的纵向电光系数；n_o 是寻常光折射率的近似值。

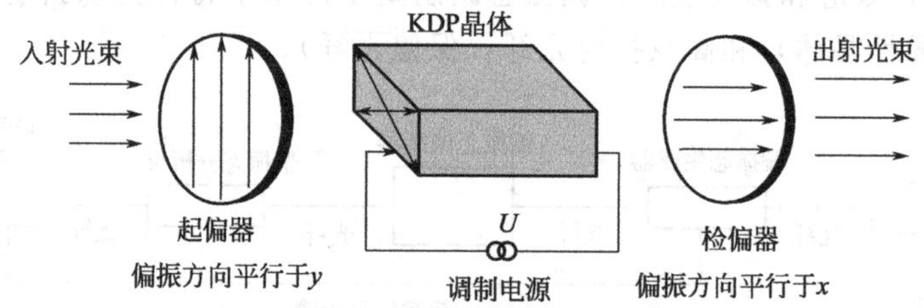

图 4.50 基于泡克尔斯效应的 KDP 纵向调制原理示意图

入射光束通过起偏器后进入到 KDP 晶体，光束分解为两正交的平面偏振光，再穿过厚度为 L 的晶体后光程差为

$$\Delta L=\Delta nL=n_o^3\gamma_{63}EL=n_o^3\gamma_{63}U \tag{4.60}$$

式中，$U=EL$ 是加在晶体上的纵向电压。

此处定义一个半波电压 $U_{\lambda/2}$，表示当折射率变化所引起的相位变化为 π 时所对应的电压，并有

$$U_{\lambda/2}=\frac{\lambda_0}{2n_o^3\gamma_{63}} \tag{4.61}$$

式中，λ_0 为工作波长。

由式(4.60)，晶体中两正交的平面偏振光由于电光效应产生的相位差为

$$\Delta\varphi=\beta\Delta L=\frac{2\pi n_o^3\gamma_{63}U}{\lambda_0} \tag{4.62}$$

通过检偏器对偏振态变化量进行检测，可以得知相位差 $\Delta\varphi$ 的大小，进而得到调制电压大小，以实现对电压的传感。将图 4.50 所示的偏振态调制过程及装置进行必要的信号处理和光纤尾纤输入/输出封装，即可得到基于泡克尔斯效应的偏振态调制型光纤传感器，如图 4.51 所示。

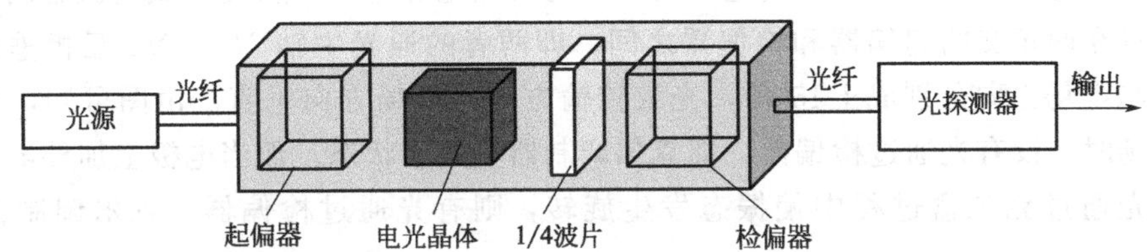

图 4.51 基于泡克尔斯效应的偏振态调制型光纤电压传感器结构示意图

表 4.1 列出了几种晶体的电光系数、寻常光折射率的近似值和半波电压值。但应当注意，不是所有的晶体都具有电光效应，只有不具有中心对称的晶体才具有电光效应。

表 4.1 几种电光晶体的性能参数（室温，$\lambda_0=546.1$nm）

材料	$\gamma_{63}/(10^{-12}$m/s)	n_o	$U_{\lambda/2}$/kV
ADP($NH_4H_2PO_4$)	8.5	～1.52	9.2
KDP(KH_2PO_4)	10.6	～1.51	7.6
KDA(KH_2AsO_4)	～13.0	～1.57	～6.2
KDP(KD_2PO_4)	～23.3	～1.52	～3.4

4.4.2.2 克尔效应

克尔效应也称为二次电光效应或者平方电光效应，它可以发生在一切物质中。当外加电场作用在各向同性的透明物质上时，各向同性物质的光学性质发生变化，变成具有双折射现象的各向异性，并呈现出与单轴晶体相同的情况。设 n_o、n_e 分别为介质在外加电场下的寻常光折射率和非寻常光折射率。当外加电场方向与光的传输方向垂直时，由感应双折射引起的非寻常光折射率和寻常光折射率之差与外加电场 E 的关系为

$$n_e-n_o=\lambda_0 kE^2 \tag{4.63}$$

式中，k 为克尔常数。

在大多数情况下，$n_e-n_o>0$（k 为正值），即介质具有正单轴晶体的性质。表 4.2 给出了部分常用于克尔效应的液体的克尔常数。

表 4.2 部分常用于克尔效应的液体的克尔常数（20℃时，$\lambda_0=589.3$nm）

名称	$k/(300\times10^{-7}$cm/V^2)
苯(C_6H_6)	0.6
二硫化碳(CS_2)	3.2
三氯甲烷($CHCl_3$)	−3.5
水(H_2O)	4.7
硝基甲苯($C_5H_7NO_2$)	123
硝基苯($C_6H_5NO_2$)	220

由表 4.2 可以看出，水是一种易获取、低成本、具有较大克尔常数的液体，被广泛应用于克尔效应。

克尔效应具有极快的响应速度，感应双折射几乎与外加电场同步，响应频率可达 10MHz，因此可以制成高速的克尔调制器或克尔光闸。如图 4.52 所示为基于克尔效应的偏振态调制原理示意图。由透明玻璃盒制作克尔盒，装入各向同性液体（如水）。在克尔盒中安装一对平板电极，连接外部调制电压后可以对液体施加电场，从而构成偏振态调制器。将调制器放置在两正交的起偏器和检偏器之间，即两者的通光主轴 N_1、N_2 互相垂直，并且 N_1、N_2 与电场方向分别成±45°角，光束传输方向与电场方向垂直。由图可知，当电极上不加外电场时，没有光通过检偏器，即克尔调制器呈关闭状态。而当电极上加外电场时，由于线偏振光通过克尔盒过程中偏振态发生旋转，则有光通过检偏器，克尔调制器呈开启状态。

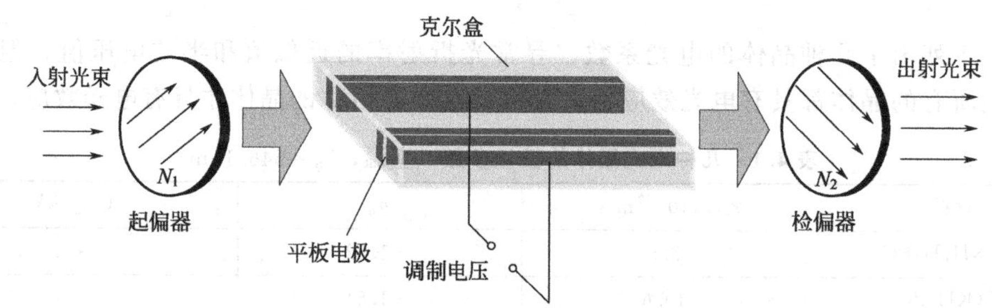

图 4.52　基于克尔效应的偏振态调制原理示意图

若在两极上加电压 U，则由感应双折射引起的两正交偏振光波的光程差为

$$\Delta L=(n_e-n_o)l=k\lambda_0 l\left(\frac{U}{d}\right)^2 \tag{4.64}$$

式中，d 为两电极间距离且满足 $E=U/d$；l 为光在克尔调制器中的光程长度。则产生的相位差为

$$\Delta\varphi=2\pi kl\left(\frac{U}{d}\right)^2 \tag{4.65}$$

由于相位差是通过检偏器的透射光强度进行检测的，经过计算可得检偏器的透射光强度 I 与起偏器的入射光强度 I_0 之间的关系为

$$I=I_0\sin^2\left[\frac{\pi}{2}\left(\frac{U}{U_{\lambda/2}}\right)^2\right] \tag{4.66}$$

式中，半波电压 $U_{\lambda/2}=d/\sqrt{2kl}$。

将图 4.52 所示的偏振态调制器进行光纤尾纤输入/输出封装后可制作成类似于图 4.51 所示的偏振态调制型电场、电压光纤传感器。

4.4.2.3　法拉第效应

法拉第效应也称为磁致旋光效应，是指磁光介质在磁场作用下使通过的线偏振光的偏振方向发生旋转的现象。基于法拉第效应的偏振态调制原理示意图如图 4.53 所示。经过起偏器后的线偏振光入射到磁光介质（YIG 磁棒），通过缠绕在介质上的线圈将调制电压转换为调制磁场后对线偏振光的偏振态进行旋转，再由检偏器检测偏振态旋转的角度。当线偏振光沿磁场方向（平行或反平行）通过法拉第装置时，光矢量 $\boldsymbol{E}$ 旋转的角度 φ 为

$$\varphi = V\oint_l H\,\mathrm{d}l \tag{4.67}$$

式中，V 是磁光介质的费尔德（Verdet）常数；l 是磁光介质中的光程；H 是磁场强度。

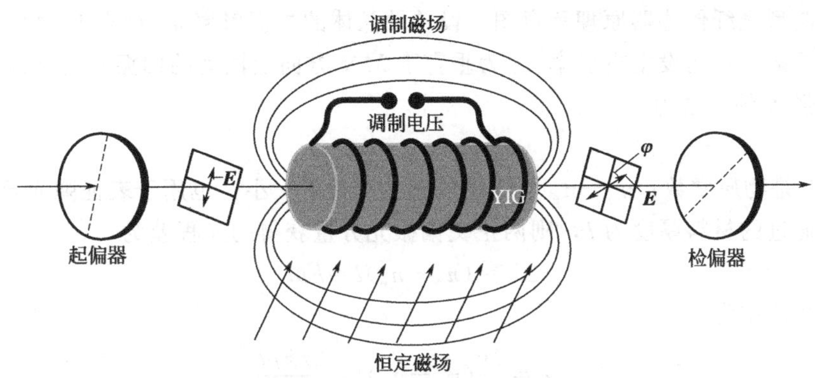

图 4.53 基于法拉第效应的偏振态调制原理示意图

在法拉第效应中，偏振面的旋转方向与外加磁场的方向有关，实际上是因为费尔德常数 V 有正负值之分。当光的传输方向平行于所加磁场方向时，费尔德常数为正，法拉第效应是左旋光的；而当光的传输方向反向平行于所加磁场方向时，费尔德常数为负，法拉第效应是右旋光的。可见，法拉第效应导致线偏振光的偏振面旋转方向仅由外磁场方向决定，而与线偏振光传输方向无关，这也是法拉第效应旋光与自然旋光（当线偏振光沿自然界中存在的一些物质的光轴方向传输后，其偏振面会发生旋转）的最重要区别之一。如图 4.54(a) 和 (b) 分别所示为自然旋光和法拉第效应旋光通过反射镜后的现象。自然旋光是线偏振光通过某些物质时旋光，光正方向与反方向传输时振动面旋向相反；而法拉第效应旋光是线偏振光通过磁场旋光，光沿顺磁场方向与逆磁场方向传输时振动面旋向相同。可见，法拉第效应旋光对于多次反射可成倍旋光，这在很多领域具有重要意义，最典型的应用即为光纤隔离器。

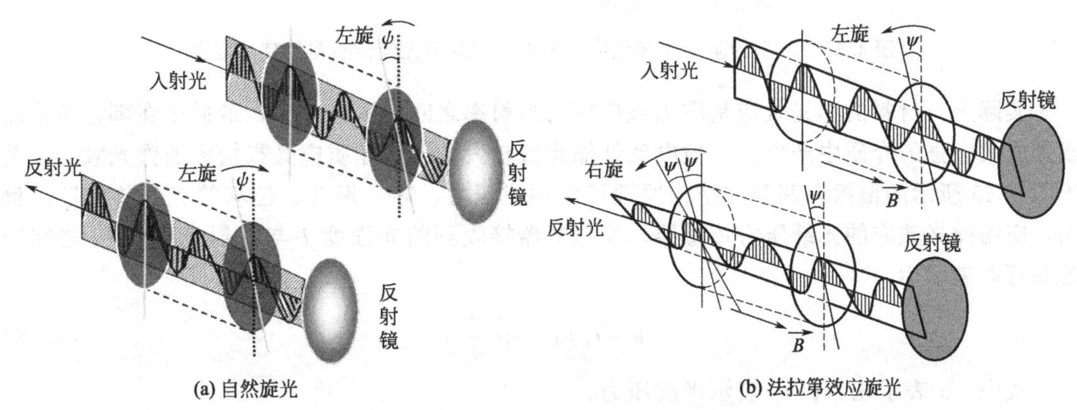

图 4.54 自然旋光和法拉第效应旋光的区别

同样，将图 4.53 所示装置进行光纤尾纤输入/输出封装后可制作偏振态调制型电压、电流、磁场光纤传感器，而且结合反射镜使用，可以成倍提高测量灵敏度。

4.4.2.4 弹光效应

弹光效应也称为光弹效应，是指通光材料在发生力学形变时表现出各向异性的特性。一般地，压缩时材料具有负单轴晶体的性质，伸长时材料具有正单轴晶体的性质。在应力的方向上物质有等效光轴，感生双折射的大小正比于应力。图 4.55 所示为典型的基于弹光效应的偏振态调制型光纤传感器原理示意图。设单轴晶体的主折射率 n_e 对应于 MN 方向上振动的偏振光的折射率，而设主折射率 n_o 为垂直于 MN 方向上振动的偏振光的折射率，这时弹光效应与压强 p 的关系为

$$n_o - n_e = kp \tag{4.68}$$

式中，k 是物质常数；$n_o - n_e$ 是物质的感生双折射大小，也用于表征弹光效应的强弱。

若光波通过的材料厚度为 l，则两正交偏振光分量获得的光程差为

$$\Delta L = (n_o - n_e)l = kpl \tag{4.69}$$

相应引起的相位差为

$$\Delta\varphi = \frac{2\pi}{\lambda_0}(n_o - n_e)l = \frac{2\pi kpl}{\lambda_0} \tag{4.70}$$

式中各参数定义与上文相同。

理论上弹光效应可用折射率椭球参量的变化与应力 σ_j 或应变 ε_j 的关系来描述，即

$$\Delta b_i = \pi_{ij}\sigma_j \text{ 或 } \Delta b_i = p_{ij}\varepsilon_j \tag{4.71}$$

式中，π_{ij} 是压光系数（或压光应力系数）；p_{ij} 是泡克尔斯系数（或压光应变系数）。

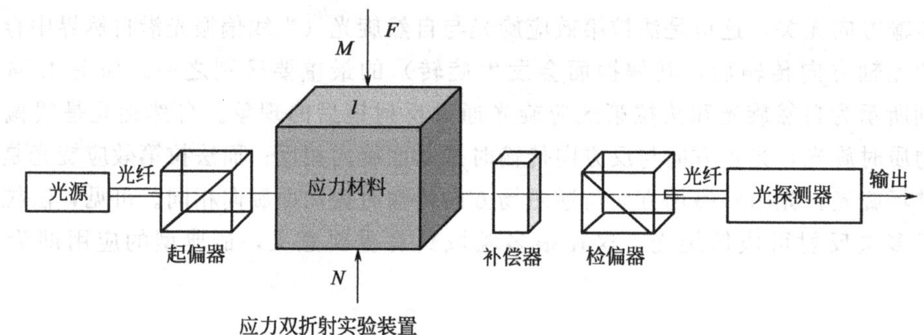

图 4.55 典型的基于弹光效应的偏振态调制型光纤传感器原理示意图

实际上，材料的弹光效应是应力或应变与折射率之间的耦合效应，最适于在耦合效率高或弹光效应强的介质中产生。一般电致伸缩系数较大的透明介质应具有较大的弹光效应。基于图 4.55 所示的偏振态调制和结构原理可以构成压力、声、振动、位移等光纤传感器。例如，应用弹光效应的光纤压力传感器，光探测器接收到的光强度 I 与入射光强度 I_0 之间的关系可以表示为

$$I = I_0\left(1 + \sin\frac{\sigma}{\sigma_\pi}\right) \tag{4.72}$$

式中，σ 表示压力；σ_π 表示半波压力。

对于非晶体材料，有

$$\sigma_\pi = \frac{\lambda_0}{p_{\text{neff}}l} \tag{4.73}$$

式中，p_{neff} 为有效弹光系数；l 为弹光材料的光路长度。

4.4.3 偏振态调制型光纤传感器的应用

4.4.3.1 电流光纤传感器

电流光纤传感器是利用熔融石英材料的法拉第效应制成的。光纤本身是石英材料，处于磁场中的光纤会使在光纤中传输的偏振光发生偏振面的旋转。一般将光纤缠绕在导线上，根据法拉第效应和电流与磁场的关系，可以对导线中的电流进行测量。由式(4.67)可知，光纤中线偏振光的旋转角度 φ 与磁场强度 H、磁场中光纤长度 L 成正比，满足

$$\varphi=VHL \tag{4.74}$$

由于载流导线在周围空间产生的磁场满足安培环路定律，对于长直导线有

$$H=\frac{I}{2\pi R} \tag{4.75}$$

式中，R 为磁场环路半径。

根据式(4.74)和式(4.75)有

$$\varphi=\frac{VLI}{2\pi R}=NVI \tag{4.76}$$

如果将光纤绕在导线上，则 R 为导线半径，式(4.76)中 N 为绕在导线上的光纤总圈数。可见，只要测量 φ、L、R 的值，就可由式(4.76)求出长直导线中的电流 I。其中，φ 的测量是关键。

如图4.56所示，设 $I=0$ 时，光纤出射光的振动方向沿 y 轴，检偏器P的方位为 θ；$I\neq 0$ 时，光纤出射光的方位为 φ，在 P 上的投影（即光探测器的输出信号强度）为 J，则有

$$J=E^2\cos^2(\theta-\varphi)=\frac{E^2}{2}[1+\cos(2\theta-2\varphi)] \tag{4.77}$$

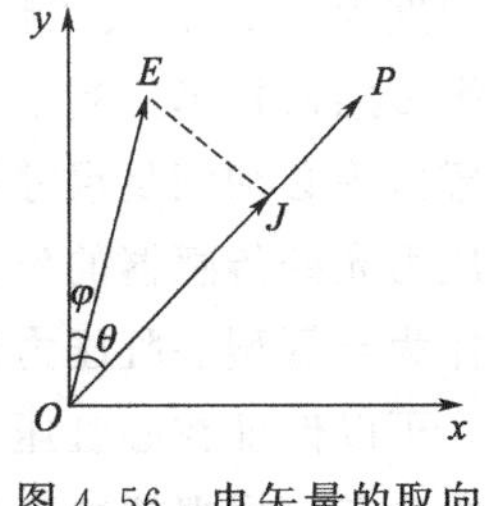

图4.56 电矢量的取向

可见，在 $\varphi=0$ 附近，$\theta=\pm 45°$时，测量灵敏度最高，表明检偏器的方向应与 $I=0$ 时线偏振光的振动方向成45°角，即有

$$J_{1,2}=\frac{E^2}{2}[1\pm\sin(2\varphi)] \tag{4.78}$$

再进行小角度近似，有 $\sin(2\varphi)\approx 2\varphi$。因此，式(4.78)由两部分组成：第一项为直流项 $E^2/2$，第二项为交流项 $(E^2/2)\sin(2\varphi)\approx(E^2/2)(2\varphi)$。利用除法器把交流成分与直流成分相除，可得

$$\frac{(E^2/2)(2\varphi)}{\frac{1}{2}E^2}=2\varphi \tag{4.79}$$

由此可得到 φ 的大小，进而通过式(4.76)得到导线中的电流值。此结果与激光功率 E^2 无关，可以消除激光功率起伏和耦合效率波动。由于只用了一个光探测器，也称为单路检测法。但是，单路检测法只能测量交流电，不能测量直流电。

如果用两个光探测器进行测量，即为双路检测法。使用偏振棱镜将光纤输出的偏振光分解为振动方向相互垂直、传输方向成一定角度的两路光，做以下运算：

$$\frac{J_1-J_2}{J_1+J_2}=\sin(2\varphi)\approx 2\varphi \tag{4.80}$$

式中，J_1、J_2 分别为两个光探测器探测到的偏振光强度。

由式(4.80) 可知，双路检测法同样可以得到 φ 的大小，而且可以消除激光功率起伏和耦合效率波动。另外，双路检测法还具有光能利用率高、抗干扰能力强、交/直流两用等优点。

根据以上原理分析，可以搭建图 4.57 所示的双路检测法电流光纤传感器。根据式(4.76) 可知，通过增加光纤在导线上的缠绕圈数，可以增加电流测量灵敏度。

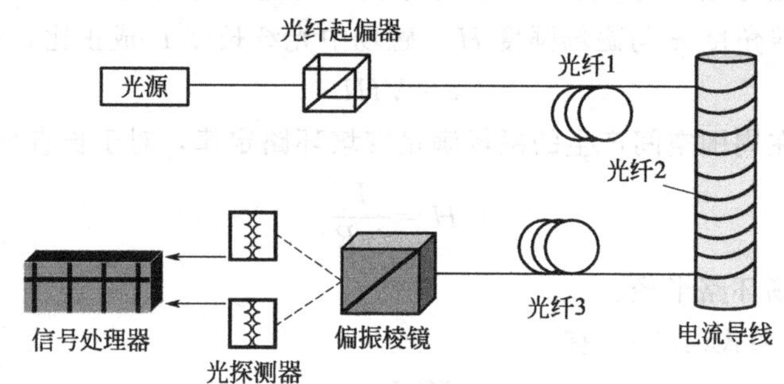

图 4.57　偏振调制型电流光纤传感器原理示意图（采用双路检测法）

4.4.3.2　心脏压力光纤传感器

基于弹光效应可以制作小型心脏压力光纤传感器，利用装有氨基甲酸乙酯弹光材料的装置制作弹光传感器，最终可以实现在生理研究压力范围内（－50～＋300mmHg[1] 范围内）灵敏度为 1mmHg、测量频率范围为 1～100Hz 的性能指标，是一种非常具有吸引力的实用微端传感器技术。受限于常用的心导管（8F 型）的尺寸限制（外径为 2.67mm）或者更小，传感探头必须满足尺寸要求。另外，弹光材料所受应力必须是单轴并垂直于光通道。弹光心脏压力光纤传感器的设计如图 4.58 所示，可将其插入 8F 型导管或直接装置于 8F 型导管前端作为导管型心脏压力探头。选用氨基甲酸乙酯作为弹光材料是经过不断实验测试后确定的，可以保证在心脏压力测量范围内处于其线性测量范围。导管内部被分为三个腔：第一个腔内含有一根裸塑料光纤（外径约为 0.5mm）——输入光纤，其作用是将激光传送到传感探头；第二个腔内同样含有一根裸塑料光纤（外径约为 0.5mm）——输出光纤，其作用是将被弹光效应调制的光信号传输到光接收器；第三个腔提供参考的压力源，放置通气管。弹光材料和其他光学元件都由铅壳保护。为了保证弹光材料所受应力是单轴并垂直于光通道，弹光材料的放置必须严格控制。另外，为了满足实用要求，需要在探头前端做其他处理，如表面做光滑处理以防止凝血等。最后，整个传感探头用环氧树脂封装。

经实验验证，这种心脏压力传感器有潜力满足心导管压力测量的技术要求，并且由于其中大部分的元器件可以通过铸模技术完成，适合大批量生产。但由于光探测器接收到的光强度较小，传感器整体灵敏度偏低、长期稳定性较差，这些也将是目前和未来研究的主要方向。

4.4.3.3　偏振分析光纤陀螺仪

传统光纤陀螺仪都是萨格纳克干涉仪型的，基于检测由旋转引起的正反向传输光束的非互易性相位差得到陀螺仪旋转信息。目前，干涉仪型光纤陀螺仪成本居高不下，导致其在诸

[1] 1mmHg＝133.322Pa.

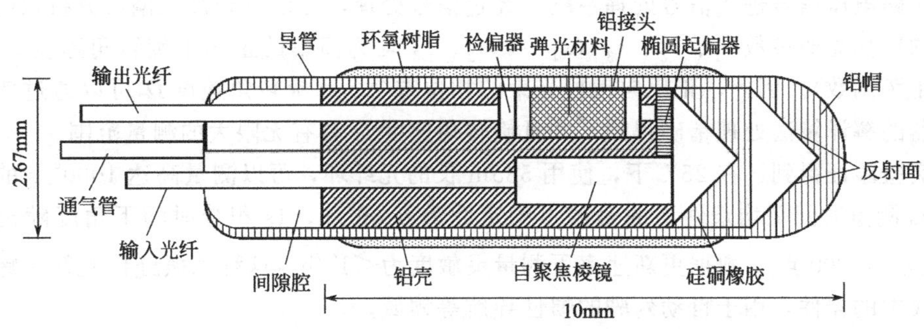

图 4.58　导管端弹光心脏压力光纤传感器探头轴向剖面图

多领域（如无人驾驶汽车等）的广泛应用受到限制。河北大学光信息技术创新中心联合国内外科技公司设计出一种基于偏振分析的光纤陀螺仪技术并研制了样机，其基本原理如图 4.59 所示。偏振分析光纤陀螺仪基于一种全新的偏振调制的分析技术，同样使用光纤环，但是不依赖于干涉效应，而是通过对光纤环正反向传输光束的偏振态分析来获取旋转信息。光源发出的线偏振激光首先经过非偏振分束器，然后由沃拉斯顿棱镜分成具有正交偏振态的两束光，分别沿正反向进入光纤环传输后再次合并并经偏振分束器输出。因为正反向传输光束始终处于正交偏振，因此整个过程中并不发生干涉作用。如萨格纳克干涉仪一样，当光纤环存在旋转时正反向传输的光束会出现延迟差或者相位差，可以简单认为是两正交偏振光的差分群时延。

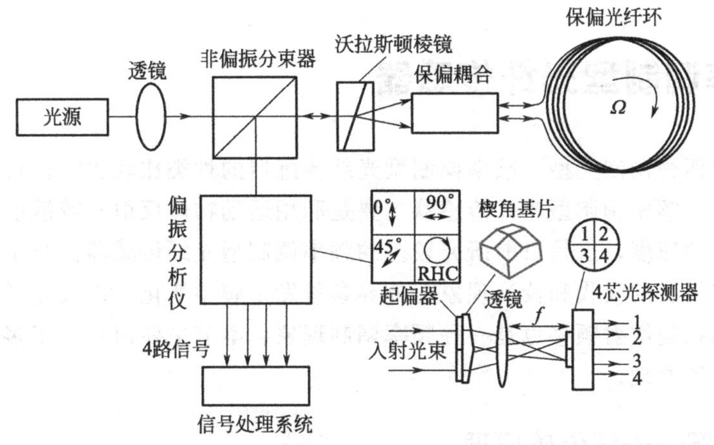

图 4.59　偏振分析光纤陀螺仪原理示意图

对进入到偏振分析仪的输出光束进行偏振态分析，以获取正反向传输两正交偏振光束的相位差 $\Delta\varphi$。相位差 $\Delta\varphi$ 与光纤环旋转角速度 Ω 具有以下关系：

$$\Delta\varphi=\frac{2\pi LD}{\lambda_0 c}\Omega \tag{4.81}$$

式中，L 为光纤总长度；D 为光纤环半径；λ_0 为激光波长；c 为光速。

式中 L、D、λ_0、c 参数均为已知，因此通过相位差 $\Delta\varphi$ 即可得到旋转角速度 Ω。

如图 4.59 所示，在偏振分析仪中，入射光束进入一个基于四面楔角基片的起偏器中，然后被分解为四束传输方向稍有差别的空间光，分别为 0°线偏振光、90°线偏振光、45°线偏振光和右旋圆偏振光。四束光由透镜汇聚到一个 4 芯光探测器上，分别由 1 个探测器接收，共输出 4 路电压信号进入信号处理系统。经过信号处理，可以得到进入偏振分析仪的合成偏振光束的斯托克斯参数 s_1、s_2、s_3（$s_1=0$，s_2、s_3 均为简单的正比于旋转角速度 Ω 的余弦函数和正弦函数）。因此，正反向偏振光束的相位差 $\Delta\varphi$ 和旋转角速度 Ω 可以通过使用正余弦编码器的解译算法处理精确得到，并且旋转角速度 Ω 具有无限大的测量范围。

经实验验证得到：在 25℃下，使用 585m 长的光纤环，可以测量高达 1000°/s 的旋转速度，100s 测量时间平均条件下的偏振不稳定性为 0.09°/h，1s 积分时间下角度随机游走为 $0.0015°/\sqrt{\text{h}}$，200 点/s 数据更新速率下测量灵敏度为<1°/h。这种偏振分析光纤陀螺仪有望制成低成本的器件，用于自动驾驶的惯性导航等领域。

4.4.4 偏振态调制型光纤传感器的发展

偏振光学在光纤光学领域具有强大的应用潜力，其为光纤传感技术的发展奠定基础。随着各类光纤传感技术的不断发展，基于偏振分析的光纤传感技术不只局限于前文提到的几种基本调制方法与类型，更多与其他类型调制技术相结合的偏振分析技术被发展起来，其中将偏振分析引入相位调制型光纤传感器中是较常见的，如基于偏振分析的光频域反射型分布式光纤传感技术等。另外，基于偏振态调制技术和其他类型调制技术相结合的多参量同时传感技术，将是未来的一个研究热点和重点。不同调制类型携带不同待测信息，解调时互不干扰，可以大大节省目前提出的各种多参量同时传感解调仪的硬件成本。而且，基于现有偏振调制原理，应用到不同领域和开拓新的特殊领域用于传感测量新的参量类型，也将是偏振态调制型光纤传感器的重点发展方向。

4.5 频率调制型光纤传感器

相对于其余四种调制类型，频率调制型光纤传感器的种类比较少，仅可以对有限的几个物理量进行测量。频率调制型光纤传感器主要是利用运动物体反射光或散射光的多普勒频移效应来检测其运动速度，这是目前研究较多的频率调制型光纤传感器。频率调制还有一些其他方法，如某些材料的吸收和荧光现象随外界参量发生频率变化，以及光纤中的非线性特性产生的布里渊和拉曼散射频移也是一种频率调制现象。本节主要讨论基于多普勒效应的频率调制型光纤传感器原理。

4.5.1 频率调制光纤传感原理

光学多普勒效应是指光源和光探测器与被测物体发生相对运动时对接收光的频率产生的影响。相对静止时，接收到的光频率为光的振荡频率；而相对运动时，接收到的光频率相对振荡频率发生频移，频移与相对运动的物体速度的大小和方向都有关。在实际应用中，往往是光源和光探测器都不动，但是散射体或反射体运动，这样光探测器探测到的从运动散射体或反射体来的光频率也是变化的。光学多普勒效应频率调制一般是对流体流速进行测量的，首先需要考查由光源入射到流体中运动微粒上的光和接收器接收到的由运动微粒散射出来的光之间的频差，然后再研究测量该频差的方法。

如图 4.60(a) 所示，静止光源 O 发出一束频率为 ν_{i} 的单色光，其入射到与被测流体一起运动（相对于光源的速度为 $\vec{v}$）的微粒 Q 上。根据多普勒效应，微粒 Q 接收到的光频率

ν_Q 是

$$\nu_Q=\nu_i(1+\frac{-\vec{v}\cdot\vec{e}_i}{c/n})=\nu_i(1-\frac{\vec{v}\cdot\vec{e}_i}{c/n}) \tag{4.82}$$

式中，$\vec{e}_i$ 为光束射向微粒方向的单位矢量；n 为流体的折射率。

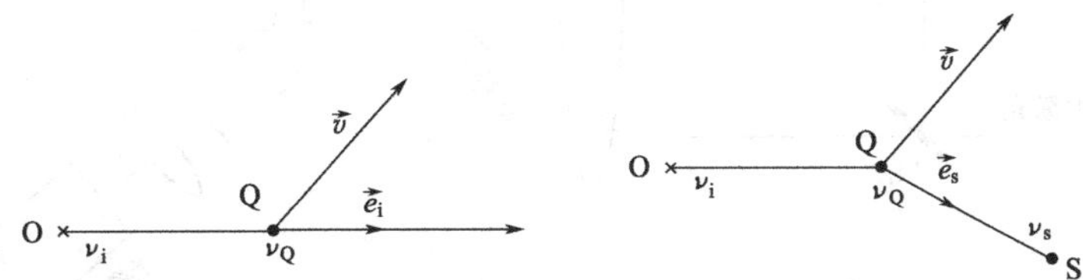

(a) 频率为ν_i的单色光入射到速度为$\vec{v}$微粒Q　　(b) S处接收到的微粒Q散射光的频率ν_s

图 4.60　光学多普勒效应原理示意图

又如图 4.60(b) 所示，微粒 Q 接收到频率为 ν_Q 的光后，向四面八方散射，在与微粒保持相对静止的观察者看来，散射光的频率即为 ν_Q。但是，对于和光源保持相对静止的观测点 S 来说，散射光源 Q 对它的相对速度为 $\vec{v}$，因此 S 处接收到的散射光的频率 ν_s 应为

$$\nu_s=\nu_Q\left(1+\frac{\vec{v}\cdot\vec{e}_s}{c/n}\right) \tag{4.83}$$

式中，$\vec{e}_s$ 是散射方向（沿 Q 到 S 方向）上的单位矢量。

将式(4.82) 代入式(4.83) 得到光源 O 发出的入射光和观测点 S 接收到的散射光之间的频率关系为

$$\nu_s=\nu_i\left(1-\frac{\vec{v}\cdot\vec{e}_i}{c/n}\right)\left(1+\frac{\vec{v}\cdot\vec{e}_s}{c/n}\right) \tag{4.84}$$

经整理，略去平方项可得

$$\nu_s=\nu_i+\frac{\vec{v}}{c/n}\cdot(\vec{e}_s-\vec{e}_i)\nu_i \tag{4.85}$$

可见，只要测得 ν_s，就可以推知 $\vec{v}$ 在（$\vec{e}_s-\vec{e}_i$）方向上的分量。如果再已知 $\vec{v}$ 的方向，则 $\vec{v}$ 可以被测得。

如果将以上的频率调制过程与光纤传输光信号结合，即将激光器发出的单频激光经光纤传输后入射到流体中，经多普勒效应后，再通过光纤收集散射光信号后送入检测与分析系统，就构成了频率调制型光纤传感器。

4.5.2　频率检测方法及多普勒测速原理

对于一般的被测流体速度，式(4.85) 中第一项比第二项要高出 8～9 个数量级，如果直接用光谱分析方法来区别散射光频率 ν_s 和入射光频率 ν_i 是不现实的。常用的方法为差频干涉法，和图 4.42 所示的外差法类似，只是将参考光和信号光用入射光和散射光代替，这样两束光混合后得到的频率差就是要测量的多普勒频移。下面以图 4.61 为例介绍差频干涉法测量多普勒频移的原理。

入射激光入射到分束器 M_1 后被分为两束光：一束光从 M_1 透射，直接到达汇聚透镜 L_1（该光束功率较强），汇聚后照射流体中的散射微粒，产生散射光，频率为 ν_s；另一束光经

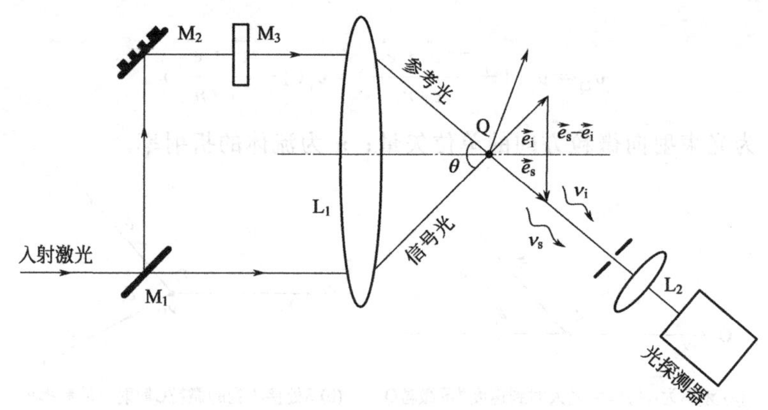

图 4.61　基于差频干涉法的光学多普勒测速原理示意图

M_1、M_2 反射后，再经过衰减器 M_3 衰减到合适功率后作为参考光，频率等于入射激光频率 ν_i。散射光和参考光同时通过光阑和透镜 L_2 汇聚到光探测器上相干叠加。设 $E_i(t)$ 和 $E_s(t)$ 分别表示参考光和散射光的电矢量的瞬时值，E_i 和 E_s 分别表示参考光和散射光电矢量的振幅，φ_i 和 φ_s 分别为参考光和散射光的相位，则有

$$\begin{cases} E_i(t)=E_i\exp[-j(2\pi\nu_i t+\varphi_i)] \\ E_s(t)=E_s\exp[-j(2\pi\nu_s t+\varphi_s)] \end{cases} \tag{4.86}$$

则合成光强度 I 应正比于合成电矢量的模平方，由四项组成：

$$\begin{aligned} I&\propto|E_i(t)+E_s(t)|^2 \\ &=E_i^2(t)+E_s^2(t)+E_iE_s\exp\{-j[2\pi(\nu_i+\nu_s)t+(\varphi_i+\varphi_s)]\} \\ &\quad+E_iE_s\exp\{-j[2\pi(\nu_i-\nu_s)t+(\varphi_i-\varphi_s)]\} \end{aligned} \tag{4.87}$$

其中，前三项的信号频率为光的频率及其和频项，光探测器响应不到，总体表现为光电信号的时间平均值，为常数；第四项为拍频项，信号频率即为多普勒频移。因此，光探测器探测到的合成光强度为

$$I\propto I_0+E_iE_s\exp\{-j[2\pi(\nu_i-\nu_s)t+(\varphi_i-\varphi_s)]\} \tag{4.88}$$

由于光探测器输出的光电流正比于接收到的光强度，用负指数函数的实部表达它的规律为

$$i=i_0+I_m\cos[2\pi\nu_D t+(\varphi_i-\varphi_s)] \tag{4.89}$$

式中，$\nu_D=\nu_s-\nu_i$ 为多普勒频移项；i_0 为光电流的直流分量；I_m 为光电流交流分量的最大值。

通过射频设备或频谱仪测量光探测器输出的光电流的波动频率特性，就可以得到多普勒频移 ν_D。

由式(4.85) 可得

$$\nu_D=\nu_s-\nu_i=\frac{\vec{v}}{c/n}\cdot(\vec{e}_s-\vec{e}_i)\nu_i \tag{4.90}$$

由图 4.61 所示，参考光和信号光的夹角为 θ，且角平分线与 $(\vec{e}_s-\vec{e}_i)$ 矢量的方向是垂直的，设 $\vec{v}$ 在 $(\vec{e}_s-\vec{e}_i)$ 的方向上的投影为 u，则有

$$\vec{v}(\vec{e}_s-\vec{e}_i)=u|\vec{e}_s-\vec{e}_i|=2u\sin\frac{\theta}{2} \tag{4.91}$$

如入射光在真空中的波长为 λ_i，则 $\lambda_i = c/\nu_i$。则根据式(4.90)和式(4.91)有

$$\nu_D = \frac{2u\nu_i}{c/n}\sin\frac{\theta}{2} = \frac{2uc/\lambda_i}{c/n}\sin\frac{\theta}{2} \tag{4.92}$$

经过整理有

$$u = \frac{\lambda_i \nu_D}{2\mu\sin\dfrac{\theta}{2}} \tag{4.93}$$

可见，式中折射率 n、波长 λ_i、角度 θ 都是已知的，则根据测量得到的多普勒频移 ν_D 可以得到 u。此时，如果微粒的运动方向已知（一般都是已知的），$\vec{v}$ 就可以完全确定。

另外，也采用双散射光束差频干涉方法进行光学多普勒效应测速，具体就是检测在同一流体散射微粒上两束散射光的多普勒频差来确定被测点处流体的流速，但理论和测量原理和上述相同。

对于基于多普勒效应的光纤传感器测速，一般是根据上述测量原理，将激光器发射光束输入光纤中传输并输出照射到流体中，同时使用一定方法构造参考光信号，然后再通过光纤收集散射光信号，将参考光信号和散射光信号一并输入到光探测器后进行差频干涉测量。

4.5.3 光纤多普勒技术及传感测量应用

光纤多普勒技术传感测量的最典型应用为测量微血管血液流速。由于微血管直径很小，血液流速低，一般的方法难以准确测量血流速度。而采用光纤和差频干涉技术制成的激光多普勒血流计可以实现快速准确的测量，表现出极大的应用优势。光纤尺寸小巧，可以做成微型探头，非常适合微创血液流速测量，用于医学检测、监测与治疗。

如图 4.62(a) 所示，激光器发出的光经透镜 1 汇聚到光纤中传输到光纤端面（一般制成光纤探头），在光纤与血液界面有小部分光信号直接反射回作为参考光束，而输入到血液中的光经流动血液中的散射微粒散射后，一部分散射光被光纤重新收集作为信号光。参考光和信号光一并经透镜 1、分束器和透镜 2 送入光探测器和信号处理系统。为了消除透镜反射光的影响，利用安置在与入射激光偏振方向相正交的检偏器来接收血液散射微粒的散射光和参考光。光纤探头及与血管固定的示意图如图 4.62(b) 所示，需要使用注射器针头将光纤插入血管中，针的托座对测量有特殊作用，角度最佳为 60°。确定好光纤顶端与血管壁的距离后，抽出针头。值得注意的是，由于用于人体或生物体活体检测或治疗，对于光纤的类型不用的场合选择也不同，不一定使用常规石英基单模光纤。

4.5.4 频率调制型光纤传感器的发展

由于传统的测速技术无法对微血管血液流速进行准确测量，频率调制型光纤传感器大部分的应用集中在微血管血液流速的测量方面，在此领域表现出极大的应用优势。基于以上分析和应用，对于血管血液流速的测量存在两个缺点：一是无法对血液流动方向进行测量，需要预先知道血液流动方向以进行准确的速度测量；二是属于有创测量，虽然为微创测量，但是人体或生物体仍然存在被感染、出血和需承受心理与生理方面的痛苦。针对以上两个缺点，研究者一直在针对性地进行研究，寻求解决方案。近年来已有一些相关研究的报告，例如将多普勒测速引入到光学相干层析成像（OCT）中，结合 OCT 的三维无创测量特性，实

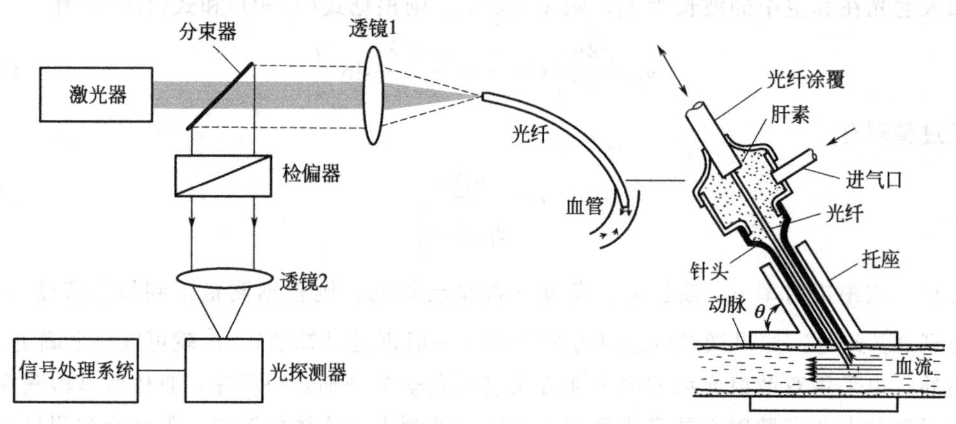

图 4.62　光纤多普勒测速仪用于血液流速测量原理示意图及光纤探头结构剖面图

现无创微血管血液流速测量。近期，河北大学光信息技术创新中心研究团队提出了一种有望实现高分辨无创微血管血液流速测量的方法，基于散斑去相关 OCT 技术，以脂肪乳在毛细玻璃管流动模拟微血管血液流动，实现了方向和大小可同时确定的无创流体流速测量，具体细节可参阅本章相关参考文献。

频率调制型光纤传感器的未来发展方向将集中于高速、高分辨率无创微血管血液流速测量新方法的研究，以及相关低成本、小型化测量仪器设备的开发。另外，对于频率调制型光纤传感器应用类型和可测量参量种类的不断拓展也将是一个重要的发展方向。

习题与思考

1. 试分析强度调制型光纤传感器的分类。

2. 试阐述强度调制型光纤传感器的主要问题及解决途径。

3. 微弯型光纤传感器的主要优缺点有哪些？

4. 反射式和透射式强度调制型光纤传感器的主要区别及应用领域有哪些？

5. 尝试设计一种新型的强度调制型光纤传感器，并分析其工作原理。

6. 波长调制型光纤传感器调制方法都有哪些类型？

7. 光纤光栅对温度和应变进行传感的基本原理是什么？

8. 试阐述等离子体共振测折射率的原理。

9. 二波长单光路的波长检测方法存在哪些弊端？

10. 基于干涉型的光纤相位传感器的分类有哪些？试简述各类干涉仪的结构和工作原理。

11. 已知光纤长为 500m，工作波长 1.3μm，光纤绕成直径为 10cm 的光纤环，预检出 10.2(°)/h 的转速，试计算萨格纳克光纤干涉仪的相对灵敏度 $\Delta\varphi/\varphi$。

12. 试设计一种基于相位调制的温度光纤传感器，并简述其工作原理。

13. 想象 OCT 技术的可应用研究领域和未来应用前景。

14. 偏振态调制型光纤传感器基于的调制技术有哪些？简述其工作原理。

15. 法拉第旋光和自然旋光的不同点有哪些？法拉第旋光的优点及其应用优势有哪些？

16. 基于偏振态调制的光纤测电压方法有哪些？试分析比较各自的优缺点。

17. 思考电流光纤传感器走向实用化存在哪些技术难点，并简述每个技术难点难以实现的原因。

18. 简述基于光学多普勒效应的光纤微血管流速测量原理，并对其存在的技术难点加以分析。

参考文献

[1] 薛国良，王颖，郭建新. 光纤传输与传感. 保定：河北大学出版社，2004.

[2] 王友钊，黄静. 光纤传感技术. 西安：西安电子科技大学出版社，2015.

[3] 黎敏，廖延彪. 光纤传感器及其应用技术. 北京：科学出版社，2018.

[4] 方祖捷，秦关根，瞿荣辉，等. 光纤传感器基础. 北京：科学出版社，2014.

[5] 周广宽，葛国库，赵亚辉，等. 激光器件. 第2版. 西安：西安电子科技大学出版社，2018.

[6] 潘桃桃. 基于反射式光强度调制型光纤压力传感器（RIM-FOPS）的静冰压力检测系统的设计与应用［硕士论文］. 太原：太原理工大学，2015.

[7] 赵华伟. 强度调制型光纤氢气传感器的设计与实验研究［硕士论文］. 武汉：华中科技大学，2015.

[8] 陈恭正，钟琴. 一种利用光纤强度调制测量液体浓度的方法. 科技展望，2016（19）：170.

[9] 徐晓梅. 反射式强度调制型光纤传感孔内表面粗糙度检测技术研究［硕士论文］. 哈尔滨：哈尔滨工业大学，2010.

[10] 张丽，赵晓亮，龙欣，等. 强度调制型光纤静冰压力检测电路的设计. 数学的实践与认识，2015，45（3）：55-61.

[11] X. Hu，Y. Li，Y. Chen. Transmissive fiber optical displacement sensor using cutting plate. Microwave and Optical Technology Letters，2012，54（2）：446-448.

[12] A. Vallan，M. L. Casalicchio，M. Olivero，et al. Two-dimensional displacement sensor based on plastic optical fibers. IEEE Transactions on Instrumentation and Measurement，2013，62（5）：1233-1240.

[13] 廖延彪，苑立波，田芊，等. 中国光纤传感40年. 光学学报，2018，38（3）：328001.

[14] 刘铁根，于哲，江俊峰，等. 分立式与分布式光纤传感关键技术研究进展. 物理学报，2017，66（7）：070705.

[15] J. I. Peterson，S. R. Goldstein，R. V. Fitzgerald，et al. Fiber optic pH probe for physiological use. Analytical Chemistry，1980，52（6）：864-869.

[16] 李川. 光纤传感器技术. 北京：科学出版社，2013.

[17] 孙圣和，王廷云，徐影. 光纤测量与传感技术. 哈尔滨：哈尔滨工业大学出版社，2002.

[18] 李文超，何家欢，李志全，等. 新型双通道可选择性SPR光纤传感器的研究. 红外与激光工程，2017，46（3）：126-132.

[19] 张少华，曾捷，孙晓明，等. 光纤SPR湿敏传感器及其共振光谱特性研究. 光谱学与光谱分析，2012，32（2）：402-406.

[20] X. Wen，T. Ning，C. Li，et al. Liquid level measurement by applying the Mach-Zehnder interferometer based on up-tapers. Applied Optics，2014，53（1）：71-75.

[21] X. Wen，T. Ning，Y. Bai，et al. High-sensitive microdisplacement sensor based on fiber Mach-Zehnder interferometer. IEEE Photonics Technology Letters，2014，26（23）：2395-2398.

[22] 苏亚，孟卓，王志龙，等. 光学相干层析无创血糖检测中相关性分析及标定研究. 中国激光，2014，41（7）：0704002.

[23] Y. Su，L. Wei. H. Tan，et al. Optical coherence tomography as a noninvasive 3D real time imaging tool for the rapid evaluation of phenotypic variations in insect embryonic development. Journal of Biophotonics，2020，13（2）：e201960047.

[24] 张旭苹. 全分布式光纤传感技术. 北京：科学出版社，2013.

[25] 冯亭，张泽恒，段雅楠，等. 功能型液体折射率与温度双参量光纤传感教学实验. 物理实验，2020，40（1）：6-11.

[26] X. S. Yao，H. Xuan，X. Chen，et al. Polarimetry fiber optic gyroscope. Optics Express，2019，27（14）：19984-19995.

[27] 徐时清，戴世勋，张军杰，等. 全光纤电流传感器研究新进展. 激光与光电子学进展，2004，41（1）：41-45.

［28］ 陈家壁，彭润玲. 激光原理及应用. 第 3 版. 北京：电子工业出版社，2013.

［29］ L. Fu，Y. Su，Y. Wang，et al. Rapid measurement of transversal flow velocity vector with high spatial resolution using speckle decorrelation optical coherence tomography. Optics Letters，2017，42（18）：3545-3548.

［30］ Z. Chen，T. E. Milner，D. Dave，et al. Optical Doppler tomographic imaging of fluid flow velocity in highly scattering media. Optics Letters，1997，22（1）：64-66.

第5章

光纤光栅传感器

光纤光栅在光纤光学各个研究领域都占有举足轻重的地位。光纤光栅的发现是光纤通信、光纤激光和光纤传感领域的一个里程碑，它为这三大研究领域注入了新鲜的血液。它的加入使得光纤传感技术在很多方向的应用性能和优势都有了很大程度的提升。光纤光栅包括很多种，如光纤 Bragg（布拉格）光栅（Fiber Bragg Grating，FBG）、长周期光纤光栅、闪耀光纤光栅、相移光纤光栅、啁啾光纤光栅、取样光纤光栅、超结构光纤光栅等，但光纤传感器中用得最多的是光纤 Bragg 光栅（以下简称光纤光栅），基于长周期光纤光栅和闪耀光纤光栅的传感器研究也时有报道。

1978 年，加拿大通信研究中心 Hill 等发现掺锗（Ge）光纤具有光敏性，并利用驻波干涉法制成了世界上第一根永久性可以实现反向传输模式间耦合的光纤光栅（即光纤 Bragg 光栅）。此类光栅只对某一极窄带宽内的波长的光具有很强的反射作用，而对其余波长的光几乎是无反射地完全通过，而且反射波长和光栅的周期有关。但由于驻波干涉法存在诸多不足，所制得的光栅质量差，以至于初期光纤光栅并没有得到较快的发展。直到 1989 年，美国 Easthartford 联合技术研究中心的 Meltz 等利用两束 244nm 的相干紫外光通过双光束全息曝光法侧面曝光掺锗光敏光纤后也成功制出光纤光栅。此方法克服了驻波干涉法的大部分缺点，最重要的是可以制得所希望的 Bragg 反射波长，从而使得光纤光栅的使用达到实用阶段。但是，此方法对光纤光敏性、光源相干性和对整个系统稳定性的要求仍然较高。后来，为了在增加光纤光敏性的同时又不增加光纤中的掺锗浓度而改变光纤自身的其他特性，贝尔实验室的 Lemaire 等在 1993 年提出了使用掺锗光纤的氢载技术来提高光纤的光敏性。通过将掺锗光纤置于高压氢气环境中一段时间以后，可以大大提高光纤的光敏性。此方法适用于任何掺锗光纤。同年，Hill 等又提出了利用相位掩模法写制光纤光栅，这也是目前发展最成熟的光纤光栅写制方法。相位掩模法工艺简单、成品率高、重复性好、对周围环境的要求较低，使得光纤光栅的批量生产也成为可能，极大地推动了其在光纤通信和传感领域的应用。近年来，随着高功率超快光纤激光器的发展，基于飞秒光纤激光器的逐点写入法制作光纤光栅的技术表现出极大的应用前景。

实际上，光纤光栅传感器是第 4 章中波长调制型光纤传感器的最典型代表，基于光纤光栅诸多优点，光纤光栅传感器成为目前应用最成熟、实用性最强、最可靠的光纤传感器类型。

5.1 光纤光栅传感器概述

光纤光栅传感器属于波长调制型光纤传感器，其光敏感器件为光纤光栅。光纤光栅具有窄带反射滤波特性，且其反射中心波长与外界应变、温度等物理量具有良好的线性数学关系，非常适合于传感领域。

5.1.1 光纤光栅理论及其制作技术

5.1.1.1 光纤光栅结构及谐振波长

光纤光栅是利用紫外光通过相位掩模法在光敏光纤上曝光使纤芯折射率发生周期性变化的光波导器件，其结构及工作原理示意图如图 5.1 所示。由于只有纤芯掺锗具有光敏性，紫外曝光只改变纤芯折射率，其中深色部分为折射率较高区域，形成的光纤光栅的周期为 Λ，分别包含一个高折射率区域、低折射率区域。当一束光 λ_{group} 入射到光栅时，纤芯部分形成的周期性折射率调制对某个波长的光 λ_B 会产生强烈的反射作用，其余的光 $\lambda_{group}-\lambda_B$ 全部透射，使得光纤光栅成为一个窄带滤波或反射器件。

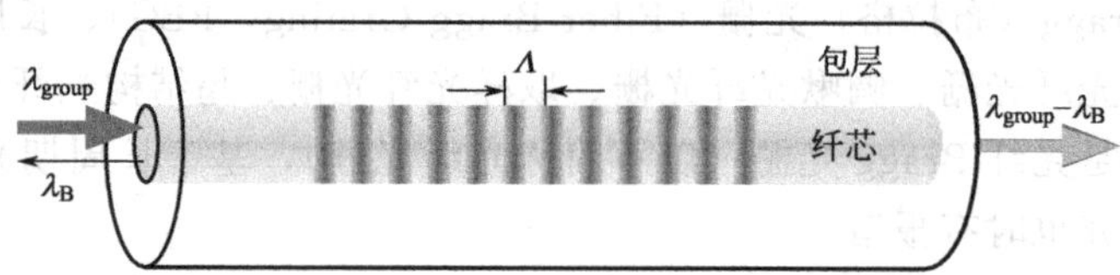

图 5.1 光纤光栅结构及工作原理示意图

光纤光栅纤芯折射率周期性变化的特性类似于普通的光学衍射光栅。因此，在利用耦合模理论对光纤光栅进行定量分析之前，可以简单地将其简化为衍射光栅模型进行定性分析。如图 5.2 所示，当一束光（前向传输模式）以与栅面法线夹角 θ_1 入射到光栅时，有以下衍射方程：

$$n_1\sin\theta_2=n_1\sin\theta_1+m\frac{\lambda_B}{\Lambda} \tag{5.1}$$

式中，θ_2 为衍射光（反向传输模式）与法线夹角；n_1 为纤芯折射率；m 为衍射级数；λ_B 为谐振波长；Λ 为光栅周期。

此时，θ_1 和 θ_2 满足关系：$\theta_2=-\theta_1$，且有 $m=-1$。所以，由式(5.1) 可得

$$n_1\sin\theta_1-n_1\sin\theta_2=\frac{\lambda_B}{\Lambda} \tag{5.2}$$

因为纤芯模的有效折射率 n_{eff} 满足关系：$n_{eff}=n_{core}\sin\theta$，且在普通单模光纤光栅中只存在前向传输模式和后向传输模式，故前向传输模式和后向传输模式的有效折射率 $n_{eff,1}$ 和 $n_{eff,2}$ 相同，且满足关系：$n_{eff}=n_{eff,1}=n_1\sin\theta_1=n_{eff,2}=-n_1\sin\theta_2$，代入方程 (5.2) 可得

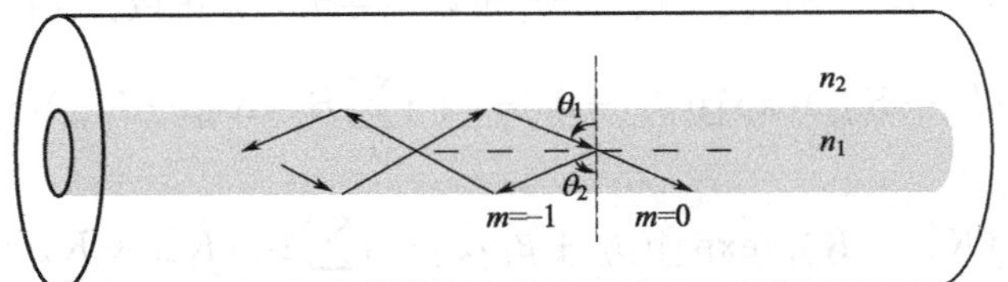

图 5.2 光束通过光纤光栅发生衍射作用示意图

$$\lambda_B=(n_{eff,1}+n_{eff,2})\Lambda=2n_{eff}\Lambda \tag{5.3}$$

5.1.1.2 光纤光栅的耦合模理论

如第 2 章中，研究光波导的基本理论是麦克斯韦方程组，然而直接求解麦克斯韦方程组比较困难，尤其在处理复杂结构的光波导时，这一问题显得尤为突出。但是，可以将复杂的光波导近似为一些受到微扰的简单光波导来处理，从而归结为求解较为简单的光波导的问题，这种方法就是常见的耦合模理论。它是一组一阶微分方程组，即耦合模方程，是从麦克斯韦方程组推导得来的。耦合模理论已被广泛应用于分析各类光波导，它直观、简单，已经成为公认的分析光波导的基本方法。下面介绍光纤光栅的耦合模理论分析过程。

由于光纤中的各本征模式之间存在正交性，并且构成完备的正交集，因此可以将受微扰光纤中的解分解为本征模的线性叠加。光纤中沿 z 轴正（+）、反（−）向传输的各本征模式的光场分布可以表示为

$$E_i^{\pm}(r,\theta,z)=\Psi_i^{\pm}(r,\theta)\exp(\mp j\beta_i z) \quad i=1,2,3,\cdots \tag{5.4}$$

式中，$\Psi_i^{\pm}(r,\theta)$表示各模式沿光纤 z 轴正、反向传输的归一化横向模场分布；β_i 为模式的传输常数；$E_i^{\pm}(r,\theta,z)$为赫姆霍兹方程的本征解，可以由赫姆霍兹方程求解得出。

赫姆霍兹方程是由麦克斯韦方程组推导而来的，如下所示：

$$\nabla^2 E(r,\theta,z)+k_0^2 n^2(z)E(r,\theta,z)=0 \tag{5.5}$$

式中，k_0 为真空中的波矢；n 为介质的折射率。

采用相位掩模法或者全息法紫外曝光写入的光纤光栅实际上是对光纤纤芯引入的一种周期性折射率扰动，于是光纤光栅的折射率分布为

$$n(z)=n_1+\delta n_{eff}(z) \tag{5.6}$$

式中，n_1 为纤芯折射率分布；$\delta n_{eff}(z)$ 为周期性的折射率扰动（或称折射率调制深度）。

δn_{eff} 可以表示为

$$\delta n_{eff}(z)=\overline{\delta n_{eff}}(z)\left\{1+\nu\cos\left[\frac{2\pi}{\Lambda}z+\phi(z)\right]\right\} \tag{5.7}$$

式中，$\overline{\delta n_{eff}}(z)$ 为折射率变化的直流分量或平均折射率变化量；ν 为条纹可见度；Λ 为折射率调制周期；$\phi(z)$ 为光栅周期的变化或啁啾量。

通常紫外曝光所引入的折射率变化量为 $10^{-5}\sim10^{-3}$ 量级，故可做微扰处理。因此，经过曝光后，光栅中所支持模式的光场可以分解为所有正交本征模式的完备集的叠加，如下：

$$E(r,\theta,z)=\sum_i A_i(z)\Psi_i^{+}(r,\theta)\exp(-j\beta_i z)+\sum_i B_i(z)\Psi_i^{-}(r,\theta)\exp(-j\beta_i z) \tag{5.8}$$

式中，$A_i(z)$、$B_i(z)$ 分别表示光栅中沿 z 轴正、反方向传输的第 i 个模式光场的慢变幅度，并且在弱波导情况下，两者是缓慢变化的包络函数，它们的二阶导数可以忽略不计。

于是，将式(5.6)～式(5.8) 代入式(5.5) 可以推导出光栅区域所支持模式的耦合方程为

$$\frac{dA_i}{dz}=j\sum_k A_k(K_{ki}^t+K_{ki}^z)\exp[j(\beta_k-\beta_i)z]+j\sum_k B_k(K_{ki}^t-K_{ki}^z)\exp[-j(\beta_k+\beta_i)z]$$

$$\frac{dB_i}{dz}=-j\sum_k A_k(K_{ki}^t-K_{ki}^z)\exp[j(\beta_k+\beta_i)z]-j\sum_k B_k(K_{ki}^t+K_{ki}^z)\exp[-j(\beta_k-\beta_i)z] \tag{5.9}$$

式中，$K_{ki}^t(z)$ 和 $K_{ki}^z(z)$ 分别为第 k 个模式和第 i 个模式的横向耦合系数和纵向耦合系数。

但在光纤模式中，通常横向耦合系数 $K_{ki}^t(z)$ 要远远大于纵向耦合系数 $K_{ki}^z(z)$，所以常常忽略 $K_{ki}^z(z)$。$K_{ki}^t(z)$ 具体可以表示为

$$K_{ki}^t(z)=\frac{\omega}{4}\iint_{\infty}\Delta\varepsilon(r,\theta,z)\overrightarrow{\Psi_{kt}}(r,\theta)\overrightarrow{\Psi_{kt}^*}(r,\theta)r\,dr\,d\theta \tag{5.10}$$

式中，介电常数 $\Delta\varepsilon(r,\theta,z)$的微扰可近似为 $\Delta\varepsilon(r,\theta,z)\cong 2n\delta n(r,\theta,z)$，而一般情况下偏振模色散不考虑，即横截面上的折射率分布是均匀的，则有 $\delta n(r,\theta,z)=\delta n(z)$。再定义两个新的系数，如下：

$$\sigma_{ki}(z)=\frac{\omega n_1\overline{\delta n_{\mathrm{eff}}(z)}}{2}\iint_{\mathrm{core}}\overrightarrow{\Psi_{kt}}(r,\theta)\overrightarrow{\Psi_{kt}^*}(r,\theta)r\,dr\,d\theta$$

$$\kappa_{ki}(z)=\frac{\nu}{2}\sigma_{ki}(z) \tag{5.11}$$

式中，$\sigma_{ki}(z)$ 定义为直流耦合系数；$\kappa_{ki}(z)$ 定义为交流耦合系数。

将式(5.7)、式(5.11) 代入式(5.10) 整理得

$$K_{ki}^t(z)=\sigma_{ki}(z)+2\kappa_{ki}(z)\cos\left[\frac{2\pi}{\Lambda}z+\phi(z)\right] \tag{5.12}$$

对于用普通单模光纤写制的光纤光栅，光栅只支持正、反向传输的基模之间的耦合，于是可以对方程 (5.9) 做同步近似，得到最简单常用的基模耦合方程：

$$\frac{dR}{dz}=j\hat{\sigma}R(z)+j\kappa S(z)$$

$$\frac{dS}{dz}=-j\hat{\sigma}R(z)-j\kappa^* S(z) \tag{5.13}$$

式中，$R(z)=A(z)\exp[j(\beta-\pi/\Lambda)z-\phi/2]$，$S(z)=B(z)\exp[-j(\beta-\pi/\Lambda)z-\phi/2]$；$\hat{\sigma}$ 为总的直流自耦合系数；κ 为交流耦合系数。

式(5.13) 中 $\hat{\sigma}=\delta+\sigma-\frac{d\phi}{2dz}$，其中 δ 称为光栅的失谐量，大小为

$$\delta=\beta-\frac{\pi}{\Lambda}=2\pi n_{\mathrm{eff}}\left(\frac{1}{\lambda}-\frac{1}{\lambda_B}\right) \tag{5.14}$$

式中，λ_B 为光栅的设计波长或谐振波长。

在单模光纤光栅中，σ 和 κ 可以由式(5.11) 简化得到，即

$$\sigma=\frac{2\pi}{\lambda}\overline{\delta n_{\mathrm{eff}}(z)}$$

$$\kappa=\kappa^*=\frac{\pi}{\lambda}\nu\overline{\delta n_{\mathrm{eff}}(z)} \tag{5.15}$$

如果光纤光栅沿 z 向是均匀分布的，则 $\overline{\delta n}_{\mathrm{eff}}(z)$ 为常数，同时 $\frac{\mathrm{d}\phi}{2\mathrm{d}z}=0$，因此 κ、σ 和 $\hat{\sigma}$ 均为常数，则方程（5.13）可化为一阶常系数微分方程。若再配合适当的边界条件，便可求得方程的解析解，从而求得光纤光栅的反射、透射、时延和色散等特性。对于长度为 L 的均匀光纤光栅，假设前向入射光场幅度为1，即 $R(-L/2)=1$，并且反向无入射光场，即 $S(L/2)=0$，则反射系数 ρ 和透射系数 τ 可以分别表示为 $\rho(\lambda)=S(-L/2)/R(-L/2)$ 和 $\tau(\lambda)=R(L/2)/R(-L/2)$。根据上述边界条件，由耦合模方程（5.13）可解得均匀光纤光栅的反射系数 ρ 和透射系数 τ 的解析解为

$$\rho(\lambda)=\frac{-k\sinh(\sqrt{\kappa^2-\hat{\sigma}^2}L)}{\hat{\sigma}\sinh(\sqrt{\kappa^2-\hat{\sigma}^2}L)+\mathrm{j}\sqrt{\kappa^2-\hat{\sigma}^2}\cosh(\sqrt{\kappa^2-\hat{\sigma}^2}L)} \tag{5.16}$$

$$\tau(\lambda)=\frac{\sqrt{\kappa^2-\hat{\sigma}^2}}{\sqrt{\kappa^2-\hat{\sigma}^2}\cosh(\sqrt{\kappa^2-\hat{\sigma}^2}L)-\mathrm{j}\hat{\sigma}\sinh(\sqrt{\kappa^2-\hat{\sigma}^2}L)} \tag{5.17}$$

于是，反射率 $r(\lambda)$ 和透射率 $t(\lambda)$ 为

$$r(\lambda)=|\rho(\lambda)|^2=\frac{\sinh^2(\sqrt{\kappa^2-\hat{\sigma}^2}L)}{\cosh^2(\sqrt{\kappa^2-\hat{\sigma}^2}L)-\frac{\hat{\sigma}^2}{\kappa^2}} \tag{5.18}$$

$$t(\lambda)=|\tau(\lambda)|^2=\frac{\kappa^2-\hat{\sigma}^2}{\kappa^2\cosh^2(\sqrt{\kappa^2-\hat{\sigma}^2}L)-\hat{\sigma}^2} \tag{5.19}$$

以上为均匀周期或折射率周期性调制的光纤光栅的耦合模理论的解析解法，根据式(5.18) 与式(5.19) 和相关参数定义与赋值可以仿真模拟不同参数条件下光纤光栅的反射谱和透射谱。图5.3所示为仿真得到的不同周期和不同折射率调制深度下的光纤光栅反射谱。但是，以上方法仅限于求解均匀光纤光栅。对于非均匀光纤光栅或基于光纤光栅的滤波器件的耦合模理论，则只能求助于数值解法。目前，求解耦合模方程的数值解法主要有直接数值解法和传输矩阵法。直接数值解法运算速度慢、误差较大；而传输矩阵法则更直观和简单，运算速度快，尤其在求解复杂光纤光栅或基于光纤光栅的滤波器件时优势更加突出，得到了广泛的应用。

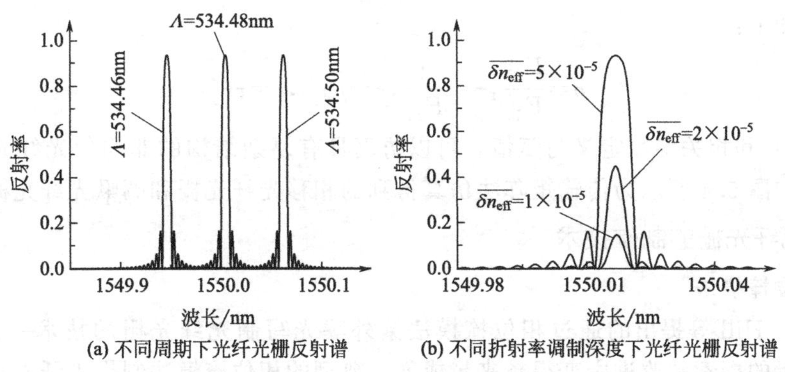

图5.3 仿真得到的不同周期和不同折射率调制深度下的光纤光栅反射谱

5.1.1.3 耦合模方程的数值解法——传输矩阵法

传输矩阵法是基于分段均匀的思想来处理非均匀复杂光纤光栅的方法，即将长度为 L 的整个光栅区域分为 N 个子光栅，每个子光栅都可以被看作是一个长度为 ΔL 的简单均匀光栅，在每个子光栅区域耦合系数与 z 无关。假设正、反向传输模式经过第 i 段子光栅后的光场幅度分别为 R_i 和 S_i，那么它们和模式经过第 $i-1$ 段子光栅后的光场幅度 R_{i-1} 和 S_{i-1} 的关系为

$$\begin{bmatrix} R_i \\ S_i \end{bmatrix} = \boldsymbol{F}_i \begin{bmatrix} R_{i-1} \\ S_{i-1} \end{bmatrix} \tag{5.20}$$

传输矩阵 $\boldsymbol{F}_i$ 为

$$\boldsymbol{F}_i = \begin{bmatrix} \cosh(g\Delta L) - \mathrm{j}\dfrac{\hat{\sigma}}{g}\sinh(g\Delta L) & -\mathrm{j}\dfrac{\kappa}{g}\sinh(g\Delta L) \\ \mathrm{j}\dfrac{\kappa}{g}\sinh(g\Delta L) & \cosh(g\Delta L) + \mathrm{j}\dfrac{\hat{\sigma}}{g}\sinh(g\Delta L) \end{bmatrix} \tag{5.21}$$

$\boldsymbol{F}_i$ 用来描述子光栅的光谱传输特性，其中 $g \equiv \sqrt{\kappa^2 - \hat{\sigma}^2}$，$\Delta L = L/N$。一般，对于每个子光栅的长度 ΔL 要求有 $\Delta L \gg \Lambda$，即要求分段数 N 要满足 $N \ll 2n_{\mathrm{eff}}L/\lambda_{\mathrm{B}}$。也就是说，分段数并不是越大越好，但是为了达到足够的计算精确度而分段数又不能太少。在大多数情况下，只要 $N>50$，就可以达到足够的精确度。最后，将 N 个传输矩阵相乘，就可以得到表示整个光纤光栅的光谱特性的矩阵 $\boldsymbol{F}$。对于边界条件为 $R_0=1$ 和 $S_0=0$，光纤光栅的终端的输出光场为

$$\begin{bmatrix} R_N \\ S_N \end{bmatrix} = \boldsymbol{F} \begin{bmatrix} R_0 \\ S_0 \end{bmatrix}, \boldsymbol{F} = \begin{bmatrix} F_{11} & F_{12} \\ F_{21} & F_{22} \end{bmatrix} = \boldsymbol{F}_N \boldsymbol{F}_{N-1} \cdots \boldsymbol{F}_1 \tag{5.22}$$

对于相移光栅等，具有折射率调制相位突变，则可以在传输矩阵 $\boldsymbol{F}_i$ 和 $\boldsymbol{F}_{i-1}$ 之间简单地加入相移矩阵 $\boldsymbol{F}_\phi$，即

$$\boldsymbol{F}_\phi = \begin{bmatrix} \exp(-\mathrm{j}\phi_i) & 0 \\ 0 & \exp(\mathrm{j}\phi_i) \end{bmatrix} \tag{5.23}$$

式中，ϕ_i 为突变点的相移改变量。

综上，可以分别得到光纤光栅的复反射系数 ρ、复透射系数 τ、反射率 r 和透射率 t 的表达形式，如下：

$$\rho = \frac{F_{21}}{F_{11}}, \tau = \frac{1}{F_{11}}, r = \rho\rho^*, t = \tau\tau^* \tag{5.24}$$

根据式(5.24) 和相关参数定义与赋值，可以仿真具有复杂结构的非均匀光纤光栅的反射谱和透射谱，如图 5.4 所示为传输矩阵法仿真得到的相移光纤光栅和啁啾光纤光栅的反射谱。

5.1.1.4 光纤光栅的制作技术

(1) 相位掩模法

1993 年，Hill 等提出的通过相位掩模法紫外曝光写制光纤光栅的技术一直沿用至今，并且在研究者的探索和改进中变得越来越成熟。典型的相位掩模法制作光纤光栅的写制系统示意图如图 5.5 所示。通过使用不同的相位掩模板，精确控制光斑扫描速度、光斑能量以及

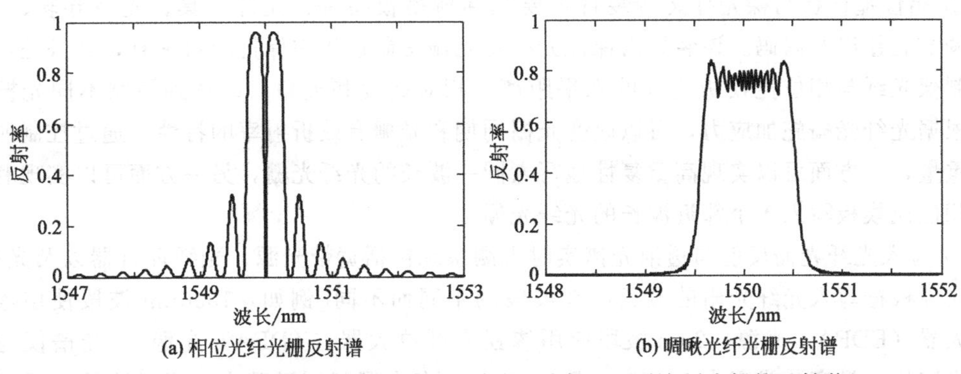

(a) 相位光纤光栅反射谱　　(b) 啁啾光纤光栅反射谱

图 5.4　传输矩阵法仿真得到的相移光纤光栅和啁啾光纤光栅的反射谱

曝光频率，可以写制出希望的任意结构的光纤光栅。该系统共包括五个主要部分，分别是紫外激光光源、高精度位移平台、相位掩模板与裸光纤夹持装置、写入光纤光栅反射与透射光谱实时观测系统以及计算机控制系统。

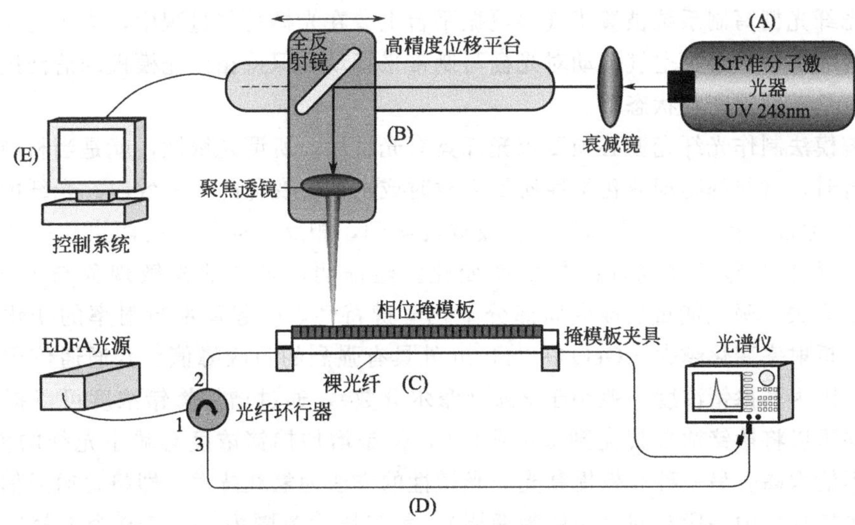

图 5.5　典型的相位掩模法制作光纤光栅的写制系统示意图

A—紫外激光光源；B—高精度位移平台；C—相位掩模板与裸光纤夹持装置；
D—写入光纤光栅反射与透射光谱实时观测系统；E—计算机控制系统

① 紫外激光光源一般采用的是 KrF 准分子激光器，如德国 Lambda Physik 公司生产的 ComPex 205 型，其辐射波长为 248nm、光脉冲宽度为 20ns、光斑大小约为 $9\times20\text{mm}^2$、最大单脉冲能量为 700mJ/cm^2、最高脉冲重复频率为 50Hz、输出激光谱宽为 3pm、脉冲持续时间为 13ns。激光器输出的脉冲激光经由衰减镜入射到高精度位移平台上的全反射镜被反射，然后经由聚焦透镜聚焦后入射到相位掩模板对裸光纤进行曝光。经聚焦透镜聚焦后的光斑约为 $1.5\times10\text{mm}^2$。其中，激光器的单脉冲能量和脉冲重复频率都可以进行人工控制，从而达到制作不同参数的光纤光栅的目的。

② 高精度位移平台一般要求驱动器的移动精度≤0.1μm。通过计算机软件控制驱动器，可以实现位移平台的匀速、变速及复杂规律的精确移动，实现各种特殊结构光纤光栅的写制。

③ 相位掩模板与裸光纤夹持装置主要包括掩模板夹具、光纤夹具、光滑导轨、滑轮、拉力调节旋钮以及砝码。该装置需保证光纤在光栅写制过程中保持绝对平直，并且还可以灵活控制裸光纤与相位掩模板之间的水平距离、相对高度和夹角，以达到写制不同光栅的目的。根据光纤光栅施加应力，可以改变光栅周期和光栅有效折射率的特性。通过控制所加砝码的重量，一方面可以实现高重复性地写入同一波长的光纤光栅，另一方面可以实现利用同一块相位掩模板写入多个邻近波长的光纤光栅。

④ 写入光纤光栅反射与透射光谱实时观测系统包括宽带光源、光纤环行器以及光谱仪。宽带光源根据写入光纤光栅的波长所在波段的不同而不同[例如，1550nm 波段使用掺铒光纤放大器（EDFA）光源，2μm 波段使用掺铥光纤放大器（TDFA）光源]。光谱仪为常规光纤光谱仪，最高分辨率为 0.02nm 或 0.05nm。在光栅写制过程中，通过连接光纤环行器端口 2/3 输出光到光谱仪，可以实现光栅反射谱和透射谱的实时观测。

⑤ 计算机控制系统通过安装在 Windows 系统下的高精度位移平台的驱动器控制软件实现对高精度位移平台和激光光斑在相位掩模板上曝光位置的精确控制。计算机控制系统还包括 KrF 准分子激光器的控制系统，负责控制激光器的开关、脉冲能量和脉冲频率。

整个光纤光栅写制系统被置于气垫隔振平台上。在光栅写制过程中，为了防止紫外光泄漏对人眼造成伤害、避免空气流动对光栅写制带来扰动及保持相位掩模板的清洁度，整个系统都处于茶色玻璃罩密封状态下。

相位掩模法制作光纤光栅必须要求光纤具有光敏性。所谓光敏性，就是当材料被某种特殊光波照射时，材料的物理或化学性质发生暂时或永久性变化的一种效应。光纤的光敏性最早于 1978 年通过在掺锗光纤内部形成驻波被观察到，相反方向传输的两束相同波长激光在掺锗光纤纤芯中引起了周期性的折射率变化。经证明，光纤的光敏现象与 GeO 的紫外（UV）吸收有关，吸收能量后改变局部分子化学键特性，引起局部折射率的变化，并且吸收越强烈，折射率变化越大。GeO 在 244nm 处具有强烈的吸收峰值。普通通信用光纤的光敏性很低，因为其掺锗浓度一般小于 3%（摩尔分数），通过增加掺锗浓度可以提高光纤的光敏性，如可以将掺锗浓度提高到 6%或 9%，但是增加掺锗浓度会减小光纤的模场直径，掺杂浓度不能太高。另一种有效提高光纤光敏性的方法为氢载技术，即将普通通信单模光纤置于高压氢气环境中一段时间（一般为两周），氢气压力范围为 21～750 个大气压。氢载的原理是通过高压低温扩散过程使氢气分子进入光纤材料分子间隙，从而使紫外光作用于每个锗原子，大大提高光纤的紫外光敏性。氢载光纤取出后，要尽快利用相位掩模法写入光纤光栅，否则氢气分子会再次逸出。但将氢载后的光纤放入冰箱中冷冻保存，可以有效延缓氢气分子逸出时间。使用氢载技术可以在普通单模光纤中引入约 10^{-3} 数量级的高折射率调制深度。若使用高掺锗光纤配合氢载技术可以制作出超强折射率调制光纤光栅，折射率调制深度可以达到纤芯和包层相对折射率差。

图 5.6 为实验室制得的多种光纤光栅透射谱。

(2) 逐点写入法

相位掩模法写入的光纤光栅一般不能用于太高温度下的光纤传感，因为当温度高于 500℃时，光纤光栅的反射率会明显降低，甚至将光栅完全擦除，因此一般将相位掩模法写制的光纤光栅的工作温度限定在 300℃以下。近年来，逐渐发展和成熟的飞秒激光逐点写入方法制作的光纤光栅表现出诸多优势，如耐温高达 1000℃、耐辐射和抗潮湿。飞秒激光逐点写入光纤光栅制作系统示意图如图 5.7 所示，其系统结构简单，易调节。使用飞秒激光可

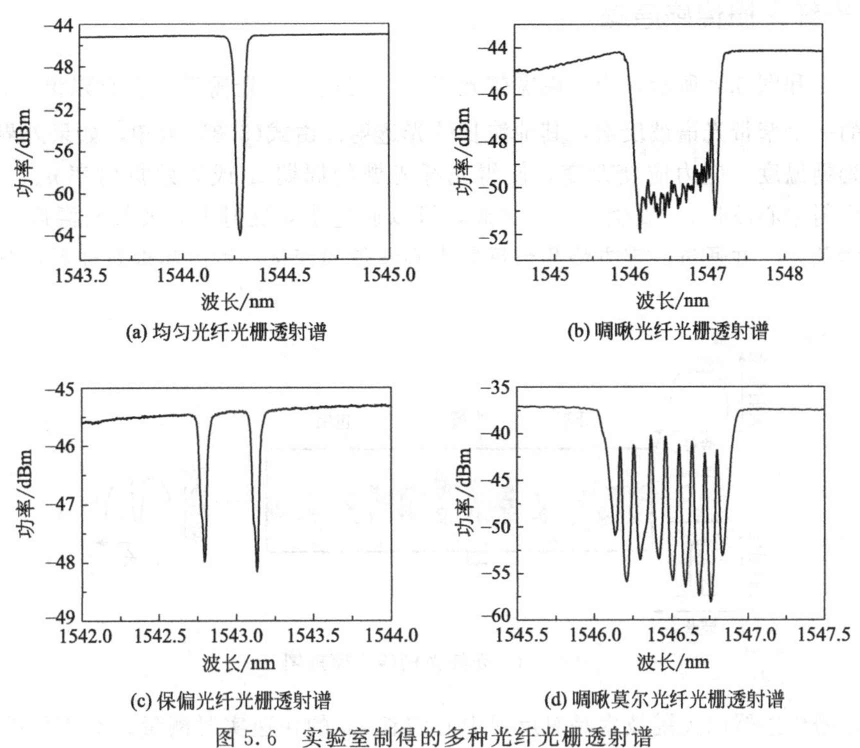

图 5.6　实验室制得的多种光纤光栅透射谱

以直接透过各类透明涂覆层在纤芯中写入各种光纤光栅，无须剥除涂覆层，并且无须氢载光纤和相位掩模板，大大简化了光纤光栅的制作步骤。另外，飞秒激光逐点写入法通过编程可以写入任意长度（可以制作长达千米以上的光纤光栅传感阵列）、任意结构类型的光纤光栅，具有更高的制作灵活性。然而，由于光栅的周期小（百纳米量级），写制系统对移动平台的要求相当高，需要其达到纳米量级的分辨率和精度。另外，飞秒激光器一般使用技术先进、性能高的高功率、高脉冲能量飞秒光纤激光器，才能满足高质量光纤光栅制作需求。目前这两个主要设备（即移动平台和飞秒激光器）的价格相当高，限制了其实用性。但是，随着技术不断改进和成本不断降低，这种光纤光栅制作技术一定会被广泛认可和使用。

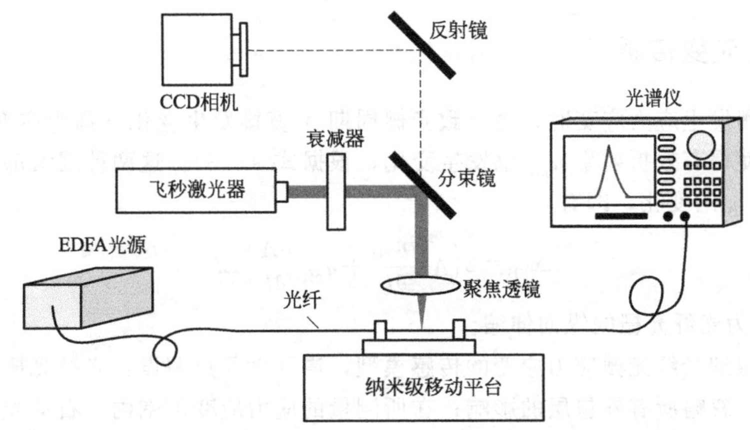

图 5.7　飞秒激光逐点写入光纤光栅制作系统示意图

5.1.2 光纤光栅传感原理

如图 5.1 和图 5.8 所示，当一束宽带光经光纤到达光纤光栅后，会有以谐振波长 λ_B 为中心波长的一个窄带光谱被反射，其他波长的光透射。由式(5.3) 可知，如果外界待测参量引起光纤光栅温度、应力应变改变，使得光纤光栅的周期 Λ 或有效折射率 n_{eff} 发生改变，均会导致反射中心波长 λ_B 发生变化。因此，可以通过建立反射中心波长与温度和应力应变之间的数学关系，并通过一定方法测量反射中心波长的变化，可以实现对外界待测参量的传感测量。

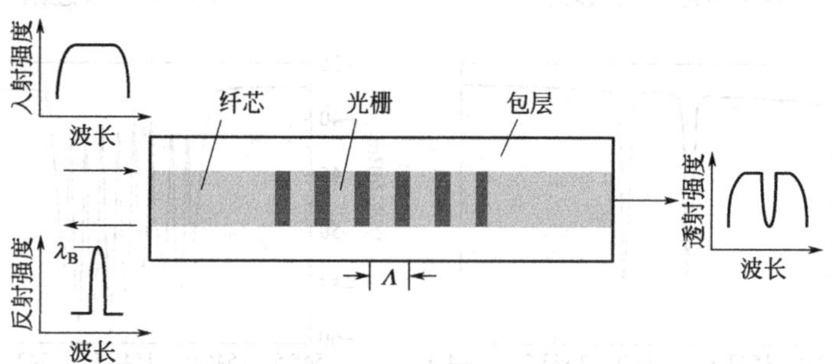

图 5.8 光纤光栅传光原理图

光纤光栅传感器的关键技术是对反射中心波长 λ_B 的快速实时测量。对于传统的光谱仪或者波长计，由于体积大、价格昂贵、测量速度慢，只适用于实验室，不适用于实际应用现场。研究者开发出了多种用于快速测量光纤光栅反射中心波长的测试设备，常称为光纤光栅解调仪。通过使用波分复用、空分复用和时分复用等技术，并结合多通道光纤光栅解调仪，可以实现多个光纤光栅复用成传感网络的光纤光栅传感系统。

5.2 光纤光栅传感模型

光纤光栅传感器最实用的传感参量为应力应变与温度，也有对动态磁场传感的研究。因此，需要对基于光纤光栅传感器的应力应变、温度和动态磁场传感模型进行研究。

5.2.1 应力应变传感

当光纤光栅发生应力应变时，会导致光栅周期 Λ 直接发生变化（称为应变效应），同时由于弹光效应使得有效折射率 n_{eff} 也发生变化，根据式 (5.3)，这两种因素都导致光纤光栅反射中心波长 λ_B 的变化，即有

$$\Delta\lambda_B=2\left(\Lambda\frac{\partial n_{eff}}{\partial l}+n_{eff}\frac{\partial \Lambda}{\partial l}\right)\Delta l \tag{5.25}$$

式中，Δl 为光纤光栅的纵向伸缩。

一般为了得到光纤光栅应力应变的传感模型，需要做几点假设：光纤光栅自身结构仅包括纤芯和包层，忽略所有外包层的影响；在所测量的应力应变范围内，石英光纤是理想弹性体，遵循胡克定律；光栅写制过程中引起的光敏折射率变化在光纤横截面上分布均匀，并且写制过程不影响光纤的各向同性特性；所有应力均为静应力，不考虑随时间变化。光纤光栅

在大多数情况下是用于测量轴向应变的，轴向应变发生的同时会引起横向应变的产生，被称为波导效应。但因为波导效应微弱，对光纤光栅轴向应变测量灵敏度的影响很小，常被忽略不计。经证明，在以上条件下，当光纤光栅发生均匀轴向应变时，光纤光栅反射中心波长 λ_B 与轴向应变 ε_z 成正比，满足

$$\frac{\Delta\lambda_B}{\lambda_B}=\left\{1-\frac{n_{eff}^2}{2}\left[p_{12}-\nu(p_{11}+p_{12})\right]\right\}\varepsilon_z \tag{5.26}$$

式中，p_{11} 与 p_{12} 为应变-光学系数；ν 为泊松比。

定义 P_e 为有效弹光系数，并且有

$$P_e=\frac{n_{eff}^2}{2}\left[p_{12}-\nu(p_{11}+p_{12})\right] \tag{5.27}$$

再定义 S_ε 为光纤光栅的波长-应变灵敏度系数，并且 $S_\varepsilon=1-P_e$，则有

$$\frac{\Delta\lambda_B}{\lambda_B}=S_\varepsilon\varepsilon_z \tag{5.28}$$

取熔融石英中各参量的取值：$p_{11}=0.121$，$p_{12}=0.270$，$\nu=0.170$，$n_{eff}=1.456$，则可得 $P_e=0.216$，$S_\varepsilon=0.784$。于是，当波长 $\lambda_B=1550\text{nm}$ 时，单位微应变引起的光纤光栅反射中心波长 λ_B 变化为 1.22pm/$\mu\varepsilon$。

由式(5.28) 可以看出，光纤光栅反射中心波长 λ_B 与轴向应变量 ε_z 呈线性关系，可以据此实现良好的轴向应变传感，并且具有约 1.22pm/$\mu\varepsilon$ 的传感灵敏度。另外，根据式(5.18) 和式(5.28)，可以对均匀光纤光栅的应变传感特性进行仿真，如图 5.9 所示。可见，随着应变量的增加，光纤光栅反射光谱向长波长方向移动，并且具有良好的线性关系，斜率系数为 1.22pm/$\mu\varepsilon$。

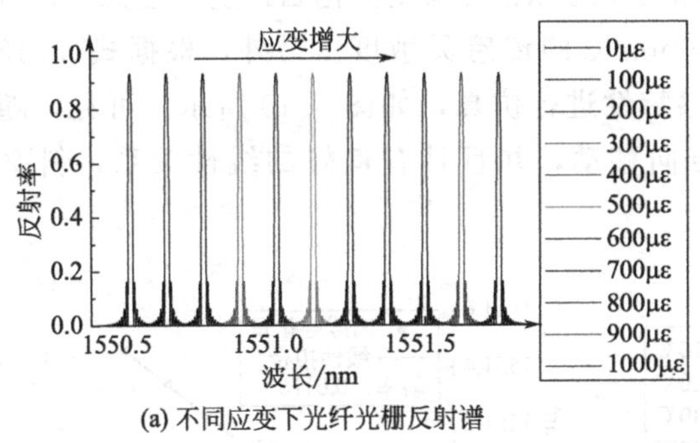

(a) 不同应变下光纤光栅反射谱

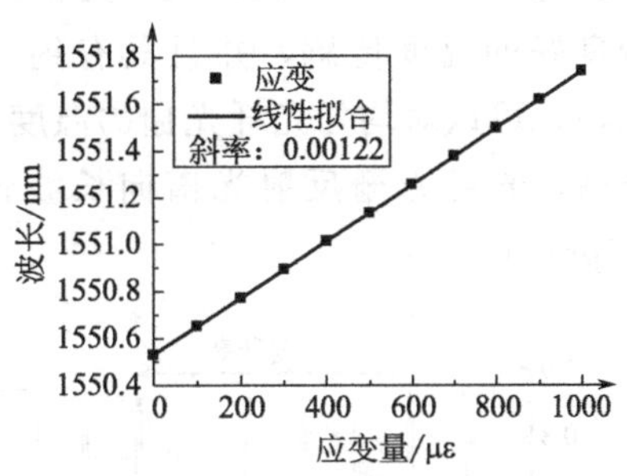

(b) 光纤光栅反射中心波长λ_B与应变量ε_z的关系

图 5.9 光纤光栅应变传感仿真结果

5.2.2 温度传感

和应力应变类似，当温度发生变化时：一方面由于热胀效应使得光纤光栅伸长或缩短而改变其光栅常数，导致光栅周期 Λ 变化；另一方面由于热光效应使光栅区域的有效折射率 n_{eff} 发生变化。根据式(5.3)，这两种因素都导致光纤光栅反射中心波长 λ_B 的变化，即有

$$\Delta\lambda_B=2\left(\Lambda\frac{\partial n_{eff}}{\partial T}+n_{eff}\frac{\partial\Lambda}{\partial T}\right)\Delta T \tag{5.29}$$

式中，ΔT 为温度变化量。

光纤光栅温度传感模型的建立，一般做几点假设：研究光纤的热效应，忽略由外包层和

被测场的热效应引起的其他物理过程；石英光纤的软化点在2000℃以上，一般测温范围内忽略温度对热膨胀系数的影响；在工作波长范围内，热光效应的作用保持一致；一般光纤光栅的尺寸为10～20mm，忽略光栅不同位置的温差产生的热应力。

在一定温度范围内，热胀效应和热光效应均与温度变化量ΔT成正比，可分别表示为

$$\frac{\Delta \Lambda}{\Lambda}=\alpha \Delta T \tag{5.30}$$

$$\frac{\Delta n_{\text{eff}}}{n_{\text{eff}}}=-\frac{1}{n_{\text{eff}}}\times\frac{\mathrm{d}n_{\text{eff}}}{\mathrm{d}V}\times\frac{\mathrm{d}V}{\mathrm{d}T}\Delta T \tag{5.31}$$

式中，α为光纤材料的热膨胀系数；V为光纤的归一化频率。

经验证，温度变化引起光纤光栅反射中心波长λ_B的漂移主要取决于热光效应，它占波长热漂移量的95%左右。记

$$\xi=-\frac{1}{n_{\text{eff}}}\times\frac{\mathrm{d}n_{\text{eff}}}{\mathrm{d}V}\times\frac{\mathrm{d}V}{\mathrm{d}T} \tag{5.32}$$

根据式(5.3)、式(5.29)～式(5.32)可得

$$\frac{\Delta \lambda_B}{\lambda_B}=(\alpha+\xi)\Delta T \tag{5.33}$$

定义K_T为光纤光栅的温度灵敏度系数，且有$K_T=\alpha+\xi$，则有

$$\frac{\Delta \lambda_B}{\lambda_B}=K_T\Delta T \tag{5.34}$$

根据计算，$\alpha=0.5\times10^{-6}/℃$，$\xi=7.0\times10^{-6}/℃$，即$K_T=7.5\times10^{-6}/℃$。于是，当波长$\lambda_B=1550\text{nm}$时，单位温度变化引起的光纤光栅反射中心波长$\lambda_B$变化为11.6pm/℃。

由式(5.34)可以看出，光纤光栅反射中心波长λ_B与温度变化ΔT呈线性关系，可以据此实现良好的温度传感，并且具有约11.6pm/℃的传感灵敏度。另外，根据式(5.18)和式(5.34)，可以对均匀光纤光栅的温度传感特性进行仿真，如图5.10所示。可见，随着温度的升高，光纤光栅反射光谱向长波长方向移动，并且具有良好的线性关系，斜率系数为11.6pm/℃。

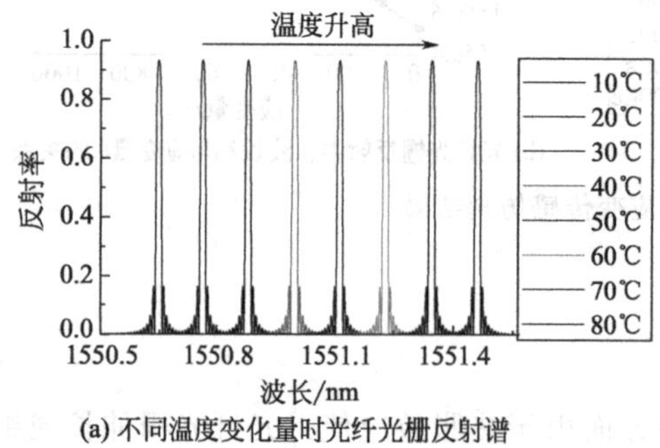

(a) 不同温度变化量时光纤光栅反射谱

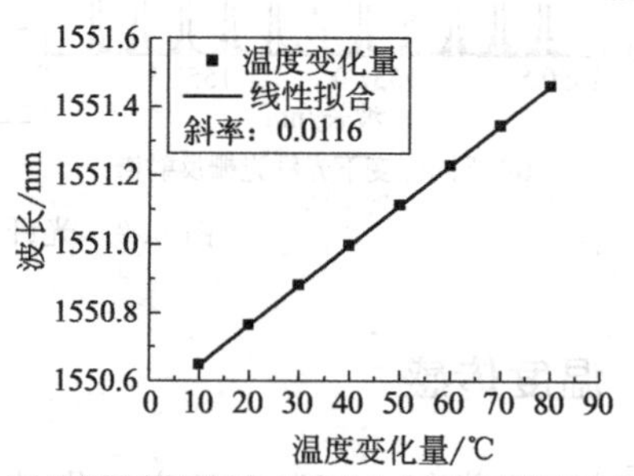

(b) 光纤光栅反射中心波长λ_B与温度变化量的关系

图5.10　光纤光栅温度传感仿真结果

5.2.3 动态磁场传感

将光纤光栅置于磁场中，法拉第效应可引起光纤光栅中左旋圆偏振光和右旋圆偏振光的光纤折射率产生微弱变化。纵向磁场可导致光栅中两个圆偏振光的有效折射率发生变化，其

结果满足两个布拉格谐振条件，由式(5.3)，有

$$\begin{cases}\lambda_{B+}=2n_{eff+}\Lambda \\ \lambda_{B-}=2n_{eff-}\Lambda\end{cases} \tag{5.35}$$

式中，下标“+”和“-”分别表示右旋圆偏振光和左旋圆偏振光。

在石英光纤中，对于1300nm波长，费尔德常数V为0.8rad/T·m。磁场引起的光纤折射率变化为

$$n_{eff+}-n_{eff-}=\frac{VH\lambda}{2\pi} \tag{5.36}$$

经证明，利用干涉调制技术可线性检测$10^{-4}\sim10^{-3}$T的磁场，适用于核磁共振、等离子体约束和光谱学等领域的传感测量。

5.3　光纤光栅传感信号的解调

光纤光栅传感器是典型的波长调制型光纤传感技术，是以波长调制进行外界待测参量测量的，因此其信号解调就是将传感信号从波长调制中解析出来，转换为电信号进行显示和计算。对于波长信号的解调所专门研制的设备称为光纤光栅解调仪。截至目前，已经发展了多种面向不同需求的光纤光栅解调技术，如匹配光栅解调法、可调谐滤波器解调法、扫描激光器解调法、边沿滤波器解调法、阵列探测器解调法、干涉解调法等。

5.3.1　匹配光栅解调法

匹配光栅解调法需要用到两个相互匹配的光纤光栅——传感光纤光栅和参考光纤光栅。其主要原理就是使用参考光纤光栅主动跟踪传感光纤光栅反射中心波长的变化，进行匹配滤波，即由参考光纤光栅的反射中心波长推知传感光纤光栅的反射中心波长。匹配光栅解调法一般有两种工作方式，一种是反射式，另一种是透射式。图5.11所示为反射式匹配光栅解调法原理示意图，也是应用最多的匹配光栅解调法形式。宽带光源发出的光束经光纤隔离器后到达传感光纤光栅，被反射部分作为信号光经光纤耦合器后进入与传感光纤光栅参数完全相同的参考光纤光栅，再检测参考光纤光栅反射光强度，通过调节参考光纤光栅的反射中心波长使接收到的光强度最大，表明两光栅反射中心波长一致，即可由已知参考光纤光栅的反射中心波长获知传感光纤光栅的反射中心波长。透射式和反射式解调原理类似，只是将宽带光源发射的光束输入传感光纤光栅后透射部分作为信号光，再输入到参考光纤光栅，通过调节参考光纤光栅的反射中心波长使光探测器接收到的光强度最小，从而获得传感光纤光栅的反射中心波长。

匹配光栅解调法要求两光纤光栅的参数完全相同，将参考光纤光栅贴在压电陶瓷(PZT)上，其中PZT由外加驱动电压控制。匹配光栅解调法需要事先对系统进行准确标定。当PZT处于自由状态时，传感光纤光栅与参考光纤光栅的反射中心波长相同，光探测器的输出信号幅值最大，可将此时的驱动电压确定为零电平。然后，通过实验确定出不同电压下参考光纤光栅的对应反射中心波长，据此作为传感函数。当传感光纤光栅受外界温度或应力影响时，反射中心波长发生漂移，光探测器接收到的信号幅值减小。可通过调节PZT驱动电压，寻找到光探测器输出信号幅值最大时的状态，再根据传感函数和对应的PZT驱

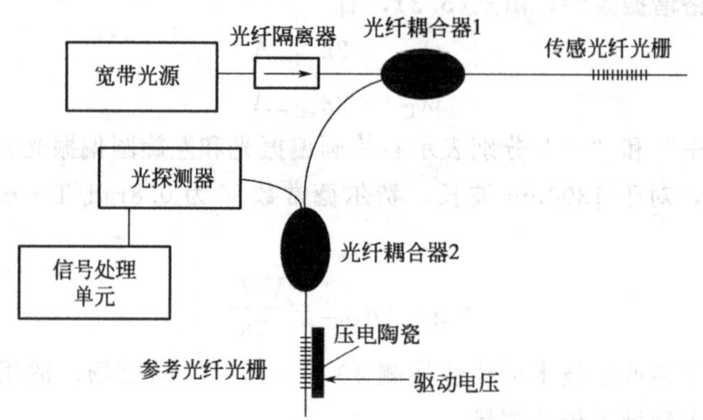

图 5.11　反射式匹配光栅解调法原理示意图

动电压值得到传感光纤光栅的反射中心波长。

匹配光栅解调法最大的优点是结构简单、分辨率较高，并且能实现较快速动态检测；但也存在明显的缺点，如两光纤光栅不能做到完全一致、测量动态范围小、受 PZT 响应速度限制不能测量高频变化、传感光纤光栅数量增加时成本很高等。

5.3.2　可调谐滤波器解调法

可调谐滤波器解调法和匹配光栅解调法原理相近，主要是将匹配光栅换为透射型的窄带通可调谐滤波器，如图 5.12 所示。基本工作原理为：宽带光源发射的光束经光纤隔离器、光纤环行器后进入传感光纤光栅，反射部分光束经光纤环行器后到达可调谐滤波器，透射光强度经光探测器转换为电信号后进入信号处理单元。当可调谐滤波器的透射中心波长与传感光纤光栅的反射中心波长一致时，光探测器输出最大幅值信号，因此可以通过检测最大幅值信号对传感光纤光栅的反射中心波长进行解调。由于可调谐滤波器的驱动信号为电压值且与其透射中心波长具有一一对应关系，通过读取光探测器输出最大幅值信号所对应的可调谐滤波器驱动电压值，即可得知传感光纤光栅的反射中心波长，从而完成波长解调。

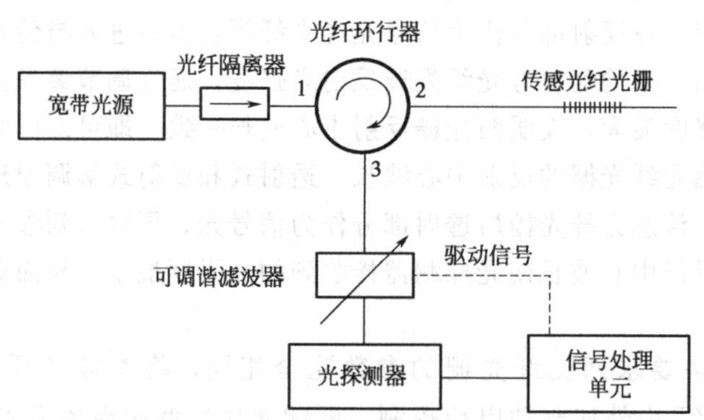

图 5.12　可调谐滤波器解调法原理示意图

可调谐滤波器解调法原理简单，但当波长解调精度及分辨率要求较高时，对于可调谐滤波器的性能要求较高，如要求可调谐滤波器具有超窄透射带宽等，而高性能的可调谐滤波器价格一般都很昂贵，如美国 Micron Optics 公司生产的高性能可调谐光纤滤波器等。相对于匹配光栅解调法，可调谐滤波器解调法可以实现很大的测量动态范围，因为可调谐滤波器一般都可以实现较大的调谐范围。另外，当使用多个传感光纤光栅时，可调谐滤波器解调系统的成本不会增大太多，因为主要的工作是在信号处理系统的升级和改进。可调谐滤波器解调法一般使用扫描方式进行解调，但扫描速度不会太快，因此不太适合对变化较快的传感信号的解调。

5.3.3　扫描激光器解调法

扫描激光器解调法是目前比较流行的快速光纤光栅解调仪的研制技术之一。与前面两种解调方法使用的光源不同，扫描激光器解调法使用扫描激光器作为光源，输出波长随时间快速线性变化的激光，并且输出波长与驱动信号具有稳定的一一对应关系。如图 5.13 所示，扫描激光器发出的激光经过光纤隔离器后到达光纤环行器的端口 1，经由端口 2 进入传感光纤光栅，传感光纤光栅将激光功率部分反射回光纤环行器端口 2，而后经由端口 3 输出后到达光功率计探测光功率值，并与扫描激光器输出波长做一一对应关系后记录，交由数据采集系统分析处理。由于扫描激光器的输出激光波长是随时间线性连续变化的，如果输出激光波长正好与传感光纤光栅的反射中心波长一致，传感光纤光栅可以将最多的激光功率反射，并由光功率计进行测量。因此，通过查询最大功率值对应的扫描激光器的输出波长值，即可得知传感光纤光栅的反射中心波长，完成波长解调。

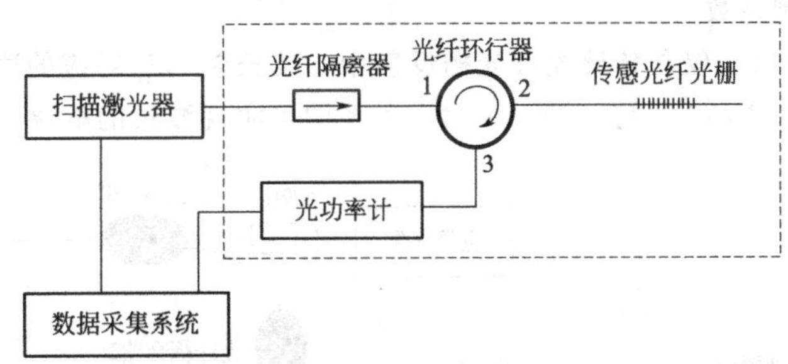

图 5.13　扫描激光器解调法原理示意图

扫描激光器解调系统可以通过简单串联多个传感光纤光栅即可实现对多点的传感测量，扩展性强。测量动态范围和可使用的传感光纤光栅数量由扫描激光器的扫描波长范围决定，但一般的扫描激光器的扫描范围都在几十纳米。扫描激光器解调仪最昂贵的组件为扫描激光器，但是一般扫描激光器输出功率都比较高，可以通过使用分路器将扫描激光器输出激光分成多路，分别输入到多套如图 5.13 所示的虚线框内传感系统，并利用同一套数据采集系统，即可轻松扩展成多路解调的光纤光栅解调仪。另外，由于激光输出线宽很窄，解调系统具有很高的测量分辨率（可达 0.1pm），而且使用激光作为光源，整体系统信噪比很高，测量信号质量好。

5.3.4　边沿滤波器解调法

边沿滤波器是指其反射或透射的光强度与波长具有一定单值边沿的滤波器。如图 5.14 (a) 所示，当传感光纤光栅的反射中心波长发生移动时，其反射光经过边沿滤波器后的光强度输出会发生相应的变化，波长和输出功率有一一对应的关系。一般，边沿滤波器的输出光强度变化量 ΔI 与波长变化量 $\Delta\lambda=\lambda-\lambda_0$ 成正比，滤波函数可以表示为

$$F(\lambda)=A\Delta\lambda \tag{5.37}$$

式中，A 为边沿滤波器的斜率；λ 为输入边沿滤波器的光波长；λ_0 为边沿滤波器的截止波长。

边沿滤波器解调法原理示意图如图 5.14(b) 所示，宽带光源发出的光束经光纤隔离器、光纤耦合器 1 后到达传感光纤光栅，被反射部分作为信号光经光纤耦合器 1、光纤耦合器 2 后分成两路，一路直接到达光探测器 1(D_1)，另一路先经过边沿滤波器后再到达光探测器 2(D_2)，最后两路电信号进入信号处理单元。如果用 $S(\lambda)$ 表示传感光纤光栅的反射谱，则 D_1 检测到的光强度可以表示为

$$I_1 = A_1\int S(\lambda)\mathrm{d}\lambda \tag{5.38}$$

式中，A_1 为光路中与波长无关的能量传递系数。

D_2 检测到的光强度可以表示为

$$I_2 = A_2\int F(\lambda)S(\lambda)\mathrm{d}\lambda \tag{5.39}$$

式中，A_2 是光路中与波长无关的能量传递系数。

对上述两路信号进行求比值 $\kappa(\lambda)$ 作为测量值，则有

$$\kappa(\lambda)=\frac{I_2}{I_1}=KF(\lambda) \tag{5.40}$$

式中，K 为比例系数。

可见，测量值 $\kappa(\lambda)$ 仅与传感光纤光栅反射中心波长 $\lambda=\lambda_B$ 对应的边沿滤波器的单值光强度有关。因此，通过 $\kappa(\lambda)$ 与 λ 的一一对应关系即可实现波长的解调。

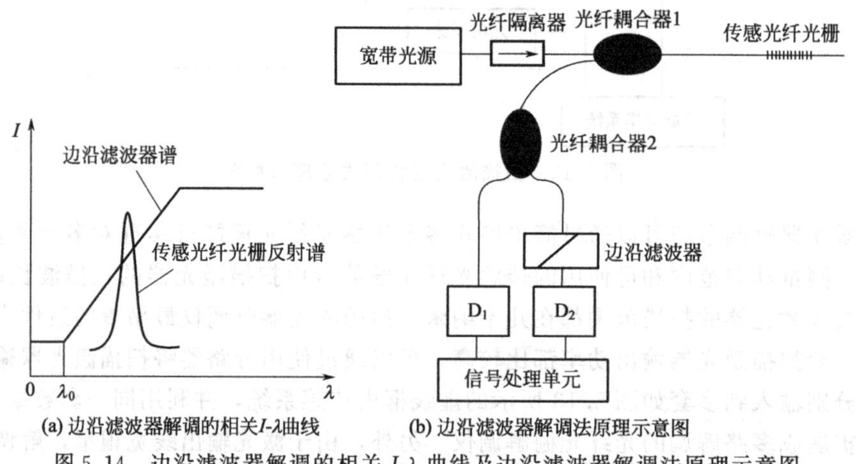

图 5.14　边沿滤波器解调的相关 I-λ 曲线及边沿滤波器解调法原理示意图

边沿滤波器解调法基于的是光强度检测，同时适用于动态、静态测量，具有较好的线性输出。其明显的优点是通过两路光强度比值能够有效抑制光源输出功率的起伏、光学器件和光纤微弯等不利因素的影响。不足之处是边沿滤波器的准直和稳定性会影响系统测量精度，便携性稍差，并且系统无法消除光纤耦合器分光比起伏变化、光纤双折射等因素对测量结果的影响。另外，边沿滤波器解调法的测量分辨率也不是很高。

5.3.5　阵列探测器解调法

阵列探测器解调法使用的核心器件是 PIN 结构的 InGaAs 阵列探测器，其在 950～

1600nm 波长范围内具有很强的响应和很高的灵敏度，适合于光纤光栅传感的解调。

采用 InGaAs 阵列探测器的光纤光栅解调法原理示意图如图 5.15 所示，该系统可分为三个部分：传感部分、分光部分和接收部分。宽带光源发出的光经光纤隔离器、光纤耦合器进入传感光纤光栅，传感光纤光栅的反射光通过单模光纤输出，经准直透镜扩束后变成平行光入射到衍射光栅上。通过调整入射角至合适值，经过衍射光栅反射分光使得不同波长的光束在空间传播时具有不同的衍射角，即将单束复色光分解为多束单色光，并在出射透镜焦平面上按波长顺序形成一系列的光谱。在出射透镜焦平面上放置 InGaAs 阵列探测器用于光谱接收。当传感光纤光栅受外界因素影响时，其反射中心波长发生改变，通过分光系统在出射透镜焦平面上的光谱也相应产生谱线漂移，InGaAs 阵列探测器探测到的不同波长谱线所对应的接收光强度也随之发生变化。同时，InGaAs 阵列探测器将一维视场中不同位置的光强度变化转化成对应的电平信号，通过后续电路处理，可将这些电平信号排列起来得到 InGaAs 阵列探测器的线性视场的光强度分布。因此，可以用 InGaAs 阵列探测器同时测各波长的相对光强度，同时运用波分复用和空分复用技术，可实现多通道光纤光栅传感阵列的解调。

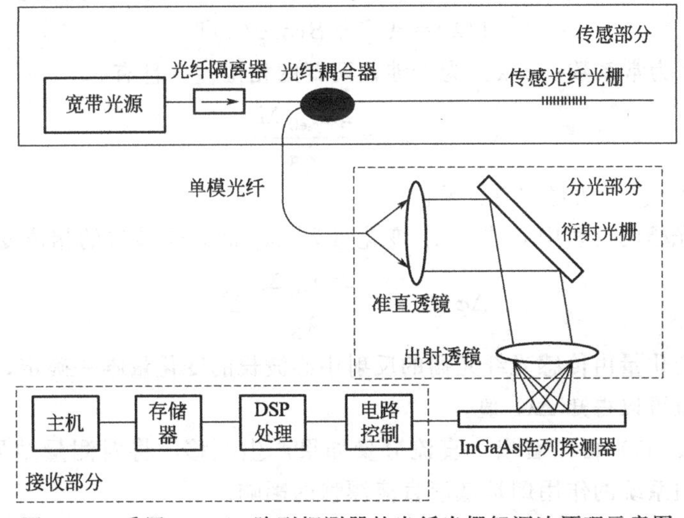

图 5.15 采用 InGaAs 阵列探测器的光纤光栅解调法原理示意图

5.3.6 干涉解调法

干涉解调法基于光纤干涉仪输出光强度对于波长的依赖性原理而实现。将传感光纤光栅的波长调制转变为干涉仪两臂光程差的调制，再通过测量干涉仪的相位变化导致的输出光强度变化，进而实现对光纤光栅的波长解调。干涉解调法具有极高的测量灵敏度，但同时也极易受到外界环境变化的影响，故不适用于准静态的检测，主要适合于动态信号的解调。

图 5.16 所示为一种典型的基于非平衡马赫-曾德尔干涉仪的干涉解调系统。宽带光源发出的光经光纤隔离器、光纤耦合器 1 进入传感光纤光栅，其反射光先后经过光纤耦合器 1、光纤耦合器 2 进入非平衡马赫-曾德尔干涉仪。光纤耦合器 3 输出两路信号经光探测器 1(D_1) 和光探测器 2(D_2) 转换为电信号，进入差分放大电路，最后由信号处理系统分析。其中，干涉仪的一臂引入了相位补偿反馈系统驱动的压电陶瓷（PZT），用于抵消直流零点漂移。

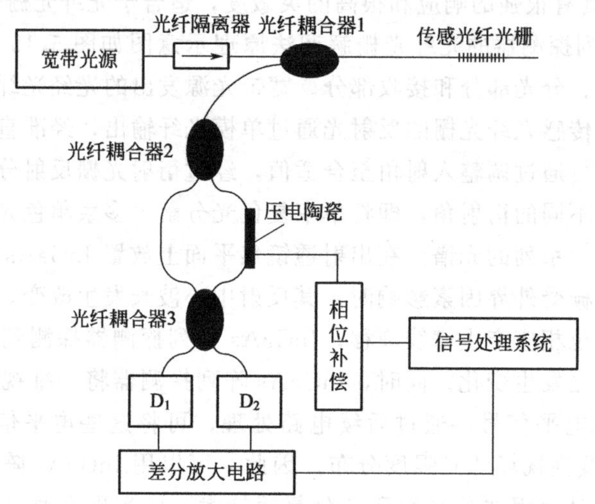

图 5.16　非平衡马赫-曾德尔干涉解调法原理示意图

传感光纤光栅的反射光输入非平衡马赫-曾德尔干涉仪，其输出光强度为

$$I(\lambda)=A\left[1+B\cos\varphi(\lambda)\right] \tag{5.41}$$

式中，A、B 为常系数；$\varphi(\lambda)$ 为干涉仪两臂的相位差，且有

$$\varphi(\lambda)=\frac{2\pi n_{\text{eff}}\Delta L}{\lambda_{\text{B}}} \tag{5.42}$$

式中，ΔL 为干涉仪两臂的臂长差。

当传感光纤光栅的反射中心波长 λ_{B} 变化量为 $\Delta\lambda_{\text{B}}$ 时，干涉仪的相位变化为

$$\Delta\varphi(\lambda)=-\frac{2\pi n_{\text{eff}}\Delta L}{\lambda_{\text{B}}^{2}}\Delta\lambda_{\text{B}} \tag{5.43}$$

可见，相位变化量由传感光纤光栅的反射中心波长的变化量唯一确定，即通过检测输出光强度的大小，就可以得知 $\Delta\lambda_{\text{B}}$ 值。

另外，从式(5.41) 可以看出，直流分量如果产生漂移，将对测量结果产生较大影响，引入相位补偿反馈系统的作用即是抵消直流漂移的影响。

5.4　光纤光栅传感网络技术

传感器网络一般是由多个传感器按照某种规则分布排列组合而成的在特定的传感测量区域内形成的网络结构。在一般情况下，传感器网络能够实时检测和采集网络分布区域内各种检测对象的信息，并完成信息的传送。少数传感器网络可以在传感器单元上对信息进行预处理。多数传感器网络需要把信息传输到终端设备上进行处理。传感器网络中，包含两个或两个以上的传感器节点，它们按照一定的拓扑结构（如线性阵列、星形、树形、环形等）离散或者连续地组合在一起，并通过共用同一个光源系统和同一个光电终端或信号处理单元来工作。通过共享光源或光电子器件，系统可以有效地降低传感器单元的成本，从而提高光纤传感器相对传统电子传感器的竞争力。光纤光栅传感网络是目前唯一已实用化的传感器网络系统类型。

5.4.1 光纤光栅传感网络

由光纤光栅传感器件经过某些特定的连接方式和布局结构组合而成的传感器网络，即是光纤光栅传感网络。由于光纤光栅的特殊性和波长调制的独特特性，在网络化方面会充分发挥其自身的优势，如多个光纤光栅在一条光纤上串联起来，很容易地就构成基于传感器阵列的可实现多参量传感的准分布式实时测量系统。另外，由于光纤光栅自身成本非常低，主要的系统成本基本集中在包含光源和相应测量信息解调装置上，因此多个光纤光栅传感器使用同一套光源和解调装置，可以大大降低系统成本。尤其是，基于现有发达的光纤通信网络传输主干网，有望实现不同地点、不同传感测量需求的光纤光栅传感器或阵列等共用同一地点同一套解调仪设备装置，可以最大程度地节省成本，而且可以实现远程监控和资源、信息共享与存储。未来，光纤光栅传感网络与光纤通信网络系统的融合是科技进步与发展的必然。

5.4.2 光纤光栅传感网络的复用技术

为了充分发挥光纤光栅传感网络的优势以最大限度地增加传感信息量和降低系统成本，光纤光栅传感网络引入多种复用技术，如波分复用（WDM）技术、时分复用（TDM）技术和空分复用（SDM）技术，以及这几种复用技术的混合。

5.4.2.1 基于波分复用的光纤光栅传感系统

图 5.17 所示为使用多组压电陶瓷（PZT）扫描跟踪系统构成的波分复用传感系统示意图。使用串联 PZT 阵列，一个 PZT 跟踪一个传感光纤光栅反射中心波长，并且使用锁相环闭环系统自动跟踪传感光纤光栅反射中心波长的移动。这种传感网络系统的测量范围和精度主要由 PZT 的特性决定。

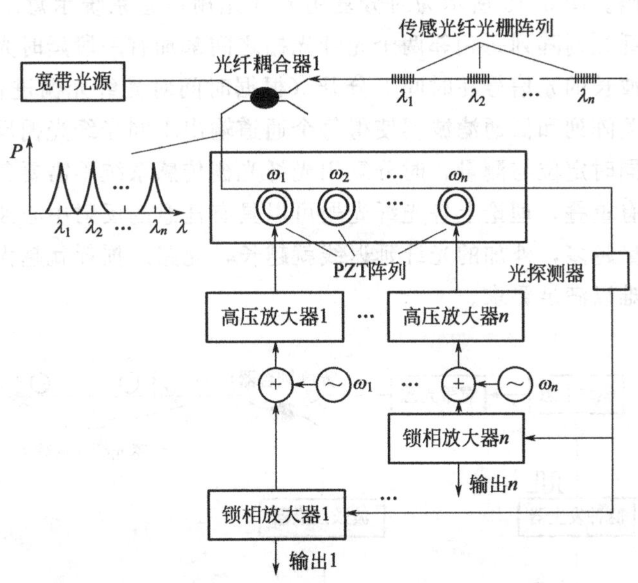

图 5.17 基于 PZT 扫描跟踪的串联形式波分复用光纤光栅传感系统示意图

图 5.18 所示为采用宽带光源输入、波长扫描滤波器滤波、单色仪分光检测、光纤光栅阵列实现多点传感的波分复用传感系统示意图。整个系统最终基于非平衡马赫-曾德尔干涉

解调方法检测每个传感光纤光栅反射中心波长的移动。此传感系统的优点是可以消除相邻传感头之间的串扰。

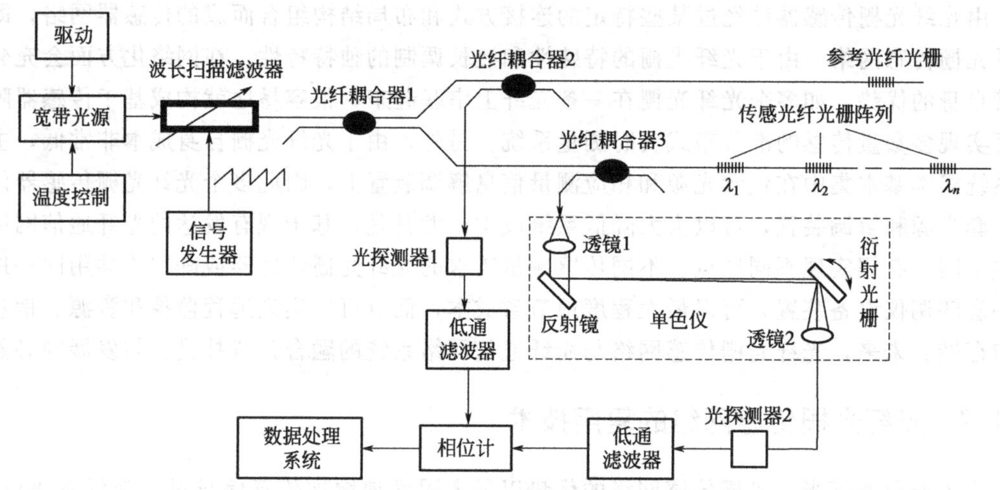

图 5.18　基于单色仪的波分复用光纤光栅传感系统示意图

波分复用技术可使用的传感光纤光栅的数量总体上与宽带光源的带宽成正比，因为要保证每个传感光纤光栅具有一定的带宽资源（波长范围），以使得相邻传感光纤光栅在传感时不至于因为波长变化量太大而产生串扰现象。因此，有限的带宽资源限制了传感光纤光栅的数量。

5.4.2.2　基于时分复用的光纤光栅传感系统

时分复用技术避免了网络中各个传感器抢夺有限带宽资源的问题，信号光不再用波长编码，而使用延时编码。图 5.19 所示为时分复用光纤光栅传感系统示意图。宽带光源发射脉冲光信号，传感光纤光栅阵列每相邻两个光纤光栅之间都加有一段延时光纤，使得每个光纤光栅反射回的不同波长的光信号在时间上分开（根据时间对光纤光栅进行定位），然后结合波长扫描、高速开关阵列和低通滤波器使得每个通道输出不同光纤光栅反射中心波长变化量的信号，从而实现同时定位与测量。时分复用光纤光栅传感系统不需要各传感光纤光栅工作范围要分开、不能有重叠，理论上各光纤光栅可以具有任意的反射中心波长。然而，由于时分复用光纤光栅数量越多，外加的光纤延迟线就越长，光路总损耗就越大，需要光源输出光功率足够高，否则难以满足要求。

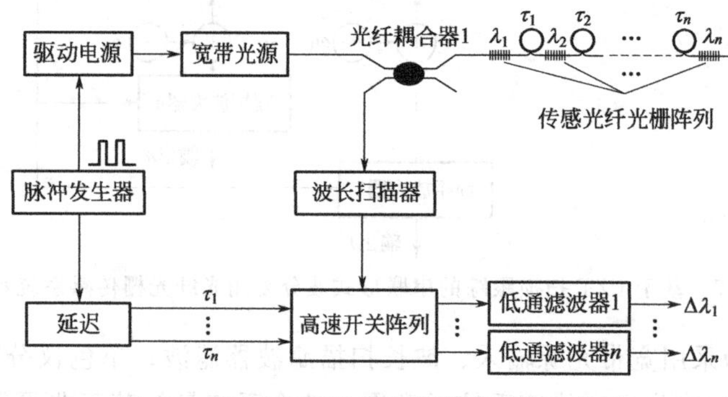

图 5.19　时分复用光纤光栅传感系统示意图

5.4.2.3　基于空分复用和时分复用的光纤光栅传感系统

利用 $1\times n$ 的光纤耦合器可以构成空分复用传感网络，再利用光纤延迟线构成时分复用传感网络，从而形成空分复用和时分复用结合的光纤光栅传感网络。如图 5.20 所示为使用一个 1×8 光纤耦合器构成的时分复用和空分复用结合的光纤光栅传感网络，使用马赫-曾德尔干涉仪进行波长扫描。输出脉冲通过 1×8 光纤耦合器分别注入 8 个光纤光栅（第 1 个作为参考光纤光栅）中，其中有 4 路具有光纤延迟线。从 8 个光纤光栅反射回的脉冲信号分别输入到光探测器阵列中 4 个不同的光探测器上，每个光探测器接收两个信号，它们的到达时间由光纤延迟线产生的延时隔开，最后经光开关后进行解复用和信号处理。

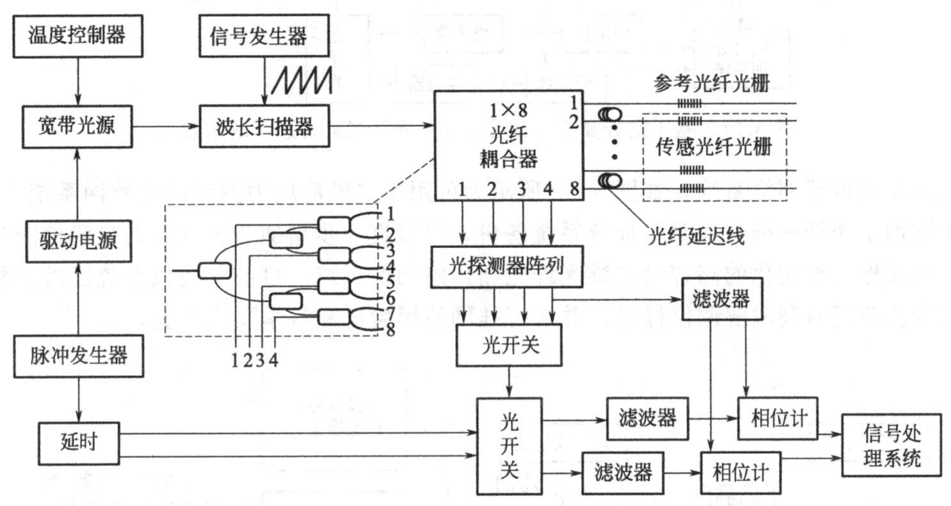

图 5.20　基于空分复用＋时分复用的光纤光栅传感系统示意图

5.4.2.4　基于空分复用和波分复用的光纤光栅传感系统

空分复用同时可以和波分复用结合构成二维检测的光纤光栅传感网络。图 5.21 所示为利用 1×8 光纤耦合器构成的空分复用和波分复用结合的光纤光栅传感网络示意图。1×8 光纤耦合器连接 8 路光纤光栅阵列（第 1 列为参考光纤光栅阵列），每路通过波分复用工作，8 路通过空分复用工作，使得可使用的光纤光栅传感探头数量大为增加。宽带光源发出的光首先经过可调谐高精细度的光纤法布里-珀罗可调谐滤波器，再经过马赫-曾德尔干涉型波长扫描器，后通过 1×8 光纤耦合器分别注入 8 路光纤光栅阵列中。从各个光纤光栅传感探头返回的反射光分别送入光探测器阵列的不同光探测器上，经信号处理系统后输出传感结果。方案中，同时使用可调谐滤波器和波长扫描器是为了使所有各通道上的光纤光栅传感探头在同一时间受到相似波长的访问。其中，可调谐滤波器用于实现波分复用，使滤波中心波长和传感光纤光栅反射中心波长相匹配；波长扫描器则用于解调，即测量光纤光栅的波长移动量。

可见，空分复用和波分复用相结合的光纤光栅传感网络具有多路光纤上的光纤光栅各自独立工作、互不干扰的优点，可以避免由于光纤断裂等意外事故而导致整个网络瘫痪，同时由于结合波分复用的特点，网络规模增大了很多。

5.4.2.5　基于空分复用、时分复用和波分复用的光纤光栅传感系统

经过以上分析，结合时分复用节省带宽资源的优势，可进一步增大空分复用与波分复用二维布局的网络容量，即将空分复用、时分复用和波分复用三种复用方式结合，可以构成复

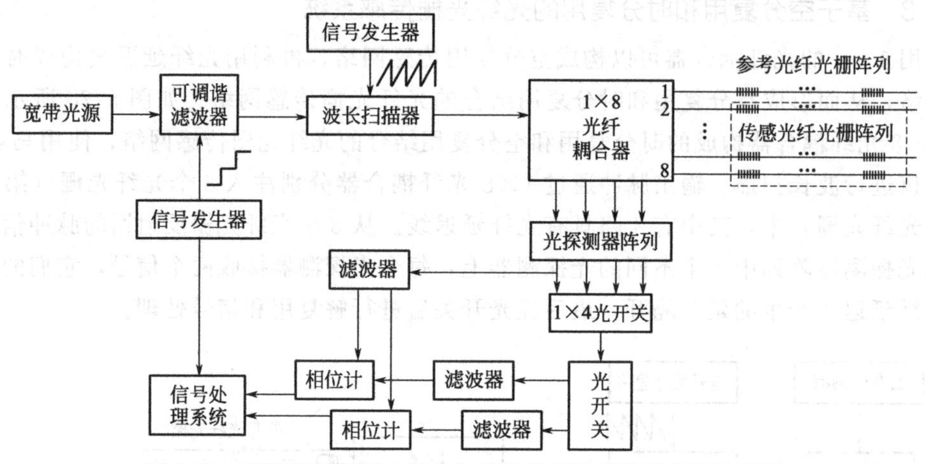

图 5.21 基于空分复用+波分复用的光纤光栅传感系统示意图

杂的光纤光栅传感网络系统，如图 5.22 所示为可用于二维静应力测量的传感网系统。同时，系统中增加了光纤阵列与探测器部分系统备份，可以进一步增加传感网络的自我检测与诊断能力，从而形成智能化的高容量二维光纤光栅传感网络系统。目前，类似系统已被少数科研单位和科技公司研制成解调仪样机，并进行挂网使用验证和科学研究实验。

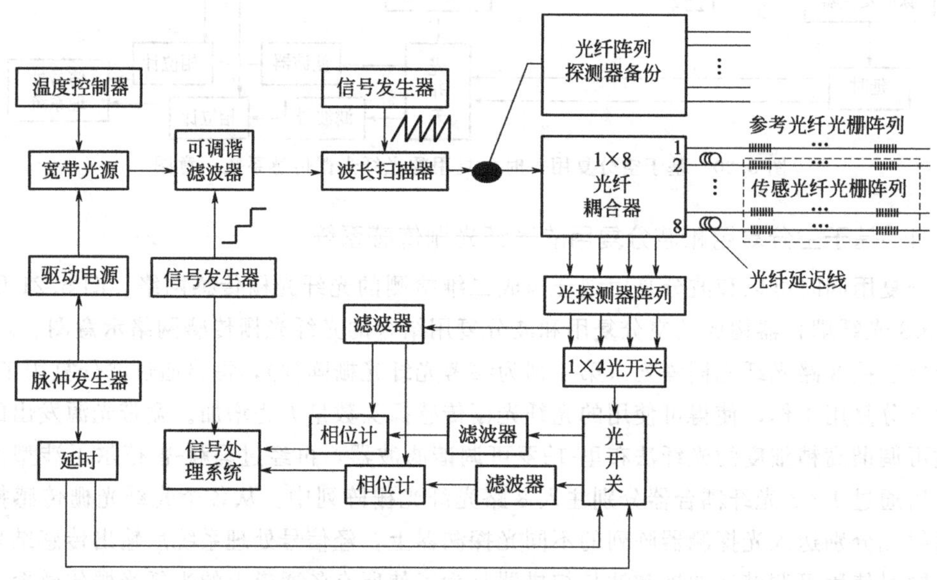

图 5.22 基于空分复用+时分复用+波分复用的光纤光栅传感系统示意图

5.5 其他类型光纤光栅传感器

近几年来，基于长周期光纤光栅（Long Period Grating，LPG）和倾斜光纤光栅（Tilted Fiber Bragg Grating，TFBG）的传感器研究有较多报道，在某些特殊应用领域具有较好的发展前景。下面对这两类光纤光栅及其传感应用特性进行简要叙述。

5.5.1 长周期光纤光栅传感器

长周期光纤光栅也是一种写制于光纤纤芯中的无源器件，其折射率调制类似于光纤 Bragg 光栅，但周期远大于光纤 Bragg 光栅，一般为百微米到毫米量级。根据耦合模理论分析，长周期光纤光栅使得光功率从光纤中前向传输的导模耦合到前向传输的包层模，而包层模在传输一段距离后发生大幅度的衰减，使得光纤纤芯的透射谱中出现一个或多个损耗峰。长周期光纤光栅的相位匹配条件及谐振波长 λ_L 为

$$\lambda_L=(n_{eff}^{co}-n_{eff}^{clad,m})\Lambda_L \tag{5.44}$$

式中，n_{eff}^{co} 与 $n_{eff}^{clad,m}$ 分别为纤芯模式和一阶 m 次包层模的有效折射率；Λ_L 为光栅周期。

长周期光纤光栅的结构和典型透射谱如图 5.23 所示。长周期光纤光栅的常用制作方法有振幅掩模法和激光脉冲写入法。振幅掩模法类似于光纤 Bragg 光栅的相位掩模法，是紫外光照射振幅掩模板后在光敏光纤纤芯中形成明暗相间条纹而改变纤芯折射率写入光栅；激光脉冲写入法是用聚焦的 CO_2 激光脉冲直接作用于光纤上，由于光纤局部玻璃熔融后会使光纤中残余应力释放而导致光纤纤芯中出现折射率周期性结构，从而在普通单模光纤上制备出高性能的长周期光纤光栅。随着技术的不断发展，又相继发展了电弧放电法、腐蚀刻槽法、飞秒激光直写法等。

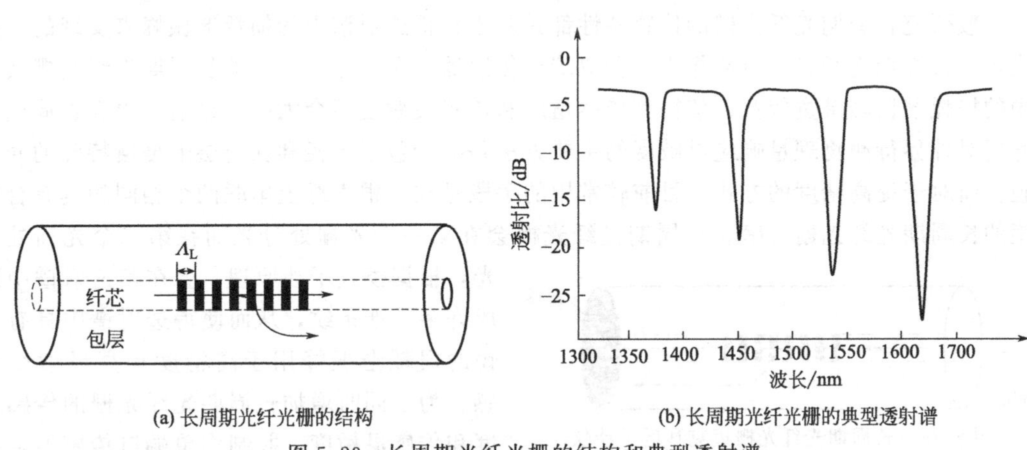

(a) 长周期光纤光栅的结构

(b) 长周期光纤光栅的典型透射谱

图 5.23 长周期光纤光栅的结构和典型透射谱

5.5.1.1 长周期光纤光栅液体折射率与浓度传感

长周期光纤光栅的包层模式传输过程中的有效折射率除了与光纤纤芯的折射率有关外，还与包层外的环境折射率有关。当环境折射率发生变化时，长周期光纤光栅包层模式的有效折射率会发生变化，从而导致长周期光纤光栅的谐振波长发生漂移。长周期光纤光栅的这一特性使得其在浓度传感、化学传感、生物传感及环境监测领域有着广泛的应用前景，尤其在液体折射率和浓度传感应用方面表现出较好的应用优势。如图 5.24 所示为基于长周期光纤光栅的液体折射率与浓度传感器示意图，使用两个中心波长分别为 1310nm 和 1550nm 的宽带光源组合成为超宽带光源，将长周期光纤光栅固定并浸入待测液体中。随着光栅外部液体折射率或浓度的改变，光栅的谐振波长（透射损耗峰）发生漂移，使用光谱仪测量。通过建立谐振波长漂移量和液体折射率与浓度的数学关系，即可实现折射率与浓度的传感与监测。

有时为了增加测量灵敏度，会在包层外裹覆介质薄膜。

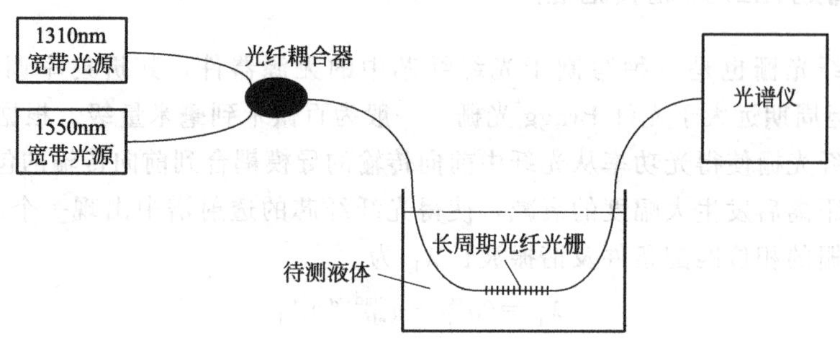

图 5.24 基于长周期光纤光栅的液体折射率与浓度传感器示意图

5.5.1.2 长周期光纤光栅液体温度传感

对于常规的通信用石英单模光纤，纤芯和包层的热光系数不同。对于用单模光纤制作的长周期光纤光栅，当环境温度变化时，纤芯和包层的折射率均发生变化但变化率并不一致。纤芯和包层的折射率变化不一致，使得长周期光纤光栅纤芯和包层的有效折射率变化各不相同，随即导致谐振波长的漂移。类似折射率传感，通过建立谐振波长漂移量和环境温度变化的数学关系，即可实现温度的传感与监测。

5.5.1.3 长周期光纤光栅迈克耳逊干涉仪传感

一般研究长周期光纤光栅的传感特性都是基于分析透射谱中的损耗谐振峰来实现的，这就决定了长周期光纤光栅只能作为一种双端口传感器使用。而且普通的长周期光纤光栅透射谱中的损耗谐振峰带宽较宽，使得其传感精度和传感灵敏度不会太高。目前，提高长周期光纤光栅对外界待测物理量响应灵敏度的主要方法是减少包层半径和在包层上裹覆特殊的介质薄膜。而对于提高精度的方式，目前较常用的手段是在一根光纤上串联两个相同的具有合适间距的长周期光纤光栅。串联长周期光纤光栅会在第一个光栅处分光而在第二个光栅处合光，根据模式干涉原理，会在其透射谱中形成许多干涉条纹，从而使得透射谱中具有尖锐的损耗谐振峰用于高精度和高灵敏度传感。为了同时增加长周期光纤光栅的传感精度和传感灵敏度，并制作单端口传感器，基于长周期光纤光栅的迈克耳逊干涉仪传感器被提出来。其基本原理为：将长周期光纤光栅的一端进行高反射镀膜（图 5.25），使得长周期光纤光栅栅区同时作为前向传输的分光器（分为纤芯模和包层模）和反射回的后向传输的合束器（包层模耦合回纤芯模），从而形成基于模式干涉的迈克耳逊干涉仪。将包层外的涂覆层去掉，或去掉涂覆层后裹覆特殊的介质薄膜，可作为高灵敏度传感探头，对外界的待测液体折射率、浓度或温度进行传感测量。

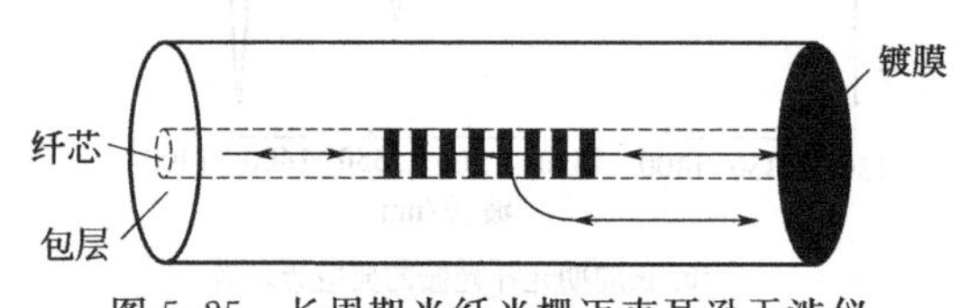

图 5.25 长周期光纤光栅迈克耳逊干涉仪传感器原理示意图

5.5.2 倾斜光纤光栅传感器

倾斜光纤光栅是一种栅区光栅条纹与光纤轴向法线存在一定角度 θ 的特殊光纤光栅，如图 5.26(a) 所示。与光纤 Bragg 光栅制作使用的相位掩模法相比，区别是在写制过程中，将掩模板倾斜了一个角度 θ，如图 5.26(b) 所示。由于光栅倾角 θ 的引入，前向传导的入射光被有效激发至后向传导的包层模，并保留满足 Bragg 条件的后向传导纤芯模式。传统光纤 Bragg 光栅基于前、后向纤芯模式的耦合，对外界折射率、光纤弯曲等不敏感。长周期光纤光栅基于前向纤芯模式与包层模式的耦合，对外界折射率敏感，但是谐振峰光谱带宽较宽，不但检测精度低，并且无法克服光纤弯曲、温度交叉敏感干扰。倾斜光纤光栅基于纤芯模式与包层模式耦合，通过光栅倾角的引入实现了数十个甚至上百个窄线宽包层模式的激发，并保留满足 Bragg 条件的后向传导纤芯模式［图 5.26(c)］，并且可以根据倾斜角度不同调控激发模式的透射光谱特性。这些包层模式具有丰富的模场分布和对环境不同的响应特性，极窄的谐振峰光谱带宽使得倾斜光纤光栅制作高测量灵敏度和分辨率传感器成为可能。另外，通过参考倾斜光纤光栅后向反射纤芯模式的波长和功率水平，可以完全消除传感测量过程中固有的温度交叉敏感和功率抖动噪声问题，极大地提高传感器的准确性和稳定性。

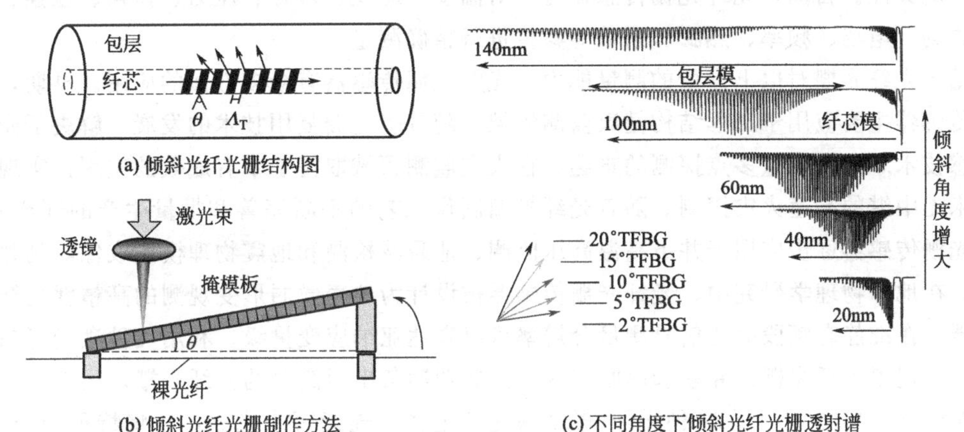

图 5.26　倾斜光纤光栅结构与制作方法以及不同角度下倾斜光纤光栅透射谱

基于耦合模理论，倾斜光纤光栅的周期性折射率调制函数 $\delta n_{\mathrm{eff}}(z)$ 可以表示为

$$\delta n_{\mathrm{eff}}(z)=\overline{\delta n_{\mathrm{eff}}}(z)\left\{1+\nu\cos\left[\frac{2\pi}{\Lambda_{\mathrm{T}}/\cos\theta}z+\phi(z)\right]\right\} \tag{5.45}$$

式中，θ 为光栅的倾斜角度；Λ_{T} 为光栅周期；其他各参数定义同 5.1.1 节。纤芯模和包层模的谐振波长 λ_{B} 和 $\lambda_{\mathrm{clad},i}$ 分别为

$$\begin{gathered}\lambda_{\mathrm{B}}=2n_{\mathrm{eff}}^{\mathrm{co}}\Lambda_{\mathrm{T}}\\ \lambda_{\mathrm{clad},i}=(n_{\mathrm{eff}}^{\mathrm{clad},i}+n_{\mathrm{eff}}^{\mathrm{co}})\Lambda_{\mathrm{T}}/\cos\theta\end{gathered} \tag{5.46}$$

式中，$n_{\mathrm{eff}}^{\mathrm{co}}$ 与 $n_{\mathrm{eff}}^{\mathrm{clad},i}$ 分别为纤芯模式和第 i 阶包层模式的有效折射率。

近年来，倾斜光纤光栅发展迅速，已成为不同领域跨学科研究的一种功能强大的传感器件。例如，结合光纤拉锥、错位熔接、不同芯径光纤、长周期光纤光栅等手段和器件，倾斜光纤光栅已经实现了包括振动、位移、弯曲、倾角、扭转等各类机械量传感；结合液晶、磁流体等材料，倾斜光纤光栅实现了高精度电场、磁场检测；通过精密纳米镀膜和偏振控制，倾斜光纤光栅在光纤表面激发表面等离子体共振波，实现了对微生物、细胞、蛋白、血糖、气体分子等重要生物化学量的高精度检测。

随着新功能材料和纳米加工技术的快速发展，倾斜光纤光栅的测量精度进一步提高，测量对象不断拓展，已经成为“光纤上的实验室”的重要组成和关键器件，具有广阔的发展空间和应用前景。

5.6 光纤光栅传感器的应用与发展

(1) 光纤光栅传感器的应用

相比于传统传感器，光纤光栅传感器具有结构简单、尺寸小、重量轻、抗电磁干扰、耐高压、耐腐蚀、寿命长、绝缘性好、能在恶劣环境下工作、测量结构重复性好、便于构成传感网络、可进行绝对测量、便于规模生产等诸多显著优点。近年来，光纤光栅传感器的研究受到广泛关注。目前，光纤光栅传感器可以对温度、应变、位移、压力、扭角、压强、加速度、磁场、电场、频率、热膨胀系数等参量进行精确测量。

基于光纤光栅对以上参量的测量能力，光纤光栅传感器有众多方面的应用。早期，光纤光栅传感器主要应用于工程结构健康监测领域。随着多光栅复用技术的发展，解决了光纤光栅传感技术难以大容量多点探测的难题，在火灾监测领域取得了卓有成效的应用，实现了数十千米无中继的高速火灾探测。随着光纤光栅制作工艺的不断完善和批量生产的逐步实现，光纤光栅传感器逐步应用于井下高温高压监测、地震波检测和地震物理模型成像等测井研究领域。在地球物理学研究中，光纤光栅传感器被设计为地壳微弱形变观测的高精度光纤应变传感器，在准静态频段应变信号测量分辨率可以高达亚纳应变量级。利用飞秒激光写制光纤光栅，实现了光纤光栅的并联和串联集成，并成功制备出耐高温的光纤光栅，用于极端高温探测领域（＞1500℃）。在特种光纤/微结构光纤上在线连续写入光栅，可将特种光纤/微结构光纤的特点与在线连续制备光栅的优势相结合，制备出多种新型光纤器件。在连续光栅阵列的解调方面，可以进行超大容量的波分/时分复用多波长在线光栅阵列的解调，实现对3000多个超弱光栅阵列的解调；采用波分、时分和空分混合复用方式，可以连续复用6000多个光纤光栅。此外，光纤光栅传感器还非常适用于多种场合下的微扰动监测，研究者已经开展大量的相关工作，如大型建筑物的异常振动，银行、监狱等重要场所的入侵或逃离报警，通信、输电链路的保护，通信光缆的窃听报警，输电线路在不良天气下的冻冰、异常舞动等领域。

(2) 光纤光栅传感器的发展

未来，光纤光栅传感技术的发展主要集中在以下几个方面。

① 为了不断扩大测量范围和更大规模的组网传感，对光源提出了很高的要求。超宽带、高功率、高稳定性、低噪声的光源是理想选择，此类光源的获取需要大量的科研投入。

② 高精度、高分辨率、高灵敏度的光纤光栅解调装置将在今后较长一段时间内作为光纤光栅传感技术的重要研究方向，尤其是在性能不断提升的同时不断降低成本将是重中之重。

③ 多参量可分辨同时传感的实现，将是光纤光栅传感器今后的研究热点，温度、应变等参量之间相互串扰的消除是解决问题的关键。

④ 特种光纤光栅的研制和相应新型传感参量与领域的应用与开发将会是此领域的研究热点，众多不同类型的高性能光纤光栅传感器将不断出现。

⑤ 新型光纤光栅的理论和制作技术的研究也将是一个重要的发展方向。

习题与思考

1. 光纤光栅对温度和应变进行传感的基本原理是什么？

2. 光纤光栅波长解调技术主要有哪些？各自的优缺点和侧重点是什么？

3. 光纤光栅反射中心波长、反射带宽、反射率的大小都与哪些因素有关？光纤光栅设计时应注意什么？

4. 长周期光纤光栅与光纤 Bragg 光栅的主要不同点是什么？制作方法上有哪些不同？

5. 简述长周期光纤光栅对外界液体折射率传感的原理。

6. 倾斜光纤光栅相比长周期光纤光栅传感的优势有哪些？

7. 光纤光栅传感技术的主要应用领域包括哪些？

8. 试设计一种基于光纤光栅的风速测试仪，并简述其工作原理。

参 考 文 献

[1] 王友钊，黄静. 光纤传感技术. 西安：西安电子科技大学出版社，2015.

[2] 李川. 光纤传感器技术. 北京：科学出版社，2013.

[3] 黎敏，廖延彪. 光纤传感器及其应用技术. 北京：科学出版社，2018.

[4] M. A. Davis，A. D. Kersey. Matched-filter interrogation technique for fibre Bragg grating arrays. Electronics Letters，1995，31（10）：822-820.

[5] 冯亭，张泽恒，段雅楠，等. 功能型液体折射率与温度双参量光纤传感教学实验. 物理实验，2020，40（1）：6-11.

[6] 冯亭. MOPA 光纤激光系统放大级增益光纤特性与高质量种子源关键技术研究［博士论文］. 北京：北京交通大学，2015.

[7] 胡勇勤，王俊杰，姜德生，等. 基于边缘滤波器光纤光栅波长解调技术的研究. 传感器与微系统，2005，24（3）：21-23.

[8] 王欢. 高速光纤光栅传感解调仪的设计［硕士论文］. 武汉：武汉理工大学，2009.

[9] 陶瑶，穆磊，杜平. 基于光电探测器阵列的光纤布拉格光栅传感系统解调方法. 中国水运，2008，8（4）：246-248.

[10] 李志全，王莉，黄丽娟，等. 基于长周期光纤光栅的折射率与浓度传感方案的研究. 应用光学，2004，25（4）：48-50.

[11] 阮隽. 长周期光纤光栅传感器研究［硕士论文］. 桂林：广西师范大学，2008.

[12] 何如双. 长周期光纤光栅传感器的研究［硕士论文］. 宁波：宁波大学，2015.

[13] T. Guo，F. Liu，B. Guan，et al.［INVITED］Tilted fiber grating mechanical and biochemical sensors. Optics & Laser Technology，2016，78：19-33.

[14] 郭团，刘甫，邵理阳. 倾斜光纤光栅传感器. 应用科学学报，2018，36（1）：75-103.

[15] H. Guo，L. Qian，C. Zhou，et al. Crosstalk and ghost gratings in a large-scale weak fiber Bragg grating array. Journal of Lightwave Technology，2017，35（10）：2032-2036.

[16] 刘铁根，于哲，江俊峰，等. 分立式与分布式光纤传感关键技术研究进展. 物理学报，2017，66（7）：070705.

[17] 廖延彪，苑立波，田芊，等. 中国光纤传感 40 年. 光学学报，2018，38（3）：328001.

第6章

分布式光纤传感器

光纤光栅传感器或其他大多数种类的光纤传感器都是单点式或者多点式传感与测量。虽然使用多种复用技术，单套传感系统可以使用数千个光纤光栅传感器，但是仍然不能对测量沿线或测量范围内任一点进行探测，故只能被称为准分布式传感。有些被测对象并不是一个点或者多个点，而是呈一定空间分布的场，如温度场、应力场、电磁场等，这一类被测对象不仅涉及距离长、范围广，而且呈三维空间连续性分布，此时单点式或多点式准分布式传感系统已经无法胜任传感检测需求，需要可以真正连续测量的分布式光纤传感系统。分布式光纤传感器属于典型的功能型光纤传感器，即光纤既作为信号传输介质又作为光敏感器件，而且最大的特点是将整条光纤都作为光敏感器件，传感点是连续分布的，因此具有海量传感头。也就是说，分布式光纤传感器具有测量光纤沿线任意位置处信息的能力。随着光电子器件及信号处理技术的不断进步，分布式光纤传感器的最大测量范围已达到上百千米，实验室数据甚至达到数万千米。近年来，随着潜在应用领域的不断拓展，分布式光纤传感技术越来越受到重视，成为目前光纤传感技术最重要的研究方向之一。

目前，分布式光纤传感器已经表现出的几个显著优点包括：①全尺度连续性，即可以准确感知光纤沿线上任一点的信息，不存在漏检的问题；②网络智能化，即可以与光通信网络实现无缝连接或者自行组网，从而实现自动检测、自动诊断的智能化工作以及远程遥测和监控；③长距离、大容量、低成本，即使用低损耗的光纤进行长距离或超长距离测量，单位信息成本极低，而且通过实现多路传输，可以极大限度地提高传感容量；④嵌入式无损检测，即利用光纤本身体积小、重量轻的优点，可以将光纤嵌入到被测物质内部形成网络而进行测量，光纤本身对物质材料特性侵入性小。

分布式光纤传感技术主要关注的性能参数包括：①灵敏度，其表示待测信号与检测输出信号的转换关系，在理想情况下要求灵敏度在整体工作范围内保持为一常数；②噪声，其存在于任何传感器中，并且传感器的带宽越宽，输出信号的噪声也越大，需要发展各种软硬件技术以消除或降低噪声；③信噪比，其定义为传感输出信号强度与噪声强度的比值，原则上越小越好；④分辨率，其主要包括空间分辨率（是指对被测量在沿光纤长度上可以准确分辨时对应的最小空间距离，这是分布式光纤传感系统最关注的一种分辨率）、被测量分辨率（是指对被测量能正确测量的程度）、时间分辨率（是指达到被测量的分辨率所需的时间），一般情况下以上三个分辨率之间有相互制约的关系；⑤动态范围，其定义探测光信号在光纤中一个来回获得的探测曲线从信噪比等于1到最大信噪比的信号功率范围。

目前，分布式光纤传感器已经广泛应用于大型土木工程（如建筑物、桥梁、大坝、隧道、河堤等）的健康监测领域，交通和重要场所的周界安防监测领域，通信光缆线路、海底光缆的防破坏、防窃听、施工监测等领域，石油勘探、运输管道等的安全运行情况实时监测，长距离管道泄漏检测、机械施工和人为破坏等实时监测等领域，高压电力系统和智能电网的实时安全监控、故障预测等领域。因此，长距离连续分布式光纤传感器的研究与应用具有重要的科学与经济意义。

分布式光纤传感器的实现主要基于光纤中传输光的反射（或散射）和干涉。分布式光纤传感器根据被测光信号的不同，可分为基于光纤中瑞利散射、布里渊散射、拉曼散射实现的三种类型；根据信号分析方法的不同，可分为基于时域和基于频域实现的两种类型。

6.1 光纤中的光散射

光散射是光在介质中传输的一种普遍现象，是光与物质相互作用的一种表现形式。在2.2.2节介绍光纤的损耗来源时提到的散射损耗即是由光波在光纤中传输时的光散射引起的。当光波在光纤中传输时，大部分光波是向前传输的，但会有一小部分光波会偏离原来的传输方向而发生散射。产生光散射的原因从宏观上看是由于光纤内部的不均匀性或折射率的随机起伏所引起的；但从电磁场理论分析，则归结为由于光纤在入射光波场的作用下产生感应电极化，使得感生振荡电偶极子（或磁偶极子、电四极子）成为散射光的电磁辐射源。在光纤中散射光发生过程中，散射光不仅在传输方向上与入射光不同，而且部分散射光的偏振态、频谱特性与入射光也不同，散射光的特性与光纤介质的成分、结构、均匀性及物态变化都有密切的关系。分布式光纤传感的实现也正是基于这些特性完成的。

从量子理论的角度来看，光纤中的光散射是由光子与光纤介质中的粒子发生弹性或者非弹性碰撞引起的。弹性碰撞不发生能量转移，而非弹性碰撞发生能量转移。光纤中的光散射主要包括三种：瑞利散射、布里渊散射和拉曼散射，其中瑞利散射属于弹性碰撞，而布里渊散射和拉曼散射属于非弹性碰撞。光纤中的后向散射光频谱如图6.1所示。

(1) 瑞利散射

瑞利散射是由于光纤材料内部密度的小尺寸随机不均匀性导致介质内部折射率分布在空间上的微小起伏而产生对入射光的散射作用。由式（2.10）可知，瑞利散射光的强度与入射光波长的四次方成反比，也就是说入射光的波长越短，瑞利散射光的强度越大。可以认为，瑞利散射是光子与光纤中分子发生的弹性碰撞，只改变方向，不发生能量交换，因此散射光和入射光的频率相同。

(2) 布里渊散射

布里渊散射是入射光波场与光纤材料内弹性声波场相互作用而产生的一种光散射现象，是光波和声波在光纤中传输时相互作用引起光纤局部折射率变化而产生的，是光子和声学声子相互作用的结果，也是光子与光纤中分子发生的非弹性碰撞过程，故散射光和入射光的频

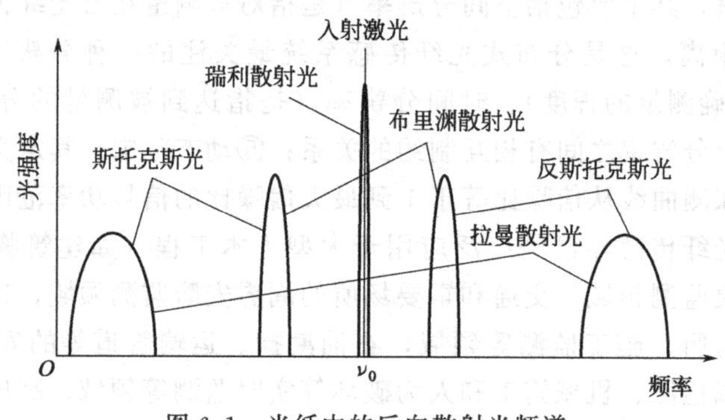

图 6.1　光纤中的后向散射光频谱

率不同。光纤中的布里渊散射包括自发布里渊散射和受激布里渊散射两种。

力学上的经典理论认为：任何介质在常温状态下，均存在着由其组成粒子（原子、分子或离子）自发热运动所形成的连续弹性力学振动，这种弹性振动将引起介质密度随时间和空间的周期性起伏，相应地在介质内部产生一个自发的声波场，这个声波场使介质中产生一个与声波传输速度相同的运动的折射率光栅。光纤中也存在同样的现象，当光波入射进光纤中并在折射率光栅的作用下发生散射时，光栅的运动使散射光产生一个多普勒频移，这时的散射光称为自发布里渊散射光，散射光的频移称为布里渊频移。光纤中的自发布里渊散射可以看作是一种在入射光功率不太高的情况下所产生的非线性自发光散射过程。由于构成光纤的石英材料是一种电致伸缩材料，当高功率的入射光在光纤中传输时，其折射率会发生变化而产生电致伸缩效应，从而导致大部分入射光被转化为反向传输的散射光，产生另外一种布里渊散射，即受激布里渊散射。通常，受激布里渊散射具有更强的规律性，更容易被研究。另外，对于纤芯细小、长度很大的光纤来说，一般受激布里渊散射的阈值也比较低。

由于多普勒效应，散射光频率下移，即产生了斯托克斯散射光。如果入射的激光足够强，以至于散射光的增益大于损耗时，自发布里渊散射变为受激布里渊散射。在量子力学中，这个散射过程可看成是一个入射光子的湮灭，产生了一个斯托克斯光子和一个声学声子，并且入射光子、斯托克斯光子和声学声子之间满足能量守恒和动量守恒。布里渊散射也存在光频率上移现象，产生反斯托克斯光，即一个入射光子吸收一个声子能量，产生一个频率更高的光子的过程。但在光纤中，受激布里渊散射通常只能观察到斯托克斯光子，并且在光纤中受激布里渊散射只能产生后向的斯托克斯光波，而且布里渊散射光频移量 f_B 满足

$$f_B=\frac{\omega_A}{2\pi}=\frac{2n_{eff}v_A}{\lambda_p} \tag{6.1}$$

式中，λ_p 为入射光（也称为布里渊散射泵浦光）波长；n_{eff} 为入射光波长 λ_p 处的有效折射率；v_A 为声学声子传输速度。

在石英光纤中，取 $\lambda_p=1550\text{nm}$、$n_{eff}=1.45$、$v_A=5.96\text{km/s}$，相应的布里渊散射光频移量 $f_B=11.1\text{GHz}$。另外，布里渊散射的频谱很窄，为 10～100MHz。

(3) 拉曼散射

类似于布里渊散射，光纤中的拉曼散射同样属于非弹性碰撞，散射光和入射光的频率不同。但是，拉曼散射是入射光子与光纤中的光学声子相互作用的结果。光学声子具有比声学声子高得多的振动频率，相应的光子散射过程的性质也极为不同。拉曼散射对于入射光频率没有特殊要求，原则上任意波长的入射光都可以激发拉曼散射，但是入射光频率会影响拉曼

散射光的强度。拉曼散射同样包括自发拉曼散射和受激拉曼散射，也同样包括斯托克斯光和反斯托克斯光，但通常情况下斯托克斯光强度要远大于反斯托克斯光强度。在普通石英光纤中，受激拉曼散射的阈值很高，较难激发；频移量约为13THz，谱宽约为40THz。在基于拉曼散射的分布式光纤传感应用中，一般利用的是自发拉曼散射光的斯托克斯光和反斯托克斯光对于温度的依赖特性不同而实现分布式温度传感。

6.2 时域分布式光纤传感器

时域分布式光纤传感技术基于的是脉冲光波信号在光纤中传输往返时间信息和反射光强度信息进行测量的。目前，基于基本的光时域反射（Optical Time-Domain Reflectometry，OTDR）技术，已经发展了多种时域分布式光纤传感技术，包括基于后向瑞利散射、自发布里渊散射、受激布里渊散射和自发拉曼散射的时域分布式光纤传感技术。

6.2.1 OTDR技术

光时域反射（OTDR）技术最早由Barnoski于1976年提出，利用了激光雷达的概念，是用于检测光纤中的损耗、断裂和进行空间故障定位的有力手段，同时也奠定时域分布式光纤传感技术的基础。

图6.2所示为OTDR系统工作原理示意图。当光脉冲在光纤中传输时，由于光纤本身衰减、连接器、接头、弯曲等而产生散射、反射，其中背向瑞利散射光和非涅耳反射光将返回输入端（主要是瑞利散射光），通过对返回光功率与返回时间的关系可以获得光纤线路沿线的损耗情况。假设从光纤入射端发出脉冲光到接收到该脉冲光在光纤中L处产生的瑞利散射光所需要的时间为t，由于t时间内光波从发射到光纤该位置往返传输了一次，则该位置到光纤入射端的距离L为

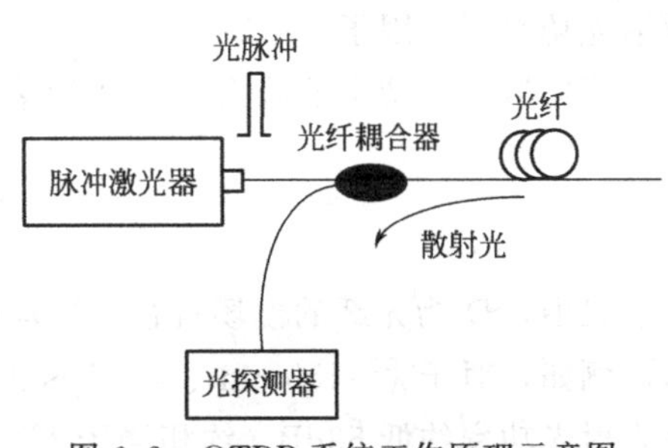

图6.2 OTDR系统工作原理示意图

$$L=\frac{vt}{2}=\frac{ct}{2n_{\mathrm{eff}}} \tag{6.2}$$

式中，v为光纤中光波的传输速度；c为真空中的光速；n_{eff}为光波在光纤中传输的有效折射率。

根据激光测距原理可知，光脉冲的重复频率决定了可监测的光纤长度，而光脉冲的宽度决定了空间定位精度（如10ns脉冲宽度对应的空间分辨率为1m）。

OTDR技术的性能指标主要有动态范围、空间分辨率、测量盲区。动态范围和空间分辨率与之前定义类似，这里重点说明测量盲区。测量盲区指的是由于高强度反射事件导致OTDR系统光探测器饱和后，其从反射事件开始到再次恢复正常读取光信号时所持续的时间，因在此时间内光脉冲在光纤中往返传输不能被正确探测，因此也可表示为OTDR系统能够正常探测两次反射事件的最小距离间隔。例如，一般的OTDR设备都有一个测量盲区，是因为OTDR设备输出端口和光纤连接器连接时，光纤的端面反射（非涅耳反射）相对比

较强，会造成光探测器短时饱和（犹如人眼在经短时强光照射时造成的暂时“失明”），使得在恢复正常读取之前的这段时间内不能正常测量，也就是在光纤前端一段距离内不能进行传感测量，成为测量盲区。类似的，在光纤链路中如果有反射点，也可以造成测量盲区。以上盲区也可以称为事件盲区，规定事件盲区长度是反射级别从其峰值下降到－1.5dB处对应的距离。一般来讲，反射越多越强，事件盲区越长，并且事件盲区还受脉冲宽度的影响，长脉冲会增加事件盲区长度。另外，OTDR系统的衰减盲区是指非涅耳反射发生后能够精确测量连续非反射事件损耗的最小距离。规定衰减盲区是从反射事件发生时开始，直到反射降低到光纤的背向散射级别的0.5dB。因此，衰减盲区通常要比事件盲区长。盲区的长度根据设备和系统参数的不同有所不同，可以为1m、几米、几十米到上百米。

6.2.2 基于背向瑞利散射OTDR的分布式光纤传感

在光纤中，瑞利散射主要是由于光纤内部各部分的折射率存在一定的不均匀性所引起的。由于光纤对光波的约束作用，在光纤中的散射光只表现为前向和后向两个方向。对于光纤中脉宽为τ的脉冲光，它的瑞利散射功率P_r可以表示为

$$P_r=\frac{1}{2}P_p S\alpha_s \tau v \tag{6.3}$$

式中，P_p为脉冲光的峰值功率；α_s为瑞利散射系数（0.12～0.15dB/km）；S为背向散射光功率捕获因子。

背向散射光功率捕获因子S可以表示为

$$S=\left(\frac{\lambda}{\pi n_{eff} D}\right)^2 \tag{6.4}$$

式中，D为光纤的模场直径；λ为入射光波长。

例如，对于$\lambda=1550\text{nm}$、$\tau=1\mu\text{s}$的光波，设模场直径$D=9\mu\text{m}$，则其瑞利散射光功率比入射光功率约低53dB（约相当于入射光峰值功率的4×10^{-6}倍）。

当光波在光纤中向前传输时，会在光纤沿线不断产生背向瑞利散射光。根据式(6.3)可知，这些散射光的功率与引起散射光的光波功率成正比。由于光纤中存在损耗，光波在光纤中传输时能量会不断衰减，因此光纤中不同位置处产生的瑞利散射信号便携带了光纤沿线的损耗信息。设光纤的衰减系数为α，则脉冲光传输到光纤z位置处时的峰值功率$P_p(z)$为

$$P_p(z)=P_0 e^{-\alpha z} \tag{6.5}$$

式中，P_0为入射光功率。

将式(6.5)代入式(6.3)可知在光纤z位置处的瑞利散射光功率为

$$P_r(z)=\frac{1}{2}P_0 e^{-\alpha z} S\alpha_s \tau v \tag{6.6}$$

再当其返回到光探测器时，功率变为

$$P_r(z)=\frac{1}{2}P_0 e^{-2\alpha z} S\alpha_s \tau v=\frac{1}{2}P_0 e^{-\alpha v t} S\alpha_s \tau v \tag{6.7}$$

式中，t为散射点处脉冲光往返时间。

可见，OTDR 系统得到的光纤沿线的瑞利散射信息为一条指数衰减的曲线，具体给出了光纤沿线的损耗情况。当脉冲光在光纤传输过程中遇到裂缝、断点、连接头、弯曲等情况时，脉冲光会产生一个突变的反射或衰减，并且可以得知该点的位置。图 6.3 所示为典型的 OTDR 测量曲线，包含了典型的光纤事件，其中熔接点和弯曲一般表现为一个下降台阶（损耗），连接头、裂缝、光纤尾端一般表现为一个反射峰值伴随一个下降台阶。另外，瑞利散射发生时会保持散射位置处光波的偏振态，所以瑞利散射信号同时包含光波偏振态的信息。因此，当瑞利散射光返回到光纤入射端后，通过检测瑞利散射信号的功率、偏振态等信息，可以对外部因素作用后光纤中出现的缺陷等现象进行探测，从而实现对作用在光纤上的相关参量（如压力、弯曲等）进行传感测量。

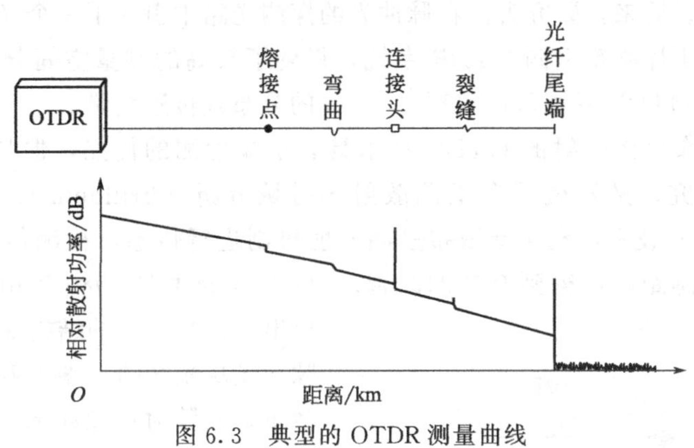

图 6.3 典型的 OTDR 测量曲线

6.2.3 基于布里渊散射 OTDR 的分布式光纤传感

由 6.1 节分析可知，光纤中的布里渊散射光的频移量 f_B 满足式(6.1) 的关系，可以看出布里渊散射光频移量 f_B 与光纤中的声速 v_A 和入射光波的有效折射率 n_{eff} 成正比。而光纤纤芯有效折射率和声速都与光纤的温度和所受应变等因素有关，使得 f_B 与光纤温度和光纤应变有关。经验证，布里渊散射光频移量 f_B 随着温度和光纤应变的上升而线性增加，即

$$f_B = f_B(0) + f_T T + f_\varepsilon \varepsilon \tag{6.8}$$

式中，$f_B(0)$ 为 $T=0$℃时的布里渊散射光频移量；f_T 和 f_ε 分别为布里渊散射光频移对应的温度系数和应变系数；T 和 ε 分别为温度和应变量大小（单位分别为℃和 $\mu\varepsilon$）。

另外，经实验证明，布里渊散射光的功率也随温度和应变而变化，具体表现为随温度上升而线性增加、随应变增加而线性下降，有

$$P_B = P_B(0) + P_T T + P_\varepsilon \varepsilon \tag{6.9}$$

式中，$P_B(0)$ 为 $T=0$℃时的布里渊散射光功率；P_T 和 P_ε 分别为布里渊散射光功率对应的温度系数和应变系数。

但一般由于温度引起的布里渊散射光功率的影响相对于应变要大得多，因此一般忽略应变的影响，认为布里渊散射光功率只与温度有关。由式(6.8) 和式(6.9) 可知，通过测量布里渊散射光频移量和光功率，就可以求得被测量点的温度和应变。

基于布里渊散射 OTDR 的分布式光纤传感的事件定位是将脉冲光信号输入光纤后，对一定范围的频谱连续不断地进行循环扫描，获得各个时间段上的光谱，并将时间与位置相对应，从而获得沿光纤各位置处的布里渊散射频移频谱图；再根据时间与位置的关系获得异常光纤位置处的布里渊散射光频移量和光功率，最终实现光纤沿线的温度、应变等分布信息。

自发布里渊散射极其微弱，相对于瑞利散射来说要低 2～3 个数量级，并且布里渊散射光频移量很小，检测起来较为困难，通常采用相干的方法进行准确检测。相干检测采用一台脉冲激光器和一台连续激光器分别作为脉冲光源和泵浦光源，将脉冲光和泵浦光的频差调到布里渊散射光频移量附近，这样脉冲光进入光纤后其后向布里渊散射光的频率就与泵浦光的频率相近，可用窄带相干接收机接收布里渊信号。这种实现方法较为简单，但是对泵浦光源的稳定性要求很高。后来，研究者又在脉冲光的探测光路中引入了一个光移频环路，实现了高精度的自外差相干探测布里渊 OTDR 系统，得到了较高的测量空间分辨率和温度与应变测量精度。布里渊 OTDR 系统可以实现＞50km 的分布式传感测量。

虽然基于自发布里渊散射的 OTDR 技术具有单端检测的优点，但是散射信号很微弱，检测困难。经过研究，又发展了布里渊散射光时域分析（Brillouin Optical Time-Domian Analysis，BOTDA）技术，利用受激布里渊散射机制进行传感，检测信号强度较大，传感器的测量精度和传感距离可得到有效的改善。BOTDA 技术是 1989 年由 Horiguchi 等首次提出的，其基本的结构如图 6.4 所示。泵浦脉冲光从光纤的一端入射到光纤中，激发受激布里渊散射；探测激光器输出连续激光，其频率比泵浦脉冲光约低一个布里渊散射光频移量；当泵浦脉冲光与连续激光在光纤中相遇时，由于受激布里渊放大作用，泵浦脉冲光的一部分能量通过声波场转移给探测连续光；通过信号检测端测量探测连续光的功率变化并利用 OTDR 技术，便可以得到光纤沿线能量转移的大小。由于能量转移的大小与两个光源之间的频率差有关，当两者频率差正好等于布里渊散射光频移量大小时转移能量最多。因此，可以通过扫描两个光源之间的频率差（探测连续光在泵浦脉冲光的布里渊散射光频移量附近进行频率扫描）并记录每个频率差下光纤沿线能量转移的大小，便可以得到光纤沿线的布里渊增益谱，再对布里渊增益谱进行洛伦兹拟合得到光纤沿线的布里渊频移分布，最终实现对光纤应变和温度的分布式传感测量。

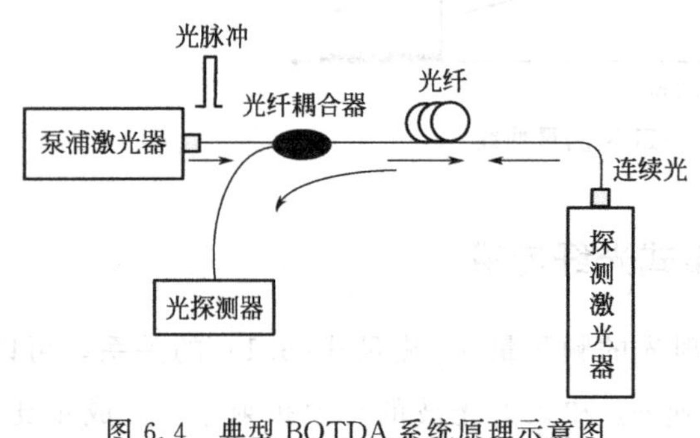

图 6.4 典型 BOTDA 系统原理示意图

在上述 BOTDA 系统工作过程中，由于泵浦脉冲光的能量不断转移给探测连续光，导致泵浦脉冲光沿光纤前进时的能量不断减小，不利于长距离的传感。1993 年，X. Bao 课题组做了技术改进，让泵浦脉冲光的频率低于探测连续光的频率，并且探测连续光作为泵浦脉冲光、泵浦脉冲光作为探测连续光（此时，探测脉冲光在泵浦连续光的布里渊散射光频移量附近进行频率扫描），则探测脉冲光在光纤中受到泵浦连续光的作用能量不断增大，可以实现长距离的传感，这也是目前大多数 BOTDA 系统所采取的技术方案。已报道的 BOTDA 测量实现了 120km 传感距离、3m 的空间分辨率、3.1℃、60$\mu\varepsilon$ 的温度和应变分辨率、测量时间最短 20s。

综上所述，布里渊 OTDR 和 BOTDA 的优点有：连续分布式测量温度和应变；高温度和应变分辨率、高空间分辨率、超长传感范围（超过 100km）；同一根光纤既可用于传感也可用于通信。但也有明显缺点：需要激光器输出稳定、线宽窄且对光源和控制系统的要求很高；检测过程中需进行大量的信号加法平均、频率扫描等处理，实现一次完整测量需较长时间，实时性差；存在交叉干扰；BOTDA 需要两端输入，不能检测断点。

6.2.4 基于拉曼散射 OTDR 的分布式光纤传感

基于拉曼散射 OTDR 的分布式光纤传感主要面向温度测量应用。因为拉曼散射由分子热运动引起，所以拉曼散射光可以携带散射点的温度信息。由图 6.1 所示，拉曼散射具有两条谱线，分别是位于入射光谱线两侧频率下移的斯托克斯光和频移上移的反斯托克斯光。经过验证发现，反斯托克斯光的幅度强烈依赖于温度，而斯托克斯光则不是。于是，可以通过测量斯托克斯光与反斯托克斯光的功率比得知温度的变化。由于自发拉曼散射光一般很弱，比自发布里渊散射光还弱一个数量级，所以必须采用高输入光功率，而且需对探测到的后向散射光信号取较长时间内的平均值。此方法在 20 世纪 80 年代就已被提出，并商用化，目前多应用在高压输电线缆或油气管道的分布式温度测量与监控领域。

图 6.5 所示为典型的拉曼散射 OTDR 系统原理示意图，脉冲激光进入温度场的传感光纤中产生自发拉曼散射，其中斯托克斯光作为参考光，反斯托克斯光作为信号光，两者一起由光纤耦合器分成两路后进入斯托克斯光滤波器和反斯托克斯光滤波器，经滤波后进入光探测器分别得到两者的光强度信号 $I_s(T)$ 和 $I_{as}(T)$，并由数据采集与处理系统分析。通过计算两者的光强度比，可以解调出散射区的温度信息。计算如下：

$$\gamma(T)=\frac{I_{as}(T)}{I_s(T)}=\left(\frac{\nu_{as}}{\nu_s}\right)^4\exp\left(-\frac{hc\nu_0}{kT}\right) \tag{6.10}$$

式中，$\gamma(T)$ 为测量比值函数；ν_s 和 ν_{as} 分别为斯托克斯光频率和反斯托克斯光频率；h 为普朗克常数；c 为真空中的光速；ν_0 为入射光波频率；k 为玻尔兹曼常数；T 为待测量绝对温度值，K。

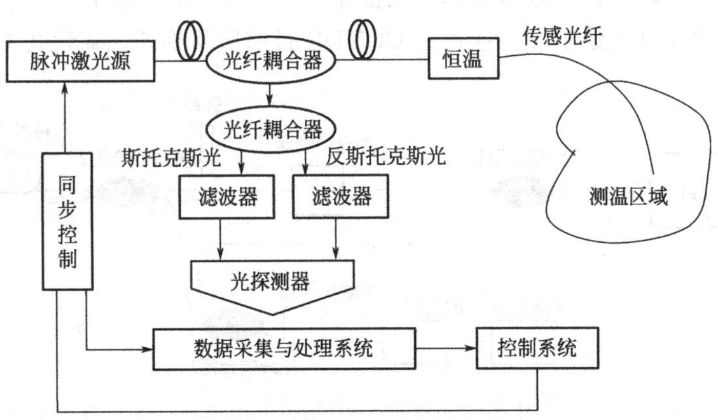

图 6.5 典型的拉曼散射 OTDR 系统原理示意图

由上可以看出，测量准确性仅与光强度之比有关，而与绝对光强度无关，这有助于消除光源的不稳定性以及光纤传输过程中的耦合损耗、光纤弯曲损耗和传输损耗等的影响，而且实际应用中即使光纤随时间老化、光损耗增加，也不会影响测温准确性与精度。

基于拉曼散射 OTDR 的分布式光纤测温传感原理简单，不足之处为自发拉曼散射信号很弱，比瑞利散射要弱 2～3 个数量级。为了避免信号处理过程的平均时间过长，一般脉冲激光器的峰值功率要很高。

目前，使用通信用普通单模光纤，基于拉曼散射 OTDR 的分布式光纤温度测量的分辨率可达 1℃、测量长度可达 20km 以上、空间分辨率可达 1m、测量时间可达 20s 左右。

6.2.5 新型时域分布式光纤传感器

6.2.5.1 相干光时域反射技术

利用 OTDR 技术在一定程度上可以对通信线路进行实时在线监测，但是由于超长距离传输的通信线路中会使用较多的光纤放大器（如掺铒光纤放大器），光纤线路中会积累大量的放大自发辐射噪声（ASE），使得 OTDR 系统无法区分 ASE 噪声和背向瑞利散射信号，系统测量信噪比大大降低。针对这个问题，研究者提出了相干光时域反射（Coherence Optical Time-Domain Reflectometry，COTDR）技术。采用相干检测，将微弱的瑞利散射信号从较强的 ASE 噪声中提取出来，从而使传感距离大大延长。COTDR 技术主要基于的是自外差相干探测技术。有关外差干涉（或差频干涉）原理详细参见 4.3.3 节和 4.5.2 节有关内容。

图 6.6 所示为典型的 COTDR 系统原理示意图。激光器发出的窄线宽激光经光纤耦合器 1 分成两束，一束经声光调制器调制成探测脉冲光，另一束作为参考光直接进入光纤耦合器 3。探测脉冲光经光纤耦合器 2 进入待测光纤中，背向瑞利散射光经光纤耦合器 2 和光纤耦合器 3 与参考光混合，两者经外差干涉产生中频信号并由平衡探测器接收。平衡探测器输出电流信号经放大、窄带滤波、模/数转换后，由数字信号处理系统解调出中频信号功率，得到探测曲线。COTDR 系统中使用的激光器须为窄线宽激光器，一般线宽要低于 10kHz，并且频率稳定性要好。激光器线宽越窄，越容易使用中频窄带滤波器滤除干扰信号；频率稳定性越好，系统的测量精度越高。由于 COTDR 一般面向超长距离（可达上万千米）的传感测量，一般所用时间较长，并且需要做多次测量（2^{16}～2^{18} 次）求平均以得到平滑曲线和高动态范围，测量时间可达数小时，这也是 COTDR 目前所面临的急需优化解决的问题。

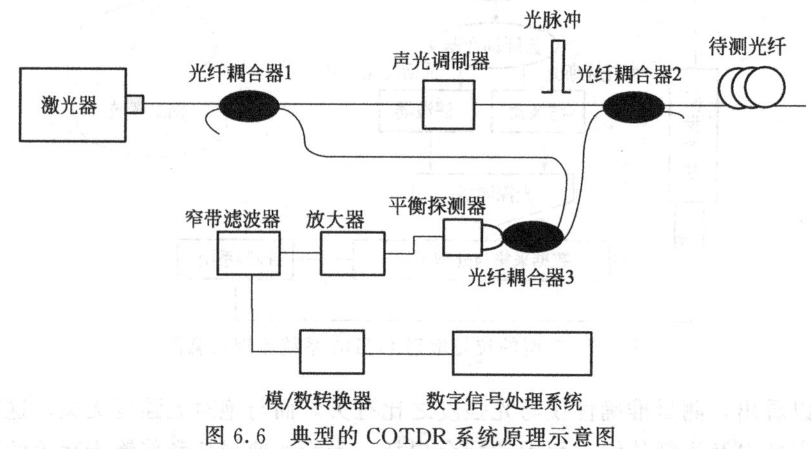

图 6.6 典型的 COTDR 系统原理示意图

目前，COTDR 主要应用于多中继超长距离光通信线路，特别是海底光缆的健康监测。

6.2.5.2 相位敏感光时域反射技术

相位敏感光时域反射（Phase-Sensitive Optical Time-Domain Reflectometry，φ-OTDR）技术最早由美国的 Taylor 等提出。他们发现在光纤中注入超窄线宽激光脉冲后，利用外界振动对后向瑞利散射光相位的调制特性，可以进行振动测量，为此他们申请了关于 φ-OTDR 的首个美国专利。采用超窄线宽和频率稳定的激光器作为光源，通过检测脉冲宽度内的后向瑞利散射光干涉信号强度变化来发现振动信号，通过回波时间进行事件定位。早期的应用探索主要集中在入侵监测上，经过 20 多年发展，研究者对该技术进行了深入的研究。

目前，φ-OTDR 大多与 COTDR 相结合使用，与 COTDR 不同的是在相干检测后使用相位解调技术进行相位测量，实现对长距离扰动信号的位置、频率和强度的同时测量。因此，φ-OTDR 系统的典型结构与图 6.6 所示基本相同，不同点主要在数据处理方法上。近年来，随着研究者的不断努力，将分布式拉曼放大和外差检测同时应用到 φ-OTDR 系统中，实现了长达 175km 探测范围和 25m 的空间分辨率的高性能测量。基于 φ-OTDR 的分布式振动光纤传感技术将在周界安防、列车定位与测速、石油管道安全监测等领域发挥重大的应用价值。

6.2.5.3 偏振光时域反射技术

偏振光时域反射（Polarization Optical Time-Domain Reflectometry，POTDR）技术是基于 OTDR 技术发展起来的。由于背向瑞利散射光不改变入射光的偏振态，因此会携带散射点位置处入射光的偏振态信息。而光纤中光波的偏振态对温度、振动、应变、弯曲、扭转等参量非常敏感，所以通过测量瑞利散射光的偏振态可以对光纤沿线的上述事件进行测量。

如图 6.7 所示，泵浦激光器发出的探测光脉冲经过起偏器变为完全偏振光，然后经过光纤环行器进入待测光纤中。待测光纤中的背向瑞利散射光通过光纤环行器进入到偏振分束器被分成两束，两束线偏振光分别进入两个光探测器。光信号转换为电信号后，经过信号采集与处理系统解调得到待测参量信息。由于 POTDR 系统中探测的是光纤中瑞利散射光偏振态的变化，激光线宽太宽会造成退偏振效应，但线宽太窄又会引起光纤中不同位置处返回的散射光相互干涉，从而引起信号功率产生波动。因此，一般要求光源的线宽选在 250GHz 左右。通常 POTDR 系统是通过短时间内反复测量并进行对比的方式来对外界影响进行检测的。由于 POTDR 传感基于光纤中光波的偏振效应，其主要应用是测量与光纤偏振态有关的物理量，在高压输电线路测量、持续振动和阻尼振动测量、快速振动测量、光纤中偏振模色散测量等领域具有广阔的应用前景。

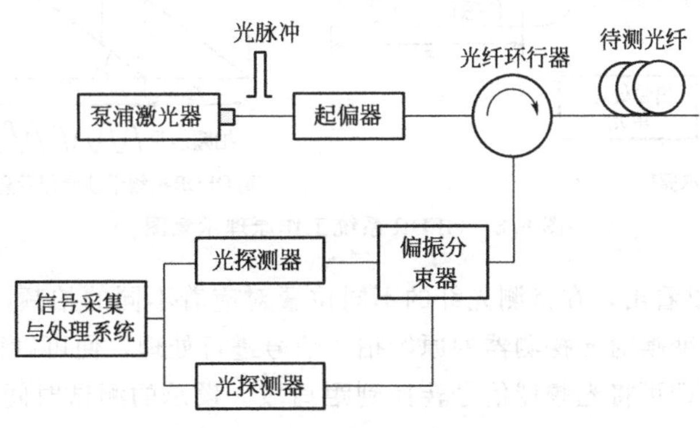

图 6.7 典型的 POTDR 系统原理示意图

6.3 频域分布式光纤传感器

频域分布式光纤传感器主要基于光频域反射（Optical Frequency-Domain Refletometry，OFDR）技术，于1981年由Eickhoff等提出。与OTDR技术利用脉冲光在光纤中的往返时间进行定位不同，OFDR技术是通过测量被调制的探测光产生的背向瑞利散射信号所携带的频率特性对散射信号进行定位的。相对于OTDR技术，基于OFDR的频域分布式光纤传感技术具有更高的空间分辨率、对探测光功率要求低等优点。

6.3.1 OFDR技术

OFDR来源于FMCW技术，其原理示意图如图6.8(a)所示，基本结构形式常见的为光纤迈克耳逊干涉仪，也可以利用马赫-曾德尔干涉仪结构实现。OFDR的核心器件是频率可以进行线性扫描的可调谐激器。扫描激光器发出的光被光纤耦合器分为两束，一束光进入参考臂后被反射镜反射回光纤耦合器（作为参考光），另一束光进入传感臂。由于传感臂的待测光纤中存在瑞利散射和菲涅耳反射，将一部分光作为测试光返回到光纤耦合器。在光纤耦合器处，参考光与瑞利散射光和菲涅耳反射光组成的测试光发生拍频干涉（或差频干涉），这是因为参考臂很短而传感臂很长，参考光与测试光携带的光频是不同的。OFDR拍频干涉原理示意图如图6.8(b)所示。假设扫描激光器的线性调谐速度为γ，在待测光纤位置z处存在一个散射点（或反射点），其中τ_z为散射点z的测试光与参考光的时延差，则两者的关系为

$$\tau_z=\frac{2zn_{\mathrm{eff}}}{c} \tag{6.11}$$

式中，n_{eff}为光纤有效折射率；c为光在真空中的速度。

则参考光与测试光的光频差f_{beat}为

$$f_{\mathrm{beat}}=\gamma\tau_z \tag{6.12}$$

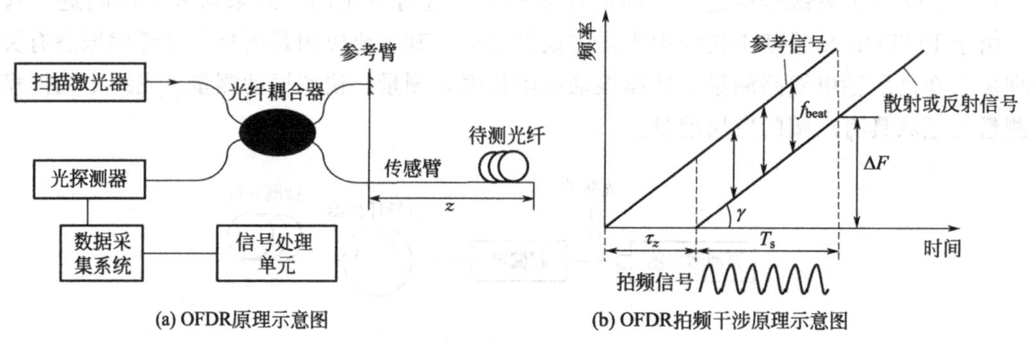

(a) OFDR原理示意图　　(b) OFDR拍频干涉原理示意图

图6.8 OFDR系统工作原理示意图

从式(6.12)可以看出，在待测光纤的不同位置对应着不同的拍频，两者存在正比的线性关系。利用傅里叶变换对光探测器的原始拍频信号进行处理，便可以得到不同待测光纤位置处的反射光信息，即可将光频域信号转换到距离域。设总的测试时间为T_s，则扫描激光器的调谐范围ΔF为

$$\Delta F=\gamma T_s \tag{6.13}$$

设在散射点 z（即时延 τ_z）处散射系数为 $r(\tau_z)$，光纤的衰减系数为 α，则考虑衰减的散射系数 $R(\tau_z)$ 为

$$R(\tau_z)=r(\tau_z)\exp\left(-\alpha\tau_z \frac{c}{n_{\mathrm{eff}}}\right) \tag{6.14}$$

假设不考虑初始相位和相位噪声，本地参考光的光场 $E_r(t)$ 可以表示为

$$E_r(t)=E_0\exp\left[\mathrm{j}2\pi\left(f_0+\frac{\gamma t}{2}\right)t\right] \tag{6.15}$$

式中，f_0 为初始光频率。

在散射点 z 处返回的测试光场 $E_s(t)$ 可以表示为

$$E_s(t)=\sqrt{R(\tau_z)}E_r(t-\tau_z)=\sqrt{R(\tau_z)}E_0\exp\left\{\mathrm{j}2\pi\left[f_0+\frac{\gamma(t-\tau_z)}{2}\right](t-\tau_z)\right\} \tag{6.16}$$

则参考光和测试光的拍频信号为

$$\begin{aligned}I(t)&=|E_r(t)+E_s(t)|^2\\&=E_0^2\left\{1+R(\tau_z)+2\sqrt{R(\tau_z)}\cos\left[2\pi\left(f_0\tau_z+f_{\mathrm{beat}}t+\frac{1}{2}\gamma\tau_z^2\right)\right]\right\}\end{aligned} \tag{6.17}$$

6.3.2 基于 OFDR 的分布式光纤传感

根据 OFDR 的工作原理，由式(6.17) 可知，待测光纤沿线每一个点的散射光与参考光的拍频信号都对应一个特定的振荡频率，也就是说待测光纤的位置与频率具有一一对应关系。而待测光纤每个位置时时刻刻都有散射光信号返回并与参考光发生拍频，因此光探测器检测到的应该是包含所有点所对应的拍频频率的信号，对其进行傅里叶变换即可得到频率与强度的关系。再将频率与待测光纤位置一一对应，最终可得到待测光纤沿线散射光信号的强度信息，即实现基于 OFDR 的分布式光纤传感测量。可容易推知，OFDR 的空间分辨率 Δz 可以表示为

$$\Delta z=\frac{L\Delta f}{f_{\mathrm{beat,max}}} \tag{6.18}$$

式中，L 为总的待测光纤长度；Δf 为频谱的频率分辨率；$f_{\mathrm{beat,max}}$ 为散射光信号与参考光对应的最大频率差。

$f_{\mathrm{beat,max}}$ 可以表示为

$$f_{\mathrm{beat,max}}=\gamma\frac{2L}{v_g} \tag{6.19}$$

式中，v_g 为光波在待测光纤中的传输速度。

由于从时域到频率域变换时，频率分辨率 Δf 由信号的持续时间 T_s 决定，即

$$\Delta f=\frac{1}{T_s} \tag{6.20}$$

由式(6.13)、式(6.18)～式(6.20)，可得 OFDR 分布式光纤传感的空间分辨率 Δz 为

$$\Delta z=\frac{v_g}{2\Delta F}=\frac{c}{2n_{\mathrm{eff}}\Delta F} \tag{6.21}$$

由此可见，OFDR 分布式光纤传感的空间分辨率由光源所能实现的最大频率扫描范围决定，即光源频率扫描范围越大，可以实现的空间分辨率越高（Δz 越小）。

然而，OFDR 系统的空间分辨率会受到扫描激光器输出频率扫描线性度的影响。由图 6.8(b) 可知，若光源扫描不是严格的线性，会导致同一位置的散射光信号与参考光在不同时刻产生不同的拍频。而传感系统是对拍频信号按照等时间间隔采样，再将其变换到频域，并按照频率间隔与空间间隔的对应关系来确定信号在待测光纤中的位置。因此，光源的扫描非线性会导致频率和待测光纤位置对应不准确，进而严重影响传感系统的空间分辨率。为此，研究者提出了添加辅助干涉仪的方法来实现非线性扫描存在情况下的等频率间隔采样，从而有效消除扫描非线性的影响。图 6.9 为使用辅助干涉仪的 OFDR 系统，其中辅助干涉仪是一个迈克耳逊干涉仪，两臂具有固定的光程差 l_a，则由两臂反射信号形成的拍频信号频率为

$$f_a=\gamma\frac{2l_a}{v_g} \tag{6.22}$$

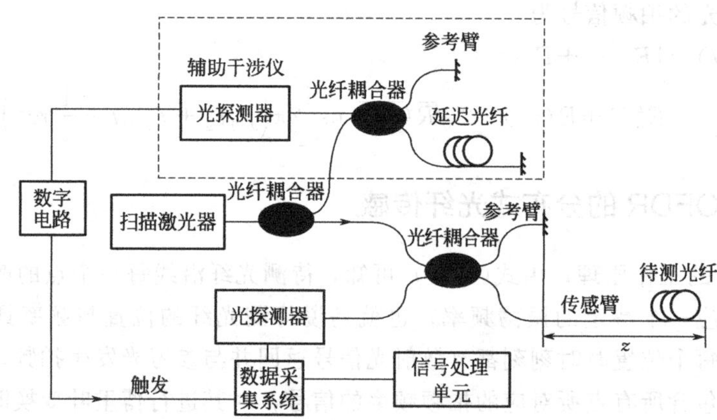

图 6.9　使用辅助干涉仪的 OFDR 分布式光纤传感系统原理示意图

由此信号触发 OFDR 传感系统的数据采集卡进行采样，两次采集对应的频率差为

$$\Delta f_{DAQ}=\frac{1}{f_a}\gamma=\frac{v_g}{2l_a} \tag{6.23}$$

可见，使用辅助干涉仪，使得系统能够保证始终等频率间隔采样，从而保证 OFDR 分布式光纤传感系统具有高空间分辨率。

基于 OFDR 的分布式光纤传感系统目前可以实现的较好的性能指标为：使用的激光频率扫描范围为 0.1～10nm、测量空间分辨率为 0.1～100mm、测量光纤长度为 1m～10km。然而，目前已商用化的 OFDR 设备一般测量光纤长度还在 100m 以下，主要受限于可用的高质量窄线宽扫描激光源和硬件处理系统。除了进行简单的高空间分辨率事件定位以外，OFDR 分布式光纤传感系统还可以实现对于应变和温度的分布式测量，因为当光纤沿线某个位置发生应变或温度改变时，其散射光与参考光的频率差会发生变化，通过将事件发生前后拍频信号频率进行对比，即可建立频率变化量与外界应变或温度参量的关系；再经过复杂的信号处理过程，可以实现应变或温度的高空间分辨率分布式测量。对于 OFDR 分布式光纤传感系统，应变和温度往往有相互串扰现象，人们一直在研究可以将两者分辨开来同时测量的方法，但可以商用的技术或设备还鲜有报道。

6.3.3　基于偏振分析 OFDR 的分布式光纤传感

OFDR 分布式光纤传感系统大多集中于高空间分辨率事件定位或者轴向应变与温度的分布式测量，然而基于普通单模光纤的分布式横向压力传感系统具有广阔的应用前景，比如油气管道的压力监测、给排水设施的压力监测、周界安防的防侵入监测以及未来嵌入式智能蒙皮应用等。OFDR 技术对于直接的横向压力测量无法定量，但是单模光纤在受到横向压力作用时，由于弹光效应会引入定量的双折射，将分布式双折射测量引入 OFDR 系统可实现横向压力的分布式测量，这就是基于偏振分析 OFDR 的分布式光纤传感技术的主要研究动机。

当单模光纤受到横向压力 f 时，产生的双折射大小 Δn 可以表示为

$$\Delta n=\frac{4n_{\text{neff}}^{3}}{\pi E}(1+\sigma)(p_{12}-p_{11})\left(\frac{f}{d}\right) \tag{6.24}$$

式中，n_{eff} 为纤芯有效折射率；E 为杨氏模量；σ 为泊松比；p_{11} 与 p_{12} 为弹光系数；d 为光纤直径。

而对于熔融石英，以上参数均为常数，于是可以定义系数 ζ 为

$$\zeta=\frac{4n_{\text{eff}}^{3}}{\pi dE}(1+\sigma)(p_{12}-p_{11}) \tag{6.25}$$

式(6.24) 可以简化为

$$\Delta n=\zeta f \tag{6.26}$$

可见，横向压力 f 与引起的双折射量 Δn 呈良好的线性关系。依此，只要能进行分布式双折射的测量，就可以实现分布式的横向压力测量。

河北大学光信息技术创新中心开发了基于二进制磁光晶体偏振态发生器和偏振态分析仪的分布式偏振分析 OFDR 系统，如图 6.10 所示。由于偏振态发生器和偏振态分析仪具有高速（约 20μs）和高重复性测量优势，偏振分析 OFDR 系统可以高速高精度地获得沿待测光纤路径的偏振态分布和双折射分布。

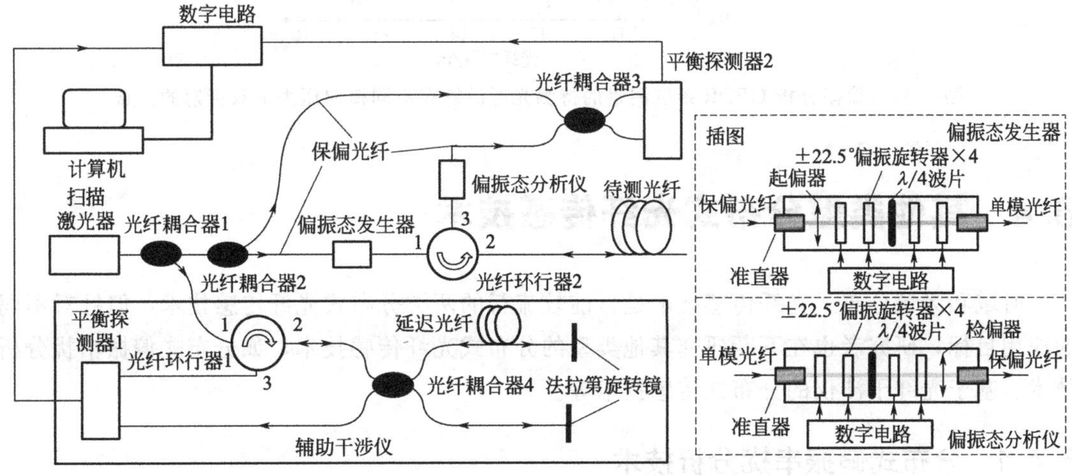

图 6.10　偏振分析 OFDR 系统结构与原理示意图

偏振分析 OFDR 系统采用窄线宽、可调谐连续频率扫描激光器作为光源，发出具有长相干长度的扫描激光通过保偏光纤进入光纤耦合器 1 并被分为两路。一路光（大约 5%的光）经过光纤环行器 1 进入辅助干涉仪，用于提供主探测系统等频率间隔采样的时钟信号，其中使用两个法拉第旋转镜用于消除偏振波动。另一路光通过保偏光纤传输进入光纤耦合器 2，大约 10%的光被光纤耦合器 2 输出作为本振参考光，剩余 90%的光首先通过保偏光纤进入偏振态发生器，产生四种不同的已知偏振态的全偏振光，然后偏振光通过光纤环行器 2 进入待测光纤（单模光纤）。待测光纤的后向瑞利散射光和反射光经过光纤环行器 2 后，由偏振态分析仪分析沿光路的每点处的散射光或反射光的偏振态变化，之后进入保偏光纤并在光纤耦合器 3 处与参考光进行拍频干涉。光纤耦合器 3 输出的拍频干涉信号由平衡探测器 2 检测并放大，之后再被转换成数字信号。对数字信号进行快速傅里叶变换，可以获得待测光纤中不同位置的后向瑞利散射光和反射光的位置信息。结合 OFDR 技术的高分辨率空间定位功能和偏振态发生器与偏振态分析仪的偏振分析功能，偏振分析 OFDR 系统可以获得待测光纤中每点处的穆勒矩阵，再计算得到待测光纤每点处的双折射矢量。经实验验证，偏振分析 OFDR 系统的双折射测量分辨率$<2\times10^{-7}$、双折射空间分辨率为 0.25mm、反射空间分辨率为 10μm、最小可测量反射为－130dB。但是，受扫描激光器的线宽限制，可实现的最大测量范围仅为 100m。

图 6.11 所示为偏振分析 OFDR 系统测量的待测光纤沿线在不同横向压力下双折射的分布。河北大学信息技术创新中心利用偏振分析 OFDR 技术实现了直接的分布式横向压力光纤传感，具体的性能指标可参见本章参考文献[9]。

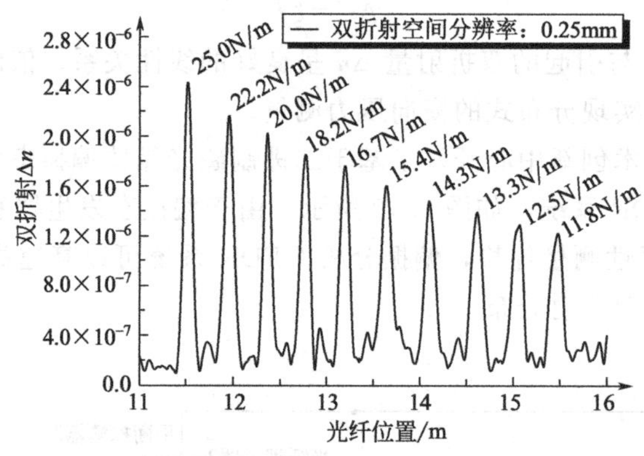

图 6.11 偏振分析 OFDR 系统测量的待测光纤沿线在不同横向压力下双折射的分布

6.4 其他类型分布式光纤传感技术

时域和频域分布式光纤传感技术是目前较流行的两类分布式光纤传感技术，但针对不同的应用目标，研究者也在不断研究其他类型的分布式光纤传感技术，如分布式偏振串扰分析技术、基于光纤干涉仪的分布式传感技术等。

6.4.1 分布式偏振串扰分析技术

时域分布式光纤传感技术整体面向的是超长距离的传感应用（10km 以上），但空间分辨率在米量级，主要面向温度和应变测量应用。频域分布式光纤传感技术目前可实现的传感距离仍然较短（百米量级），但空间分辨率可以小于1mm，也主要面向温度和应变测量应用，少数用于双折射和横向压力测量。然而，在中等传输距离（几千米）、较高空间分辨率（厘米量级）分布式光纤传感研究方面相对较少，尤其是实现横向压力、温度、应变可分辨测量方面，但实际上这些测量在石油钻探、智能蒙皮、高速管道交通、大型建筑物健康状况监测等领域有较大的应用需求。河北大学光信息技术创新中心开展了基于保偏光纤分布式偏振串扰分析技术在压力、温度和应变方面的探索性研究工作。偏振串扰是指保偏光纤两个正交偏振模式之间的能量耦合现象。由于受到横向压力作用，保偏光纤局部发生偏振主轴旋转（图6.12），导致原本偏振态保持较好的偏振模式的能量耦合到正交的偏振模式上。假设横向压力 f 以与慢轴夹角 α 施加到保偏光纤上，慢轴传输的偏振光被耦合到快轴上，则偏振串扰强度 h 可以表示为

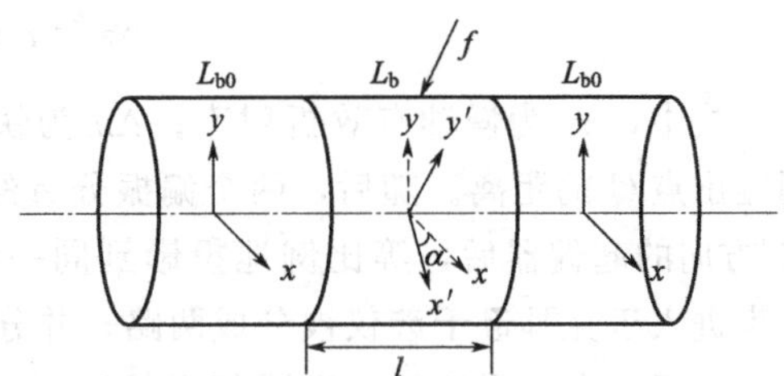

图6.12 保偏光纤受横向压力作用时偏振主轴旋转示意图

$$h=F^2\sin^2(2\alpha)\left\{\frac{\sin\left[\pi\sqrt{1+F^2+2F\cos(2\alpha)}\,(l/L_{b0})\right]}{\sqrt{1+F^2+2F\cos(2\alpha)}}\right\}^2 \tag{6.27}$$

式中，L_{b0} 为保偏光纤的拍长；l 为受力长度；F 定义为归一化压力。

归一化压力 F 表示为

$$F=\frac{2n_f^3L_{b0}f(1+\sigma)(p_{12}-p_{11})}{\pi\lambda rE} \tag{6.28}$$

式中，n_f 为快轴有效折射率；λ 为入射波长；r 为保偏光纤的纤芯半径，其余参数同式(6.24)。

由上可见，偏振串扰强度 h 和横向压力 f、力的作用角度 α 以及受力光纤长度 l 有关，可以通过测量偏振串扰强度大小对横向压力进行传感。经验证，当力的作用角度 $\alpha=45°$时，偏振串扰对外界压力最敏感。

分布式偏振串扰分析技术基于白光迈克耳逊干涉仪，基本原理是检测保偏光纤中快、慢轴传输的光波信号的延迟差及干涉强度。图6.13所示为偏振串扰分析系统结构及原理示意图。

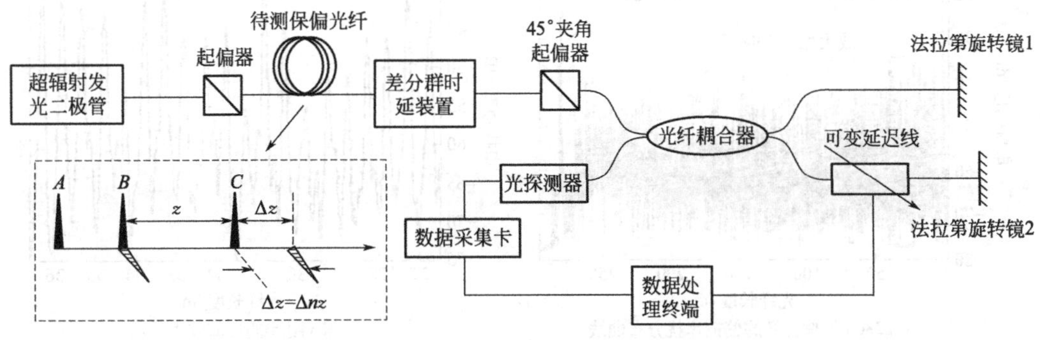

图6.13 偏振串扰分析系统结构及原理示意图

系统采用超辐射发光二极管作为光源（3dB 谱宽为 30nm），经保偏光纤输入起偏器后，在待测保偏光纤 A 点沿慢轴注入。假设在待测保偏光纤 B 点处存在一个外界横向压力，导致沿慢轴传输的入射光耦合一部分到快轴，如图中虚线框所示。由于待测保偏光纤快轴与慢轴上的光波是以不同的速度在待测保偏光纤中传输的，直到待测保偏光纤出射端 C 点，两者会产生一个延迟差 Δz，且有

$$\Delta z = n_s z - n_f z = z\Delta n \tag{6.29}$$

式中，n_s 为慢轴有效折射率；Δn 为快、慢轴折射率之差（即双折射）；z 为串扰点 B 到输出点 C 的距离。随后，两个偏振分量经过放置在待测保偏光纤输出端与其偏振主轴呈 45°方向的起偏器后，等比例地投影到同一偏振态，其方向与起偏器的通光轴相同。之后，光束进入迈克耳逊干涉仪被分成两路，并分别由法拉第旋转镜反射后在光纤耦合器处发生干涉。由于是白光干涉仪，光源相干长度短（约为 25μm），只有两路光程差基本为零时才能得到良好的干涉效果。因此其中一路加入可变延迟线，用于补偿延迟差 Δz，可以实现待测保偏光纤传输的两个偏振态光束之间的干涉。由可变延迟线延迟长度 Δz 可知，根据式(6.29) 和保偏光纤双折射大小，可求得串扰点 B 发生的位置 z，即

$$z = \frac{\Delta z}{\Delta n} \tag{6.30}$$

因此，根据干涉曲线可知串扰点的位置 z，根据干涉条纹的可见度可得到串扰点的串扰强度。值得注意的是，当串扰点数不止一个时，迈克耳逊干涉仪输出将存在大量的串扰峰。为此，在系统中加入了差分群时延装置，将待测保偏光纤输出的两个正交偏振态光预先在空间上拉开到可变延迟线补偿臂长差长度以外，可以有效消除零阶和高阶的串扰峰。

基于偏振串扰分析的保偏光纤传感系统有望实现探测距离 3km 左右、空间分辨率约 5cm 的分布式横向压力测量。图 6.14(a) 所示为实验测得的约 280m 保偏光纤的偏振串扰分布曲线。实验过程是将保偏光纤缠绕到一个光纤盘上，但在光纤盘表面横向放置一根细金属丝，这样每缠绕一圈，保偏光纤经过金属丝就会受到一个横向压力作用，保偏光纤在光纤盘上只缠绕一层。由于光纤盘直径约为 0.5m，每隔约 0.5m 就有一个偏振串扰峰出现，但是由于压力作用角度和压力大小无法保证完全一致，所以各个串扰峰强度各不相同。图 6.14 证明了偏振串扰分析系统具有分布式横向压力的测量能力。

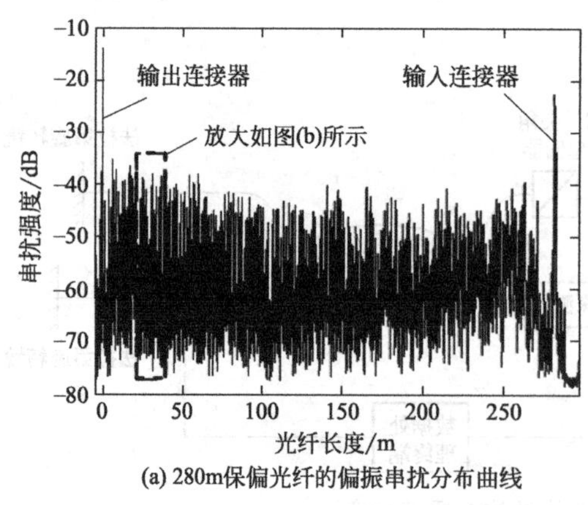

(a) 280m保偏光纤的偏振串扰分布曲线

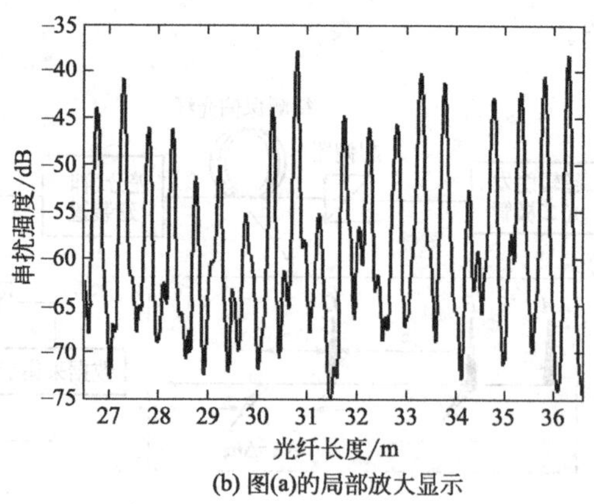

(b) 图(a)的局部放大显示

图 6.14　偏振串扰分析分布式压力测量结果

由于保偏光纤的双折射和温度有关系，理论上随着温度升高则双折射下降。虽然温度改变可以影响保偏光纤中两个串扰峰之间的间距，但是不影响每个串扰峰的串扰强度。由此可知，基于偏振串扰分析原理，横向压力和温度对于偏振串扰的影响是正交独立的，有望实现分布式横向压力和温度的同时传感。然而，对于温度的传感，需要预先引入预设串扰峰，通过监测预设串扰峰之间延迟间距的变化实现对于温度的测量。河北大学光信息技术创新中心也开展了相关的研究，通过使用压力夹引入两个预设串扰峰后，将整条待测保偏光纤放入高低温箱中，测得了－20℃和 80℃下偏振串扰强度与延迟关系曲线（图 6.15），可见两个预设串扰峰 A 与 B 之间的延迟间距随着温度的变化而变化。

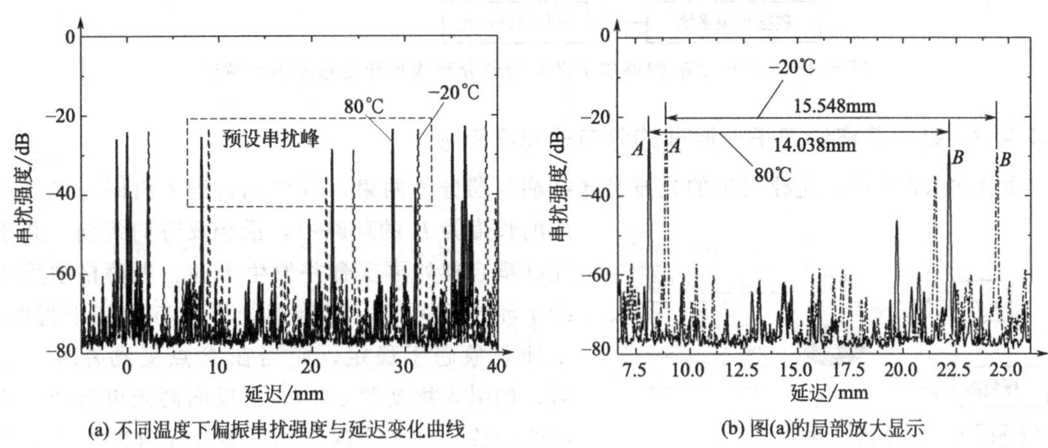

图 6.15　偏振串扰分析分布式温度测量验证

另外，通过设计一定的转换机制，将轴向应变转换为横向压力，也有望实现保偏光纤轴向应变传感测量，河北大学也进行了相关的研究工作。将来的研究重点将集中在多参量同时测量实用的光纤传感基带的研制以及保偏光纤 45°定轴布纤工作等方面，一方面提升传感测量灵敏度，一方面不断提升其实用化程度。

6.4.2　基于光纤干涉仪的分布式传感技术

相位调制型光纤干涉仪进行传感时具有极高的灵敏度，将其与分布式传感技术相结合有望实现高灵敏度传感测量，常见的有基于马赫-曾德尔干涉仪和萨格纳克干涉仪的分布式定位传感。

6.4.2.1　基于马赫-曾德尔干涉原理的分布式光纤传感

如图 6.16 所示，激光器输出的激光经过光纤耦合器 1 时分成两路，分别到达光纤耦合器 2 和光纤耦合器 3。由于光纤耦合器 2 和光纤耦合器 3 之间构成马赫-曾德尔光纤干涉仪，当两个光纤耦合器在 A、B 两个位置均有输入时，实际形成了正反向传输的两个干涉仪，分别可由光探测器 1 和光探测器 2 检测干涉输出。假设 AB 之间的光纤长度为 L，在距离 A 点为 z 的位置 P 处有一振动信号引起的相位调制 $\varphi(t)$，则该相位调制引起的干涉臂的相位差沿两相反方向传输到光探测器 1 和光探测器 2 的光程不同，时延差 Δt 为

$$\Delta t=\frac{L-2z}{v_g}=\frac{n_{\text{eff}}(L-2z)}{c} \tag{6.31}$$

式中，v_g 为光波在光纤中的传输速度；c 为真空中的光速；n_{eff} 为纤芯有效折射率。

两个光探测器得到的两路干涉信号经过数据采集系统送入信号处理单元，对两路信号进行互相关计算，可以获得干扰出现的时延差，继而实现干扰定位。

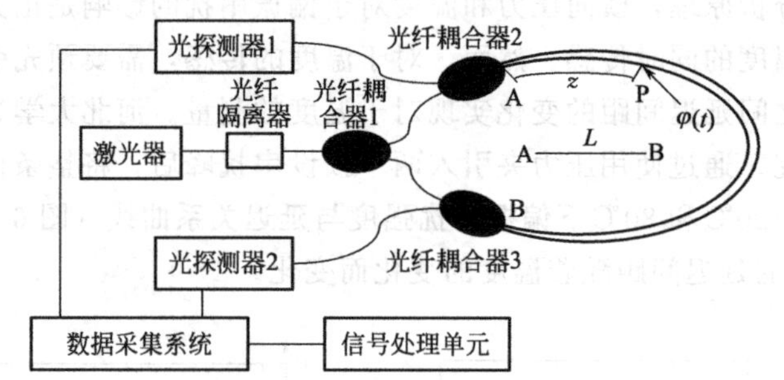

图 6.16　基于马赫-曾德尔干涉原理的分布式光纤传感原理示意图

6.4.2.2　基于萨格纳克干涉原理的分布式光纤传感

如图 6.17 所示，光源发出的光波经光纤耦合器分为两束，分别耦合进入由同一光纤构成的长度为 L 的环路中，沿相反方向传输，并于光纤耦合器处再次合并发生干涉。由萨格纳克光纤干涉原理可知，当传感光纤没有受到干扰时，干涉现象趋于稳定。而当在 P 点受到外界干扰时，如引入扰动源 $\varphi(t)$，正反向两光束会产生不同的相移，在光纤耦合器处发生干涉时，干涉信号的光强度与干扰发生位置具有一定关系。

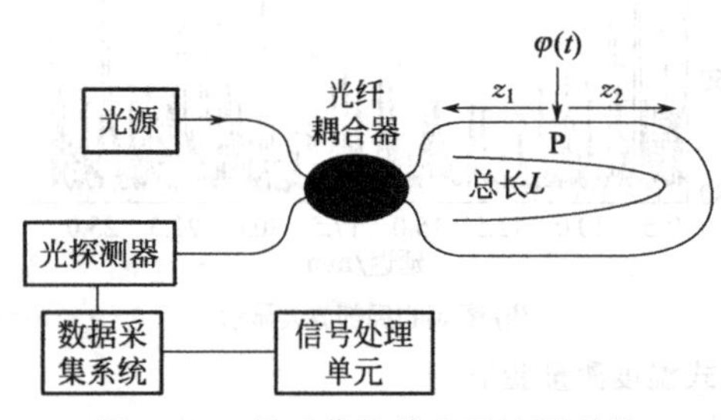

图 6.17　基于萨格纳克干涉原理的分布式光纤传感原理示意图

基于萨格纳克干涉的分布式传感系统的定位是通过分析干涉光强度的频谱实现的，即对接收到的光信号进行快速傅里叶变换。干涉系统的频率响应包含一系列具有固定周期的极值点（陷波点频率），而极值点的频率由扰动点在光纤上的位置决定，从而可以准确计算扰动发生的位置。如干扰源信号是正弦信号（或形如正弦信号）时，接收信号的功率幅值 P_{ω_s} 为

$$P_{\omega_s}=A_0\sin\left(\frac{\omega_s\Delta\tau}{2}\right) \tag{6.32}$$

式中，A_0 是与频率无关的常数；ω_s 为调制信号频率；$\Delta\tau$ 为被扰动光波沿正反向到达光纤耦合器的时延差。

可见零点位置发生在 $\frac{\omega_s\Delta\tau}{2}=0, \pi, \cdots, N\pi$。因为

$$\Delta\tau=\frac{n_{\rm eff}(z_1-z_2)}{c} \tag{6.33}$$

将式(6.33) 代入式(6.32) 可得

$$P_{\omega_s}=A_0\sin\left[\frac{\omega_s n_{\rm eff}(z_1-z_2)}{2c}\right] \tag{6.34}$$

因此，可知干扰源位置 P 与频率响应第 N 个零频之间的关系为

$$f_{\rm s,min}=\frac{\omega_{\rm s,min}}{2\pi}=\frac{Nc}{n_{\rm eff}(z_1-z_2)}=\frac{Nc}{n_{\rm eff}(2z_1-L)} \tag{6.35}$$

6.5 分布式光纤传感器的应用与发展

分布式光纤传感器具有其他类型传感器无可比拟的诸多显著优点，尤其是其单位距离传感成本低廉的优点使得其在未来大范围检测领域具有极大的发展潜力。除已开发的诸多应用领域以外，研究者正在开发分布式光纤传感技术在电力系统监测、高铁声屏障结构健康监测、高铁轮轨结构健康监测、海底通信光缆健康监测、城市地下基础设施健康监测等领域应用的性能。

未来分布式光纤传感器的主要发展方向包括以下几个。

① 进一步提高信号接收和处理的能力，开发新的信号处理算法，以进一步提高分布式传感的空间分辨率、测量灵敏度、测量精度、可测量光纤长度，以及不断缩短测量时间、降低成本。

② 研发面向分布式光纤传感应用的特种光纤材料及其器件以及新型光纤与光缆。

③ 不断拓展分布式光纤传感测量的维度，从单条光纤的一维测量逐步向多条光纤排列及布网的多维分布式测量发展。

④ 多参量同时传感测量的研究，不断解决交叉敏感问题。

⑤ 大力开展应用研究及产学研结合，研究系统在线实时动态监测、传感光纤布设方式、环境变化影响等，不断促进分布式光纤传感的实用化和工程化。

⑥ 随着传感单元数量和传感参量类型的不断增加，对网络容量、结构和管理的要求愈加强烈，需要充分发挥光纤传感网自身宽频带、高速率、大容量、长距离传输等优点，并且需要不断促进光纤传感网与光纤通信网的深度融合，充分利用现有光纤网络资源。

⑦ 随着网络技术的不断拓展，光纤传感网中大量的光纤传感单元通过多种方式相互连接在一起，组成十分复杂的拓扑结构，所涉及的信号处理手段和算法种类多种多样。光纤传感网的工作过程也可能面临各种极端环境和状况，信息的快速智能处理及其安全可靠性研究至关重要。

⑧ 需要不断探索新型分布式光纤传感机制，研发新型分布式光纤传感器。

习题与思考

1. 布里渊散射光和拉曼散射光的特点有哪些不同？
2. 拉曼散射光纤传感测温的原理是什么？
3. OFDR 与 OTDR 相比最大的优点是什么？
4. 为什么 OFDR 系统对扫频光源的性能要求非常高？主要对激光器的哪些指标有要求？
5. 扫频激光源的非线性如何影响 OFDR 传感的空间分辨率？
6. 偏振分析 OFDR 分布式光纤传感进行横向压力测量的原理是什么？
7. 偏振串扰分析技术测量横向压力的灵敏度与哪些因素有关？如何提高测量灵敏度？
8. 分布式偏振串扰分析技术有望实现压力和温度同时传感的原理是什么？

参考文献

[1] 张旭苹. 全分布式光纤传感. 北京：科学出版社，2013.
[2] 王友钊，黄静. 光纤传感技术. 西安：西安电子科技大学出版社，2015.

[3] 李川. 光纤传感器技术. 北京：科学出版社，2013.

[4] 延凤平，任国斌，王目光，等. 光波技术基础. 北京：清华大学出版社＋北京交通大学出版社，2019.

[5] F. Ravet，X. Bao，Y. Li，et al. Signal processing technique for distributed Brillouin sensing at centimeter spatial resolution. Journal of Lightwave Technology，2007，11 (11)：3610-3618.

[6] 刘铁根，于哲，江俊峰，等. 分立式与分布式光纤传感关键技术研究进展. 物理学报，2017，66 (7)：070705.

[7] 梁可桢，潘政清，周俊，等. 一种基于相位敏感光时域反射计的多参量振动传感器. 中国激光，2012，39 (8)：0805004.

[8] T. Feng，Y. Shang，X. Wang，et al. Distributed polarization analysis with binary polarization rotators for the accurate measurement of distance-resolved birefringence along a single-mode fiber. Optics Express，2018，26 (20)：25989-26002.

[9] T. Feng，J. Zhou，Y. Shang，et al. Distributed transverse-force sensing along a single-mode fiber using polarization-analyzing OFDR. Optics Express，2020，28 (21)，31253-31271.

[10] T. Feng，D. Ding，Z. Li，et al. First quantitative determination of birefringence variations induced by axial-strain in polarization maintaining fibers. Journal of Lightwave Technology，2017，35 (22)：4937-4942.

[11] 丁振杨. 几种改进 OFDR 性能方法的提出及验证 [博士论文]. 天津：天津大学，2013.

[12] P. Hao，C. Yu，T. Feng，et al. PM fiber based sensing tapes with automated 45° birefringence axis alignment for distributed force/pressure sensing. Optics Express，2020，28 (13)，18829-18842.

第7章 特殊类型光纤传感技术

除了常见的单模光纤、保偏光纤用于分立式或分布式光纤传感以外，研究者同时对基于特殊类型光纤制作的传感器的特性进行了研究。如纳米光纤、光子晶体光纤、聚合物光纤等特殊光纤均表现出各自独特的优点，它们在某些特殊的传感应用方面表现出潜在价值。

7.1 纳米光纤及其传感应用

纳米光纤指的是直径为几纳米到几百纳米之间的细径光纤，可见其已经小于一般光纤中传输光波长（如传感和通信常用的 1310nm 和 1550nm 激光波长）。由于纳米光纤直径小于传输光波长，也被称为亚波长光纤。2003 年，浙江大学的 L. Tong 等第一次成功研制了直径小于所传输光波长的低损耗纳米光纤，为实现光子器件的小型化、提高敏感度，提供了一种新的选择。

纳米光纤最典型的特性就是具有极高的倏逝场能量。由光波导理论可知，光波在光纤的纤芯和包层界面发生全反射而不断向前传输，而实际上光能量并不是在界面上立刻反射而衰减为零，而是要渗透到包层中一部分，这部分能量称为倏逝场。渗透深度一般大于或等于波长量级，这对于普通尺寸光纤（外径 125μm）几乎可以忽略。而纳米光纤直径本身为亚波长量级，其已没有明显的纤芯和包层结构，本身就是一个波导，光波场能量会充满整个纳米光纤波导而且会渗透到波导以外的介质（如空气或真空）中，渗透深度大于或等于波长。也就是说，纳米光纤的倏逝场能量包含了整个纳米光纤传输能量的很大一部分。经研究证明，当纳米光纤的直径从 800nm 减小至 200nm 时，纳米光纤内部所传输的光能量从 95%下降至 10%。另外，对于同样直径的纳米光纤，随着工作波长的增加，纳米光纤内部传输的光能量减小。由于具有强烈的倏逝场效应，纳米光纤对外界环境具有非常高的敏感性，这正是纳米光纤用于传感的基本原理。

7.1.1 纳米光纤的制作

不同于单模光纤、多模光纤、保偏光纤等常见类型光纤在市场上可购买；纳米光纤大部分还只是科研需求，需要在实验室通过一定方法制作。纳米光纤较常用的两种制作方法为：拉伸法和提拉法。

7.1.1.1 拉伸法

拉伸法一般基于的是普通的单模光纤，将其通过一定方法拉细制得纳米光纤，这一般需要使用熔融拉锥机实现。单模光纤在进行拉伸前需要先去除掉涂覆层，然后将裸光纤的两端固定在熔融拉锥机的可控移动平台上，并且拉制区悬空。使用氢氧焰或者强激光束对悬空裸光纤部分进行加热，同时控制移动平台以一定速度向相反方向移动对裸光纤施加拉应力。在加热条件下，光纤玻璃材料被熔化同时被逐渐拉长，直径逐渐缩小，同时氢氧焰或强激光束以一定速度沿光纤轴向做往复运动，以保证获得足够长和均匀的纳米光纤。拉制的纳米光纤一般会包含两个单模光纤向纳米光纤过渡的锥区（称为光纤锥），直径均匀的纳米光纤区称为腰区，如图 7.1 所示。一般通过拉伸法可以制成长度为 1～20mm 的腰区和最小直径为 100nm 的纳米光纤。

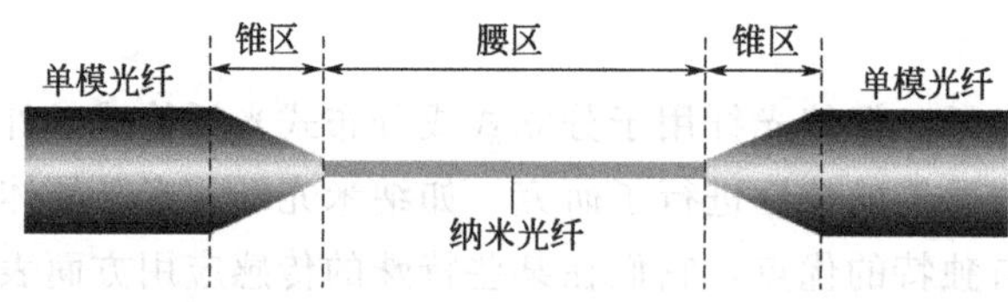

图 7.1 拉伸法研制的纳米光纤示意图

7.1.1.2 提拉法

提拉法一般针对的是熔点较低的聚合物纳米光纤。聚合物类光纤具有优异的力学性能，也被用于制作纳米光纤。但是，聚合物材料一般熔点都非常低（<300℃），可以采用一步提拉法制作纳米光纤，具体流程是：将聚合物材料在一块加热板上熔化，使用一根普通单模光纤或者金属棒的末端靠近并且浸入到熔融的聚合物材料中；然后，将单模光纤或者金属棒以一定速度匀速垂直上提，将聚合物材料拉出形成纳米尺寸纤维；纤维在空气中迅速淬火，即形成聚合物材料纳米光纤。通过提拉法制成的纳米光纤的直径最小可以达 60nm，长度可达 50cm。

7.1.2 纳米光纤的特性

纳米光纤一般关注的特性包括损耗特性和机械强度特性。纳米光纤虽然大部分的光场能量在光纤外传输，但是如果光纤外只是空气基质，其具有极低的传输损耗、弯曲损耗和耦合损耗。一般使用拉伸法制作出来的纳米光纤具有非常好的均匀性，传输损耗最低可以达到 0.001dB/mm；虽然纳米光纤与包层空气的折射率差很大，但是纳米光纤在弯曲半径为 10μm 时，损耗可以小到 0.2dB；由于纳米光纤主要以倏逝波传输，所以当两条纳米光纤需要耦合时，只需要将两者以一定小的角度相接触即可实现高效率耦合。另外，由于纳米光纤具有很高的机械强度与优异的易弯曲特性，经实验验证，纳米光纤可以容易弯曲形成直径小于几微米的微环而不发生形变。这种易弯曲的特点，结合纳米光纤的小尺寸及周围丰富的倏逝场，可以实现许多器件的小型化，如制作纳米光纤马赫-曾德尔干涉仪、纳米光纤结形微环谐振器等。

7.1.3 纳米光纤的传感应用

利用纳米光纤制作的传感器具有尺度小、灵敏度高、响应速度快等优点，相对传统的传感器件，其传感性能有明显优势，可用于在许多特定场合下传感。目前已研制出的纳米光纤传感器可以对周围环境的折射率、温度、湿度、加速度、纯净度（微粒多少）等方面进行探测传感。例如，基于纳米颗粒的散射作用和纳米光纤的倏逝场效应，纳米光纤可用于蛋白质、高分子、病毒微粒等的检测，可以检测的颗粒直径为35～220nm；将基于纳米光纤的马赫-曾德尔干涉仪的一臂作为参考臂制作的环境折射率传感器，其灵敏度比类似的平面波导传感器高一个数量级以上；将基于纳米光纤制作的结形微环谐振腔置于待测液体或气体中，可以通过检测共振峰波长的移动，测量待测液体或气体的折射率或浓度。由此可见，纳米光纤传感器在物理、化学、生物传感应用方面具有潜在的应用价值。

7.2 光子晶体光纤及其传感应用

光子晶体（Photonic Crystal）是指折射率在空间周期性变化的介电结构，其变化周期和光波长为同一数量级。光子晶体也被称为光子带隙材料。自然界存在许多光子晶体，如蛋白石、蝴蝶的翅膀、孔雀的羽毛、金龟子的壳、澳洲海老鼠的毛发等，这些都是由于本身几何结构上的周期性使之具有光子能带结构，随着能隙位置不同，反射光的颜色也随之变化，因此其色彩缤纷的外观是与色素无关的。由于光子晶体的折射率在空间上必须为周期性的函数，可将光子晶体依空间维度区分为一维、二维和三维等。在一维上存在周期性结构，则光子能隙只出现在此方向上；在二维上存在周期性结构，则光子只能在一个方向上传输；如果在三维上都存在周期性结构，得到的则是全方位的光子能隙，特定频率的光进入此光子晶体后在各方向都将无法传输。

7.2.1 光子晶体光纤

如2.5.2节中介绍，光子晶体光纤（Photonic Crystal Fiber，PCF）又称微结构光纤，最早于1992年由Russell等提出。光子晶体光纤通常以纯石英或聚合物等材料为基底，在光纤的横截面上具有二维的周期性折射率分布（空气孔或高折射率柱），而沿光纤长度方向的折射率分布均匀。光子晶体光纤通过横截面二维周期性折射率分布对光进行约束，从而实现光的轴向传输。独特的波导结构，使得光子晶体光纤与常规光纤相比具有许多无可比拟的传输特性，如无截止单模特性、可控的色散特性、良好的非线性效应、优异的双折射特性。

7.2.1.1 无截止单模特性

由式(2.134)可知，由于普通阶跃型单模光纤的数值孔径基本与工作波长λ无关，所以随着工作波长λ的减小，归一化频率V是不断增大的，因此阶跃型单模光纤在短波长区域就会变成多模工作。光子晶体光纤的单模传输条件具有类似的形式，如下：

$$V_{\mathrm{PCF}}(\lambda)=\frac{2\pi\Lambda}{\lambda}(n_{\mathrm{co}}^{2}-n_{\mathrm{cl}}^{2})^{\frac{1}{2}}\leqslant\pi \tag{7.1}$$

式中，n_{co} 和 n_{cl} 分别为纤芯和包层的有效折射率；Λ 为周期性折射率分布间距。与阶跃型单模光纤不同，光子晶体光纤的包层有效折射率 n_{cl} 和工作波长 λ 有关，n_{cl} 随着 λ 的减小而增加。因此，通过合理设计光子晶体光纤结构，可以实现 $V_{\mathrm{PCF}}(\lambda)$ 趋于常数，不随着工作波长 λ 的变化而变化。也就是，使 $V_{\mathrm{PCF}}(\lambda)$ 在任意波长均满足单模传输条件，实现在任意波长处的单模传输。

无截止单模特性可以实现大模场面积单模传输，有助于大大减小光子晶体光纤中的非线性效应。当光子晶体光纤中传输的光功率密度太高时就会出现严重的非线性效应，这在很多光纤传感和传输场合是不希望的，可以通过增大模场直径来减小光功率密度。对于普通阶跃型单模光纤，如果要实现大模场面积，需要将其芯径增加，但为了维持光纤单模传输，就必须减小纤芯与包层相对折射率差，也就是减小光纤的数值孔径，这会大大增加光纤的弯曲损耗；而且，受材料和制作工艺的限制，折射率差的最小精确控制也是问题。光子晶体光纤具有无截止单模特性，通过周期性空气孔排布设计可以精确而灵活地控制纤芯与包层相对折射率差，有效实现大模场面积单模传输，实现低非线性效应。

7.2.1.2 可控的色散特性

普通光纤的色散特性主要由材料色散和波导色散决定，而光子晶体光纤因具有高度的结构设计灵活度而具有较高的波导色散可控制性，从而使得光子晶体光纤具有可控的色散特性和有望实现各种期望的色散特性。光子晶体光纤在色散方面还有一个重要特点，即它的零色散波长可调。只需简单改变光子晶体光纤的微结构尺寸，就可以在几百纳米甚至更宽的范围内实现零色散波长传输。

7.2.1.3 良好的非线性效应

在高强度电磁场中任何电介质对光的响应都会变成非线性。传统光纤作为非线性光学介质，典型长度一般为几十米甚至上千米，由于光纤色散会使得其中的脉冲宽度变宽、光功率密度下降。而光子晶体光纤是理想的非线性光学介质，它既能使脉冲宽度保持不变（零色散波长传输），又能使激光的相互作用长度和高功率密度保持不变。光子晶体光纤实现高非线性的方法主要是通过结构设计得到非常小的模场直径，而且可以做到更大的数值孔径，从而有更好的限光能力。如在 1550nm 处，光子晶体光纤的模场直径可以小到 1μm，得到高达 63/(W·km) 的非线性系数。而普通石英基单模光纤通过纤芯掺杂、改变模场直径等方法，最大可以得到的非线性系数也只有 20/(W·km)。

7.2.1.4 优异的双折射特性

追求高双折射的原因在保偏光纤介绍时已经讨论过，高双折射光纤在光纤传感、光纤激光器及长距离光纤通信等方面具有重要的应用。传统的双折射光纤主要是通过在光纤包层中加入应力区实现的，如熊猫型保偏光纤、领结型保偏光纤等。而光子晶体光纤通过引入结构的不对称性，可以很容易实现高双折射，而且双折射大小可以高达 10^{-2}，比熊猫型保偏光纤高出 1～2 个数量级。另外，光子晶体光纤的双折射具有温度不敏感性，比常规保偏光纤的敏感性小 3～4 个数量级，在很多非温度传感但受温度干扰影响的光纤传感应用中是非常重要的特性，因此高双折射光子晶体光纤常被研究用于温度不敏感光纤传感。

虽然光子晶体光纤具有诸多独特的优质特点，但光子晶体光纤整体制作难度大、成本高，目前来说普遍使用的可能性还较小，主要集中在实验室科学研究方面。另外一个限制光子晶体光纤应用的主要因素是其与其他光纤的连接问题。因为光子晶体光纤具有众多周期性排布的空气孔，在与普通单模光纤高温熔接时会导致空气孔塌陷而引入高损耗，并且模场的不匹配也会引入较大损耗。但是，因为大多数传感系统使用的是单模光纤，光子晶体光纤和单模光纤之间的耦合又是不可避免的。空气孔塌陷问题需要通过不断的工艺摸索得到对于不同光子晶体光纤与单模光纤熔接的最佳参数而予以解决。模场匹配问题可以通过过渡光纤法或透镜光纤法加以解决，即在光子晶体光纤和单模光纤之间插入一段模场半径适中的过渡光纤，或用机械研磨、激光切割、化学腐蚀、加热拉丝等方法将光纤拉锥和透镜化制作成耦合透镜光纤。

7.2.2　光子晶体光纤的传感应用

早期的光子晶体光纤被用于气体传感，利用光谱吸收原理进行气体检测。因为光子晶体光纤包层中具有较强的倏逝场，将气体填充于光子晶体光纤的空气孔中，通过测试吸收谱以检测气体，例如检测乙炔气体。随着多种光子晶体光纤传感器类型被提出，研究方向越来越多。下面介绍几个典型传感应用。

7.2.2.1　基于保偏光子晶体光纤的温度不敏感应变光纤传感器

在萨格纳克光纤干涉仪中插入保偏光纤制作温度或应变光纤传感器是一种常见的结构形式。然而，一般使用的保偏光纤长度都在数米量级，而且存在温度和应变的交叉敏感影响（当用于应变传感时，温度影响不可忽略）。基于保偏（或高双折射）光子晶体光纤（Polarization Maintaining PCF，PM-PCF）具有的高双折射特性和温度不敏感特性，可以大大改善传统萨格纳克应变光纤传感器的性能。

图 7.2 所示为基于 PM-PCF 的温度不敏感应变光纤传感器结构和原理示意图。萨格纳克环中仅使用一段 3.9cm 长的 PM-PCF，通过应力拉伸 PM-PCF 验证其得到了高应变传感灵敏度，结果如图 7.3 所示。由图 7.3 可见，随着 PM-PCF 应变量的增加，透射光谱向长波长方向移动，且谐振波长移动量与光子晶体光纤应变量具有良好的线性关系。例如，在

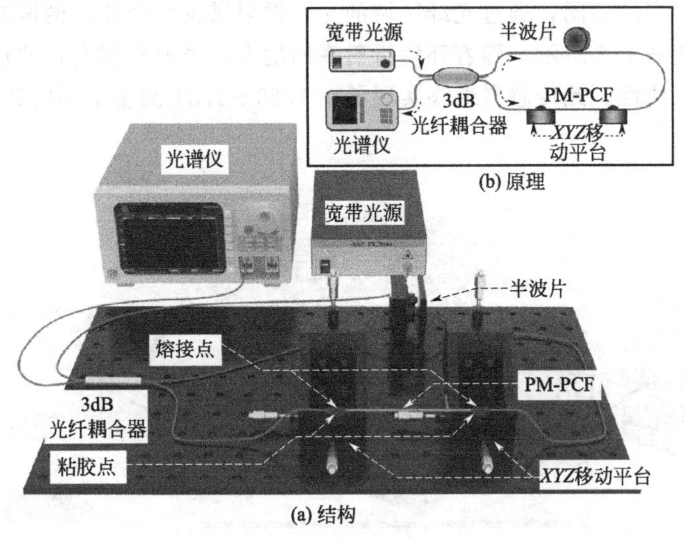

图 7.2　基于 PM-PCF 的温度不敏感应变光纤传感器结构和原理示意图

0～10mε 测量范围内，基于保偏光子晶体光纤的传感器的应变传感灵敏度约为 2.34pm/με；并且其表现出的温度敏感性仅为 21.7pm/℃左右，明显低于基于传统保偏光纤的萨格纳克光纤传感器。

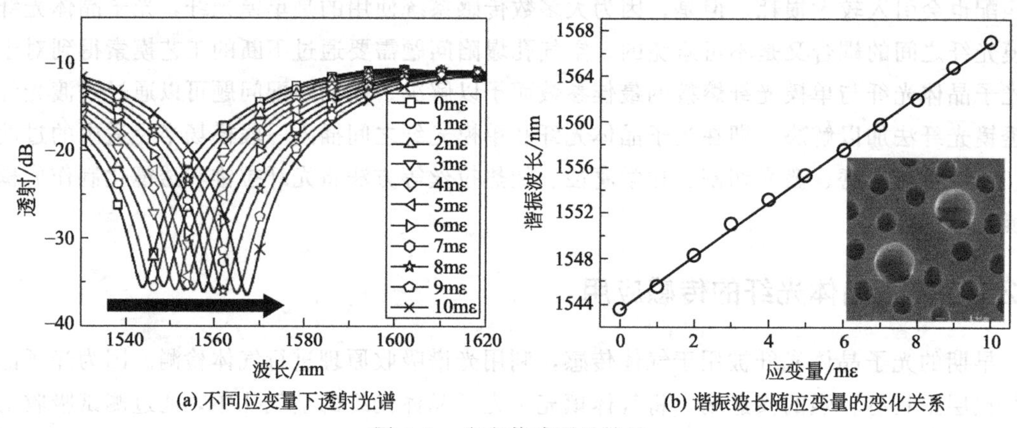

(a) 不同应变量下透射光谱　　(b) 谐振波长随应变量的变化关系

图 7.3　应变传感测量结果

7.2.2.2　基于表面等离子体共振效应的光子晶体光纤传感器

在光纤上涂覆或包覆金属层（金或银），有望实现表面等离子体共振效应（Surface Plasmon Resonance，SPR）。SPR 效应的基本原理是入射光在全反射界面处产生的倏逝波引发金属表面的自由电子相干振荡，从而产生表面等离子体激元。通过调整入射光的角度和波长，并且倏逝场能量足够大，光可以与金属表面的表面等离子体激元发生共振，入射光的能量部分转移到表面等离子体激元而产生表面等离子体波，最终导致反射光的能量急剧减少。结合光子晶体光纤的倏逝场效应和 SPR 效应，可以制作高灵敏度的生物化学光纤传感器。图 7.4 所示为一种基于 D 型光子晶体光纤 SPR 效应的液体折射率传感器。通过将光子晶体光纤一侧研磨成 D 型，使包层区域减小，以增强倏逝场效应。然后在光子晶体光纤研磨一侧使用磁控溅射法沉积一层厚度约为 45nm 的金薄膜，光子晶体光纤的倏逝场在金薄膜区域产生 SPR 效应。最后将整个 D 型光子晶体光纤浸入液体中，用于测量液体的折射率。随着光纤周围液体折射率的不同，通过光纤区域的光波透射谱发生变化，谐振波长会随着折射率的变化而变化。如图 7.5 所示，随着环境折射率的增大，透射光谱向长波长移动，且实验数据和理论有很好一致性。此传感器最终实现了在 1.33～1.34 测量范围内高达 21700nm/RIU 的折射率分辨率。

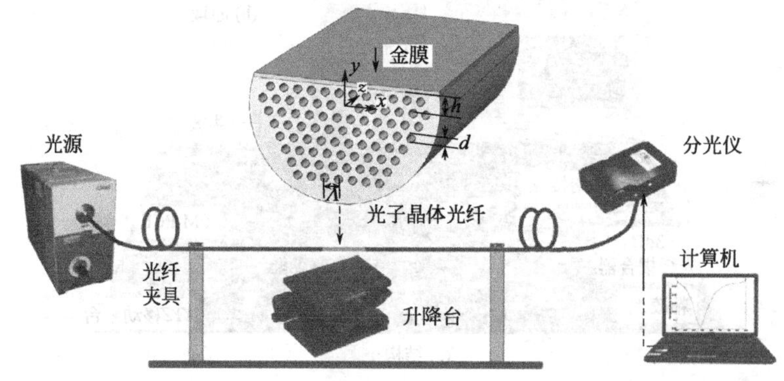

图 7.4　基于 D 型光子晶体光纤 SPR 效应的液体折射率传感器结构示意图

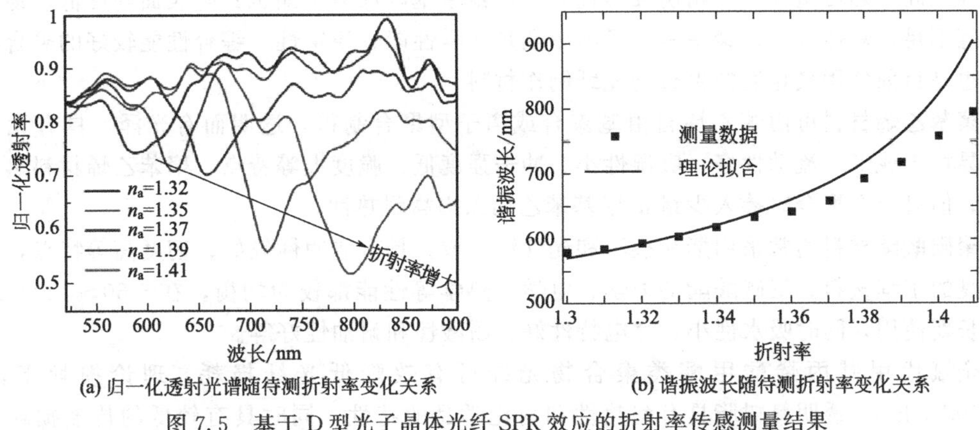

(a) 归一化透射光谱随待测折射率变化关系　　(b) 谐振波长随待测折射率变化关系

图 7.5　基于 D 型光子晶体光纤 SPR 效应的折射率传感测量结果

7.3　聚合物光纤及其传感应用

聚合物光纤又称为塑料光纤（Plastic Optical Fiber，POF），于 1964 年由美国杜邦公司首次研制成功并于 1966 年推向市场。随后，日本多家公司也相继研制出聚合物光纤。另外，日本、美国相继报道了许多新型聚合物光纤，促进了其在通信、照明、装饰、传感领域的发展。初期，由于聚合物光纤损耗大、耐热性差，不适合用于信号传输。经过科研人员几十年的努力探索，聚合物光纤在低损耗和耐热性上均有了很大提高，诸多聚合物光纤产品已被广泛应用。但是，相比石英光纤，聚合物光纤损耗还是高出不止一个数量级，因此在光信号传输方面，聚合物光纤多以渐变折射率多模光纤为主，传输距离也一般限制在几百米以内。

由于聚合物光纤具有诸多优异的特性，如高柔软性、低弹性模量、大抗拉强度、抗振动冲击、不易折断等，其在传感方面表现出极大的应用潜力。目前，已报道的聚合物光纤传感器有多种，如结构安全监测传感器、pH 值传感器、温度传感器、生物传感器、化学传感器、气体传感器、流量传感器、浑浊度传感器等。聚合物光纤传感器可用于传感和测量一系列重要物理参数，如辐射、液位、放电、磁场、折射率、温度、振动、位移、旋转、水声、粒子浓度等。但由于聚合物光纤主要针对的是多模类型，上述传感器大多是基于强度调制型的光纤传感器。

7.3.1　聚合物光纤的材料及类别

7.3.1.1　聚合物光纤材料

目前，可用于制作聚合物光纤的材料有很多种，主要包括聚甲基丙烯酸甲酯（PMMA）、聚苯乙烯（PS）、聚碳酸酯（PC）、全氟化聚合物等材料。聚甲基丙烯酸甲酯与聚苯乙烯是聚合物光纤较常用的纤芯材料，因为这些高分子在单体状态下更容易纯化透明，并且聚合后没有明显影响其透明性的副产物产生。聚碳酸酯作为聚合物光纤材料具有良好的耐热性，可以用于温度较高的领域，但是聚合过程中会产生副产物使得光纤透明性降低。全氟化物聚合物光纤具有优良的化学和热电特性，并且传输带宽大、传输损耗低。

聚甲基丙烯酸甲酯是由自由基引发的无规立构聚合物，具有透光性高、表面光泽度好、机械强度高、热可塑性强、耐腐蚀等优点。但聚甲基丙烯酸甲酯也具有表面硬度低、易吸水膨胀等不足。总体来说，聚甲基丙烯酸甲酯是光学性能、稳定性、综合性能较好的聚合物材料，也是目前使用最普遍的聚合物光纤制作材料。

聚苯乙烯材料可由苯乙烯自由基聚合或离子型聚合制得，透明而有光泽，具有无色无味、易加工成形、流动性好、吸湿性小、冲击强度低、脆度大等特点。聚苯乙烯材料热稳定性差，但可以在聚合时掺入少量α-甲基苯乙烯以提高耐热性。

聚碳酸酯材料通常采用酯交换法和光气法生成，具有透明性较好、韧度高等特点，是一种优良的工程塑料。聚碳酸酯的力学、电学、热学等性能都较为均衡，在－60～120℃之间可以长期使用，同时吸水性小、介电特性好、耐酸性和耐油性好等。

全氟代甲基丙烯酸甲酯类聚合物光纤可有效降低光纤损耗，理论损耗下限为40～50dB/km。透明氟树脂具有耐热性和耐化学品的特性，同时具有较低的传输损耗，是目前很有发展前途的一类聚合物材料。

表7.1所示为常见聚合物光纤纤芯材料特性参数对比。

表7.1　常见聚合物光纤纤芯材料特性参数对比

纤芯材料	折射率	损耗/(dB/km)	玻璃化临界温度/℃
聚甲基丙烯酸甲酯	1.49	70～100(570nm) 125～150(650nm)	105
聚苯乙烯	1.59	90(580nm) 70(765nm)	105
聚碳酸酯	1.58	700(580nm) 600(765nm)	105
全氟化聚合物	1.3～1.55	＜20(1310nm)	105～160

7.3.1.2　聚合物光纤种类

聚合物光纤主要分为两类，一类是类似于石英光纤的普通聚合物光纤，如阶跃折射率多模聚合物光纤、渐变折射率多模聚合物光纤、单模聚合物光纤；另一类是特种聚合物光纤，如电光聚合物光纤、闪烁聚合物光纤、激光染料掺杂聚合物光纤、微结构聚合物光纤。

(1) 普通聚合物光纤

早期，普通聚合物光纤用于光纤传感主要是因为成本低、制作简单。而如今，普通聚合物光纤在成本上已经没有特殊优势，在传感方面的潜力主要来源于其所具有的高柔软性、低弹性模量、大抗拉强度、抗振动冲击、不易折断等优势，使得其适用于条件相对恶劣、复杂的工业环境。

① 阶跃折射率多模聚合物光纤。阶跃折射率多模聚合物光纤是正在研发和已经实用化的聚合物光纤传感器中应用最多的，一般通过拉丝方法制作。阶跃折射率多模聚合物光纤的典型外径为1mm、纤芯直径为980μm。其中，纤芯材料多用聚甲基丙烯酸甲酯材料，包层材料选用氟化聚合物。阶跃折射率多模聚合物光纤的抗拉强度为82MPa、损耗为200dB/km@650nm、最高工作温度为70℃。近年来，已广泛开发出多种不同较小外径和纤芯尺寸的阶跃折射率多模聚合物光纤，多被应用于强度调制型光纤传感器。虽然相对于干涉型光纤传感器，灵敏度较低，但结构简单、成本低廉。

② 渐变折射率多模聚合物光纤。如同石英光纤一样，渐变折射率多模聚合物光纤由于

具有比阶跃折射率多模聚合物光纤更小的模间色散，使得其具有更高的传输带宽。因此，自20世纪90年代，研究者就开始研究低损耗、高带宽的渐变折射率多模聚合物光纤，主要面向短距离、局域网光通信。但渐变折射率聚合物光纤要求精确控制光纤折射率分布，制作也相对更加困难。

日本研究者研制的渐变折射率聚合物光纤具有高达2GHz·km的带宽-长度积，采用的是紫外光触发共聚反应过程产生。使用聚合物管，液相单体混合物首先溶解内壁上的聚合物，并在界面上形成一层凝胶。基于“凝胶效应”，在凝胶相中的聚合反应速度比在液相中的聚合反应速度快，使得聚合的产生从界面逐渐进行到中心，最终获得要求的渐变折射率分布的聚合物光纤预制棒。

如今，渐变折射率多模氟化聚合物光纤的制作质量不断提升，已经可以制作尺寸比较小的具有较高性能的光纤，如可制成外径250μm、芯径62.5μm、损耗33dB/km@850nm、带宽-长度积188～500MHz·km的聚合物光纤等。这些光纤尺寸已接近多模石英光纤，加上聚合物光纤特有的性质，在传感应用中表现出很大的应用潜力。

③ 单模聚合物光纤。近年来，随着聚合物光纤制作工艺的不断完善，单模聚合物光纤的制作技术得到较快的发展。单模聚合物光纤的实现对于实现干涉型聚合物光纤传感器意义重大。另外，单模聚合物光纤的实现为聚合物光纤光栅的制作奠定基础，使得具有良好性能的聚合物光纤光栅传感器的实现成为可能。近年来，国内外众多课题组对聚合物光纤光栅及其相关应用开展了诸多理论和实验研究工作，也有一些研究成果的发表。目前，虽然干涉型单模聚合物光纤传感器和聚合物光纤光栅传感器大多还停留在实验室研究阶段，但是基于聚合物光纤本身的众多优点，这两类传感器有望得到比石英光纤传感器更好的传感性能。例如，聚合物光纤的最大抗拉强度要远远大于石英光纤，基于单模聚合物光纤干涉仪应力应变传感器或者单模聚合物光纤光栅的应力应变传感器将有非常大的工作动态范围；如2012年丹麦科技大学的Stefani等首次采用聚甲基丙烯酸甲酯单模聚合物光纤光栅和加速度-应变换能器制作出加速度计，布拉格波长和加速度呈现良好的线性响应，可测量最大加速度达15g，灵敏度高达19pm/g，是类似的石英加速度计的4倍以上。

(2) 特种聚合物光纤

聚合物光纤有别于其他材料类型光纤的一个极为重要的特征是，在很大的范围内可以选择具有所需的特定性能的材料，如弹性模量或弹性常数，以此来开发有特定材料特性和相容性的各种聚合物光纤或者聚合物光纤光栅，以适应在不同气体、液体、柔性固体环境中进行传感。此外，可以利用现代有机材料合成技术，对聚合物光纤材料进行改性，如改善或强化聚合物光纤的某些材料性能（如弹性模量或弹性常数），使得聚合物光纤或聚合物光纤光栅有更好的传感性能，得到更广泛的应用。

① 电光聚合物光纤。因具有细小的纤芯和超高的光功率密度以及很长的相互作用距离，使得光纤成为利用非线性光学效应最有效的介质之一，使用光纤可以使得所需要的非线性效应达到最佳或最大。众所周知，许多有机物的光学非线性本身很强，并且响应速度非常快，将这些有机物加入光纤中可以使光纤具有非常高的光学非线性。而要实现高光学非线性特性，石英光纤是做不到的，因为不可能在高于2000℃的拉制温度下，使有机物存在于光纤纤芯中。但是，聚合物光纤在这个方面具有很大优势，因为聚合物光纤的制作温度一般很低，典型的拉制温度不高于250℃，使得大量的功能光学材料有可能加入聚合物光纤中。电光聚合物光纤在电压传感器和电场传感器方面具有很大的应用价值，目前主要研究集中在可

用于制作光开关和光调制器的电光聚合物光纤上。

② 闪烁聚合物光纤。闪烁聚合物光纤研究的目的在于辐射传感方面的应用。它是有源材料如荧光材料等掺杂的聚合物光纤，主要用于高能辐射的测量。当有高能粒子照射到闪烁聚合物光纤中时，纤芯中的荧光材料或激光染料吸收高能粒子被激发，从低能态跃迁到高能态，然后再通过跃迁实现发光。通过检测荧光光谱或放大的自发辐射谱实现对高能辐射的传感测量。现在已实际应用于核物理中监测核辐射和跟踪带电高能粒子。

③ 激光染料掺杂聚合物光纤。激光染料掺杂聚合物光纤指的是在纤芯或包层中掺杂激光染料的聚合物光纤，大多是以传感应用为目的而开发的。常用的激光染料包括荧光素、若丹明 B、若丹明 6G 等。激光染料掺杂聚合物光纤可以用于研制光纤激光器和光纤放大器，主要工作在可见光和近红外波段，不同于面向通信波段的掺铒光纤激光器和掺铒光纤放大器（主要集中在 1520～1560nm）。激光染料掺杂聚合物光纤常被用于温度传感、故障监控等系统。激光染料掺杂聚合物光纤存在长期不稳定性的问题，在长时间高低温循环和阳光下暴露使用时，其传输光强度和吸收峰值、发射波长均不稳定。

④ 微结构聚合物光纤。与石英光子晶体光纤类似，聚合物光纤也可以用于制作光子晶体光纤（也称微结构光纤）。通过在聚合物光纤中引入空气孔，可以使其产生许多新的光学特性，如实现宽波长范围单模工作、具有大的有效纤芯和模场面积、在空气中导光以实现超低损耗传输等。这些光学特性对于某些光纤传感器应用具有重要意义。与石英光子晶体光纤类似，微结构聚合物光纤也适用于气体传感器或化学传感器。但与石英光子晶体光纤常用的捆绑式制作光纤预制棒的方法不同，微结构聚合物光纤一般是通过在聚合物棒上钻孔来制作光纤预制棒，再通过拉丝方法而制成的。由于聚合物材料本身的特性，一般微结构聚合物光纤的空气孔尺寸和形状会有一定的不均匀性。图 7.6 所示为两种微结构聚合物光纤的横截面图。

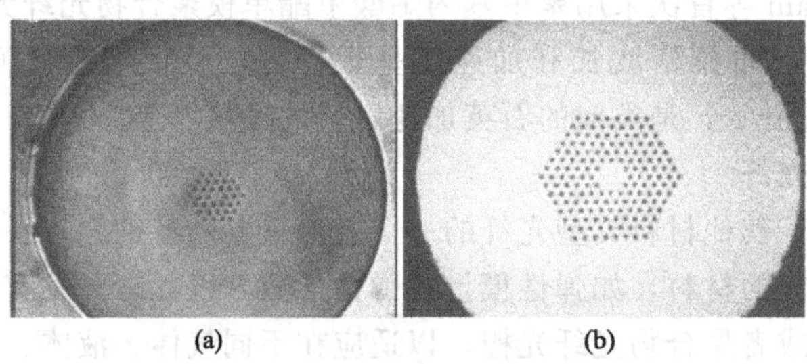

图 7.6 两种微结构聚合物光纤的横截面图

7.3.2 聚合物光纤的传感应用

聚合物光纤目前研究和应用较多的两类是基于多模聚合物光纤的强度调制型光纤传感器和基于单模聚合物光纤的光纤光栅传感器，下面分别举例说明。

7.3.2.1 多模聚合物光纤强度调制传感应用

基于多模聚合物光纤的强度调制型光纤传感器，主要应用包括辐射探测、生物医学和化学传感、工程结构安全与材料断裂监测、环境监测等。这些均是将聚合物光纤以一定形式置于待探测环境中，并通过测量光纤中传输的光信号功率或光强度的变化，以实现对待测量的传感测量。强度调制型传感形式整体具有结构简单、成本低等优点。

例如，通过宏弯曲曲率半径的变化改变弯曲损耗，可以实现强度调制型聚合物光纤传感器，而且通过简单的结构设计可以实现对其他参量（如应变、扭矩）的测量等。图 7.7 所示为一种基于强度调制型聚合物光纤扭矩传感器原理示意图，基本原理是将扭矩先转变为传感结构的应变，再将应变转换为弯曲损耗进行光强度传感。光源发出的光波经过光纤耦合器分成两路，一路是聚合物光纤测量臂、一路是聚合物光纤参考臂。测量臂中包含有传感结构（光敏感器件），通过如图所示的设计将聚合物光纤固定在传感基片上引入宏弯曲损耗，并且弯曲损耗大小和弯曲半径有直接的数学关系。当传感结构发生应变时，聚合物光纤的弯曲半径发生变化，从而改变弯曲损耗，光探测器接收到的光强度发生变化。将传感结构固定在待测弹性体上，经研究发现，当待测弹性体轴受扭转时，在待测弹性体轴表面与中心轴呈 45°方向上产生最大的拉应力，因此选择如图所示传感结构与待测弹性体的结合方式。当待测弹性体发生扭转时，将引起测量臂光强度损耗发生变化，从而实现对扭矩的传感。系统中设计参考臂，可以通过上位机采集处理系统监测两臂光强度比值作为传感信号，有助于消除光源功率波动等引入的误差。

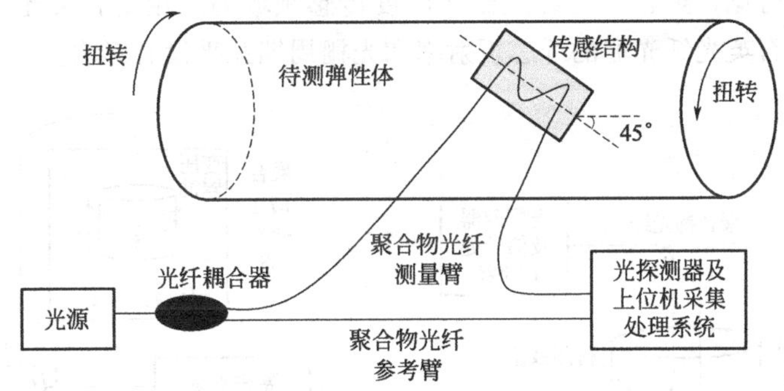

图 7.7 聚合物光纤扭矩传感器原理示意图

再例如，通过在聚合物光纤表面利用机械成型刻槽可以制成强度调制型液位传感器，如图 7.8 所示。其基本传感机理是基于微型槽中填充不同介质影响光纤中光波的传输能量以实现对液位的测量。聚合物光纤的包层材料为氟树脂、纤芯材料为聚甲基丙烯酸甲酯，其折射率分别为 1.417、1.492。使用雕刻机在聚合物光纤垂直于轴向方向刻制微型槽，当槽内为空气介质时，刻槽部分纤芯失去包层保护，光纤中传输的部分光能量（高阶模式）辐射到光纤外部，造成能量损失。但当光纤上的微型槽浸入液体介质时，由于折射率升高，液体充当包层，减少了光纤中光能量的损失。液位的高低和能量损失的大小有一定的数学关系，从而实现液位高度测量的目的。其中，聚合物光纤尺寸、光纤数值孔径、微型槽刻制参数和环境介质折射率对液位测量都有直接影响。由于微型槽刻制方向和聚合物光纤轴向垂直时，微型槽之间存在间距，不能实现连续液位测量。通过改进，将微型槽刻制方向与光纤中心轴呈 45°角，使刻制在聚合物光纤上的相邻微型槽之间首尾处于同一位置，可以对液位变化实现连续测量。

7.3.2.2 单模聚合物光纤光栅传感应用

世界上第一支聚合物光纤光栅是由澳大利亚新南威尔士大学的 Xiong 等于 1999 年在聚甲基丙烯酸甲酯（PMMA）聚合物单模光纤中制作出来的，中心波长为 1576.5nm、3dB 带宽约为 0.5nm。常见的单模聚合物光纤光栅的制作方法有萨格纳克干涉法、相位掩模法、振幅掩模法、逐点写入法等，和石英光纤光栅常见的制作方法基本相同。然而，人们对以上几种聚合物光纤光栅制作技术的掌握程度均还不够成熟，所制成的聚甲基丙烯酸甲酯聚合物光纤光栅普遍存在反射率低、稳定性差等问题。近年来，基于其他材料的聚合物光纤光栅也相继被报道出来，如聚碳酸酯、聚苯乙烯、透明无定形氟聚合物、环烯烃共聚物等聚合物光纤。相比之下，目前仍以相位掩模法制作的聚甲基丙烯酸甲酯单模聚合物光纤光栅最为常见。近年来，聚合物光纤光栅传感器在温度、应变、压力、加速度、弯曲、气体浓度、湿度、pH 值等参量测量与监测方面已有较多研究工作报道。

单模聚合物光纤光栅在湿度传感方面表现出独特的应用优势。例如，Zhang 等于 2016 年采用聚甲基丙烯酸甲酯单模聚合物光纤光栅制作出湿度传感器，用于测量变压器油中水分，如图 7.9 所示。由于聚合物光纤的纤芯折射率和光栅周期直接受光纤中水分的影响，光栅周围湿度的变化将改变聚合物光纤光栅反射中心波长。将聚合物光纤光栅浸入装有变压器油的烧杯中，烧杯置于环境试验箱中。环境试验箱的温度设置为 24℃，相对湿度从 40%以 15%间隔变化到 85%，在每个湿度下维持 90min 时间，实验结果如图 7.10 所示。通过实验验证，该湿度传感器最小可检测水分含量低于 0.05×10^{-6}，测量灵敏度可达 $29\mathrm{pm}/10^{-6}$，优于其他任何湿度测量技术。由此可见，聚合物光纤光栅在湿度传感领域的应用是石英光纤光栅所不能实现的，因为湿度对于石英光纤光栅的纤芯折射率和光栅周期几乎没有影响。

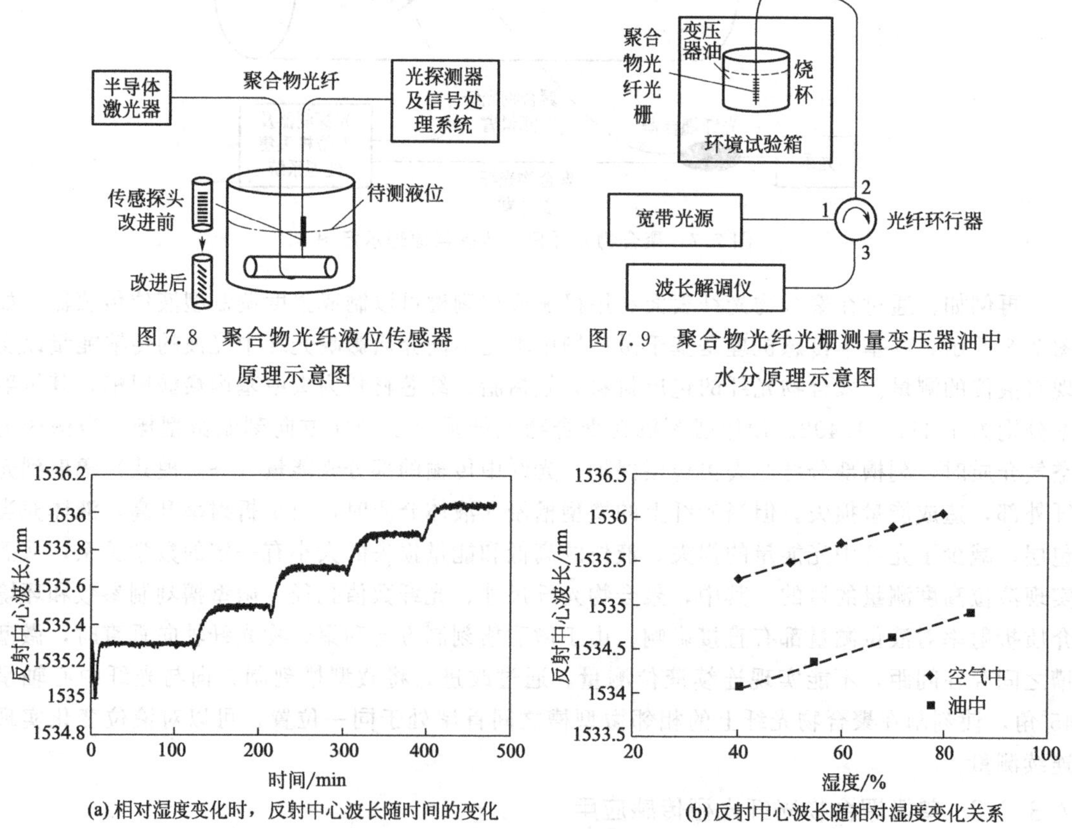

图 7.8 聚合物光纤液位传感器原理示意图

图 7.9 聚合物光纤光栅测量变压器油中水分原理示意图

(a) 相对湿度变化时，反射中心波长随时间的变化

(b) 反射中心波长随相对湿度变化关系

图 7.10 聚合物光纤光栅湿度测量结果

另外，单模聚合物光纤光栅在 pH 值测量方面表现出优秀的应用前景。单模聚合物光纤光栅测量 pH 值需要基于一定的参量转换机制实现，将 pH 值的测量转变为聚合物光纤光栅

的应变，从而通过检测反射中心波长的变化实现对 pH 值的测量。如图 7.11(b) 所示，将聚合物光纤光栅的包层使用丙酮腐蚀掉一部分，然后包覆 5～10μm 厚的水凝胶。将涂覆水凝胶的聚合物光纤光栅浸入缓冲液中，当缓冲液的 pH 值发生变化时将使得水凝胶发生膨胀和收缩，从而对光栅引入应变，改变其反射中心波长。通过实验验证，在 5～7 的 pH 值测量范围内，这种类型 pH 值传感器的灵敏度可以达到 73pm/pH±2pm/pH、响应时间小于 4.5min，如图 7.12 所示。另外，温度交叉敏感度为 31.4pm/℃±0.4pm/℃。

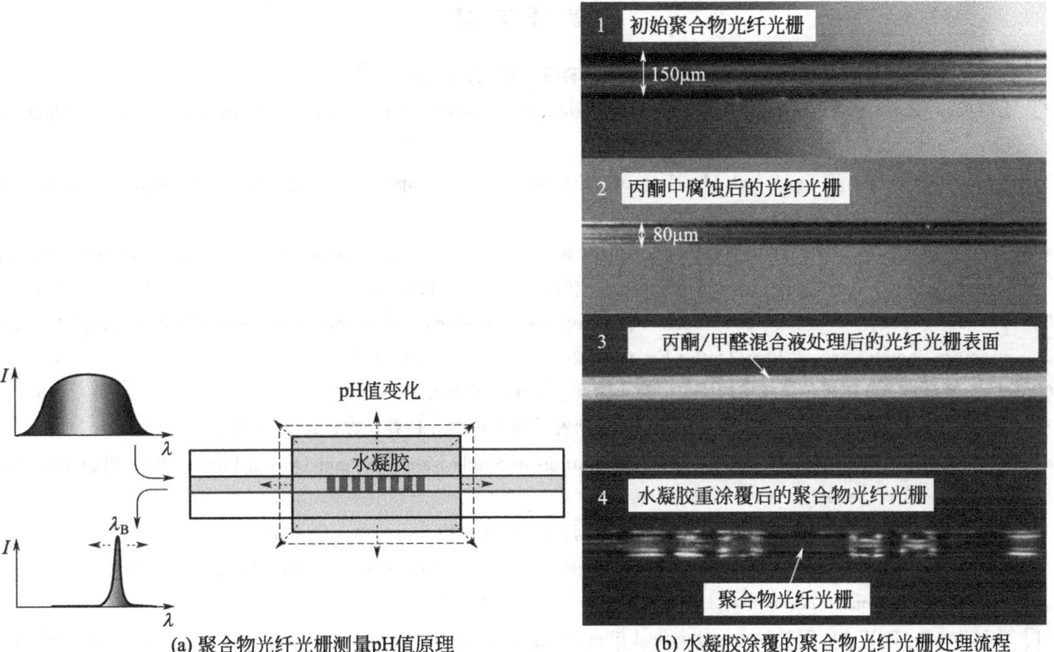

图 7.11 聚合物光纤光栅测量 pH 值原理及水凝胶涂覆的聚合物光纤光栅处理流程

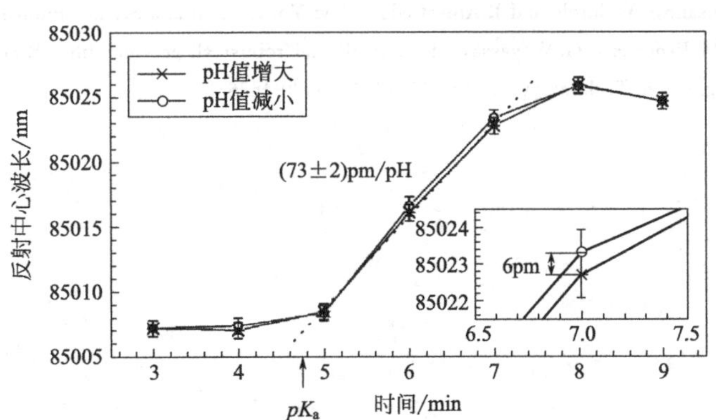

图 7.12 反射中心波长随 pH 值变化关系曲线

习题与思考

1. 什么是纳米光纤？纳米光纤的主要特性是什么？
2. 纳米光纤传感器的特点是什么？试与传统光纤传感器作比较。
3. 调研当前纳米光纤传感器的新进展。

4. 光子晶体光纤与常规光纤的导光原理的区别主要在何处？
5. 光子晶体光纤用于传感的最大优势是什么？
6. 聚合物光纤又称塑料光纤，举例说明聚合物光纤的材料特性，以及传感应用的优势。
7. 聚合物光纤光栅和石英光纤光栅相比，用于传感的优势有哪些？
8. 聚合物光纤光栅湿度传感的原理是什么？
9. 试设计一种基于聚合物光纤光栅的温度传感器，并结合图阐述其工作原理。

参考文献

[1] 黎敏，廖延彪. 光纤传感器及其应用技术. 北京：科学出版社，2018.

[2] L. Tong，R. Gattass，J. Ashcom，et al. Subwavelength-diameter silica wires for low-loss optical wave guiding. Nature，2004，426：816-819.

[3] J. Lou，L. Tong，Z. Ye，et al. Modeling of silica nanowires for optical sensing. Optics Express，2005，13（6）：2135-2140.

[4] T. K. Noh，W. L. Yong. Temperature-insensitive polarimetric fiber strain sensor with short polarization-maintaining photonic crystal fiber. Applied Physics Express，2012，5（11）：112502.

[5] T. Wu，Y. Shao，Y. Wang，et al. Surface plasmon resonance biosensor based on gold-coated side-polished hexagonal structure photonic crystal fiber. Optics Express，2017，25（17）：20313-20322.

[6] 尤茜. 聚合物光纤扭矩传感技术的研究［硕士论文］. 天津：天津大学，2011.

[7] 王冬雪. 聚合物光纤表面机械成型液位传感器的研究［硕士论文］. 长春：吉林大学，2019.

[8] Z. Xiong，G. D. Peng. Highly Tunable Bragg Gratings in Single Mode Polymer Optical Fibres. IEEE Photonics Technology Letters，1999，11（3）：352-354.

[9] 褚壮壮，游利兵，王庆胜，等. 聚合物光纤光栅制备进展. 激光技术，2018，42（1）：11-18.

[10] A. Stefani，S. Andresen，Wu Yuan，et al. High sensitivity polymer optical fiber-Bragg-grating-based accelerometer. IEEE Photonics Technology Letters，2012，24（9）：763-765.

[11] W. Zhang，D. Webb. PMMA based optical fiber Bragg grating for measuring moisture in transformer oil. IEEE Photonics Technology Letters，2016，28（21）：2427-2430.

[12] D. J. Webb，K. Kalli. “Polymer Fiber Bragg Gratings，” in Fiber Bragg Grating Sensors：Thirty Years From Research to Market，A. Cusano，A. Cutolo and J. Albert eds，New York：Bentham Science Publishers Ltd，2010.

[13] J. Janting，J. K. M. Pedersen，G. Woyessa，et al. Small and robust all-polymer fiber Bragg grating based pH sensor. Journal of Lightwave Technology，2019，37（18）：4480-4486.

第8章

光纤传感教学实验

目前，很多开设光纤传感技术课程的高校已经开展了应力、应变、折射率、温度等参量测量的光纤传感实验。结合已掌握的光纤传感原理与技术理论，本章给出几个简单易实现的单参量光纤传感实验和一个液体折射率与温度双参量光纤传感实验，以供参考。

8.1 光纤光栅应变传感实验

光纤光栅应变传感实验是最基础和普遍被采用的光纤传感教学实验，因为其原理简单——应变和光纤光栅反射中心波长具有良好的线性关系。在用于教学实验中时，一般都使用等强度悬臂梁对光纤光栅引入固定的应变量，首先将光纤光栅粘贴于等强度悬臂梁的上表面或者下表面，然后配合一台光纤光栅解调仪，即可完成实验教学任务。

(1) 实验目的

① 了解光纤光栅的工作原理。

② 掌握光纤光栅反射谱的测量方法。

③ 掌握光纤光栅的应变传感测量原理和解调方法。

④ 掌握光纤光栅解调仪的组成和主要技术难点，掌握光纤光栅应变传感的扫描激光器解调方法。

(2) 实验器材

光纤光栅解调仪、等强度悬臂梁（粘贴有光纤光栅应变传感器）、FC/APC 光纤跳线（若干）、酒精瓶、拭镜纸。

(3) 实验原理

光纤光栅工作原理与应变传感原理详见 5.1 节、5.2.1 节。为了给光纤光栅施加定量的轴向应变，本实验中用到等强度悬臂梁，如图 8.1 所示。由于在等强度悬臂梁同一面、同一方向上的应变是一致的，所以可以将微位移和载荷转变为等强度梁的应变量。悬臂梁是一端固定、另一端为自由的弹性梁。设悬臂梁的长度为 L、厚度为 h，分别在悬臂梁的上表面和下表面粘贴一支光纤光栅，并且光纤光栅与悬臂梁的轴向方向相同。当悬臂梁的自由端发生位移 l（或者载荷 P 作用）时，悬臂梁上产生应变，此应变作用在光纤光栅的轴向，引起光纤光栅反射中心波长的变化。根据常识可知，当有载荷施加于悬臂梁自由端时，贴于悬臂梁上表面和下表面的光纤光栅产生的应变量符号相反，即光纤光栅反射中心波长的移动方向也是相反的。根据材料力学原理，光纤光栅处沿轴向的应变 ε_x 可表示为

$$\varepsilon_x=\frac{\sigma_x}{E}=\frac{M_x}{EI_x}\times\frac{h}{2} \tag{8.1}$$

其中

$$M_x=(L-x)P \tag{8.2}$$

$$I_x=\frac{1}{12}b_x h^3 \tag{8.3}$$

式中，σ_x 为 x 处的应力；E 为杨氏模量；M_x 为 x 处的弯矩；I_x 为 x 处所在截面关于 y 轴的惯性矩；b_x 为悬臂梁在 x 处截面的宽度。

假设悬臂梁自由端的扰度不大且不计其自身重量，自由端 $x=L$ 处位移 l 与作用载荷 P 之间的关系为

$$l=\frac{PL^3}{3EI_L} \tag{8.4}$$

式中，I_L 为 $x=L$ 处的惯性矩。

同时，等强度悬臂梁满足

$$\frac{L-x}{b_x}=\frac{L}{b_0} \tag{8.5}$$

将式(8.2)～式(8.5) 分别代入式(8.1)，可得 x 处沿轴向的应变量与自由端位移 l 的关系为

$$\varepsilon_x=\frac{3}{2}\times\frac{b_L}{b_0}\times\frac{h}{L^2}l \tag{8.6}$$

及 x 处沿光纤光栅轴向应变量与自由端载荷的关系为

$$\varepsilon_x=\frac{6LP}{Eb_0h^2} \tag{8.7}$$

将式(8.7) 代入式(5.28)，可得自由端位移 l 和载荷 P 与反射中心波长变化量 $\Delta\lambda_B$ 关系分别为式(8.8) 和式(8.9)，即

$$\Delta\lambda_B=\frac{3b_L h\lambda_B(1-P_e)}{2b_0L^2}l \tag{8.8}$$

$$\Delta\lambda_B=\frac{6L\lambda_B(1-P_e)}{Eb_0h^2}P \tag{8.9}$$

可见，光纤光栅的轴向应变 ε_x 及反射中心波长变化量 $\Delta\lambda_B$ 与悬臂梁自由端的位移 l 和载荷量 P（或配重的质量 g）呈线性关系。因此，通过测量由悬臂梁应变而引起的光纤光栅反射中心波长的变化，就可以获得引起应变的微位移 l 和载荷量 P。

常见的教学用光纤光栅传感测试系统为基于可调谐滤波器和宽带光源的光纤光栅解调仪（图 5.12）或基于扫描激光器的光纤光栅解调仪（图 5.13）。本实验以基于扫描激光器的光纤光栅解调仪为例，其详细工作原理见 5.3.3 节，由安装在计算机中 LabVIEW 软件编写的控制程序进行系统控制和数据处理。

(4) 实验内容与步骤

① 实验准备。

a. 如图 8.2 所示连接实验装置，用拭镜纸蘸上酒精擦拭干净光纤跳线连接头。使用光纤跳线连接等强度悬臂梁上表面粘贴的光纤光栅和光纤光栅解调仪的光端口，打开光纤光栅解调仪与计算机电源。

b. 打开光纤光栅解调仪控制软件，进入软件主界面。

c. 在“光纤光栅”光谱测试界面，单击“全范围扫描”按钮，进行光谱自动扫描，观察光纤光栅反射谱，并估读反射中心波长值 λ_B。

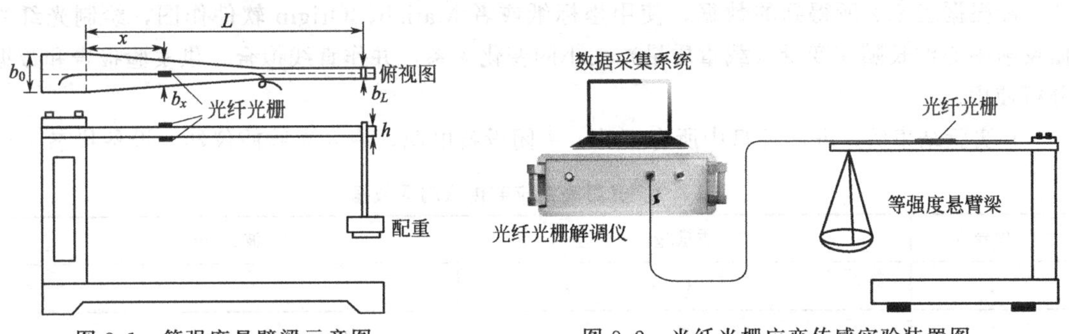

图 8.1 等强度悬臂梁示意图

图 8.2 光纤光栅应变传感实验装置图

② 光纤光栅反射谱测量实验。

a. 将估读的反射中心波长值 λ_B 减去 1nm 作为起始波长值填入界面左下角的“起始（nm）”框内，再将反射中心波长值 λ_B 加上 1nm 作为终止波长值填入界面左下角的“终止（nm）”框内。

b. 将界面左下角的“步长（nm）”值设置为 0.02nm。

c. 单击一次“单步扫描”按钮，激光波长将从起始波长开始按设定步长移动，将界面左下角测得的“波长（nm）”和“光功率”填入表 8.1 内。

d. 重复步骤 c，直到记录完所有数据——即激光波长已到达终止波长。

e. 观察光谱图——即为待测光纤光栅反射谱，根据得到的数据，使用坐标纸或 Matlab、Origin 软件作图，得到光纤光栅的反射谱，供实验报告和数据分析使用。

表 8.1 光纤光栅反射谱测量数据

序号	波长/nm	光功率/dBm
1		
2		

续表

序号	波长/nm	光功率/dBm
3		
4		
5		
⋮		

③ 光纤光栅应变传感实验。

a. 进入“物理量-波长响应测试”界面，单击“开始采集”按钮，光谱图显示应变传感光纤光栅反射谱，数据窗口显示“当前波长值”与“物理量数值”，物理量数值单位选择“质量/g”。

b. 此时等强度悬臂梁托盘未加任何载重，测得波长值为光纤光栅未施加应变时的反射波长，将一组物理量-波长数据记录于表 8.2 中。

c. 向等强度悬臂梁托盘中加载重，选择加入单个质量为 1g 的钢珠，加载 3 个钢珠(3g)，放入钢珠且待托盘稳定不再晃动后，将一组新的物理量-波长数据记录于表 8.2 中。

d. 重复步骤 c，直至加入的钢珠总质量为 30g 后，停止测量。

e. 根据表 8.2 所得到的数据，使用坐标纸或者 Matlab、Origin 软件作图，绘制光纤光栅反射中心波长随应变量（载重质量）大小的变化关系，并作直线拟合，供实验报告和数据分析使用。

f. 实验结束后，取出托盘中所有钢珠，关闭设备电源，恢复实验前仪器、设备状态。

表 8.2　光纤光栅应变传感测量数据

序号	质量/g	波长/nm
1	0	
2	3	
3	6	
4	9	
5	12	
6	15	
7	18	
8	21	
9	24	
10	27	
11	30	

(5) 思考题

① 光纤光栅受到拉伸时反射中心波长如何变化？受到压缩情况又如何？

② 如果等强度悬臂梁不用保护罩隔离，用手靠近上面和下面的光纤光栅（不接触），光强度如何变化？请解释这一现象。

③ 为什么实验中所有接头均是 APC 的接头？

8.2 光纤光栅温度传感实验

光纤光栅温度传感实验同样是普遍被采用的光纤传感教学实验，因为温度和光纤光栅反射中心波长同样具有良好的线性关系。在用于教学实验中时，将封装良好的光纤光栅传感探头置入温控箱中，通过升温或降温测量温度与光纤光栅反射中心波长的关系，即可完成实验教学任务。

(1) 实验目的

① 掌握光纤光栅的温度传感测量原理。

② 掌握光纤光栅温度传感的扫描激光器解调方法。

(2) 实验器材

光纤光栅解调仪、光纤光栅温度传感器、温控箱、FC/APC 光纤跳线（若干）、酒精瓶、拭镜纸。

(3) 实验原理

光纤光栅工作原理与温度传感原理详见本书 5.1 节、5.2.2 节。本实验以基于扫描激光器的光纤光栅解调仪为例，其详细工作原理见 5.3.3 节，由安装在计算机中 LabVIEW 软件编写的控制程序进行系统控制和数据处理。光纤光栅温度传感实验装置图如图 8.3 所示。其中，将光纤光栅进行封装后作为温度传感探头使用，一般使用导热性能良好的陶瓷材料封装光纤光栅，尾纤部分采用耐热塑料包覆，以增加整个传感器的机械强度和使用寿命。

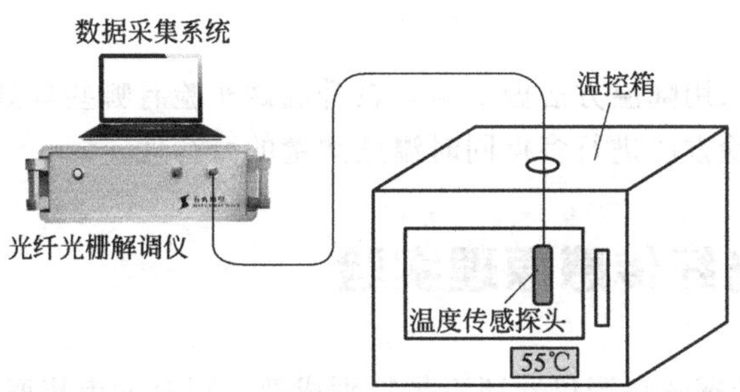

图 8.3 光纤光栅温度传感实验装置图

(4) 实验内容与步骤

① 实验准备。

a. 如图 8.3 所示连接实验装置，使用拭镜纸蘸上酒精擦拭干净光纤跳线连接头。使用光纤跳线连接光纤光栅温度传感器和光纤光栅解调仪的光端口。光纤光栅温度传感器探头从温控箱顶部小孔插入腔中，打开光纤光栅解调仪与计算机电源。

b. 打开光纤光栅解调仪控制软件，进入软件主界面。

② 光纤光栅温度传感实验。

a. 单击“开始采集”按钮，光谱图显示温度传感光纤光栅反射谱，数据窗口显示“当前波长值”与“物理量数值”，物理量数值单位选择“温度/℃”。

b. 打开温控箱开关，温控箱开始加热，并时刻观察温控箱显示的实际温度值。

c. 待温度升高到 40℃时，将一组物理量-波长数据记录于表 8.3 中。

d. 待温度升高 5℃后，将一组新的物理量-波长数据记录于表 8.3 中。

e. 重复步骤 d，直至温度升高到 90℃并完成记录后，停止测量，关闭温控箱。

f. 根据得到的数据，使用坐标纸或 Matlab、Origin 软件作图，绘制光纤光栅反射中心波长随温度变化关系，并作直线拟合，供实验报告和数据分析使用。

g. 实验结束，关闭设备电源，恢复实验前仪器、设备状态。

表 8.3　光纤光栅温度传感测量数据

序号	温度/℃	波长/nm
1	40	
2	45	
3	50	
4	55	
5	60	
6	65	
7	70	
8	75	
9	80	
10	85	
11	90	

(5) 思考题

① 思考是否可以采用降温方法做实验，较升温做实验有哪些好处？

② 思考使用此实验方法进行多点同时温度测量的可行性。

8.3　分布式光纤传感原理实验

由于分布式光纤传感器解调仪器还不是特别成熟，现有的市售商品价格昂贵，一般开展分布式光纤传感器的教学实验比较困难。但是，作为光纤传感技术最重要的研究方向之一和未来最具发展潜力的光纤传感技术之一，有必要开展分布式光纤传感原理教学实验。基于光时域反射（OTDR）制作的用于光纤链路诊断的设备——光时域反射计（也可以直接称为 OTDR），是目前较为成熟的可用于直接对光纤长度、链路损耗、反射、活动连接点、熔接点等进行测量的设备。下面给出基于 OTDR 设计的简单的分布式光纤传感演示实验，可以直观地理解分布式光纤传感原理。

(1) 实验目的

① 理解分布式光纤传感定义与原理。

② 了解 OTDR 进行分布式光纤传感演示的方法。

(2) 实验器材

横河 AQ7275 型 OTDR 仪器、光学导轨、光纤微弯器（若干）、带 FC/PC 光纤连接头的单模光纤（总长度 1.2km，前 100m 光纤在 1 号光纤盘上、剩余光纤在 2 号光纤盘上）、米尺、酒精瓶、拭镜纸。

(3) 实验原理

本实验利用OTDR设备进行分布式光纤传感演示实验，通过在光纤的不同位置同时施加微弯曲制造损耗点，来演示光纤进行分布式测量的可行性。同时，通过实验理解OTDR进行分布式光纤传感的特点，例如空间分辨率等。基于OTDR的分布式光纤传感原理详见6.2节。

(4) 实验内容与步骤

① 测量OTDR传感空间分辨率。

a. 按照图8.4所示连接实验装置，将单模光纤已事先接好FC/PC跳线头的一端与OTDR的光输出端口连接，并且连接前使用蘸有酒精的拭镜纸将其擦拭干净；将事先标记好100m标记点（距起点）的光纤位置固定在1号光纤微弯器处（跳过测量盲区）。

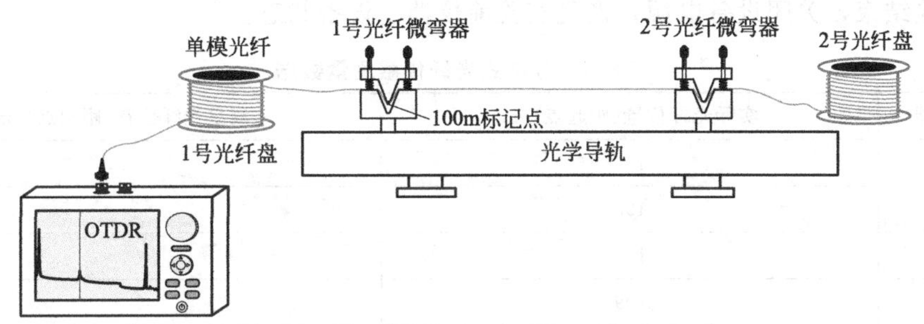

图8.4 OTDR测量空间分辨率实验装置图

b. 打开OTDR电源，单击F1进入损耗曲线测量界面。

c. 进行参数设置，波长选择1550nm，测量距离设置为2km，脉冲宽度设置为50ns，衰减设置为0dB，平均时间设置为10s，群折射率设置为1.46，其他保持默认。

d. 控制1号光纤微弯器和2号光纤微弯器之间的光纤长度到某值，调整好每个光纤微弯器引入的弯曲半径，单击“AVG”开始测量，得到OTDR曲线，通过光标可以得到OTDR上两个衰减点的测量距离。

e. 不断减小1号光纤微弯器和2号光纤微弯器之间的光纤长度，直到OTDR测量曲线上不再能分辨出两个衰减点为止。

f. 用米尺测量此时1号光纤微弯器和2号光纤微弯器之间的光纤长度，即可得出此时OTDR测量的空间分辨率。

② 分布式光纤传感实验。

a. 按照图8.5所示连接实验装置，将单模光纤（光纤总长度1.2km，前100m在1号光纤盘上、剩余光纤在2号光纤盘上）上已事先接好FC/PC跳线头的一端与OTDR的光输出端口连接，并且连接前使用蘸有酒精的拭镜纸将其擦拭干净；将事先标记好100m标记点（距起点）的光纤位置固定在1号光纤微弯器处（跳过测量盲区）。使用米尺测量光纤长度，控制1号、2号、3号、4号和5号光纤微弯器之间的光纤长度分别为3m、5m、4m和3m。

b. 打开OTDR电源，单击F1进入损耗曲线测量界面。

c. 进行参数设置，波长选择1550nm，测量距离设置为2km，脉冲宽度设置为50ns，衰减设置为0dB，平均时间设置为10s，群折射率设置为1.46，其他保持默认。

d. 调整好每个光纤微弯器引入的弯曲半径，单击“AVG”开始测量，得到OTDR曲线，通过光标可以得到所有损耗点（光纤微弯器）的光纤位置，记录数据于表8.4中。

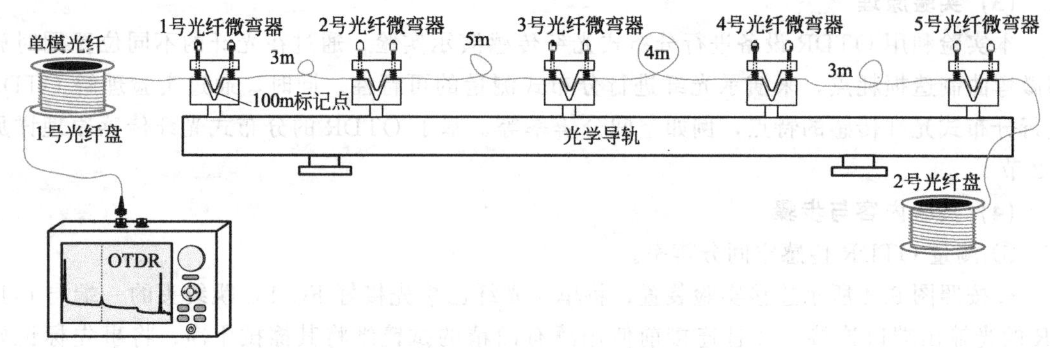

图 8.5 OTDR 分布式光纤传感实验装置图

e. 实验结束，关闭设备电源，恢复实验前仪器、设备状态。

表 8.4 分布式光纤传感测量数据

光纤微弯器	实际光纤位置(距起点)/m	测量光纤位置(距起点)/m
1号	100	
2号	103	
3号	105	
4号	109	
5号	112	

拓展：学生可以根据自己兴趣，基于已有实验装置和设备设计其他分布式光纤传感实验，例如实验研究 OTDR 脉冲宽度与测量空间分辨率的相互关系等。

(5) 思考题

① 思考 OTDR 仪器盲区的产生原因是什么？如何设计实验测量？

② OTDR 的工作波长是否影响实验测量结果？为什么？

③ 思考使用本实验装置还可以进行哪些物理量的分布式光纤传感？

8.4 纳米光纤环形谐振器折射率传感实验

纳米光纤环形谐振器可以通过将纳米光纤打结简单制得，是一种容易制作且具有很高传感灵敏度的生物化学传感器。由于纳米光纤具有强烈的倏逝场，使得环形谐振腔内传输光模式的有效折射率随覆盖物折射率的变化而变化，并表现为谐振波长的移动。通过检测谐振器谐振波长的变化，即可得到覆盖物的折射率（或浓度）信息。

(1) 实验目的

① 了解纳米光纤环形谐振器的工作原理。

② 掌握纳米光纤环形谐振器传感系统的组成和主要技术难点。

③ 掌握纳米光纤环形谐振器透射谱测量方法。

④ 掌握纳米光纤环形谐振器测量液体折射率的方法。

(2) 实验器材

可调谐激光器、偏振控制器、纳米光纤环形谐振器（固定于支架上）、光功率计、计算机控制系统、配置好的不同浓度的葡萄糖溶液、待测液体容器、FC/APC 光纤跳线（若干)、酒精瓶、拭镜纸。

(3) 实验原理

① 纳米光纤环形谐振器折射率传感原理。图 8.6 所示为纳米光纤环形谐振器的工作原理示意图，通过熔融拉锥机制作纳米光纤，再通过打结方法得到纳米光纤环形谐振器，环尺寸一般为微米量级（故也称为微环）。由于微环折射率高于周围介质（空气或生物分子溶液）折射率，则在微环中传输的光波沿光滑弯曲的微环壁面发生多次全反射。当输入光信号的波长 λ 满足 $m\lambda=2\pi Rn_{\mathrm{eff}}$ 时（m 为正整数，R 为微环半径，n_{eff} 为光纤模式有效折射率），则光纤中输入的光信号与微环发生谐振，该波长对应的光信号能量被“囚禁”在纳米光纤环形谐振器内，而不满足谐振条件的光则直接沿直线传输，并从输出端输出。

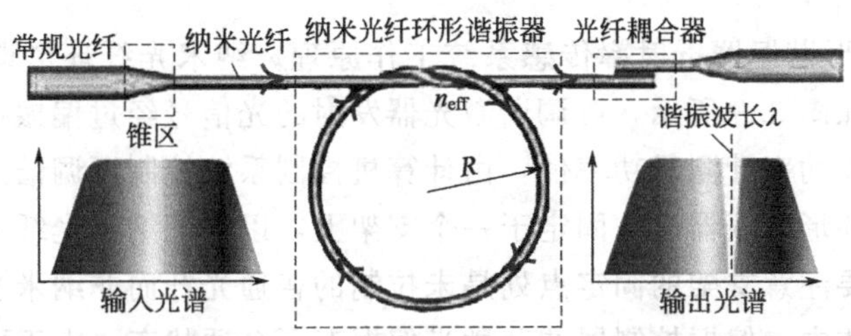

图 8.6 纳米光纤环形谐振器的工作原理示意图

纳米光纤环形传感器典型的应用为液体折射率传感，将微环浸入待测液体中，引起环内谐振模式的有效折射率发生变化，从而间接引起其谐振波长的变化。光纤微环理论模型可简化如图 8.7(a) 所示。光波从直光纤端输入，其中一部分光波在经过耦合区时耦合到微环腔中，另一部分光波则沿着直光纤继续传输并从输出端输出。耦合到微环腔中的光波若满足谐振条件则在微环腔内发生谐振，当其再次经过耦合区时，一部分光能重新耦合到直光纤并从输出端输出。根据耦合模理论，输出光信号能量透射率 T 与输入光场 E_{in}、输出光场 E_{out} 的关系为

$$T=\left|\frac{E_{\mathrm{out}}}{E_{\mathrm{in}}}\right|^2=1-\frac{(1-\mathrm{e}^{-2\alpha l})\kappa}{(1-\sqrt{t}\,\mathrm{e}^{-\alpha l})^2+4\sqrt{t}\,\mathrm{e}^{-\alpha l}\sin^2\left(\frac{\pi n_{\mathrm{eff}}l}{\lambda}\right)} \tag{8.10}$$

式中，κ 和 t 分别为耦合器的交叉耦合系数和直通耦合系数；l 为微环腔长。

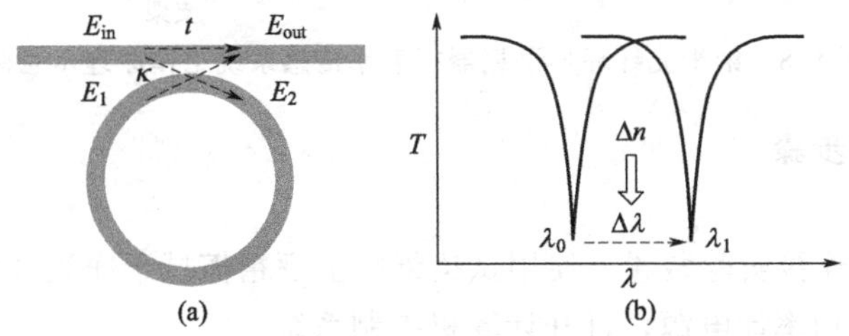

图 8.7 简化的光纤微环理论模型及 T 随 λ 的变化曲线

由上可见，透过率 T 为波长 λ 的函数，T 随 λ 的变化曲线即为输出端的透射谱线，如图 8.7(b) 所示。当输入光信号的波长 λ 满足谐振条件，即 $m\lambda=2\pi Rn_{\mathrm{eff}}$ 时，光信号能量透射率达到极小值。微环谐振器中传输的光满足谐振条件时对外界的变化是敏感的，当微环谐振器周围液体折射率发生改变时，会导致光纤中光场模式的有效折射率发生变化，从而引起透射谱中的谐振波长发生移动。对谐振方程求微分得

$$2\pi R\left(\frac{\partial n_{\text{eff}}}{\partial n}\Delta n+\frac{\partial n_{\text{eff}}}{\partial \lambda}\Delta\lambda\right)=m\Delta\lambda \tag{8.11}$$

由式(8.11)可得由折射率变化引起的谐振波长偏移量，即传感灵敏度 S 为

$$S=\frac{\Delta\lambda}{\Delta n}=\frac{\lambda}{n_{\text{g}}}\times\frac{\partial n_{\text{eff}}}{\partial n} \tag{8.12}$$

式中，$n_{\text{g}}=n_{\text{eff}}-\lambda\frac{\mathrm{d}n_{\text{eff}}}{\mathrm{d}\lambda}$为群折射率。

在实际测量中，液体折射率的变化主要通过影响光波模式的有效折射率和耦合系数影响谐振波长。因此，通过测量由待测液体引起的谐振波长的变化，就可以获得液体折射率的变化。

② 纳米光纤环形谐振器折射率传感系统工作原理。纳米光纤环形谐振器折射率传感系统工作原理示意图如图 8.8 所示，可调谐激光器发射的光信号经过偏振控制器进入纳米光纤环形谐振器中。由光功率计测量功率值，由计算机控制系统控制可调谐激光器调谐与功率数据分析。纳米光纤环形谐振器悬空固定于一个支架上，以保证纳米光纤周围介质为空气或其他待测介质，但需要注意支架的固定点处是未拉制的普通光纤而非纳米光纤。纳米光纤环形谐振器进入待测液体中，偏振控制器调节激光偏振态至合适状态。由于可调谐激光器输出波长可调，当激光波长正好与纳米光纤环形谐振器谐振波长一致时，则在输出端处光功率计探测的功率值最小。因此，可以通过调节可调谐激光器中心波长和检测光功率的最小值，得到由于待测液体样品折射率的变化引起的透射谱中心波长的变化量。在实际应用中，传感系统经过标定以后，可以对待测液体样品浓度进行传感测量。

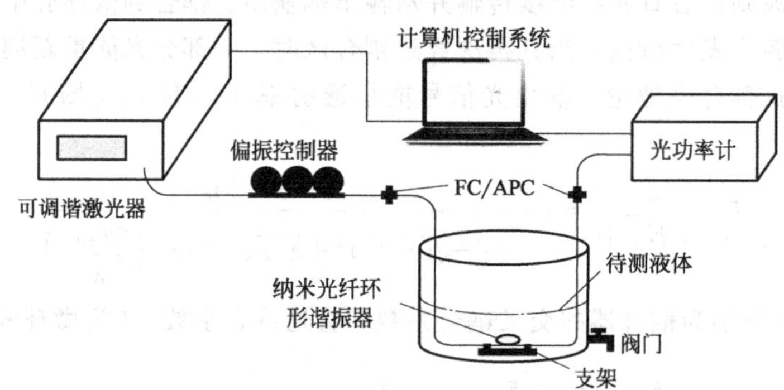

图 8.8 纳米光纤环形谐振器折射率传感系统工作原理示意图

(4) 实验内容与步骤

① 实验准备。

a. 如图 8.8 所示连接实验装置，使用拭镜纸蘸上酒精擦拭干净光纤跳线连接头，打开可调谐激光器电源和光功率计电源，打开计算机控制系统。

b. 将支架固定的纳米光纤环形谐振器置入待测液体容器中，但先不加入待测液体。

c. 将可调谐激光器步进间隔调至 0.1nm，调节激光器中心波长，直至光功率计测得最小功率值。调节偏振控制器使得最小功率值附近只存在单峰，调节激光器电流值旋钮使得最大功率值合适，以免在实验过程中纳米光纤环形谐振器工作在能量饱和状态。

② 纳米光纤环形谐振器透射谱测量实验。

a. 在以上准备实验基础上，保持可调谐激光器步进间隔为 0.1nm，向短波长方向调节

可调谐激光器的输出波长，直至测得功率值接近于最大值且基本保持恒定。

b. 反向向长波长方向调节激光波长，每调节一个步进步长（0.1nm），记录一组激光波长和测量光功率值到表 8.5 中。

c. 重复步骤 b，并记录数据，光功率值会先变小再变大，直至接近于最大值且基本保持恒定后，停止记录数据。

d. 根据得到的数据，使用坐标纸或 Matlab、Origin 软件作图，得到纳米光纤环形谐振器的透射谱。

表 8.5 纳米光纤环形谐振器透射谱测量数据

序号	可调谐激光器输出波长/nm	测量的光功率/μW
1		
2		
3		
4		
5		
⋮		

③ 纳米光纤环形谐振器液体折射率传感实验。

a. 实验中用葡萄糖溶液浓度变化模拟液体折射率变化，在待测液体容器中加入纯净水至某刻度，待液面稳定不再晃动后，保持激光波长调谐步进为 0.1nm，调节激光波长直至出现最小功率值，此时对应于葡萄糖溶液浓度为 0g/L 的谐振波长，记录此谐振波长于表 8.6 中。

b. 打开阀门排空液体，然后在待测液体容器中按刻度加入浓度为 5g/L 的葡萄糖溶液，待液面稳定不再晃动后，保持激光波长调谐步进为 0.1nm，调节激光波长直至出现最小功率值，记录葡萄糖溶液浓度和谐振波长于表 8.6 中。

c. 打开阀门排空液体，并使用纯净水冲洗干净，然后在待测液体容器中按刻度加入浓度为 10g/L 的葡萄糖溶液，待液面稳定不再晃动后，保持激光波长调谐步进为 0.1nm，调节激光波长直至出现最小功率值，记录葡萄糖溶液浓度和谐振波长于表 8.6 中。

d. 重复步骤 c，以 5g/L 为间隔，直至加入的葡萄糖溶液浓度为 30g/L 后，停止测量。

e. 根据得到的数据，使用坐标纸或 Matlab、Origin 软件绘制纳米光纤环形谐振器谐振波长随葡萄糖溶液浓度的变化关系图，并作直线拟合，供实验报告和数据分析使用。

f. 实验结束，关闭设备电源，恢复实验前仪器设备状态。

表 8.6 纳米光纤环形谐振器液体折射率测量数据

序号	溶液浓度/(g/L)	谐振波长/nm
1	0	
2	5	
3	10	
4	15	

续表

序号	溶液浓度/(g/L)	谐振波长/nm
5	20	
6	25	
7	30	

(5) 思考题

① 如果激光器输出光功率过高，对纳米光纤环形谐振腔的透射谱有何影响？

② 为什么在可调谐激光器后面要使用偏振控制器？如果不使用偏振控制器会对实验结果产生什么影响？

③ 对本实验的误差来源进行分析。

8.5 液体折射率与温度双参量光纤传感实验

目前，很多高校已经开设了应力、应变、折射率、温度等参量测量的光纤传感器专业实验，但基本上都是单参量传感测量实验，而且多采用成品封闭式的测量实验系统，这不利于学生了解传感器系统内部结构与具体工作原理。多参量同时传感具有较单参量传感更丰富的技术细节，进行相关实验有助于学生真正理解和掌握光纤传感技术的本质和原理。下面给出一种功能型液体折射率与温度双参量光纤传感实验系统，学生在理解工作原理的基础上，通过开放透明的实验平台，自行制作基于光纤双锥马赫-曾德尔（M-Z）干涉仪结合光纤 Bragg 光栅（FBG）的折射率与温度双参量传感器，搭建完整的实验测量系统，在此基础上完成实验测量和数据分析。

(1) 实验目的

① 理解基于光纤双锥 M-Z 干涉仪和 FBG 的折射率与温度双参量传感原理。

② 掌握双参量传感探头的制作方法和传感实验系统的搭建方法。

③ 提高实验动手操作能力。

(2) 实验器材

横河 AQ6370D 型光纤光谱仪、掺铒光纤放大器（EDFA）光源、光纤双锥 M-Z 干涉仪、FBG、ABS 材质 U 形槽、待测溶液盒、水浴箱、纯净水、食盐（NaCl）、天平、量筒、温度计、紫外固化胶水、小型紫外灯、FC/APC 光纤跳线（若干）、酒精瓶、拭镜纸。

(3) 实验原理

① 折射率与温度双参量传感原理。图 8.9(a) 所示为光纤双锥 M-Z 干涉仪的结构及工作原理示意图。光在纤芯中传输至第 1 个光纤锥区时，由于光纤结构的变化会激发出高阶模式，此时纤芯中的一部分能量会耦合进入包层中传输，一部分留在纤芯中继续传输；在传输一段距离 L 后到达第 2 个光纤锥区，由于光纤结构的变化使包层中的部分光重新耦合回纤芯，并与纤芯中传输的光再次汇合；由于光在纤芯和包层中的传输常数和有效折射率不同，经过相同的传输距离后会积累一定的相位差，从而导致两部分光发生模间干涉，即两个光纤锥构成了一个光纤双锥 M-Z 干涉仪，纤芯和包层中的光程分别为光纤双锥 M-Z 干涉仪两臂长度。输出端干涉光强度 $I(\lambda)$ 可表示为

$$I(\lambda)=I_{co}(\lambda)+I_{cl}(\lambda)+2\sqrt{I_{co}(\lambda)I_{cl}(\lambda)}\cos(\Delta\varphi) \tag{8.13}$$

式中，λ 为真空中的波长；$I_{co}(\lambda)$ 和 $I_{cl}(\lambda)$ 分别为纤芯模和包层模的光强度；$\Delta\varphi$ 为两路光信号的相位差。

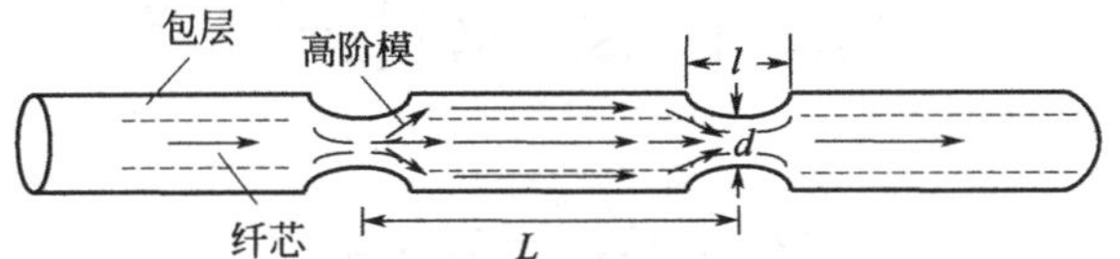

(a) 光纤双锥M-Z干涉仪的结构及工作原理示意图

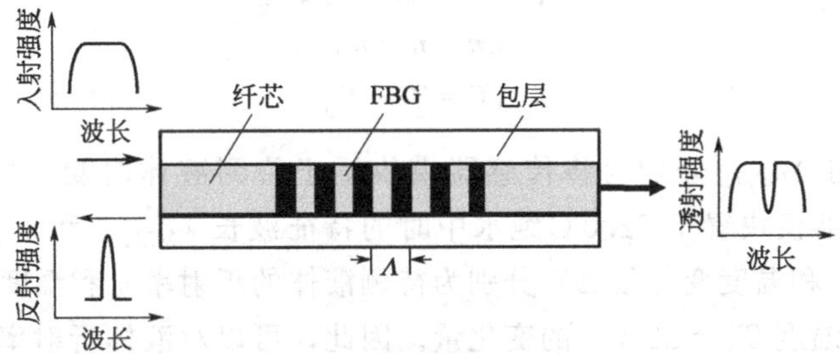

(b) FBG的结构及工作原理示意图

图 8.9　光纤双锥 M-Z 干涉仪及 FBG 的结构及工作原理示意图

式(8.13) 中 $\Delta\varphi$ 可以进一步表示为

$$\Delta\varphi=\frac{2\pi L}{\lambda}(n_{co}-n_{cl}) \tag{8.14}$$

式中，n_{co} 和 n_{cl} 分别表示纤芯模和包层模的有效折射率，并且令 Δn_{eff} 为纤芯和包层的有效折射率差。干涉中心波长 λ_m 满足的相位条件为

$$\frac{2\pi(n_{co}-n_{cl,m})L}{\lambda_m}=(2k+1)\pi \tag{8.15}$$

式中，k 为整数。

干涉中心波长 λ_m（高损耗干涉特征波长）可表示为

$$\lambda_m=\frac{2(n_{co}-n_{cl}^{m})L}{2k+1}=\frac{2\Delta n_{eff}L}{2k+1} \tag{8.16}$$

由式(8.16) 可知，当光纤双锥 M-Z 干涉仪外部环境液体温度升高时，由于热胀效应使双锥之间距离 L 伸长，同时由于热光效应使 Δn_{eff} 增大，此时干涉特征波长发生红移，反之蓝移；当液体折射率升高时，n_{co} 几乎不受影响，而由于包层模式在包层与液体分界面发生反射，故 n_{cl} 会增大，即 Δn_{eff} 减小，此时干涉特征波长发生蓝移，反之红移。但是，只使用一个光纤双锥 M-Z 干涉仪是不能进行液体折射率和温度同时传感的，因为两者引起的干涉特征波长漂移混在一起无法分开。

FBG 的结构及工作原理示意图如图 8.9(b) 所示，纤芯中写入周期性折射率调制，其反射中心波长 λ_B（特征波长）满足式(5.3)。根据 5.2.2 节的温度传感模型可知，当环境液体温度升高时，纤芯有效折射率 n_{eff} 和 FBG 的周期 Λ 均会增大，此时特征波长会发生红移，反之蓝移；而当液体折射率变化时，纤芯基本不受影响，此时特征波长也基本不发生变化。

通过以上分析，对于结合光纤双锥 M-Z 干涉仪和 FBG 的液体折射率与温度双参量传感器，可以通过标定实验，获得光纤双锥 M-Z 干涉仪特征波长 λ_{MZI} 的折射率传感系数 S_n 和温度传感系数 S_T，以及 FBG 特征波长 λ_{FBG} 的折射率传感系数 S'_n 和温度传感系数 S'_T，从而得到以下传感矩阵形式表示的传感方程组：

$$\begin{bmatrix}\Delta\lambda_{\mathrm{MZI}}\\ \Delta\lambda_{\mathrm{FBG}}\end{bmatrix}=\begin{bmatrix}S_n & S_T\\ S'_n & S'_T\end{bmatrix}\begin{bmatrix}\Delta n\\ \Delta T\end{bmatrix} \tag{8.17}$$

其中

$$\begin{aligned}\Delta\lambda_{\mathrm{MZI}}&=\lambda_{\mathrm{MZI}}-\lambda_{\mathrm{MZI},22}\\ \Delta\lambda_{\mathrm{FBG}}&=\lambda_{\mathrm{FBG}}-\lambda_{\mathrm{FBG},22}\\ \Delta n&=n-n_0\\ \Delta T&=T-T_0\end{aligned} \tag{8.18}$$

式中，$\Delta\lambda_{\mathrm{MZI}}$ 与 $\Delta\lambda_{\mathrm{FBG}}$ 分别为将传感器模块置于待测液体时测得的特征波长 λ_{MZI} 与 λ_{FBG} 相对于将传感器模块置于 22.0℃纯水中时的特征波长 $\lambda_{\mathrm{MZI},22}$ 和 $\lambda_{\mathrm{FBG},22}$ 的变化量；液体折射率变化量 Δn 和温度变化量 ΔT 分别为待测液体的折射率 n 和温度 T 相对于水的折射率 n_0（22.0℃）和温度 $T_0=22.0$℃的变化量。因此，可以对液体折射率与温度进行双参量同时传感。

② 双参量传感器模块制作方法。根据式(8.16)，光纤双锥 M-Z 干涉仪具有多个特征波长，并且相邻特征波长的间隔由双锥之间的距离 L 决定。另外，为了得到良好的实验效果，相邻特征波长之间的间隔不宜太小也不宜太大。例如，选择的双锥之间距离 L 为 11.7cm。每个光纤锥制作都由光纤熔接机自动完成，根据设置好的拉锥参数，得到的单个光纤锥的结构参数如图 8.10 所示，光纤锥长度 l 为 0.638mm、锥腰宽度 d 约为 49μm。光纤锥具有一定的不对称性，是由光纤熔接机的拉锥机制导致的。整个光纤双锥 M-Z 干涉仪部分为剥掉涂覆层的裸光纤。FBG 通过相位掩模法制作，一般使用的 FBG 反射中心波长 λ_B 约为 1550nm，栅区经过重涂覆工艺加强保护。将制作好的光纤双锥 M-Z 干涉仪与 FBG 熔接连接，并使用紫外固化胶水将两者悬空固定于一个由 3D 打印机制作的 ABS 塑料材质 U 形槽内以提供支撑和保护，将两个光纤尾纤分别熔接上 FC/APC 跳线，制得双参量光纤传感器模块，如图 8.11 所示。

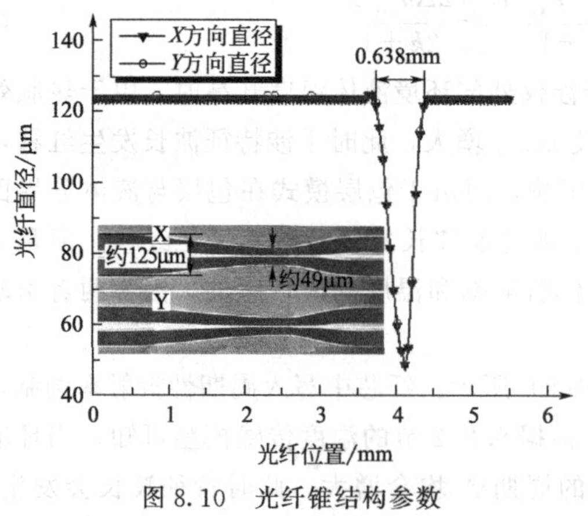

图 8.10 光纤锥结构参数

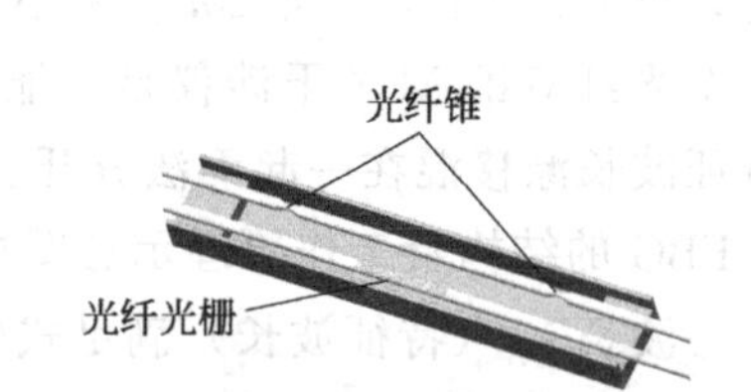

图 8.11 双参量光纤传感器模块示意图

③ 双参量传感系统。本实验需要搭建的传感实验系统示意图如图 8.12 所示，EDFA 光

源发出的光通过光纤跳线进入到双参量传感器模块，然后将其输出端接入光谱仪进行光谱测量。将传感器模块置于待测溶液中，再将待测溶液盒置于可控温水浴箱中控制和调整待测液体温度。如在纯净水中，温度为45℃时，测量的典型透射谱如图8.13所示，图中分别标记了光纤双锥M-Z干涉仪的特征波长λ_{MZI}和FBG的特征波长λ_{FBG}，可见两个特征波长都具有良好的可识别性。通过分别对液体折射率和温度传感参数进行标定，即可得到式(8.17)中的所有未知量，用于双参量传感。

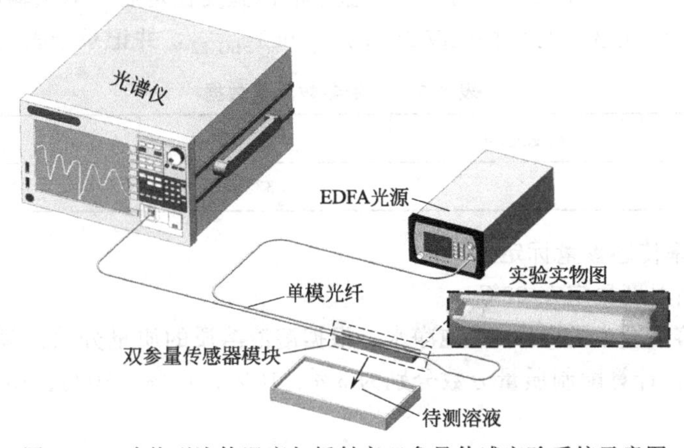

图8.12 功能型液体温度与折射率双参量传感实验系统示意图

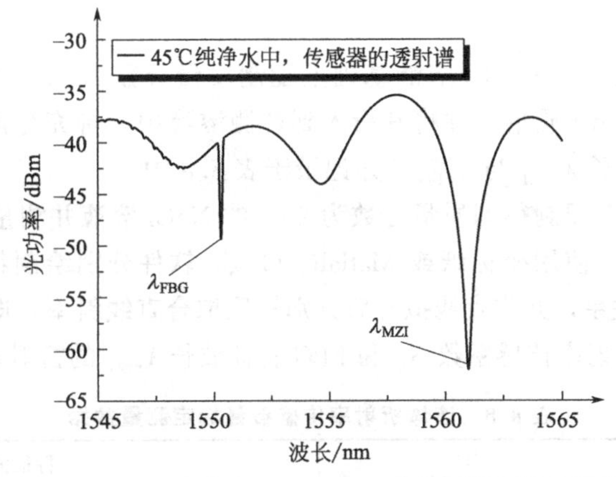

图8.13 传感器模块浸入45℃纯净水中测得的透射谱

④ NaCl溶液浓度和折射率的关系。将水浴箱温度恒定在22℃，并向待测液体中定量投入NaCl来改变溶液折射率n。根据经验公式，n满足

$$n=1.3331+0.0019c \tag{8.19}$$

式中，c为NaCl的质量分数，%。可知纯净水的折射率为1.3331。

⑤ 对于纯净水，在45～85℃的范围内，其折射率-温度系数约为-1.911×10^{-4}RIU/℃。在进行温度传感系数标定实验过程中，需要对纯净水的实际折射率按照折射率-温度系数进行计算。根据折射率传感系数，得到由于纯净水的折射率变化引起的光纤双锥M-Z干涉仪特征波长λ_{MZI}的变化量，从而对于温度变化引起的λ_{MZI}的变化进行补偿，以得到单纯由于温度变化原因引起的λ_{MZI}的变化。

(4) 实验内容与步骤

① 实验准备。

a. 按照图 8.12 所示连接实验装置，打开 EDFA 光源，输出功率设置为 5mW；打开光谱仪电源，将测量范围设置为 1545～1565nm。

b. 用量筒量取 200mL（200g）纯净水并装入待测溶液盒中，将传感器模块浸入待测溶液盒中液体内，再将整个待测溶液盒置入水浴箱中。

c. 将水浴箱温度设置为 22℃，待测溶液盒中液体温度稳定后，测量输出光谱。

d. 读取此时测量光谱的两个特征波长 $\lambda_{MZI,22}$ 和 $\lambda_{FBG,22}$，并记录于表 8.7 中。

表 8.7 初始参数测量数据

$\lambda_{MZI,22}$/nm	$\lambda_{FBG,22}$/nm	n_0	T_0/℃
		1.3331	22

② 液体折射率传感参量标定。

a. 保持水浴箱温度恒定在 22℃。

b. 基于待测溶液盒中的 200mL 纯净水，根据溶液溶质的质量分数计算方法 c(%) ＝溶质质量/溶液质量，计算配制质量分数分别为 5%、10%、15%、20%、25%的 NaCl 溶液所需的 NaCl 质量。

c. 利用天平称取配制质量分数为 5%NaCl 溶液所需的 NaCl 质量，将 Nacl 投入到待测溶液中，待充分溶解后测量光谱，读取此时光谱的两个特征波长 λ_{MZI} 与 λ_{FBG}，并记录于表 8.8 中。

d. 计算在质量分数为 5%NaCl 溶液基础上配制质量分数为 10%NaCl 溶液所需的 NaCl 质量。利用天平称取 NaCl 质量，并将其投入到待测溶液中，待充分溶解后测量光谱，读取此时光谱的两个特征波长 λ_{MZI} 与 λ_{FBG}，并记录于表 8.8 中。

e. 重复步骤 d，直至配制得到质量分数为 25%的 NaCl 溶液并测量和记录数据。

f. 根据得到的数据，使用坐标纸或 Matlab、Origin 软件分别绘制特征波长 λ_{MZI}、λ_{FBG} 与 NaCl 溶液折射率 n 的关系，并作直线拟合后分别提取拟合直线斜率，即得到光纤双锥 M-Z 干涉仪特征波长 λ_{MZI} 的折射率传感系数 S_n 和 FBG 特征波长 λ_{FBG} 的折射率传感系数 S'_n。

表 8.8 液体折射率传感参量标定测量数据

NaCl 质量分数/%	NaCl 溶液折射率 n	特征波长	
		λ_{MZI}/nm	λ_{FBG}/nm
5	1.3426		
10	1.3521		
15	1.3616		
20	1.3711		
25	1.3806		

③ 液体温度传感参量标定。

a. 将待测液体更换为纯净水，传感器模块浸入待测溶液盒的纯净水中，再将整个待测溶液盒置入水浴箱中。

b. 设置水浴箱的温度为 45℃，待测溶液盒中的纯净水温度稳定后，测量光谱，读取此时光谱的两个特征波长 λ_{MZI} 与 λ_{FBG}，并记录于表 8.9 中。

c. 设置水浴箱的温度为 50℃，待测溶液盒中的纯净水温度稳定后，测量光谱，读取此时光谱的两个特征波长 λ_{MZI} 与 λ_{FBG}，并记录于表 8.9 中。

d. 以 5℃为增量大小，重复步骤 c，直到温度升高到 75℃，并完成所有的数据记录于表 8.9 中。

e. 根据原理部分介绍方法，计算由于温度变化引起纯净水的折射率变化导致的 λ_{MZI} 的变化量，对于上述测得的每个温度下的 λ_{MZI} 的数值进行补偿，以得到准确的温度传感系数，将补偿后的 λ_{MZI} 记录于表 8.9 中。

f. 根据得到的数据，使用坐标纸或 Matlab、Origin 软件分别绘制特征波长 λ_{MZI}（补偿后）、λ_{FBG} 与纯净水温度的关系，并作直线拟合后分别提取拟合直线斜率，即得到光纤双锥 M-Z 干涉仪特征波长 λ_{MZI} 的温度传感系数 S_T 和 FBG 特征波长 λ_{FBG} 的温度传感系数 S'_T。

表 8.9 液体折射率传感参量标定测量数据

纯净水温度/℃	λ_{MZI}/nm	补偿后 λ_{MZI}/nm	λ_{FBG}/nm
45			
50			
55			
60			
65			
70			
75			

④ 双参量传感实验。

a. 根据以上得到的折射率和温度传感系数和初始参数，代入式(8.17)，得到功能型液体折射率与温度双参量光纤传感方程组。

b. 配制任意已知浓度的 NaCl 溶液，并将 NaCl 溶液加热到 45～85℃范围内任意温度后倒入待测溶液盒中，将传感器模块浸入待测溶液中，并用温度计测量待测溶液温度。

c. 测量光谱并提取两个特征波长 λ_{MZI} 与 λ_{FBG}，将其代入传感方程组后计算出待测溶液折射率和温度，并与计算得到的配制溶液折射率和温度计测得的待测溶液温度对比，计算测量误差。

d. 重复步骤 c，设置多组不同待测溶液折射率和温度进行实验，重复验证实验可行性以及准确评估实验测量误差。

e. 完成实验后关掉仪器电源，整理好所有器材。

(5) 思考题

① 试对本实验的误差来源进行分析。

② 在传感器模块制作过程中，需要注意的问题有哪些？

③ 思考为什么整个光纤双锥 M-Z 干涉仪的涂覆层必须剥除掉？

④ 光纤锥的结构和不同参数如何影响传感测量效果？

参考文献

[1] 冯亭，张泽恒，段雅楠，等.功能型液体折射率与温度双参量光纤传感教学实验.物理实验，2020，40（1）：6-11.

[2] 梁磊.回音壁微腔的光学特性与传感应用研究［博士论文］.西安：西北大学，2019.

[3] X. Jiang，L. Tong，G. Vienne，et al. Demonstration of optical microfiber knot resonators. Applied Physics Letters，2006，88（22）：223501.

[4] J. Song，X. Luo，X. Tu，et al. Electrical tracing-assisted dual-microring label-free optical bio/chemical sensors. Optics Express，2012，20（4）：4189-4197.

附 录

(1) 直角坐标系下，光波电磁场纵、横分量关系

$$\begin{cases} E_x = \dfrac{-\mathrm{j}}{\chi^2}\left[\beta\dfrac{\partial E_z}{\partial x} + \mu_0\omega\dfrac{\partial H_z}{\partial y}\right] \\ E_y = \dfrac{-\mathrm{j}}{\chi^2}\left[\beta\dfrac{\partial E_z}{\partial y} - \mu_0\omega\dfrac{\partial H_z}{\partial x}\right] \\ H_x = \dfrac{-\mathrm{j}}{\chi^2}\left[\beta\dfrac{\partial H_z}{\partial x} - \varepsilon\omega\dfrac{\partial E_z}{\partial y}\right] \\ H_y = \dfrac{-\mathrm{j}}{\chi^2}\left[\beta\dfrac{\partial H_z}{\partial y} + \varepsilon\omega\dfrac{\partial E_z}{\partial x}\right] \end{cases} \tag{1}$$

(2) 圆柱坐标系到直角坐标系的变换关系

$$\begin{cases} x = r\cos\varphi, \qquad y = r\sin\varphi \\ r = \sqrt{x^2 + y^2}, \qquad \varphi = \arctan\left(\dfrac{y}{x}\right) \\ \dfrac{\partial r}{\partial x} = \dfrac{x}{r} = \cos\varphi, \qquad \dfrac{\partial r}{\partial y} = \dfrac{y}{r} = \sin\varphi \\ \dfrac{\partial\varphi}{\partial x} = -\dfrac{y}{x^2} = \cos^2\varphi = -\dfrac{\sin\varphi}{r}, \quad \dfrac{\partial\varphi}{\partial y} = \dfrac{\cos^2\varphi}{x} = = \dfrac{\cos\varphi}{r} \end{cases} \tag{2}$$

(3) 电磁场横向分量的贝塞尔函数表示

① 电场横向分量的贝塞尔函数表示为

$$E_r = \begin{cases} -\mathrm{j}\left(\dfrac{a}{U}\right)^2\left[\beta\left(\dfrac{U}{a}\right)AJ_l'\left(\dfrac{Ur}{a}\right) + \dfrac{\mathrm{j}\omega\mu l}{r}BJ_l\left(\dfrac{Ur}{a}\right)\right]\mathrm{e}^{\mathrm{j}l\varphi} & (0 \leqslant r \leqslant a) \\ \mathrm{j}\left(\dfrac{a}{W}\right)^2\left[\beta\left(\dfrac{W}{a}\right)CK_l'\left(\dfrac{Wr}{a}\right) + \dfrac{\mathrm{j}\omega\mu l}{r}DK_l\left(\dfrac{Wr}{a}\right)\right]\mathrm{e}^{\mathrm{j}l\varphi} & (r > a) \end{cases} \tag{3}$$

$$E_\varphi=\begin{cases}-\mathrm{j}\left(\dfrac{a}{U}\right)^2\left[\dfrac{\mathrm{j}\beta l}{r}AJ_l\left(\dfrac{Ur}{a}\right)-\omega\mu\left(\dfrac{U}{a}\right)BJ_l'\left(\dfrac{Ur}{a}\right)\right]\mathrm{e}^{\mathrm{j}l\varphi} & (0\leqslant r\leqslant a)\\ \mathrm{j}\left(\dfrac{a}{W}\right)^2\left[\dfrac{\mathrm{j}\beta l}{r}CK_l\left(\dfrac{Wr}{a}\right)-\omega\mu\left(\dfrac{W}{a}\right)DK_l'\left(\dfrac{Wr}{a}\right)\right]\mathrm{e}^{\mathrm{j}l\varphi} & (r>a)\end{cases}\tag{4}$$

② 磁场横向分量的贝塞尔函数表示为

$$H_r=\begin{cases}-\mathrm{j}\left(\dfrac{a}{U}\right)^2\left[-\mathrm{j}\dfrac{\omega\varepsilon_1 l}{r}AJ_l\left(\dfrac{Ur}{a}\right)+\left(\dfrac{U}{a}\right)\beta BJ_l'\left(\dfrac{Ur}{a}\right)\right]\mathrm{e}^{\mathrm{j}l\varphi} & (0\leqslant r\leqslant a)\\ \mathrm{j}\left(\dfrac{a}{W}\right)^2\left[-\mathrm{j}\dfrac{\omega\varepsilon_2 l}{r}CK_l\left(\dfrac{Wr}{a}\right)+\left(\dfrac{W}{a}\right)\beta DK_l'\left(\dfrac{Wr}{a}\right)\right]\mathrm{e}^{\mathrm{j}l\varphi} & (r>a)\end{cases}\tag{5}$$

$$H_\varphi=\begin{cases}-\mathrm{j}\left(\dfrac{a}{U}\right)^2\left[\left(\dfrac{U}{a}\right)\omega\varepsilon_1 AJ_l'\left(\dfrac{Ur}{a}\right)+\mathrm{j}\dfrac{\beta l}{r}BJ_l\left(\dfrac{Ur}{a}\right)\right]\mathrm{e}^{\mathrm{j}l\varphi} & (0\leqslant r\leqslant a)\\ \mathrm{j}\left(\dfrac{a}{W}\right)^2\left[\left(\dfrac{a}{W}\right)\omega\varepsilon_1 CK_l'\left(\dfrac{Wr}{a}\right)+\mathrm{j}\dfrac{\beta l}{r}DK_l\left(\dfrac{Wr}{a}\right)\right]\mathrm{e}^{\mathrm{j}l\varphi} & (r>a)\end{cases}\tag{6}$$

(4) 贝塞尔函数递推关系式

① 第一类贝塞尔函数相关递推关系如下。

微分公式为

$$J_l'(U)=(1/2)\left[J_{l-1}(U)-J_{l+1}(U)\right]\tag{7}$$

大宗量近似为

$$\lim_{U\to\infty}J_l(U)=\frac{2}{\pi U}\cos\left(U-\frac{\pi}{4}-\frac{l\pi}{2}\right)\tag{8}$$

小宗量近似为

$$\lim_{U\to 0}J_l(U)=\frac{1}{l!}\left(\frac{U}{2}\right)^l\tag{9}$$

其他为

$$\frac{l}{U}J_l(U)=\frac{1}{2}\left[J_{l-1}(U)+J_{l+1}(U)\right]\tag{10}$$

$$J_0'(x)=-J_1(x)\tag{11}$$

② 第二类变态汉克尔函数相关递推关系如下。

微分公式为

$$K_l'(W)=-\frac{1}{2}\left[K_{l-1}(W)+K_{l+1}(W)\right]\tag{12}$$

大宗量近似为

$$\lim_{W\to\infty}K_l(W)=\sqrt{\frac{1}{W}}\mathrm{e}^{-W}\tag{13}$$

小宗量近似为

$$\lim_{W\to 0} K_l(W)=\begin{cases}(l-1)!\ 2^{l-1}W^{-l} & (l\geqslant 1)\\ \ln\left(\dfrac{2}{W\gamma}\right)=\ln\left(\dfrac{1.123}{W}\right) & (l=0)\end{cases} \tag{14}$$

其他为

$$2\frac{l}{W}K_l(W)=-\frac{1}{2}\left[K_{l-1}(W)-K_{l+1}(W)\right] \tag{15}$$

$$K_0'(x)=-K_1(x) \tag{16}$$